高等职业教育药学类与食品药品类专业第四轮教材

制药过程原理与设备 第3版

（供化学制药技术、中药制药、药品生产技术、生物制药技术、
药物制剂技术专业用）

主　编　吴建明　仲剑锋

副主编　杨俊玲　赵荣敏　刘亚娟

编　者　（以姓氏笔画为序）

仲剑锋（山东药品食品职业学院）　　　刘　丹（湖南食品药品职业学院）

刘　健（天津生物工程职业技术学院）　刘亚娟（广东食品药品职业学院）

许　芸（中国药科大学）　　　　　　　杨俊玲（山东药品食品职业学院）

吴建明（湖南食品药品职业学院）　　　赵月珍（湖南中医药高等专科学校）

赵荣敏（石家庄职业技术学院）　　　　谈发金（湖南康寿制药有限公司）

中国健康传媒集团

中国医药科技出版社

内容提要

本教材为"高等职业教育药学类与食品药品类专业第四轮教材"之一,系根据本套教材的编写指导思想和原则要求,结合专业培养目标和本课程的教学目标、内容与任务要求编写而成。本教材具有专业针对性强、紧密结合新时代行业要求和社会用人需求、与职业技能鉴定相对接;以"三传"为主线,涵盖绪论、流体流动、流体输送设备、非均相物系的分离、传热、蒸发与结晶、均相物系的分离和干燥等内容,具有适用性、应用性、案例化、新颖性、思政性等特点。本教材为书网融合教材,即纸质教材有机融合电子教材、教学配套资源(PPT、微课、视频、图片等)、题库系统、数字化教学服务(在线教学、在线作业、在线考试),使教学资源更多样化、立体化。

本教材主要供高等职业院校化学制药技术、中药制药、药品生产技术、生物制药技术、药物制剂技术专业师生教学使用,也可作为从事化工、食品、环境、机械等生产的专业技能型人员的职业培训教材。

图书在版编目(CIP)数据

制药过程原理与设备/吴建明,仲剑锋主编 . —3 版 . —北京:中国医药科技出版社,2021.8

高等职业教育药学类与食品药品类专业第四轮教材

ISBN 978 - 7 - 5214 - 2562 - 8

I.①制… II.①吴… ②仲… III.①制药工业 – 化工过程 – 高等职业教育 – 教材 ②制药工业 – 化工设备 – 高等职业教育 – 教材 IV.①TQ460.3

中国版本图书馆 CIP 数据核字(2021)第 131387 号

美术编辑 陈君杞
版式设计 友全图文

出版 **中国健康传媒集团** | 中国医药科技出版社

地址 北京市海淀区文慧园北路甲 22 号

邮编 100082

电话 发行:010 - 62227427 邮购:010 - 62236938

网址 www. cmstp. com

规格 889 × 1194mm $^1/_{16}$

印张 17 $^1/_2$

字数 465 千字

初版 2013 年 1 月第 1 版

版次 2021 年 8 月第 3 版

印次 2024 年 1 月第 2 次印刷

印刷 大厂回族自治县彩虹印刷有限公司

经销 全国各地新华书店

书号 ISBN 978 - 7 - 5214 - 2562 - 8

定价 49.00 元

获取新书信息、投稿、为图书纠错,请扫码联系我们。

出 版 说 明

"全国高职高专院校药学类与食品药品类专业'十三五'规划教材"于2017年初由中国医药科技出版社出版，是针对全国高等职业教育药学类、食品药品类专业教学需求和人才培养目标要求而编写的第三轮教材，自出版以来得到了广大教师和学生的好评。为了贯彻党的十九大精神，落实国务院《国家职业教育改革实施方案》，将"落实立德树人根本任务，发展素质教育"的战略部署要求贯穿教材编写全过程，中国医药科技出版社在院校调研的基础上，广泛征求各有关院校及专家的意见，于2020年9月正式启动第四轮教材的修订编写工作。

党的二十大报告指出，要办好人民满意的教育，全面贯彻党的教育方针，落实立德树人根本任务，培养德智体美劳全面发展的社会主义建设者和接班人。教材是教学的载体，高质量教材在传播知识和技能的同时，对于践行社会主义核心价值观，深化爱国主义、集体主义、社会主义教育，着力培养担当民族复兴大任的时代新人发挥巨大作用。在教育部、国家药品监督管理局的领导和指导下，在本套教材建设指导委员会专家的指导和顶层设计下，依据教育部《职业教育专业目录（2021年）》要求，中国医药科技出版社组织全国高职高专院校及相关单位和企业具有丰富教学与实践经验的专家、教师进行了精心编撰。

本套教材共计66种，全部配套"医药大学堂"在线学习平台，主要供高职高专院校药学类、药品与医疗器械类、食品类及相关专业（即药学、中药学、中药制药、中药材生产与加工、制药设备应用技术、药品生产技术、化学制药、药品质量与安全、药品经营与管理、生物制药专业等）师生教学使用，也可供医药卫生行业从业人员继续教育和培训使用。

本套教材定位清晰，特点鲜明，主要体现在如下几个方面。

1. 落实立德树人，体现课程思政

教材内容将价值塑造、知识传授和能力培养三者融为一体，在教材专业内容中渗透我国药学事业人才必备的职业素养要求，潜移默化，让学生能够在学习知识同时养成优秀的职业素养。进一步优化"实例分析/岗位情景模拟"内容，同时保持"学习引导""知识链接""目标检测"或"思考题"模块的先进性，体现课程思政。

2. 坚持职教精神，明确教材定位

坚持现代职教改革方向，体现高职教育特点，根据《高等职业学校专业教学标准》要求，以岗位需求为目标，以就业为导向，以能力培养为核心，培养满足岗位需求、教学需求和社会需求的高素质技能型人才，做到科学规划、有序衔接、准确定位。

3. 体现行业发展，更新教材内容

紧密结合《中国药典》（2020年版）和我国《药品管理法》（2019年修订）、《疫苗管理法》（2019

年）、《药品生产监督管理办法》（2020年版）、《药品注册管理办法》（2020年版）以及现行相关法规与标准，根据行业发展要求调整结构、更新内容。构建教材内容紧密结合当前国家药品监督管理法规、标准要求，体现全国卫生类（药学）专业技术资格考试、国家执业药师职业资格考试的有关新精神、新动向和新要求，保证教育教学适应医药卫生事业发展要求。

4 体现工学结合，强化技能培养

专业核心课程吸纳具有丰富经验的医疗机构、药品监管部门、药品生产企业、经营企业人员参与编写，保证教材内容能体现行业的新技术、新方法，体现岗位用人的素质要求，与岗位紧密衔接。

5 建设立体教材，丰富教学资源

搭建与教材配套的"医药大学堂"（包括数字教材、教学课件、图片、视频、动画及习题库等），丰富多栏化、立体化教学资源，并提升教学手段，促进师生互动，满足教学管理需要，为提高教育教学水平和质量提供支撑。

6 体现教材创新，鼓励活页教材

新型活页式、工作手册式教材全流程体现产教融合、校企合作，实现理论知识与企业岗位标准、技能要求的高度融合，为培养技术技能型人才提供支撑。本套教材部分建设为活页式、工作手册式教材。

编写出版本套高质量教材，得到了全国药品职业教育教学指导委员会和全国卫生职业教育教学指导委员会有关专家以及全国各相关院校领导与编者的大力支持，在此一并表示衷心感谢。出版发行本套教材，希望得到广大师生的欢迎，对促进我国高等职业教育药学类与食品药品类相关专业教学改革和人才培养作出积极贡献。希望广大师生在教学中积极使用本套教材并提出宝贵意见，以便修订完善，共同打造精品教材。

数字化教材编委会

主　编　吴建明　仲剑锋

副主编　杨俊玲　赵荣敏　刘亚娟　刘　丹

编　者　（以姓氏笔画为序）

王建军（湖南康寿制药有限公司）

仲剑锋（山东药品食品职业学院）

刘　丹（湖南食品药品职业学院）

刘　健（天津生物工程职业技术学院）

刘亚娟（广东食品药品职业学院）

许　芸（中国药科大学）

杨俊玲（山东药品食品职业学院）

吴建明（湖南食品药品职业学院）

赵月珍（湖南中医药高等专科学校）

赵荣敏（石家庄职业技术学院）

本教材主要根据高等职业教育药学类及相关专业培养目标和主要就业方向及职业能力要求，按照本套教材编写指导思想与原则要求，结合本课程教学大纲，由全国多所院校和企业从事教学和生产一线的教师、学者悉心编写而成。多年的教学实践证明，本教材上版的章节体系能满足教学知识性需求，但为了在内容和形式上与时俱进，体现先进的高职教育教学理念，注重学生能力培养，以适用性、应用性、案例化、新颖性、思政性为特色，特予修订而成。

本教材以"三传"为主线编写，共七章，涵盖绪论、流体流动、流体输送设备、非均相物系的分离、传热、蒸发与结晶、均相物系的分离和干燥等内容。本教材对适用专业所面向的生产、质量控制和制药设备维保所需要的知识、技能和素质目标的达成起支持作用；对学生顺利通过药物制剂等技能证书的考核和药学专业技能抽查也可起到良好的支撑作用。

本次修订精选和改写了若干个典型单元操作，教材中设置有学习引导、学习目标、实例分析、知识链接、即学即练、实践实训、知识回顾及目标检测模块，紧密结合了职业教育和专业特点，融入了思政元素，将"教、学、做"有机整合，增加了教材的趣味性和可读性，便于教师讲授和学生自学。本教材为书网融合教材，即纸质教材有机融合电子教材，配套有 PPT、微课、视频、题库、数字化教学服务（在线教学、在线作业、在线考试），使教学资源更多样化、立体化，力求满足教学和社会培训的需要。

本教材由吴建明、仲剑锋担任主编，具体编写分工如下：第一章由杨俊玲编写；第二章由刘健编写；第三章由赵月珍和刘健编写；绪论和第四章由吴建明编写；第五章第一节由仲剑锋编写，第二节由刘亚娟编写；第六章第一节由刘丹编写，第二节由刘健编写，第三节由赵荣敏编写；第七章第一、二、三节由刘亚娟编写，第四、五节及实训由许芸编写；附录由吴建明和刘丹编写。书中的部分设备插图、操作视频及维护等相关资源由编委所在单位提供。

本教材在编写过程中得到了各编者所在单位及相关企业的大力支持，一些同行专家也对本书的内容提出了宝贵意见，为本教材编写工作提供了很大的帮助。在此对所有给予本教材指导和支持的单位、文献资料作者、专家一并表示诚挚感谢。

由于编者水平和经验所限，教材中难免存在疏漏与不足之处，恳请广大读者、专家和同行批评指正。

编　者
2021 年 5 月

目录
CONTENTS

绪　论

一、本课程的性质、任务和内容

制药工业是与国计民生密切相关的行业之一，既是传统产业又是朝阳产业。制药工业生产原料药（化学合成药物、抗生素、微生物制品及生化制品等）与制剂产品（西药的各种制剂、中药的提取与各种制剂）的过程是按照一定的制药生产工艺，通过制药设备进行一系列化学（或生物）反应以及物理方法处理把原料制成符合要求的药品的生产过程。

药品的种类很多，生产工艺各不相同。但原料处理、中间体生产及产品的终结等环节不外乎由各种化学变化、生物发酵、物理变化的过程组成，其中的物理过程大都具有一定的共性，如涉及流体的流动与输送，均相及非均相物系的分离、传热、蒸发、结晶、干燥等过程。这些过程具有相同的物理变化，遵循共同的物理学定律，起着共同的作用，统称为"单元操作"。而这些单元操作又需要在各种设备中完成，如传热操作需要在换热器中进行、蒸馏操作应在蒸馏塔内进行、干燥操作在干燥器内进行。由此可见制药过程与设备是制药生产的核心，先进的生产工艺是保证制药生产的产量和质量的关键，而制药设备的先进性、自动化进程，标志着制药企业的装备水平，是药品生产的物质基础。

本课程能利用数学、物理、化学、物理化学等先修课程的知识来解决制药生产中的实际问题，是自然科学领域的基础课向工程学科的专业课转化的过渡课程；是一门以制药化工生产过程中的物理加工过程为背景，研究若干典型"制药化工单元操作"的基本原理、设备构造、操作方法与维护的实用课程；也是高等职业教育化学制药技术、中药制药、药品生产技术、生物制药技术、药物制剂技术等专业学生必修的技术基础课程；还是制药类、化工类及相近专业教育的主干课，是解决生产问题的基石，在制药、化工专业的高等职业教育中地位极为重要。因此，培养工程思维和解决工程实际问题的能力是本课程的最终目的。学习时既要注意理论的系统性，又要充分重视课程的实践性。

本课程的任务是使学生掌握制药生产过程中各单元操作的基本原理与设备；并具备初步的工程实验研究能力和实际操作技术。通过本课程的课堂教学和实验训练，使学生能从工程观点和经济角度去考虑技术问题，培养学生理论联系实际、分析和解决问题的能力。学好本课程对药品生产操作具有重要指导作用，同时也为学生了解单元操作的发展趋势，增强继续学习和适应职业变化的能力打下坚实的基础，为将来研究开发高效率、低能耗、有利于环保的单元操作做准备。

本课程的内容是以"三传"为主线，研究不同的化工单元操作。阐述了制药厂各种单元操作的基本原理、工艺计算、相应设备的选用、操作、维护和保养方法。按照单元操作所遵循的基本规律，将整个制药过程分为流体动力过程、传热过程及传质过程三大类，同时为化学反应、制药工艺（温度、压力、流量、浓度等）提供条件，简称"三传一反"。"一反"是指化学反应过程，其中"三传"是指：

1. **传动**　即能量的传递过程，研究流体的输送、搅拌及非均相物系的分离等。
2. **传热**　即热量的传递过程，研究物料的升温、降温、改变相态和蒸发等。
3. **传质**　即质量的传递过程，研究溶质和溶剂分离、均相物系的分离、降低物料的含湿量等。

利用若干单元操作及若干个化学反应过程，可以组合成制药工业和化学工业中各种不同的生产过程。如图绪 –1 为某化学原料药的生产工艺流程。

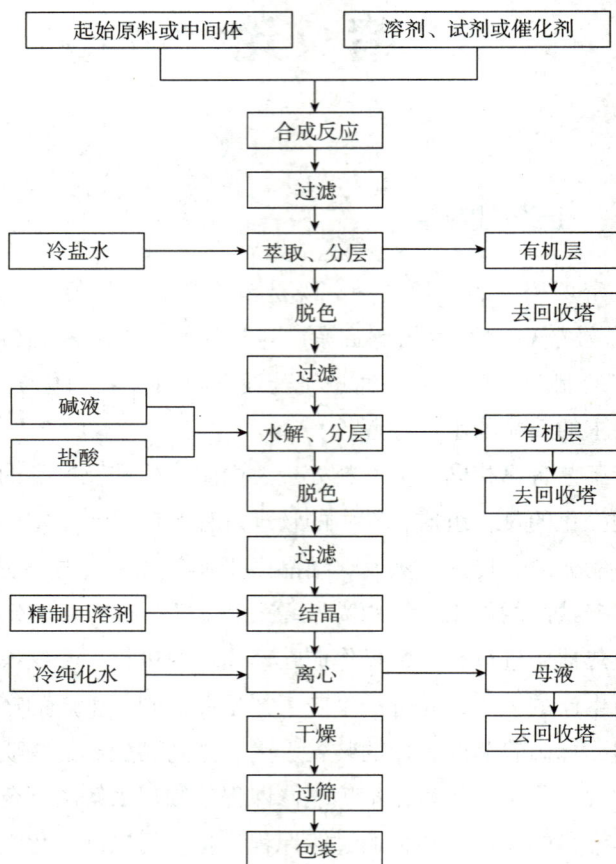

图绪 –1　某化学原料药的生产工艺流程

二、本课程的相关概念

在学习各种单元操作前，先要掌握贯穿全书的几个基本概念；要掌握过程始末的物料和热量之间的关系，需要进行物质和能量的核算；还可以依据各种平衡关系来掌握过程进行的方向和限度，过程的快慢及经济性。这些理论对本书各章节学习具有指导意义，对于在生产中节约原材料、节约能源、减少碳排放也具有重要的指导意义。

（一）物料衡算

物料衡算的依据是质量守恒定律。在选定的体系或范围内，如果物料流经该体系是连续稳态过程（物料质量及组成等不随时间变化）①，根据质量守恒定律，物料输入体系的质量必须等于从该体系输出的物料质量，即

$$\sum m_{输入} = \sum m_{输出} \qquad\qquad （绪 –1）$$

式中，$\sum m_{输入}$ 为输入物料质量的总和，kg；$\sum m_{输出}$ 为输出物料质量的总和，kg。

---

① 在本教材中无特殊说明均为连续稳态、无化学反应的物理过程。

物料质量可以是总物料的质量，也可以是某一组分的质量，也可以是质量流量，但对同一个物料衡算式必须统一。

物料衡算的方法和步骤具体如下。

1. 划定范围 依题意画示意图，确定物料衡算所包括或涉及的范围，一般可用封闭虚线或圆圈将需要衡算的体系划定出来。进、出体系的物料用带箭头的物流线表明，物流线要与范围线相交（如果不相交说明该物流没有进入或离开体系）。划定的范围根据研究的需要，可以大到一个工厂、一个车间，也可以小到一台设备（或设备的某部分）、一段管道、一个阀门。

2. 确定基准 对于间歇生产，可以规定以一批物料为衡算基准；对于连续生产，一般可以1小时作为基准，也可以用1天、1月或1年作为基准。

3. 列出方程 所列方程应该包含已知条件和未知量，若有 n 个未知量的衡算问题，需要列出 n 个独立存在的衡算方程。一般是先列出整个物料衡算方程，再列出某分组分的衡算方程。

4. 求解方程 从联立方程组解出未知量。

例绪 - 1 如图绪 - 2 所示，某制药厂用连续蒸发器对葡萄糖溶液进行浓缩操作，已知进料量为3000kg/h，原料液的质量分数为0.15，稀溶液先送入第一个蒸发器进行蒸发，然后送入第二个蒸发器继续蒸发，经测算从第二个蒸发器出来的完成液的质量分数为0.75，从第二个蒸发器蒸出去的水分是第一个蒸发器蒸出的1.4倍，试求：

（1）每小时两个蒸发器的水分蒸发量 W_1，W_2；

（2）第一个蒸发器蒸出产品的浓度 X_1。

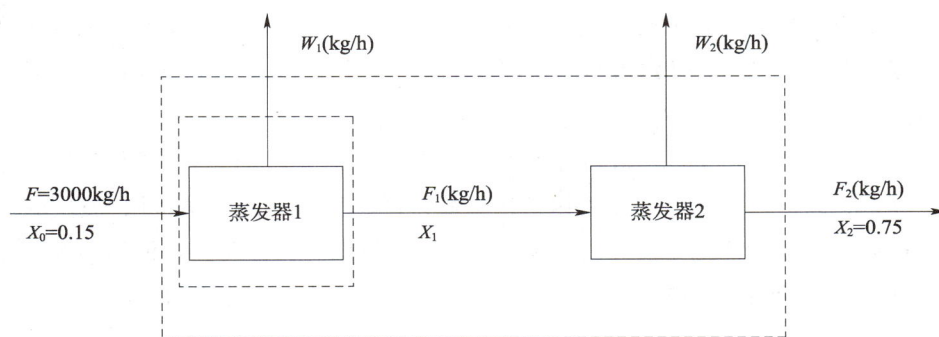

图绪 - 2　物料衡算示意图

分析：1. （1）划定范围　依题意画出示意图（如图绪 - 2），用外虚线框（两个蒸发器）划出研究范围，用箭头标明物料的来源和去向。

（2）选定基准　1小时。

（3）列出物料衡算方程

总物料衡算方程：
$$F = W_1 + W_2 + F_2$$

分组分衡算方程：
$$FX_0 = F_2X_2$$

已知：
$$W_2 = 1.4W_1$$

（4）解方程得　$F_2 = 600\text{kg/h}；W_1 = 1000\text{kg/h}；W_2 = 1400\text{kg/h}$。

2. 以图中的内虚线框（第一个蒸发器）为衡算范围，列出物料衡算方程。

总物料衡算方程：
$$F = F_1 + W_1$$

分组分衡算方程：
$$FX_0 = F_1X_1$$

解方程得：$F_1 = 2000\text{kg/h}$，$X_1 = 0.225$。

（二）能量衡算

能量衡算的依据是能量守恒定律。对于无化学反应的单元操作过程所涉及的能量衡算是热量衡算和机械能衡算的两种形式，而以热量衡算为多。对于稳定的传热过程，热量衡算可表示为

$$\sum Q_{输入} = \sum Q_{输出} + Q_{损} \tag{绪-2}$$

式中，$\sum Q_{输入}$ 为输入体系的总物料带入的热量，J；$\sum Q_{输出}$ 为输出体系的总物料带出的热量，J；$Q_{损}$ 为体系与环境交换的总热量，J。当体系向环境传热时，通常称为热损失，该值为正。

能量衡算的方法与物料衡算大同小异，也需要四个步骤。不同的是对具有数值相对性的热量，一般需要人为规定一个能量值为零的状态作为基准，如规定273K时液态物质的热焓量为零。

任何一个生产过程都涉及能量的利用和节约成本，能量衡算是进行经济核算和实现过程最佳化的基础。通过能量衡算，可以找出生产中存在的能耗问题，说明能量利用的形式及节能的可能性，有助于设备改进以及制定合理的能量利用措施，达到节约能源，减少碳排放、保护环境及降低成本的目的。在制药化工生产中，物料、热量衡算是生产、技术管理，寻找存在问题，进而提出对策的最基本的方法。

（三）过程的平衡

平衡状态是自然界中广泛存在的现象，任何一个物理或化学变化过程都有其进行的方向和限度，在一定条件下，过程的变化会达到极限。例如，在101.3kPa下，100℃水与水蒸气处于平衡状态，这是一个动态平衡状态，如果要打破这个平衡，就得改变条件，对于化学反应也是如此。条件不变时，物系在平衡状态时的温度、压力、各组分的浓度等不随时间变化，它们之间的关系即为平衡关系。当条件改变后，物系就会达到新的平衡状态、建立新的平衡关系。

平衡关系是分析各种制药化工过程进行程度的量化指标，也为实际过程的进行指明了标准，如精馏过程理论计算中理论板的引入，如果气液两相已达平衡，说明气液分离已达极限。在选择实际板数时，总是希望实际板接近理论板，这就为设计选择实际板指明了方向，这样可以根据物系的状态判断过程已经进行到什么程度，是否达到了平衡状态，对实际生产过程的操作、产品质量的指标控制等提供了判断的依据。

（四）过程的速率

一个制药化工生产过程进行的快慢是受很多因素影响的，但自然界中传递过程的普遍规律归结起来由两大因素决定，即过程进行的推动力和阻力，可以表示为

$$过程的传递速率 = \frac{过程的推动力}{过程的阻力} \tag{绪-3}$$

过程的推动力常常用差距来描述。从上式可以看出，单元操作过程速率的大小与过程的推动力成正比，与过程的阻力成反比。制药化工单元操作中的传动过程的推动力是能量差，阻力是摩擦力；传热过程的推动力是温度差，阻力是热阻；传质过程的推动力是浓度差，过程的阻力很复杂，受很多因素影响。在实际生产中，要明确过程进行的目的，是为了提高过程速率还是为了降低过程速率，这样才能控制影响过程速率的主要因素。如在传热过程中，以加热为目的传热过程，就要增大传热温度差；而以保温为目的的传热过程，则需要从增大传热阻力入手。当过程的推动力为零时，则过程速率为零，即过程达到平衡状态。所以物系偏离平衡状态越远，过程的推动力就越大，过程进行的速率就越快。过程的传递速率是决定

制药化工设备的重要因素，传递速率大时，设备尺寸可以小，但传递速率不一定都是越大越好。

一个生产过程若要维持正常进行，设定的操作指标必须是在不平衡的状态下才能进行，这对每个单元操作及整个生产过程都非常重要。

（五）过程最佳化

一个药品要实现工业化生产必须做到技术上先进、经济上合理。构成药品生产的主要工艺过程中的反应、分离、制剂所需设备的投资和操作费用决定了一个药品的经济效益。过程最佳化研究的是过程进行的经济问题，要用经济核算确定最经济的设计方案。工程上要求以最小的投入获得最大的效益。最小的投入应包含两方面内容，即一次性投入和日常性投入，要求两项之和最小，便是过程最佳化。

三、单位及单位换算

制药生产过程中涉及很多的物料，这些物料的量化需要由各种单位量来计量，如质量、流量等，还有表示体系状态性质的参数，如压力、温度等，这些物理量很多，它们的单位有基本单位和导出单位两种。由于历史、地区及不同学科领域的不同要求，对单位的选择不同，因而形成了不同的单位制度，如物理单位制（CGS制）、工程单位制、国际单位制。为计算准确和交流方便，本教材计量单位主要采用国家法定计量单位——国际单位。

国际单位制，代号 SI，本课程常采用 SI 单位制中的五个独立的物理量为基本单位，其名称、单位代号和常用单位见表绪－1。

表绪－1　国际单位制的五个基本单位和常用单位

基本物理量名称	基本单位	SI 单位代号	常用单位
长度	米	m	in、mm、μm
质量	千克（公斤）[①]	kg	g
时间	秒	s	h、min
热力学温度	开尔文[②]	K[③]	℃
物质的量	摩尔	mol	mmol、kmol

[①]括弧中的名称与它前面的名称是同义词。

[②]热力学温度（绝对温度）没有负值，除用开尔文表示热力学温度外，也可以使用摄氏温度，摄氏温度的代号为℃，两者换算关系为 ℃ $\xleftrightarrow[-273.15]{+273.15}$ K，工程上进行热力学计算时一般近似取 273.2。

[③]书写以人名命名的单位时需要大写，如 K、W、J、N、Pa 等。

国际单位制在实际使用时有时太大或太小，为了方便可对原单位乘以放大或缩小的倍数，即在单位前加上词头，如规定常用的词头有 10^6 为兆，代号为 M；10^3 为千，代号为 k；10^{-9} 为纳，代号为 n；10^{-6} 为微，代号为 μ；10^{-3} 为毫，代号为 m；10^{-2} 为厘，代号为 c；10^{-1} 为分，代号为 d。通常词头与单位符号之间连写，不用任何标点符号相隔，如千克应写成 kg；同一个单位之前只能用一个词头，如 10^6g 应写成 Mg，而不能写成 kkg；词头也不能冠于组合单位整体之前，如不能写成 k（m/s）。

由基本单位通过既定的物理关系推导出的单位称为导出单位，如牛顿第二定律 $F = ma$，力 F 的单位是由质量 m 和加速度 a 的单位导出，$kg \cdot m/s^2$，称为牛顿，代号 N。单位与单位相除所得的导出单位可表示成 N/m^2，$J/(kg \cdot K)$ 等，后者不能写成 J/kg/K，否则容易引起混淆。国际单位制的部分常见导出单位及换算关系见表绪－2。

表绪-2 国际单位制的部分常见导出单位及换算关系

物理量名称	换算公式	导出单位代号	换算关系
速度	$v = \dfrac{s}{t}$	m/s	$1 \text{in} \approx 0.02540 \text{m}$
加速度		m/s²	$g = 9.81 \text{m/s}^2$
面积		m²	
体积		m³	$1 \text{L} = 1 \text{dm}^3$
密度	$\rho = \dfrac{m}{V}$	kg/m³	
力	$F = ma$ $G = mg$	N	$1 \text{N} = 1 \text{kg} \cdot \text{m/s}^2$ $1 \text{kgf} = 9.81 \text{N}$
压力	$P = \dfrac{F}{A}$	Pa	$1 \text{Pa} = 1 \text{N/m}^2$ $1 \text{Pa} \approx 0.1019 \text{ mmH}_2\text{O}$ $1 \text{mmHg} \approx 133.32 \text{Pa} = 0.1333 \text{kPa}$ $1 \text{kPa} \approx 7.5 \text{mmHg}$ $1 \text{kgf/cm}^2 = 98.07 \times 10^3 \text{Pa} \approx 0.098 \text{MPa}$ $1 \text{atm} = 1.01325 \times 10^5 \text{Pa} \approx 0.101 \text{MPa}$
功、能量、热量	$W = F \cdot S$	J	$1 \text{J} = 1 \text{N} \cdot \text{m}$ $1 \text{kgf} \cdot \text{m} = 9.81 \text{J}$ $1 \text{kcal} \approx 4.187 \times 10^3 \text{J}$
功率	$P = \dfrac{W}{t}$	W	$1 \text{W} = 1 \text{J/s}$ $1 \text{kW} = 864 \text{kcal/h}$
比热容 C_P	$Q = C_P \cdot m \cdot \Delta T$	J/(kg·K)	
传热系数 K	$Q = KA\Delta T_m$	W/(m²·K)	$1 \text{kcal/(m}^2 \cdot \text{h} \cdot \text{℃)} = 1.163 \text{W/(m}^2 \cdot \text{K)}$

数字与单位之间可留半个阿拉伯数字的间隙；从小数点起不论向左或向右，每三位数字也留同样的间隙。

本书采用法定计量单位，但在实际应用中，仍可能遇到非法定计量单位，需要进行单位换算。将物理量由一种单位换算成另一种单位时，物理量本身并无变化，但数值要改变，换算时要乘以量单位间的换算因数，换算因数 = $\dfrac{原单位}{新单位}$，它表示一个原单位相当于多少个新单位。如 $\dfrac{\text{cm}}{\text{m}} = 10^{-2}$，$\dfrac{\text{kgf}}{\text{N}} = 9.81$。

例绪-2 在物理单位制中，黏度的单位为 P（泊），即 g/(cm·s)，试将该单位换算成 SI 制中的黏度单位 Pa·s。

分析：根据 $F = ma$ 得 $1 \text{N} = 1 \text{kg} \cdot \text{m/s}^2$，根据 $P = \dfrac{F}{A}$ 得 $1 \text{Pa} = 1 \text{N/m}^2$

$$1 \text{Pa} \cdot \text{s} = \frac{\text{N}}{\text{m}^2} \cdot \text{s} = \frac{\text{kg} \cdot \text{m}}{\text{s}^2 \cdot \text{m}^2} \cdot \text{s} = 1 \text{kg/(m} \cdot \text{s)}$$

故 $1 \text{P} = 1 \text{g/(cm} \cdot \text{s)} = 10^{-3} \text{kg/(10}^{-2} \text{m} \cdot \text{s)} = 0.1 \text{Pa} \cdot \text{s}$

目标检测

答案解析

一、简答题

1. 什么是单元操作？制药化工厂常见的单元操作有哪些？

2. 何谓"三传"？分别包括哪些主要设备？

3. 压力的国际单位为 Pa，即 N/m²，已知 1 个标准大气压的压力相当于 1.033kgf/cm²，试以 SI 制单位表示是多少?

二、应用实例题

1. 用物理单位制表示 4℃ 时水的密度为 1.00g/cm^3，试以国际单位 kg/m^3 表示水的密度。

2. 已知理想气体通用常数 $R = 0.08206$（L·atm)/(mol·K)，试以国际单位 J/(mol·K) 表示 R 的数值。

书网融合……

习题

学习引导

在日常生活中，自来水输送的过程和病人吸氧的过程均属于流体的流动。在制药化工生产工艺中，将液体或气体输送至设备内进行物理处理或化学反应，需要涉及选用什么型式、多大功率的输送机械，如何确定管道直径及如何控制物料的流量、压强、温度等参数以保证操作或反应能正常进行，这些问题都与流体流动密切相关。你知道流体有哪些？流体在输送过程中有哪些规律？运用这些规律有哪些实际意义？

本章将着重讨论流体流动过程的基本原理及流体在管内的流动规律，并运用这些原理与规律去分析和计算流体的输送问题。

学习目标

1. **掌握**　流体静力学方程、连续性方程和伯努利方程的内容及其应用；管路中流体的压力、流速和流量的测定原理及方法；流动类型及其判定；各种流量计的结构、性能以及操作方法。

2. **熟悉**　流体的主要物性（密度、黏度）；流体静止和运动的基本规律；连续性、稳定与不稳定流动；流体在管路中流动时流动阻力的产生原因、影响因素及计算方法。

3. **了解**　流体的定义、流体的特征；管路布置的基本原则；流体输送管路的基本组成；各种管件和阀门的结构、用途；测压仪表和流量计的原理及使用。

第一节　认识流体

PPT

流体流动是制药化工生产中最常见的单元操作，同时与生活息息相关。

一、流体的特征

1. 定义　流体是具有流动性的物质，它是一种受任何微小剪切力的作用都会连续变形的物体。流体是液体和气体的总称。流体具有可流动性、可压缩性以及黏性。

2. 流动性　流体是由大量的、不断地做热运动而且无固定平衡位置的分子构成，它的基本特征是没有一定的形状并且具有流动性。

固体和流体具有以下不同的特征：固体在力的作用下发生变形，在弹性极限内固体的变形量和作用力的大小成正比。而流体则是与变形速度和压力有关，层流和湍流状态下它们之间的关系有所不同。当作用力停止，固体可以恢复原来的形状，流体只能够停止变形，而不能返回原来的位置。固体有一定的形状，流体由于其变形所需的压力非常小，所以很容易使自身的形状适应容器的形状，并可以在一定的条件下维持下来。

3. 压缩性 当作用在流体上的压力增加时，流体所占有的体积将减小，这种特性称为流体的压缩性。当温度变化时，流体的体积也随之变化，温度升高、体积膨胀，这种特性称为流体的膨胀性。一般，水及其他液体的压缩性和膨胀性都很小。所以，工程上一般不考虑它们的压缩性或膨胀性。但当压力、温度的变化比较大时（如在高压锅炉中），就必须考虑液体的压缩性和膨胀性。气体不同于液体，压力和温度的改变对气体体积和密度的变化影响很大。在热力学中是用气体状态方程式（1-1）来描述它们之间的关系。

$$pV = nRT \tag{1-1}$$

在一般情况下，对于能够忽略其压缩性的流体称其为不可压缩流体，不可压缩流体的密度可看作常数。反之，对于压缩性和膨胀性比较大的流体称为可压缩流体，可压缩流体的密度是随着压力的变化而变化的。但是，可压缩流体与不可压缩流体的划分并不是绝对的。例如，通常把气体看成可压缩流体，当气体的压力和温度在整个流动过程中变化很小时（如通风系统），它的密度变化也很小，在接受的误差范围内，这时的气体可看作不可压缩，密度近似认为是一个常数。

二、流体的密度

单位体积流体的质量称为流体的密度，其表达式为

$$\rho = \frac{m}{V} \tag{1-2}$$

式中，ρ 为流体的密度，kg/m^3；m 为流体的质量，kg；V 为流体的体积，m^3。

流体的密度一般可在附录或物理化学手册或有关资料（比如 NIST 数据库）中查得。

（一）液体密度

一般液体可视为不可压缩流体，其密度基本上不随压力变化，但随温度变化，一般温度升高、密度减小。

对于液体混合物，各组分的浓度常用质量分数来表示。现以 1kg 混合液体为基准，若各组分在混合前后其体积不变，则 1kg 混合物的体积等于各组分单独存在时的体积之和，即

$$\frac{1}{\rho_m} = \frac{\omega_1}{\rho_1} + \frac{\omega_2}{\rho_2} + \cdots + \frac{\omega_n}{\rho_n} \tag{1-3}$$

式中，ω_n 为液体混合物中 n 组分的质量分数；ρ_m 为混合液体的平均密度，kg/m^3。

（二）气体密度

气体是可压缩的流体，其密度随压强和温度而变化。一般当压强不太高、温度不太低时，可按理想气体来换算

$$\rho = \frac{pM}{RT} \tag{1-4}$$

式中，p 为气体的绝对压强，Pa；T 为气体的绝对温度，K；M 为气体的摩尔质量，kg/mol；R 为气体常数，其值为 8.314J/(mol·K)。

对于气体混合物，各组分的浓度常用体积分数来表示。现以 $1m^3$ 混合气体为基准，若各组分在混合

前后其质量不变，则$1m^3$混合气体的质量等于各组分的质量之和，即

$$\rho_m = \rho_1 \chi_1 + \rho_2 \chi_2 + \cdots + \rho_n \chi_n \tag{1-4a}$$

式中，χ_n为气体混合物中n组分的体积分数；ρ_m为气体混合物的平均密度，kg/m^3。

或

$$\rho_m = \frac{pM_m}{RT} \tag{1-4b}$$

气体混合物的平均密度也可按（1-4b）计算，此时应以气体混合物的平均分子量M_m代替式中的气体分子量，M_m的计算公式为

$$M_m = M_1 y_1 + M_2 y_2 + \cdots + M_n y_n \tag{1-5}$$

式中，M_n为气体混合物中n组分的摩尔质量；y_n为气体混合物中n组分的摩尔分数。

（三）相对密度

相对密度俗称比重，各种物质的相对密度可从相关手册和数据库中查出。相对密度是指某物质的密度与参考物质的密度在各自规定的条件下的比值。其表达式为

$$d = \frac{\rho}{\rho_{参}} \tag{1-6}$$

式中，d为相对密度，无量纲量；ρ为某流体的密度，kg/m^3；$\rho_{参}$为参考物质的密度，kg/m^3。

对于液体，一般参考物质会选用4℃的水，此时水的密度为$1000kg/m^3$。即

$$\rho = 1000d \tag{1-7}$$

对于气体，作为参考物质的可以为空气或水；当以空气作为参考物质时，选择的是标准状态（0℃和101.325kPa）下的干燥空气，其密度为$1.293kg/m^3$。

第二节 流体静力学

流体静力学主要是研究静止流体各物理量的变化规律。

一、流体的压力（压强）

（一）流体静压强的定义、单位

流体垂直作用于单位面积上的压力，称为流体的静压强，简称压强，工程上一般称为压力，其表达式为

$$p = \frac{F}{A} \tag{1-8}$$

式中，p为流体的静压强，Pa；F为垂直作用于流体表面上的压力，N；A为作用面的面积，m^2。

在SI制中，压强的单位为N/m^2，称为帕斯卡，以Pa表示。但习惯上还采用其他单位，如atm（标准大气压）、at（工程大气压）、某流体柱高度（mmHg、mH_2O）、bar（巴）等，它们之间的换算关系为：

$1atm = 1.033at = 1.033kgf/cm^2 = 760mmHg = 10.33mH_2O = 1.0133bar = 1.0133 \times 10^5 Pa$

（二）压强的表达方式

流体的压强除用不同的单位来计量外，还可以有不同的计量基准。

以绝对零压作起点计算的压强，称为绝对压强 $p_{绝}$，是流体的真实压强。

流体的压强可用测压仪表来测量。当被测流体的绝对压强大于外界大气压强时，所用的测压仪表称为压强表。压强表上的读数表示被测流体的绝对压强比大气压强高出的数值，称为表压强 $p_{表}$，即

$$p_{表} = p_{绝} - p_0 \qquad (1-9)$$

式中，p_0 代表大气压。

当被测流体的绝对压强小于外界大气压强时，所用测压仪表称为真空表。真空表上的读数表示被测流体的绝对压强低于大气压强的数值，称为真空度 $p_{真}$，即

$$p_{真} = p_0 - p_{绝} \qquad (1-10)$$

显然，设备内流体的绝对压强愈低，则它的真空度就愈高。真空度是表压强的负值，例如，真空度为 600mmHg，则表压强是 -600mmHg。

应当指出，外界大气压强随大气的温度、湿度和所在地区的海拔高度而改变。为了避免绝对压强、表压、真空度三者相互混淆，在以后的讨论中规定，对表压和真空度均加以标注，如 2000mmHg（表压）、400mmHg（真空度）等。

二、流体静力学基本方程

现讨论流体在重力和压力作用下的平衡规律，这时流体处于相对静止状态。由于重力就是地心吸力，可以看作是不变的，变化的是压力。所以实质上是讨论静止流体内部压力（压强）变化的规律。用于描述这一规律的数学表达式，称为流体静力学基本方程。

在一静止容器中盛有密度为 ρ 的静止液体（图 1-1）。现于液体内部任意划出一底面积为 A 的垂直液柱。若以容器底为基准水平面，则液柱的上、下底面与基准水平面的垂直距离分别为 Z_1、Z_2。

在垂直方向上作用于液柱上的力有：

（1）作用于上底面的压力 $p_1 A$，方向向下；

（2）作用于下底面的压力 $p_2 A$，方向向上；

（3）作用于整个液柱的重力 $G = \rho A g (Z_1 - Z_2)$。

液柱处于静止状态时，在垂直方向上各力的代数和应为零，即

$$p_2 A = p_1 A + \rho A g (Z_1 - Z_2)$$

整理为 　　　　$p_2 = p_1 + \rho g (Z_1 - Z_2) \qquad (1-11)$

为讨论方便，对式（1-11）进行适当的变换，即将液柱的上底面取在容器的液面上，设液面上方的压强为 p_0，下底面取在距液面任意距离 h 处，作用于其上的压强为 p。则

$$p = p_0 + \rho g h \qquad (1-11a)$$

式（1-11）及（1-11a）适用于液体和气体，统称为流体静力学基本方程，讨论如下。

1）当容器液面上方的压强一定时，静止液体内部任一点压强 p 的大小与液体本身的密度 ρ 和该点距液面的深度 h 有关。因此，在静止的、连续的同一液体内，处于同一水平面上各点的压强都相等。

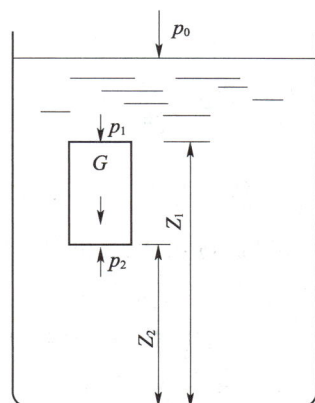

图 1-1　流体静力学基本方程式的推导

即学即练 1－1

（　　）不是流体静力学基本方程中等压面应用的必要条件。

A. 静止的流体　　　B. 连续的流体　　　C. 同一种流体　　　D. 液体

2）当液面上方的压强有改变时，液体内部各点的压强也发生同样大小的改变。

3）式（1－11a）可改写为

$$\frac{p - p_0}{\rho g} = h \tag{1-12}$$

上式说明压强差的大小可以用一定高度的液体柱来表示。由此可以引申出压强的大小也可用一定高度的液体柱表示，这就是前面所介绍的压强可以用 mmHg、mH_2O 等单位来计量的依据。当用液柱高度来表示压强或压强差时，必须注明是何种液体，否则就失去了意义。

实例分析 1－1

案例　潜水分为专业潜水和休闲潜水两种。专业潜水主要是指水下工程、水下救捞、水下探险等，是需要有经验的专业潜水人员进行的潜水活动。而休闲潜水是指以水下观光和休闲娱乐为目的的潜水活动，其中又分为浮潜和水肺潜水。在没有任何器械帮助下，正常人下潜深度约为 10m，专业潜水员为 15～17m。

问题　正常人下潜的深度受什么因素影响？

三、流体静力学基本方程的应用

（一）压强与压强差的测量

测量压强的仪表很多，现仅介绍以流体静力学基本方程为依据的测压仪器。这种测压仪器统称为液柱压差计，可用来测量流体的压强或压强差，较典型的有下述两种。

1. U 管压差计　结构如图 1－2 所示，它是一根 U 形玻璃管，内装有液体作为指示液。指示液要与被测流体不互溶，不起化学反应，且其密度应大于被测流体的密度（U 管开口朝上）。当测量管道中 1 点与 2 点处流体的压强差时，可将 U 管的两端分别与 1 点及 2 点相连，由于两截面的压强 p_1 和 p_2 不相等，所以在 U 管的两侧便出现指示液面的高度差 R，R 称为压差计的读数，其值的大小反映 1、2 两截面间的压强差（$p_1 - p_2$）的大小。（$p_1 - p_2$）与 R 的关系式，可根据流体静力学基本方程进行推导。

图 1－2 所示的 U 管底部装有指示液，其密度为 $\rho_指$，U 管两侧臂上部及连接管内均充满待测流体，其密度为 ρ。图中 A、B 两点都在连通在同一种静止流体内，并且在同一水平面上，所以这两点的静压强相等，即 $p_A = p_B$。根据流体静力学基本方程可得

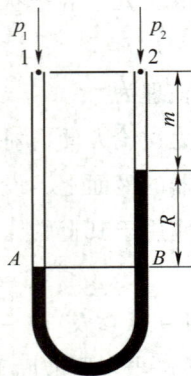

图 1－2　U 型管压差计

$$p_A = p_1 + \rho g(m + R)$$

$$p_B = p_2 + \rho g m + \rho_{指} g R$$

于是
$$p_1 + \rho g(m + R) = p_2 + \rho g m + \rho_{指} g R$$

上式化简后即得（$p_1 - p_2$）与 R 的关系式为：

$$\Delta p = p_1 - p_2 = (\rho_{指} - \rho)g R \qquad (1-13)$$

U 管压差计不但可用来测量流体的压强差，也可测量流体在任一处的压强。若 U 管一端与设备或管道某一截面连接，另一端与大气相通，这时读数 R 所反应的是表压或真空度。

2. 微差压差计 由式（1-13）可以看出，若所测量的压强差很小，U 管压差计的读数 R 也就很小，有时难以准确读出 R 值。为了把读数 R 放大，除了在选用指示液时，尽可能地使其密度 $\rho_{指}$ 与被测流体的密度 ρ 接近外，还可采用如图 1-3 所示的微差压差计，其特点具体如下。

（1）压差计内装有两种密度相近且不互溶的指示液 a 和 b，而指示液与被测流体亦应不互溶。

（2）为了读数方便，使 U 管的两侧臂顶端各装有扩大室，俗称为"水库"。扩大室内径与 U 管内径之比应大于 10。这样，扩大室的截面积比 U 管的截面积大很多，即使 U 管内指示液的液面差 R 很大，但两扩大室内的指示液的液面变化很微小，可以认为维持等高。于是压强差（$p_1 - p_2$）便可用下式计算，即

$$\Delta p = p_1 - p_2 = (\rho_a - \rho_b)g R \qquad (1-13a)$$

式中，$\rho_a - \rho_b$ 是两种指示液的密度差。

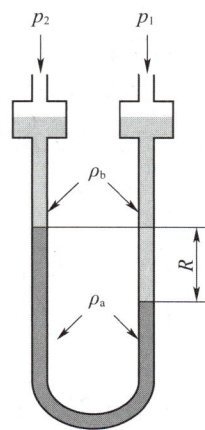

图 1-3 微差压差计

知识链接

水银柱血压计

一、测量原理

水银柱血压计和电子血压计是常用的血压计。人体内血液的流动跟水在平整光滑的河道中流动一样，血液在血管中的流动也是没有声音的，只有当血液或水通过狭窄的管道形成涡流时，才会发出声音。根据这个原理，测量人体血压的水银柱血压计应运而生。水银柱血压计结构简单，测量稳定性好。

水银柱血压计（图 1-4）的结构是上端与大气相通的玻璃指示管，和上端与气囊相连的汞瓶相连构成一个 U 形管，作为气压指示装置。当气囊内压力大于大气压力时，汞瓶内水银被压向玻璃管，水银面下降；而玻璃管内水银面上升，直到两者之间的高度差产生的压强与汞瓶内水银面所受气囊内气体压强相等，此时，水银面高度差就可以反映气囊内气压。测量血压时，随气囊缓慢排气，记录脉搏声出现和消失时水银柱指示的刻度，即得到被检者的收缩压与舒张压。

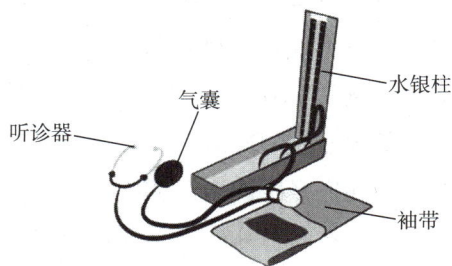

图 1-4 水银柱血压计

二、实际用途

水银柱血压计的压力单位有 mmHg 和 kPa 两种，将两者相互换算后便可制作血压计刻度。血压的表示方法为收缩压/舒张压，如 120/80mmHg。成人正常收缩压为：90～140mmHg，即 12～19kPa；舒张压为：60～90mmHg，即 8～12kPa。合理锻炼，控制个人情绪和饮食，保证健康生活习惯，从而增强体

质，预防高血压必须从我做起，从现在做起。

（二）液位的测量

制药厂中经常要了解容器里液体的贮存量，或要控制设备里的液位，因此要进行液位的测量。大多数液位计的作用原理遵循静止液体内部压强变化的规律。

1. 玻璃管液位计 最早使用的液位计是玻璃管液位计（图1-5），玻璃管内所示的液面高度即为容器内的液面高度。但是这种液位计易于破损、测量储罐容积有限，于是就出现了图1-6所示的液柱液位计，其原理是

$$h = \frac{\rho_{指}}{\rho}R \qquad (1-14)$$

式中，$\rho_{指}$为U型管内指示液的密度；ρ为储罐内流体的密度。但是这种液位计由于水银有一定的挥发性、汞毒性很强、等压面的设置等因素影响其广泛使用。

2. 差压式液位计 是利用液柱产生的压力来测量液位的高度，其原理和液柱式液位计基本一致，其结构如图1-7所示。在液位发生变化后，差压变送器测到的压差也会随之发生变化，它们之间有线性的关系。

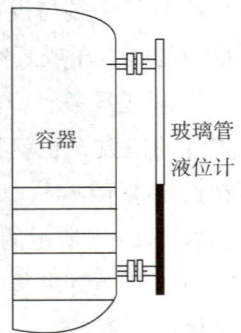

图1-5 玻璃管液位计

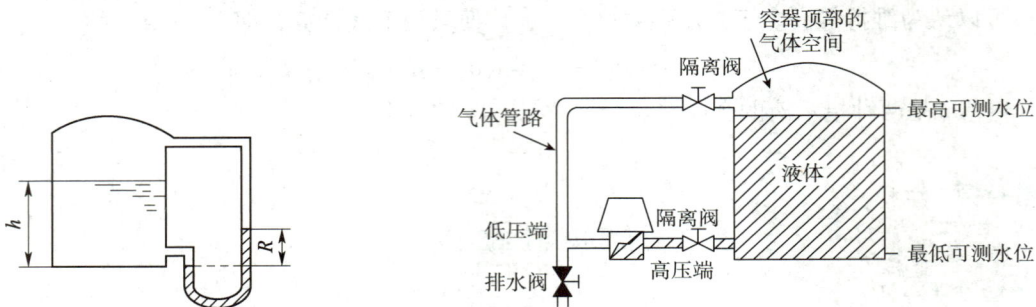

图1-6 液柱液位计

图1-7 差压式液位计

3. 磁翻板液位计 是由翻板指示器、标尺、主体管道、磁性浮子、连接法兰、排污阀组成，如图1-8所示。核心部件共有三部分组成：非磁性材料立管、磁性浮子及磁性显示翻板。其中非磁性材料立管一般采用不锈钢管或钛钢管，其长度要略长于需要监控的液面高度；磁性浮子外壳用薄不锈钢板焊制而成，内镶嵌强磁铁棒，磁性浮子放在立管内；磁性显示翻板用卡环固定在立管外侧，立管上、下两端用法兰盖封死，在立管最低位置安装排污管。在液位显示器安装时应保证立管的垂直度，以使浮子在立管内能自由浮动。

磁翻板液位计是根据浮力原理和磁性耦合作用原理工作的。当被测容器中的液位升降时，磁翻板液位计主导管中的浮子也随之升降，浮子内的永久磁钢通过磁耦合传递到现场指示器，驱动红、白翻柱翻转180°，当液位上升时，翻柱由白色转为红

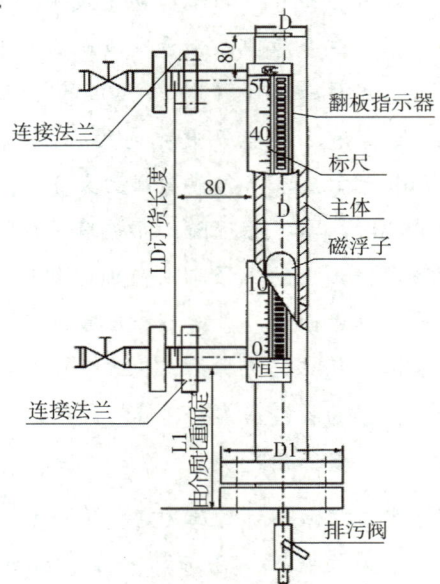

图1-8 磁翻板液位计

色，当液位下降时，翻柱由红色转为白色，指示器的红、白界位处为容器内介质液位的实际高度，从而实现液位的指示。

磁翻板液位计具有结构简单、安装简单、维修方便、液位观察清晰直观的特点。由于具有磁性耦合隔离器密闭结构，不堵塞、不泄漏，磁翻板液位计尤其适用于易燃、易爆、有腐蚀性及有毒液体的测量。

第三节　流体动力学

前面我们讨论了静止流体内部压强的变化规律。但要了解流动着的流体内部压强变化的规律，或解决液体从低位流到高位、从低压处流到高压处需要输送设备对液体提供的能量，以及从高位槽向设备输送一定量的料液时，高位槽应安装的高度等问题，必须找出流体在管内的流动规律。反映流体流动规律的有连续性方程与伯努利方程。

一、流体流动的要素

1. 流量　单位时间内流过管道任一截面的流体量，称为流量。若流量用体积来计量，则称为体积流量，以 V_s 表示，单位为 m^3/s。若流量用质量来计量，则称为质量流量，以 W_s 表示，单位为 kg/s。体积流量和质量流量的关系为

$$W_s = V_s \rho \tag{1-15}$$

2. 流速　单位时间内流体在流动方向上所流过的距离，称为流速。以 u 表示，单位为 m/s。因流体流经管道任一截面上各点的流速沿管径方向变化，故流体的流速通常是指整个管截面上的平均流速，其表达式为

$$u = \frac{V_s}{A} \tag{1-16}$$

式中，A 为与流动方向相垂直的管道截面积，$A = \frac{\pi}{4}d^2 = 0.785d^2$，$m^2$。

由式（1-15）与（1-16）可得流量与流速的关系，即

$$W_s = V_s \rho = uA\rho \tag{1-17}$$

由于气体的体积流量随温度和压强而变化，显然气体的流速亦随温度和压强而变。因此，采用质量流速就较为方便。质量流速是单位时间内流体流过管道单位截面积的质量，亦称为质量通量，以 G 表示，单位为 $kg/(m^2 \cdot s)$，其表达式为

$$G = \frac{W_s}{A} = \frac{uA\rho}{A} = u\rho \tag{1-18}$$

3. 圆形输送管道直径的确定　对内径为 d 的圆管，可将式（1-16）变为

$$d = \sqrt{\frac{4V_s}{\pi u}} \tag{1-19}$$

为满足过程最佳化，在已知流量（工艺或产量给定）时，合理选择适宜的流速后，才能根据上式确定管内径。若管径过大，一次性投资大；管径过小，日常能量损耗大，两者都不经济。常按式（1-19）求得管径后需圆整到标准管径。圆整时向偏大方向选管，以便扩大生产。

例 1－1 某车间要求安装一根输水量为 $45m^3/h$ 的管道，试选择合适的水管型号。

分析：查附录三取水在管内的速度 $u=1.5m/s$

则：$d=\sqrt{\dfrac{4V_s}{\pi u}}=\sqrt{\dfrac{4\times 45/3600}{3.14\times 1.5}}=0.103m=103mm$

查附录二，根据内径（接近于公称直径）确定选用 $\varphi 114mm\times 4mm$（即管外径为 114mm，壁厚为 4mm）的水管，其内径为 $114-4\times 2=106mm$。

水在管内的实际流速 $u'=\dfrac{V_s}{A}=\dfrac{45/3600}{0.785\times 0.106^2}=1.42m/s$

二、流体流动的形式

流体流动分为稳定流动和不稳定流动两种。在流动系统中，若各截面上流体的流速、压强、密度等有关物理量仅随位置而改变，但不随时间而变，则将这种流动称为稳定流动，如图 1－9 所示。若流体在各截面上的有关物理量既随位置而变，又随时间而变，则称为不稳定流动，如图 1－10 所示。本章着重讨论稳定流动。

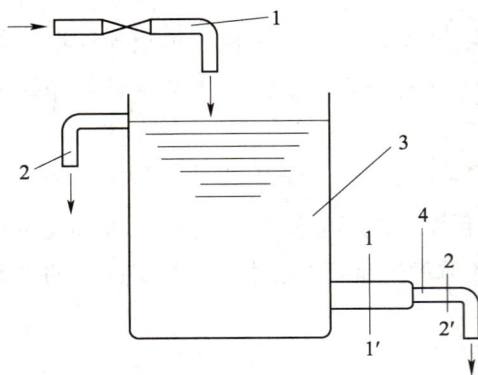

图 1－9　稳定流动

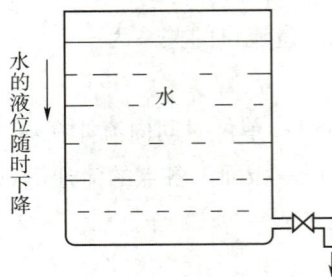

图 1－10　不稳定流动

1. 进水管；2. 溢流管；3. 容器；4. 出水管；1－1′，2－2′. 截面

三、稳定流动的物料衡算——连续性方程

在稳定流动系统中，对直径不同的管段作物料衡算，如图 1－11 所示。以管内壁、截面 1－1′ 与 2－2′ 为衡算范围。把流体视为连续介质，即流体充满管道，并连续不断地从截面 1－1′ 流入、从截面 2－2′ 流出。

对于稳定流动系统应遵循质量守恒定律，物料衡算的基本关系仍为输入量等于输出量。若以单位时间为基准，则物料衡算式为 $W_{s_1}=W_{s_2}$。

因 $W_s=uA\rho$，故上式可写成

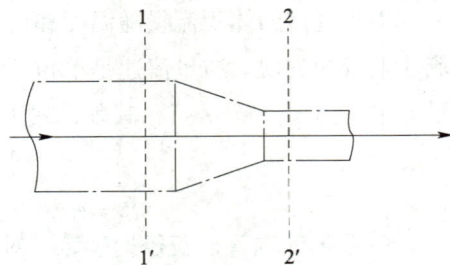

图 1－11　物料衡算示意图

$$W_s=u_1A_1\rho_1=u_2A_2\rho_2 \tag{1－20}$$

若将上式推广到管路上任何一个截面，即

$$W_s = u_1 A_1 \rho_1 = u_2 A_2 \rho_2 = \cdots = uA\rho = 常数 \tag{1-20a}$$

式（1-20a）即为连续性方程，该方程表示在稳定流动系统中，流体流经各截面的质量流量不变。若流体可视为不可压缩的流体，即 $\rho =$ 常数，则式（1-20a）可改写为

$$V_s = u_1 A_1 = u_2 A_2 = \cdots = uA = 常数 \qquad 或 \frac{u_1}{u_2} = \frac{A_2}{A_1} \tag{1-20b}$$

即流速与流道截面积成反比。

对于圆形的管子，则式（1-20b）可变为

$$\frac{u_1}{u_2} = \frac{d_2^2}{d_1^2} \tag{1-20c}$$

式（1-20c）说明不可压缩流体稳定流动时，圆形管道中的流速与管内径的平方成反比。

例 1-2　一管路由内径为 100mm 和 200mm 的钢管连接而成。已知密度为 1186kg/m³ 的液体在大管中的流速为 0.5m/s，试求：（1）小管中的流速；（2）管路中流体的体积流量和质量流量。

分析：$d_1 = 0.1\text{m}$，$d_2 = 0.2\text{m}$，$u_2 = 0.5\text{m/s}$，于是得

（1）小管中的流速　$u_1 = u_2 (d_2/d_1)^2 = 0.5 \times (0.2/0.1)^2 = 2\text{m/s}$

（2）体积流量　$V_s = u_1 A_1 = 2 \times 0.785 \times (0.1)^2 = 0.0157\text{m}^3/\text{s}$

质量流量　$W_s = V_s \rho = 0.0157 \times 1186 = 18.62\text{kg/s}$

> **▶▶ 实例分析 1-2**
>
> **案例**　水力发电是我国电能最主要的来源之一。我国水电行业 2020 年装机容量达到 3.8 亿千瓦，居世界前列，充分展示了我们国家的强大。水力发电是利用河流、湖泊等位于高处具有势能的水流至低处，将其中所含势能转换成水轮机之动能，再借水轮机为原动力，推动发电机产生电能。中国已建成三峡、葛洲坝、乌江渡、白山、龙羊峡等各类常规水电站，建成了潘家口等大型抽水蓄能电站和试验性的江厦潮汐电站。
>
> **问题**　1. 我们知道几乎所有的水力发电站在建造的过程中都会截流，你知道什么是截流吗？
>
> 2. 大坝截流后，为什么江水通过截流口时会让平静的江水产生如万马奔腾般的感觉？
>
> 答案解析

四、稳定流动系统的能量衡算——伯努利方程

当流体在流动系统中稳定流动时，根据能量守恒定律，对任一段系统内流动的流体进行能量衡算，可以得到表示流体流动时能量变化规律的伯努利方程。流体流动时的能量形式主要有机械能、外加能量和损失能量。

（一）机械能

流体的机械能有以下几种形式。

1. 位能　流体受重力作用在不同高度所具有的能量称为位能。将质量为 $m\text{kg}$ 的流体自基准水平面 $O-O'$ 升举到 z 处所做的功，即为位能。

$m\text{kg}$ 的流体的位能 $= mgz$

1kg（单位质量）的流体所具有的位能为 gz，单位为 J/kg。

2. 动能　流体以一定速度流动，便具有动能。

$m$kg 的流体的动能 $= \dfrac{1}{2}mu^2$

1kg（单位质量）的流体所具有的动能为 $\dfrac{1}{2}u^2$，单位为 J/kg。

3. 静压能　是由于流体有一定静压力而具有的能量形式。静压力不仅存在于静止流体内部也存在于流动着的流体内部（图 1-12），如管子破裂时可以看到液体往外喷射，喷出的液柱高度便是液体静压能的体现。设质量为 m、体积为 V 的流体，通过 1-1′ 截面所需的作用力 $F = pA$，流体进入管内所走的距离 V/A，故此力对流体所做的功相当于静压能。

$m$kg 的流体的静压能 $= pA \times V/A = pV$

图 1-12　流动液体存在静压能的示意图

1kg（单位质量）的流体所具有的静压能为 $\dfrac{pV}{m} = \dfrac{p}{\rho}$，单位为 J/kg。

以上三种能量之和称为某截面上的总机械能。即总机械能 = 位能 + 动能 + 静压能。

1kg（单位质量）的流体所具有的总机械能 $= gz + \dfrac{1}{2}u^2 + \dfrac{p}{\rho}$。

（二）外加能量

若所选定区域装有流体输送机械，该输送机械将机械能输送给流体，将 1kg（单位质量）流体从流体输送机械获得的能量称为外加能量，用符号 W_e 表示，单位为 J/kg。

（三）损失能量

流体具有黏性，在流动过程中因克服摩擦阻力而产生能量损失。将 1kg（单位质量）流体损失的能量，称为损失能量，用符号 $\sum h_f$ 表示，单位为 J/kg。

（四）伯努利方程的导出

流体在稳定流动过程中，如图 1-13 所示，流体从泵前的入口截面 1-1′ 流入，经粗细不同的管道，从泵后的出口截面 2-2′ 流出。

衡算范围：内壁面、1-1′ 与 2-2′ 截面间。

衡算基准：1kg（单位质量）流体。

基准水平面：O-O′ 平面。

设 u_1、u_2 分别为流体在截面 1-1′ 与 2-2′ 处的流速，m/s；p_1、p_2 分别为流体在截面 1-1′ 与 2-2′ 处的压强，N/m²；z_1、z_2 分别为截面 1-1′ 与 2-2′ 的中心至基准水平面 O-O′ 的垂直距离，m；ρ_1、ρ_2 分别为截面 1-1′ 与 2-2′ 处流体的密度，kg/m³；W_e 为外加能量，J/kg；$\sum h_f$ 为损失能

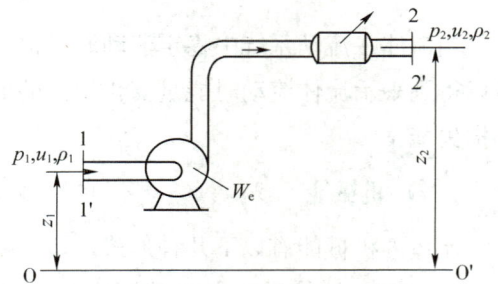

图 1-13　伯努利方程的推导

量，J/kg。

1kg（单位质量）流体进、出系统时输入和输出的能量有以下各项：

输入能：1-1′截面所具有的机械能 $gz_1 + \frac{1}{2}u_1^2 + \frac{p_1}{\rho_1}$ 和外加能量 W_e；

输出能：2-2′截面所具有的机械能 $gz_2 + \frac{1}{2}u_2^2 + \frac{p_2}{\rho_2}$ 和损失能量 $\sum h_f$。

根据能量守恒定律，连续稳定流动系统的能量衡算是以输入的总能量等于输出的总能量为依据的，于是便可列出以 1kg（单位质量）流体为基准的能量衡算式，即

$$gz_1 + \frac{1}{2}u_1^2 + \frac{p_1}{\rho_1} + W_e = gz_2 + \frac{1}{2}u_2^2 + \frac{p_2}{\rho_2} + \sum h_f \qquad (1-21)$$

式（1-21）即为实际流体的伯努利方程。

（五）伯努利方程的讨论

1. 理想流体的伯努利方程　没有黏性的流体叫作理想流体。假设流体流动过程不存在外加机械，那伯努利方程化简为

$$gz_1 + \frac{1}{2}u_1^2 + \frac{p_1}{\rho_1} = gz_2 + \frac{1}{2}u_2^2 + \frac{p_2}{\rho_2} \qquad (1-21a)$$

式（1-21a）称为理想流体的伯努利方程。

2. 不可压缩流体的伯努利方程　不可压缩流体 $\rho_1 = \rho_2$，则式（1-21）变为

$$gz_1 + \frac{1}{2}u_1^2 + \frac{p_1}{\rho} + W_e = gz_2 + \frac{1}{2}u_2^2 + \frac{p_2}{\rho} + \sum h_f \qquad (1-21b)$$

3. 单位重量流体的伯努利方程　将式（1-21b）各项同除重力加速度 g，可得到以压头表示的单位重量（1N）流体的能量方程

$$z_1 + \frac{1}{2g}u_1^2 + \frac{p_1}{\rho g} + \frac{W_e}{g} = z_2 + \frac{1}{2g}u_2^2 + \frac{p_2}{\rho g} + \frac{\sum h_f}{g}$$

令 $H_e = \dfrac{W_e}{g}, H_f = \dfrac{\sum h_f}{g}$

则

$$z_1 + \frac{1}{2g}u_1^2 + \frac{p_1}{\rho g} + H_e = z_2 + \frac{1}{2g}u_2^2 + \frac{p_2}{\rho g} + H_f \qquad (1-21c)$$

上式中各项的单位均为 $\dfrac{J/kg}{N/kg} = J/N = m$，表示单位重量流体所具有的能量。虽然各项的单位为 m，与长度的单位相同，但在这里应理解为 m 液柱，其物理意义是指单位重量的流体所具有的机械能。习惯上将 z、$\dfrac{u^2}{2g}$、$\dfrac{p}{\rho g}$ 分别称为位压头、动压头和静压头，三者之和称为总压头。H_f 称为压头损失，H_e 为单位重量的流体从流体输送机械所获得的能量，称为外加压头或有效压头。

式（1-21b）、（1-21c）适用于不可压缩性流体。对于可压缩性流体，当所取系统中两截面间的绝对压力变化率小于20%，即 $\dfrac{p_1 - p_2}{p_1} < 20\%$ 时，仍可用该方程计算，但式中的密度 ρ 应以两截面的平均密度 ρ_m 代替。

4. 有效功率　单位时间输送设备所做的有效功，称为有效功率，表示符号 N_e，单位为 W。其计算

公式

$$N_e = W_e W_s = V_s \rho W_e = g H_e V_s \rho \tag{1-22}$$

实际上，输送机械本身存在能量转换损失，流体输送机械实际消耗的功率应为

$$N = \frac{N_e}{\eta} \tag{1-23}$$

式中，N 为流体输送机械的轴功率，W；η 为流体输送机械的效率，无量纲量。

五、伯努利方程在工程中的应用实例

（一）应用伯努利方程解题步骤

1. 根据题意画出流程示意图，标明流体的流动方向。并将主要数据如高度、管径、流量等列入图中。

2. 选取两个有效截面，截面顺序应与流动方向一致；两截面应与流动方向垂直，并且在两截面间的流体必须是连续的；截面应选在已知量最多，包含未知量的位置上，以便于解题。

3. 选取一个基准水平面，目的是为了确定流体位能的大小。位能是相对值，所以基准水平面可以在两截面中任意选取而不影响计算结果，但必须与地面平行。z 值是指截面中心点与基准水平面间的垂直距离。为了计算方便，通常取较低的一个截面的中心所在的水平面作为基准面，基准面上的 $z=0$；若衡算系统为水平管道，则基准水平面通过管道的中心线，$\Delta z = 0$。

4. 在两截面之间列出伯努利方程。

5. 分析化简、求解方程。需要注意的是题目中速度大多未知，需要用速度公式（1-16）或（1-20c）求取。

即学即练 1-2

伯努利方程中哪些能量可能为零？试以不可压缩流体的伯努利方程为例说明。

答案解析

（二）应用伯努利方程注意事项

在应用伯努利方程时，除了按上述步骤解题外，计算中还必须注意以下问题。

1. 各物理量的单位必须要用 SI 制的单位。两截面的压强表示方法必须一致。从伯努利方程式的推导过程得知，式中两截面的压强为绝对压强，但由于式中所反映的是压强差（$\Delta p = p_2 - p_1$）的数值，且绝对压强 = 大气压 + 表压，因此两截面的压强也可以同时用表压强来表示。若截面与大气相连通，则表压 = 0。

2. 方程中的 z 和 p 值，一律取截面中心值。流速 u 一律用该截面的平均流速。

3. 出口两侧流体的压强相等且 $p_表 = 0$。

4. 大截面（如大容器液面）上流体的流速可近似取作零。

5. 外加能量和流入能量写在一起、能量损失 $\sum h_f$ 和流出能量写在一起，与截面标号无关。

（三）应用伯努利方程实例

1. 确定高位槽的设置高度或设备间的相对位置

例 1－3　如图 1－14 所示，密度为 850kg/m³ 的料液从高位槽送入塔中。高位槽内液面维持恒定，塔内表压为 10kPa，进料量为 5m³/h。连接管为 φ38mm × 2.5mm 的钢管，料液在连接管内流动时损失的能量为 30J/kg。问高位槽的液面应比塔的进料口高出多少米？

分析： 取高位槽液面为 1－1′ 截面，出料口为 2－2′ 截面，并以 2－2′ 截面即出料管中心线为基准面，则 $z_2 = 0$，$p_1 = 0$（表压），$p_2 = 10\text{kPa} = 1.0 \times 10^4\text{Pa}$（表压），$u_1 \approx 0$，$d = 38 - 2.5 \times 2 = 33\text{mm} = 0.033\text{m}$，$\sum h_f = 30\text{J/kg}$，$W_e = 0$

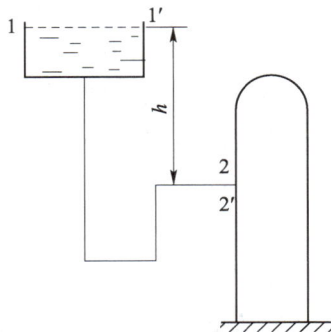

图 1－14　例 1－3 附图

流体在管中的流速为：$u_2 = u = \dfrac{V_s}{\dfrac{1}{4}\pi d^2} = \dfrac{5/3600}{0.785 \times 0.033^2} = 1.62\text{m/s}$

在 1－1′ 与 2－2′ 截面之间列伯努利方程：

$$gz_1 + \frac{1}{2}u_1^2 + \frac{p_1}{\rho} + W_e = gz_2 + \frac{1}{2}u_2^2 + \frac{p_2}{\rho} + \sum h_f$$

化简，得 $gz_1 = \dfrac{1}{2}u_2^2 + \dfrac{p_2}{\rho} + \sum h_f = \dfrac{1.62^2}{2} + \dfrac{10000}{850} + 30$

计算得高位槽的液面应比塔进料口至少高出 h：$h = z_1 = 4.39\text{m}$。

2. 确定管路中流体的流速和压力

例 1－4　如图 1－15 所示，在管路中有相对密度为 0.9 的液体通过。大管的内径为 106mm，小管的内径为 68mm。大管 1－1′ 截面处液体的流速为 1m/s，压力为 120kPa（绝对压力）。求小管 2－2′ 截面处流体的流速和压力（两截面阻力损失忽略不计）。

分析： 已知 $\rho = 0.9 \times 1000 = 900\text{kg/m}^3$，$d_1 = 0.106\text{m}$，$d_2 = 0.068\text{m}$，$u_1 = 1\text{m/s}$，$p_1 = 120\text{kPa} = 1.2 \times 10^5\text{Pa}$

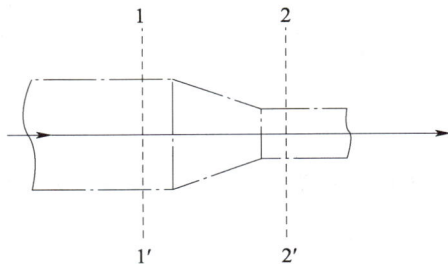

图 1－15　例 1－4 附图

（1）小管 2－2′ 截面处液体的流速 u_2：$u_2 = u_1\left(\dfrac{d_1}{d_2}\right)^2 = 1 \times \left(\dfrac{0.106}{0.068}\right)^2 = 2.43\text{m/s}$

（2）小管 2－2′ 截面处液体的压力 p_2：在 1－1′ 和 2－2′ 截面之间列伯努利方程，取管中心线为基准面，则 $z_1 = z_2 = 0$，$\sum h_f = 0$，$W_e = 0$，伯努利方程化简为

$$\frac{1}{2}u_1^2 + \frac{p_1}{\rho} = \frac{1}{2}u_2^2 + \frac{p_2}{\rho}$$

代入：$\dfrac{1}{2} + \dfrac{1.2 \times 10^5}{900} = \dfrac{2.43^2}{2} + \dfrac{p_2}{900}$

解得：$p_2 = 117800\text{Pa} = 117.8\text{kPa}$（绝压）。

3. 确定输送设备的有效功率及轴功率

例1-5 某药厂用泵将敞口碱液池中的碱液（密度为 1100kg/m³）输送至吸收塔顶，经喷嘴喷出，如图1-16所示。泵的入口管为 $\varphi 108mm \times 4mm$ 的钢管，管中的流速为 1.2m/s，出口管为 $\varphi 76mm \times 3mm$ 的钢管。贮液池中碱液的深度为 1.5m，池底至塔顶喷嘴入口处的垂直距离为 20m。碱液流经所有管路的能量损失为 30.8J/kg（不包括喷嘴），在喷嘴入口处的压力为 29.4kPa（表压）。设泵的效率为 60%，试求泵所需轴功率。

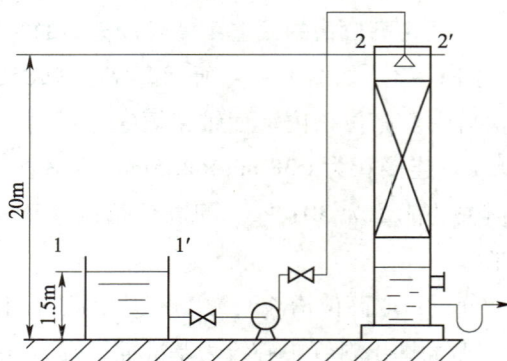

图1-16　例1-5附图

分析： 如图1-16所示，取碱液池中液面为 1-1′截面，塔顶喷嘴入口处为 2-2′截面，并且以 1-1′截面为基准水平面。$z_1 = 0$；$p_1 = 0$（表压）；$u_1 \approx 0$；$z_2 = 20 - 1.5 = 18.5m$；$p_2 = 29.4 \times 10^3 Pa$（表压）；$\rho = 1100kg/m^3$，$\sum h_f = 30.8J/kg$。注意 $u_\lambda \neq u_1$、$u_出 = u_2$、$d_出 = d_2$。

在 1-1′和 2-2′截面间列伯努利方程

$$z_1 g + \frac{1}{2}u_1^2 + \frac{p_1}{\rho} + W_e = z_2 g + \frac{1}{2}u_2^2 + \frac{p_2}{\rho} + \sum h_f$$

化简，得：$W_e = z_2 g + \frac{1}{2}u_2^2 + \frac{p_2}{\rho} + \sum h_f$

已知泵入口管的尺寸及碱液流速，可根据连续性方程计算泵出口管中碱液的流速

$$u_2 = u_\lambda \left(\frac{d_\lambda}{d_2}\right)^2 = 1.2 \times \left(\frac{100}{70}\right)^2 = 2.45m/s$$

将以上已知代入化简后伯努利方程，可求得输送碱液所需的外加能量

$$W_e = 18.5 \times 9.81 + \frac{1}{2} \times 2.45^2 + \frac{29.4 \times 10^3}{1100} + 30.8 = 242.0J/kg$$

碱液的体积流量：$V_s = \frac{\pi}{4}d_2^2 u_2 = 0.785 \times 0.07^2 \times 2.45 = 0.00942m^3/s$

泵的有效功率：$N_e = W_e V_s \rho = 242 \times 0.00942 \times 1100 = 2507W \approx 2.51kW$

泵的效率为 60%，则泵的轴功率：$N = \frac{N_e}{\eta} = \frac{2.51}{0.6} = 4.18kW$

第四节　流体在管路流动时的阻力

一、产生阻力的原因

（一）内摩擦力

为了更好地了解流动阻力的来源及其性质，可以用两个固体的相对运动来说明。在圆管内放一根直径与管内径十分接近的圆木杆，杆的一端施以一定的推力来克服杆的表面与管壁间的摩擦力，木杆才能在管内通过，这种摩擦力就是两个固体壁面间发生相对运动时出现的阻力。又如，水在圆管内流过时也有类似现象，但也有特殊地方。木杆是作为一个不可分割的整体向前滑动，杆内部各点的速度都相同，摩擦阻力作用于木杆的外周与管内壁接触的表面上。水在管内流过时，由实测知任一截面上各点水流速

度并不相同，管子中心速度最大，越接近管壁速度就越小，在贴近管壁处速度为零。所以，流体在管内流动时，实际上被分割成无数极薄的一层套着一层的"流筒"，各层以不同速度向前流动，如图 1-17 所示。速度快的"流筒"对慢的起带动作用，而速度慢的"流筒"对快的又起拉拽作用。由于各层速度不同，层与层之间发生了相对运动，速度快的流体层对与之相邻的速度较慢的流体层发生了一个推动其向运动方向前进的力，而同时速度慢的流体层对速度快的流体层也作用着一个大小相等、方向相反的力，从而阻碍较快的流体层向前运动。这种运动

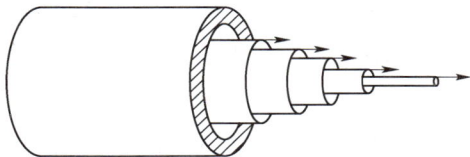

图 1-17 管内流体速度示意图

着的流体内部相邻两流体层间的相互作用力，称为流体的内摩擦力，是流体黏性的表现，所以又称为黏滞力或黏性摩擦力。流体在流动时的内摩擦力，是流动阻力产生的依据，流体流动时必须克服内摩擦力而做功，从而将流体的一部分机械能转变为热能而损失掉。

（二）流体的黏度

流体流动时流层之间产生内摩擦力的这种特性称为黏性。黏性大的流体不易流动，从桶底把油放完比把相同条件的水放完要慢得多，就是因为相同条件下油的黏性比水的大。

黏度是反映流体黏性大小的物理量，称为黏性系数或动力黏度，简称黏度，用符号 μ 表示。

黏度是流体物理性质之一，其值由试验测定。液体的黏度随温度升高而减小，气体的黏度则随温度升高而增大。因此工程上分离固液混合物时应趁热过滤，而分离含尘气体时应先降温后除尘。压强变化时，液体的黏度基本不变；气体的黏度随压强增加而增加得很少，在一般工程计算中可以忽略，只有在极高或极低的压强下，才需考虑压强对气体黏度的影响。某些常用流体的黏度，可以从本教材附录或有关手册中查得，但查到的数据有时用物理单位制表示，而本课程采用 SI 制，故需要对黏度在两种不同单位制中的换算加以介绍。

在 SI 制中，黏度的单位为 Pa·s 或 N·s/m²。在物理单位制中，黏度的单位为 P（泊），因为 P 的单位比较大，以 P 表示流体的黏度数值就很小，所以通常采用 P 的百分之一，即 cP（厘泊）作为黏度的单位，换算关系为

$$1Pa \cdot s = 10P = 1000cP = 1000mPa \cdot s$$

即学即练 1-3

试用附录十三液体黏度共线图，查找 60℃时乙醇的黏度值。

答案解析

二、流体的流动形态及其判定

实验表明，流体流动时影响阻力大小的因素，除了管长、管径、流速以及管壁粗糙程度之外，还与流动形态密切相关，下面介绍一下流动形态以及判定依据。

（一）雷诺实验

为了直接观察流体流动时流动类型及各种因素对流动状况的影响，可设计如图 1-18 所示的实验，这个实验称为雷诺实验。在水箱内装有溢流装置，以维持水位恒定。箱的底部接一段直径相同的水平玻

璃管，管出口处有阀门以调节流量。水箱上方装有有色液体的小瓶，有色液体可经过细管注入玻璃管内。在水流经玻璃管的过程中，同时把有色液体送到玻璃管入口以后的管中心位置上。

实验时可观察到，当玻璃管里的水流速度不大时，从细管引到水流中心的有色液体成一直线平稳地流过整个玻璃管，与玻璃管里的水并不相混杂，如图 1 – 19（a）所示。这种现象表明玻璃管里水的质点是沿着与管轴平行的方向做直线运动。若把水流速度逐渐提高到一定数值，有色液体的细线开始出现波浪形，如图 1 – 19（b）所示。若继续提高流体速度，细线便完全消失，有色液体流出细管后随即散开，与水完全混合在一起，使整根玻璃管中的水呈现均匀的颜色如图 1 – 19（c）所示。这种现象表明水的质点除了沿着管道向前运动外，各质点还做不规则的杂乱运动，且彼此相互碰撞并相互混合。质点速度的大小和方向随时发生变化。

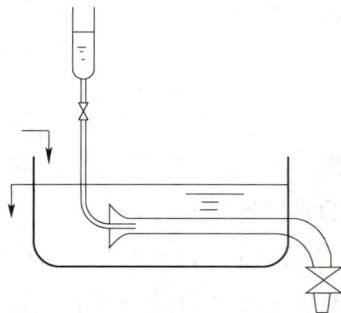

图 1 – 18　雷诺实验装置　　　　　　图 1 – 19　流体流动形态示意图

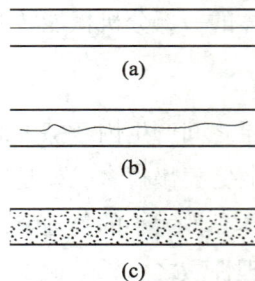

这个实验揭露出流体流动有两种截然不同的类型。一种相当于图 1 – 19（a）的流动，称为层流或滞流；另一种相当于图 1 – 19（c）的流动，称为湍流或紊流。

无论是层流还是湍流，靠近管壁处有一层流体呈层流状态，这层流体称为层流内层，其流速极慢或近似等于零。如把碗洗干净后，快速倒掉，静置一段时间后，碗底有水，说明碗的表面有一层层流内层。

（二）流动形态的判定——雷诺准数

生产车间的管道不可能是透明的，那么应如何判断流体的流动形态呢？

对于管内流动的流体来说，若用不同的管径和不同的流体分别进行上述实验。从实验中发现，不仅流速 u 能引起流动形态改变，而且管径 d、流体的黏度 μ 和密度 ρ 也都能引起流动状况的改变。可见，流体的流动形态是由多方面因素决定的。通过进一步的分析研究，可以把这些影响因素组合成为 $du\rho/\mu$ 的形式。$du\rho/\mu$ 称为雷诺（Reynolds）准数或雷诺数，以 Re 表示，这样就可以根据 Re 准数的数值来分析流动类型。

$$Re = \frac{du\rho}{\mu} \tag{1-24}$$

Re 准数是一个无因次数群。组成此数群的各物理量，必须用一致的单位表示。因此，无论采用何种单位制，只要数群中各物理量的单位一致，所算出的 Re 值必相等。

实验证明，流体在直管内流动，当 $Re \leqslant 2000$ 时，流体的流动形态属于层流；当 $Re \geqslant 4000$ 时，流动型态属于湍流；而 Re 值在 2000 ~ 4000 的范围内，可能是层流，也可能是湍流，若受外界条件的影响，如管道直径或方向的改变、外来的轻微震动，都易促成湍流的发生，所以将这一范围称之为不稳定的过渡区。在生产操作条件下，常将 $Re > 3000$ 的情况按湍流考虑。

上述判据只适用于长直圆管内的流动，在管道入口处、管道弯曲或直径改变处均不适用。

例1-6　密度为$800kg/m^3$，黏度为2.3cP的液体，以1m/s的速度通过$\varphi108mm \times 4mm$的管路。试判断流体的流动形态。

分析：已知$d = 108 - 2 \times 4 = 100mm = 0.1m$，$\mu = 2.3cP = 2.3 \times 10^{-3}Pa \cdot s$，$\rho = 800kg/m^3$，$u = 1m/s$，则

$$Re = d\rho u/\mu = 0.1 \times 800 \times 1/(2.3 \times 10^{-3}) = 34782 > 4000$$

所以管路中流体的流动形态为湍流。

（三）当量直径

如果管路的截面不是圆形，Re计算式中的d应当用d_e代替，d_e称为当量直径。d_e的计算式为

$$d_e = \frac{4 \times 流通截面积}{润湿周边长} \tag{1-25}$$

对于截面为长方形的管路，假设边长为a和b，则

$$d_e = \frac{4 \times ab}{2(a + b)} = \frac{2ab}{a + b}$$

对于截面为环形的管路，假设外管的内径为D_i，内管的外径为d_0，则

$$d_e = \frac{4 \times \frac{\pi}{4}(D_i^2 - d_0^2)}{\pi D_i + \pi d_0} = D_i - d_0$$

当量直径的计算方法是经验性的，不能用d_e代替d计算管路截面积。

三、流体流动时的阻力计算

流体在管路中流动时的阻力可分为直管阻力和局部阻力两种。直管阻力又称沿程阻力，是流体流经一定管径的直管时，由于流体的内摩擦而产生的阻力，以h_f表示。局部阻力是流体流经管路中的管件、阀门及管截面的突然扩大或缩小等局部地方所引起的阻力，局部阻力又称形体阻力，以h_f'表示。

（一）直管阻力

流体在管内以一定速度流动时，有两个方向相反的力相互作用着。一个是促使流动的推动力，这个力的方向和流动方向一致；另一个是由内摩擦而引起的摩擦阻力，这个力起了阻止流体运动的作用，其方向与流体的流动方向相反。只有在推动力与阻力处于平衡的条件下，流动速度才能维持不变，即达到稳定流动。

流体以速度u在一段长为l，内径为d的水平直管内做稳定流动，通过对这一段水平直管内流动的流体进行受力分析，可得直管阻力的计算公式

$$h_f = \lambda \frac{l}{d} \cdot \frac{u^2}{2} \tag{1-26}$$

式中，h_f为直管阻力，J/kg；l为直管长度，m；d为管子内径，m；u为流体在管内的平均速度，m/s；λ为摩擦系数，无量纲量。

式（1-26）称为范宁（Fanning）公式，此式对于层流与湍流均适用。式中λ是雷诺数的函数或者是雷诺数与管壁粗糙度的函数。应用上式计算h_f时，关键是要找出λ值。

1. 层流时的摩擦系数　流体做层流流动时，流体层平行于管轴流动，层流层掩盖了管壁的粗糙面，

同时流体的流动速度也比较缓慢，对管壁凸出部分没有什么碰撞作用，所以层流时的流动阻力或摩擦系数与管壁粗糙度无关，只与 Re 有关。

$$\lambda = 64/Re \tag{1-27}$$

2 湍流时的摩擦系数 流体做湍流流动时，影响摩擦系数的因素比较复杂，不但与 Re 有关，而且还与管壁的粗糙程度有关。管壁粗糙度可用绝对粗糙度与相对粗糙度来表示。绝对粗糙度是指壁面凸出部分的平均高度，以 ε 表示，单位为 mm。相对粗糙度是指绝对粗糙度与管道直径的比值，即 ε/d。管壁粗糙度对摩擦系数 λ 的影响程度与管径的大小有关，如对于绝对粗糙度相同的管道，管径不同，对 λ 的影响就不相同，对管径小的影响较大。所以在流动阻力的计算中不但要考虑绝对粗糙度的大小，还要考虑相对粗糙度的大小。

由于 λ 的影响因素复杂，湍流时的摩擦系数 λ 是用莫狄图（图 1-20）查取。

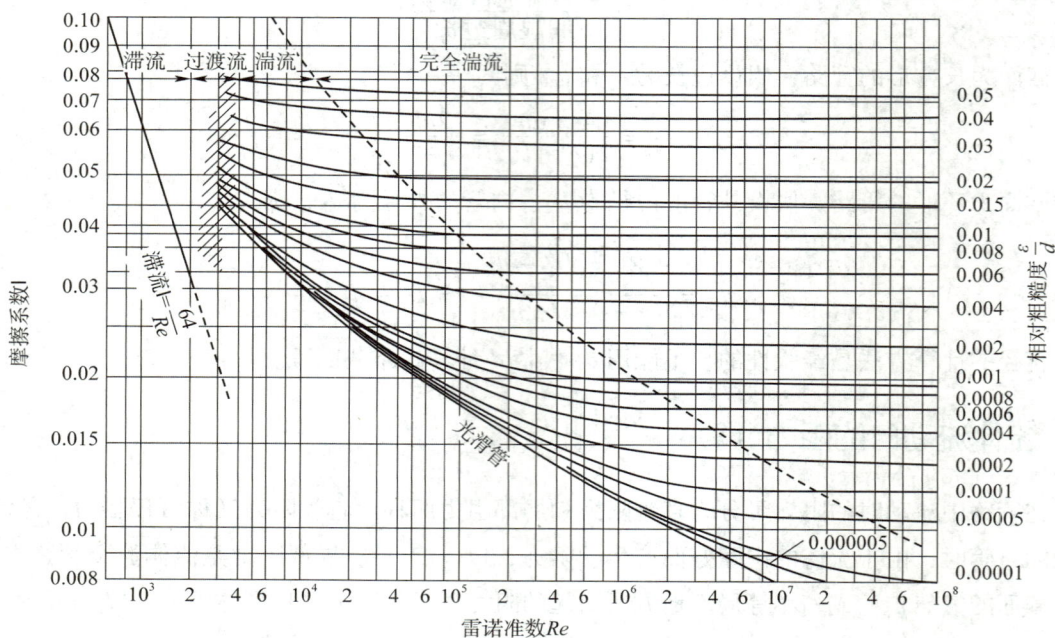

图 1-20 摩擦系数与雷诺准数及相对粗糙度的关系图

即学即练 1-4

用图 1-20 查找 $Re = 2.0 \times 10^5$，$\varepsilon/d = 0.002$ 时的摩擦系数是（ ）。

A. 0.017　　　　B. 0.027　　　　C. 0.049　　　　D. 0.00032

例 1-7 分别计算下列情况下，流体流过 $\phi76mm \times 3mm$、长 10m 的水平钢管的能量损失（钢管的绝对粗糙度为 0.2mm）。

（1）密度为 910kg/m³、黏度为 72cP 的油品，流速为 1.1m/s；

（2）20℃的水，流速为 2.2m/s。

分析：（1）先计算雷诺数

$$Re = d\rho u/\mu = 0.07 \times 910 \times 1.1/(72 \times 10^{-3}) = 973 < 2000$$

可知油品在钢管中的流动形态为层流。

$$\lambda = 64/Re = 64/973 = 0.0658$$

所以能量损失 $h_f = \lambda \dfrac{l}{d} \dfrac{u^2}{2} = 0.0658 \times \dfrac{10}{0.07} \times \dfrac{1.1^2}{2} = 5.69\text{J/kg}$

（2）查附录六可知20℃水的物性参数：$\rho = 998.2\,\text{kg/m}^3$，$\mu \approx 100.42 \times 10^{-5}\,\text{Pa} \cdot \text{s}$

$$Re = d\rho u/\mu = 0.07 \times 998.2 \times 2.2/(1.004 \times 10^{-3}) = 1.53 \times 10^5 > 4000$$

水的流动形态为湍流。已知取钢管的绝对粗糙度 ε 为 0.2mm，则 $\varepsilon/d = 0.2/70 = 0.00286$

根据 $Re = 1.53 \times 10^5$ 及 $\varepsilon/d = 0.00286$，查图 1-20，得 $\lambda = 0.027$

所以能量损失 $h_f = \lambda \dfrac{l}{d} \dfrac{u^2}{2} = 0.027 \times \dfrac{10}{0.07} \times \dfrac{2.2^2}{2} = 9.33\text{J/kg}$

3. 流体在非圆形管内的流体阻力 前面所讨论的都是流体在圆管内的流动。在制药生产中，还会遇到非圆形管道或设备，例如有些气体管道是方形的，有时流体也会在两根成同心圆的套管之间的环形通道内流过。而前面计算 Re 准数及阻力损失 h_f 的式中的 d 是圆管直径，对于非圆形管如何解决呢？一般来讲，截面形状对速度分布及流动阻力的大小都会有影响。实验证明，在湍流情况下，对非圆形截面的通道可以找到一个与圆形管直径 d 相当的"直径"以代替，即当量直径。应予指出，不能用当量直径来计算流体的截面积、流速和流量。

（二）局部阻力

流体在管路的进口、出口、弯头、阀门、扩大、缩小等局部位置流过时，其流速大小和方向都发生了变化，且流体受到干扰或冲击，使涡流现象加剧而消耗能量。由实验测知，流体即使在直管中为层流流动，但流过管件或阀门时也容易变为湍流，这些都是局部阻力。在湍流情况下，为克服局部阻力所引起的能量损失有两种计算方法。

1. 当量长度法 流体流经管件、阀门等局部管件所引起的能量损失可仿照式（1-26）而写成如下形式

$$h_f' = \lambda \dfrac{l_e}{d} \cdot \dfrac{u^2}{2} \tag{1-28}$$

式中，l_e 为管件或阀门的当量长度，m；l_e 表示流体流过某一管件或阀门的局部阻力相当于流过一段与其具有相同直径、长度为 l_e 的直管阻力。实际上是为了便于管路计算，把局部阻力折算成一定长度直管的阻力。

管件或阀门的当量长度数值都是由实验确定的。有时用管道直径的倍数来表示局部阻力的当量长度，如对直径为 9.5～63.5mm 的 90°弯头，l_e/d 的值约为 30，由此对一定直径的弯头，即可求出其相应的当量长度。l_e/d 值由实验测出，各管件的 l_e/d 值可以从有关手册查到，而本书涉及局部管路的 l_e/d 见表 1-1。

表 1-1 常见管件与阀件的当量系数

名称	l_e/d	名称	l_e/d
45°标准弯头	15	文式流量计	12
90°标准弯头	30～40	转子流量计	200～300
90°方形弯头	60	闸阀（全开）	7
180°弯头	50～75	闸阀（3/4 开）	40
管接头	2	闸阀（1/2 开）	200
活接头	2	闸阀（1/4 开）	800
三通	50	带有滤水器的底阀（全开）	420
盘式流量计（水表）	350	由容器入管口	20

2. 阻力系数法 克服局部阻力所引起的能量损失，也可以表示成动能 $u^2/2$ 的倍数，即

$$h'_f = \zeta \frac{u^2}{2} \tag{1-29}$$

式中，ζ 为局部阻力系数，无量纲量，一般由实验测定。因局部阻力的形式很多，为明确起见，常对 ζ 加注相应的下标。常用的局部阻力系数 ζ 列于表 1-2。

表 1-2 常见管件与阀件的阻力系数

名称	ζ	名称	ζ
45°标准弯头	0.35	截止阀（标准式、半开）	9.5
90°标准弯头	0.75	闸阀（全开）	0.17
90°方形弯头	1.3	闸阀（3/4开）	0.9
180°弯头	1.5	闸阀（1/2开）	4.5
管接头	0.4	闸阀（1/4开）	24
活接头	0.4	带有滤水器的底阀（全开）	1.5
三通	1	由容器入管口	0.5
截止阀（标准式、全开）	6.4	由管出口进入容器	1

应注意，式（1-29）适用于直径相同的管段或管路系统的计算，式中的流速 u 是指管段或管路系统的流速，由于管径相同，所以 u 可按任一管截面来计算。当管路由若干直径不同的管段组成时，由于各段的流速不同，此时管路的总能量损失应分段计算，然后再求其总和。

管件、阀门等构造细节与加工精度往往差别很大，从手册中查得的 l_e 或 ζ 值只是约略值，即局部阻力的计算也只是一种估算。

（三）管路系统的总阻力

管路总阻力损失又常称为总能量损失，是管路上全部直管阻力与局部阻力之和。伯努利方程式中的 $\sum h_f$ 项是所研究管路系统的总能量损失（或称阻力损失），它既包括系统中各段直管阻力损失 h_f，也包括系统中各种局部阻力损失 h'_f，即

$$\sum h_f = h_f + h'_f \tag{1-30}$$

这些阻力可以分别用有关的公式进行计算。对于流体流经直径不变的管路时，如果把局部阻力都按当量长度的概念来表示，则管路的总能量损失为

$$\sum h_f = \lambda \frac{l + \sum l_e}{d} \frac{u^2}{2} \tag{1-31}$$

式中，$\sum h_f$ 为管路的总阻力损失，J/kg；l 为管路上各段直管的总长度，m；$\sum l_e$ 为管路上全部管件与阀门等的当量长度之和，m；d 为管内径，m；u 为流体流经管路的流速，m/s。

例 1-8 以 $36m^3/h$ 流量的常温水在 $\phi108mm \times 4mm$ 的钢管中流过，管路装有 90°标准弯头两个，闸阀（全开）一个，直管长度为 30m。试计算水流过该管路的总阻力损失（已知钢管的绝对粗糙度 $\varepsilon = 0.2mm$，常温水的密度取 $1000kg/m^3$，黏度为 $1.0cP$）。

分析：总阻力损失应为 $\sum h_f = h_f + h'_f$

先求 h_f：已知 $\rho = 1000\text{kg/m}^3$，$\mu = 1.0 \times 10^{-3}\text{Pa} \cdot \text{s}$，$d = 108 - 4 \times 2 = 100\text{mm} = 0.1\text{m}$

水在管内的流速为：$u = \dfrac{V_s}{\dfrac{1}{4}\pi d^2} = \dfrac{36/3600}{0.785 \times 0.1^2} = 1.27\text{m/s}$

雷诺准数：$Re = d\rho u/\mu = 0.1 \times 1000 \times 1.27/(1 \times 10^{-3}) = 127000 > 4000$

可知水的流动形态为湍流。已知钢管的绝对粗糙度 ε 为 0.2mm，则 $\varepsilon/d = 0.2/100 = 0.002$

根据 $Re = 1.27 \times 10^5$ 及 $\varepsilon/d = 0.002$，查图 1-20，得 $\lambda = 0.027$

所以能量损失：$h_f = \lambda \dfrac{l}{d}\dfrac{u^2}{2} = 0.027 \times \dfrac{30}{0.1} \times \dfrac{1.27^2}{2} = 6.53\text{J/kg}$

再求 h_f'：方法一　当量长度法

查 90°标准弯头 $l_e/d = 35$，闸阀（全开）$l_e/d = 7$，则

$$h_f' = \lambda \frac{l_e}{d} \cdot \frac{u^2}{2} = 0.027 \times (35 \times 2 + 7) \times \frac{1.27^2}{2} = 1.68\text{J/kg}$$

方法二　阻力系数法

查 90°标准弯头 $\zeta = 0.75$，闸阀（全开）$\zeta = 0.17$，则

$$h_f' = \zeta \frac{u^2}{2} = (0.75 \times 2 + 0.17) \times \frac{1.27^2}{2} = 1.35\text{J/kg}$$

总阻力损失如下。

方法一　　$\sum h_f = h_f + h_f' = 6.53 + 1.68 = 8.21\text{J/kg}$

方法二　　$\sum h_f = h_f + h_f' = 6.53 + 1.35 = 7.88\text{J/kg}$

用两种局部阻力计算方法的计算结果有差异，这在工程中是允许的。

第五节　流体输送管路

PPT

一、管件与阀门

（一）管件

把管子连接成管路时，需要接上各种配件，使管路能够相接。附属于管子的各种配件统称为管件。管件的种类很多，常用的有以下几种。

（1）改变流动方向　如图 1-21 中（a）（c）（f）（m）各种弯头。

（2）连接管路支管　如图 1-21 中（b）（d）（e）（g）（l）各种多通。

（3）改变管路直径　如图 1-21 中（j）（k）等大小头。

（4）堵塞管路　如图 1-21 中（h）和（n）。

（5）连接两管　如图 1-21 中（i）和（o）。

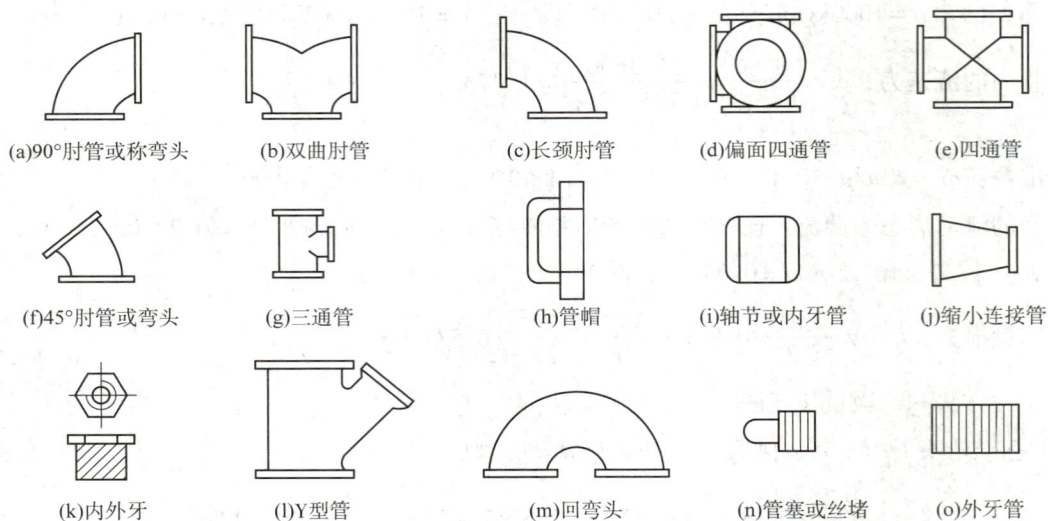

(a)90°肘管或称弯头　　(b)双曲肘管　　(c)长颈肘管　　(d)偏面四通管　　(e)四通管

(f)45°肘管或弯头　　(g)三通管　　(h)管帽　　(i)轴节或内牙管　　(j)缩小连接管

(k)内外牙　　(l)Y型管　　(m)回弯头　　(n)管塞或丝堵　　(o)外牙管

图1-21　管件

（二）阀门 🅔微课

阀门是用来开闭管路、控制流向、调节和控制输送介质的参数（温度、压力和流量）的管路附件。根据其功能，阀可分为关断阀、止回阀、调节阀、安全阀等（图1-22）。

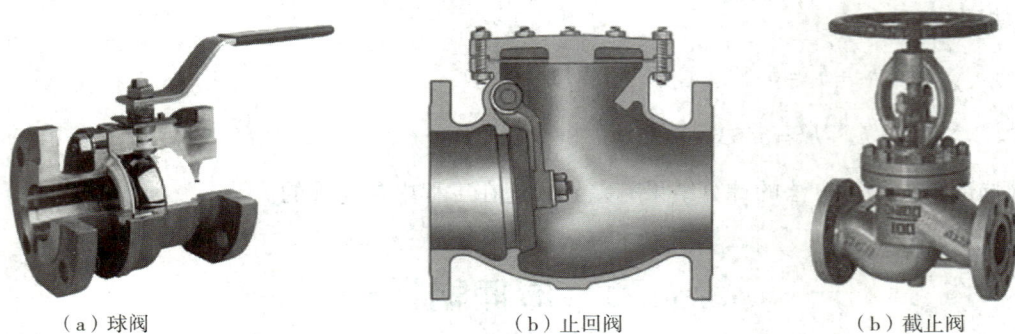

（a）球阀　　　　　　　（b）止回阀　　　　　　　（b）截止阀

图1-22　阀门

1. 关断阀　是起开闭作用的。常设于冷、热源进、出口，设备进、出口，管路分支线（包括立管）上，也可用作放水阀和放气阀。常见的关断阀有闸阀、截止阀、球阀和蝶阀等。

2. 止回阀　用于防止介质倒流，利用流体自身的动能自行开启，反向流动时自动关闭。常设于水泵的出口、疏水器出口以及其他不允许流体反向流动的地方。止回阀分旋启式、升降式和对夹式三种。

3. 调节阀　可以按照信号的方向和大小，改变阀芯行程来改变阀门的阻力数，从而达到调节流量的目的。调节阀分为手动调节阀和自动调节阀，而手动或自动调节阀又分很多种类。

二、管道类型

工程上的管道有很多种。可以按材料分为金属管道和非金属管道，其中金属材料制药厂304不锈钢与316不锈钢用得最多；按设计压力分为真空管道、低压管道、高压管道、超高压管道；按输送温度分为低温管道、常温管道、中温和高温管道；按输送介质分为给排水管道、压缩空气管道、酸碱管道、锅炉管道、制冷管道等。

　　管道的重要参数是公称直径。公称直径是为了设计制造和维修方便，人为规定的一种标准，也叫公称通径，是管子（或者管件）的规格名称。管子的公称直径和其内径、外径都不相等，例如，公称直径为 100mm 的无缝钢管有 $\varphi102mm \times 5mm$、$\varphi108mm \times 5mm$ 等好几种，其中 102、108 为管子的外径，5 表示管子的壁厚，因此，该钢管的内径为 $102 - 5 \times 2 = 92mm$ 或是 $108 - 5 \times 2 = 98mm$，可以看出，公称直径是接近于内径但是又不等于内径的一种管子直径的规格名称。公称直径用字母"DN"后面紧跟一个数字标志来表示，符号后面注明单位 mm。例如 DN50，即公称直径为 50mm 的管子。

三、管路的连接方式

　　管子与管子之间，管件与管件、阀门之间的连接方法有很多，比如螺纹连接、法兰连接、焊接连接、承插式连接等。管道根据使用的场合和材质特点，需要使用不同的连接方式。

　　1. 螺纹连接　螺纹连接（图 1 – 23）适用于一些带螺纹的设备、附件和经常拆卸不允许动火的场合，螺纹连接具有易于安装、拆卸、便于调整、施工简单、抗压能力低等特点。

　　2. 法兰连接　在临时性排灌管道、泵站的管件组合、管道和阀门及配件连接时，经常采用法兰式连接（图 1 – 24）。法兰连接的主要特点是拆卸方便、机械强度高、密封性能好、能够承受较大的压力。

图 1 – 23　螺纹连接　　　　　　　　图 1 – 24　法兰连接

　　3. 焊接连接　焊接是一种以加热、高温或者高压的方式接合金属的制造工艺及技术，金属管道常常会用到焊接的方式连接（图 1 – 25）。焊接具有接口牢固严密、不易渗漏、构造简单、不用填料、减少维修工作、不受管径大小限制等特点。

　　4. 承插连接　是将管子或管件一端的抽口插入欲接件的承口内，并在环隙内用填充材料密封的连接方式（图 1 – 26）。主要用于带承插接头的铸铁管、混凝土管、陶瓷管、塑料管、不锈钢管的连接。优点是有较高强度和较好抗震性、水密性，黏接力好，便于拆卸；缺点是安装劳动强度大、施工操作不便。

图 1 – 25　焊接连接　　　　　　　　图 1 – 26　承插连接

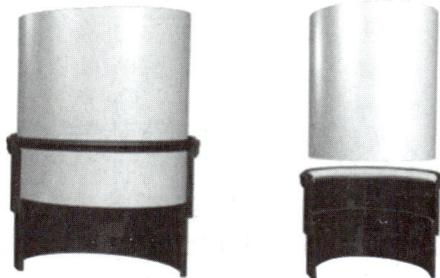

四、管路的色标

为了保护管路外壁和鉴别管路内介质的种类，在制药厂常将管路外壁涂上各种规定颜色的油漆或在管道上涂几道色环，这为检修管路、处理某些紧急情况创造了方便。

管道的涂色标志在医药行业中已经统一，常见物料的涂色见表1-3。

表1-3　常见物料管道的涂色与标注

序号	介质名称	主体颜色	色环和流向标志颜色	使用文字
1	生活给水	草绿色（511）	—	绿底白字
2	工业给水	草绿色（511）	紫色（803）	绿底白字
3	软化水	烛光蓝（406）	—	绿底白字
4	纯水	烛光蓝（406）	紫色（803）	蓝底白字
5	消防用水	朱红色（302）	白色（801）	红底白字
6	通风管道	铂灰色（602）	—	灰底白字
7	压缩空气管	铂灰色（602）	—	灰底白字
8	液态氧气管	浅蓝色（405）	—	蓝底白字
9	液态氮气管	金黄色（108）	—	黄底黑字
10	原料空气	天蓝色（404）	金黄色（108）	蓝底白字
11	雨水管道	黑色（802）	草绿色（511）	黑底黄字
12	蒸汽管道	朱红色（302）	金黄色（108）	红底白字
13	热水管道	深蓝色	白色（801）	绿底白字
14	酸管道	紫色（803）	黑色（802） 金黄色（108）	紫底白字
15	二氧化碳管道	黑色（802）	金黄色（108）	黑底黄字
16	真空管道	白色		天蓝

管路基本色标可以用规定颜色的箭头和文字在整个管路涂刷，也可在管路上涂刷150mm宽的色环或在管路上用基本识别色胶带缠绕150mm宽的色环。

五、管路的热补偿

热补偿是防止管道因温度升高引起热伸长产生的应力而遭到破坏所采取的措施。主要是利用管道弯曲管段的弹性变形或在管道上设置补偿器。补偿器有方形补偿器、套管补偿器、波纹补偿器以及球形补偿器。

第六节　测量仪表

PPT

在制药生产中，常常需要知道各种各样的数据比如流量、压力、温度、液位、密度、黏度等，以对生产过程进行控制，确保生产的正常进行。测量的仪表很多，下面主要介绍常用的测量流量和压力的仪表。

一、流量仪表

测量流量的仪表称为流量计，在制药化工生产中流量计的种类很多，主要介绍其中的三种。

（一）孔板测量计

1. 结构与测量原理 孔板流量计属于差压式流量计，是利用流体流经节流元件产生的压力差来实现流量测量的。孔板流量计的节流元件为孔板，即中央开有圆孔的金属板，其结构如图 1 – 27 所示。将孔板垂直安装在管道中，以一定取压方式测取孔板前后两端的压差，并与压差计相连，即构成孔板流量计。

在图 1 – 27 中，流体在管道截面 1 – 1′ 前，以一定的流速 u_1 流动，因后面有节流元件，当到达截面 1 – 1′ 后流束开始收缩，流速即增加。由于惯性的作用，流束的最小截面并不在孔口处，而是经过孔板后仍继续收缩，到截面 2 – 2′ 达到最小，流速 u_2 达到最大。流束截面最小处称为缩脉。随后流束又逐渐扩大，直至截面 3 – 3′ 处，又恢复到原有管截面，流速也降低到原来的数值。

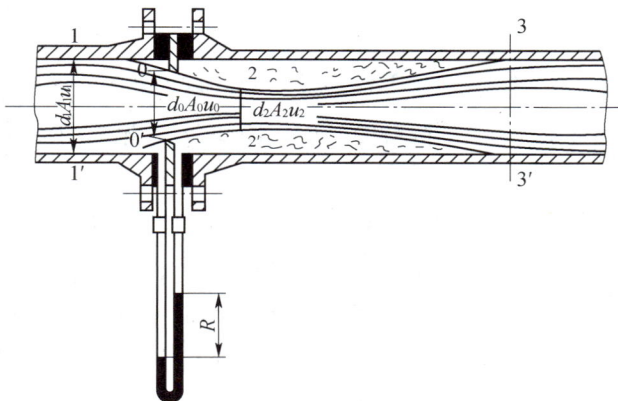

图 1 – 27 孔板流量计

流体在缩脉处，流速最高，即动能最大，而相应压力最低，因此当流体以一定流量流经小孔时，在孔前后就产生一定的压力差 $\Delta p = p_1 - p_2$。流量愈大，Δp 也就愈大，所以利用测量压差的方法就可以测量流量。

2. 流量方程 孔板流量计的流量与压差的关系，可由连续性方程和伯努利方程推导得出

$$V_s = u_0 A_0 = C_0 A_0 \sqrt{\frac{2Rg(\rho_0 - \rho)}{\rho}} \qquad (1 - 32)$$

式中，V_s 为管路的体积流量，m^3/s；ρ_0 为指示液的密度，kg/m^3；ρ 为管内被测流体的密度，kg/m^3；R 为压差计的读数（左右臂的高度差），m；A_0 为孔板的孔面积，m^2；C_0 为修正系数、无量纲量，一般在 0.6 ~ 0.7。

当孔板流量计安装完毕，ρ_0、ρ、A_0、C_0 均为常数，式（1 – 32）就可以表示为 $V_s \propto \sqrt{R}$。此式表明 U 形压差计的读数 R 与流量的平方成正比，即流量的少量变化将导致读数 R 较大的变化，因此测量的灵敏度较高。此外，由以上关系也可以看出，孔板流量计的测量范围受 U 形压差计量程的限制，同时考虑到孔板流量计的能量损失随流量的增大而迅速的增加，故孔板流量计不适于测量流量范围较大的场合。

3. 安装与优缺点 注意事项：安装时，上、下游需要有一段内径不变的直管作为稳定段，上游长

度至少为管径的 10 倍，下游长度为管径的 5 倍。

优点是结构简单，制造与安装都方便，其主要缺点是能量损失较大。

（二）转子流量计

1. 结构与测量原理　转子流量计的结构如图 1-28 所示，是由一段上粗下细的锥形玻璃管（锥角约在 4°左右）和管内一个密度大于被测流体的固体转子（或称浮子）所构成。流体自玻璃管底部流入，经过转子和管壁之间的环隙，再从顶部流出。

管中无流体通过时，转子沉在管底部。当被测流体以一定的流量流经转子与管壁之间的环隙时，由于流道截面减小，流速增大，压力随之降低，于是在转子上、下端面形成一个压差，将转子托起，使转子上浮。随转子的上浮，环隙面积逐渐增大，流速减小，压力增加，从而使转子两端的压差降低。当转子上浮至某一定高度时，转子两端面压差造成的升力恰好等于转子的重力时，转子不再上升而悬浮在该高度。转子流量计玻璃管外表面上刻有流量值，根据转子平衡时其上端平面所处的位置，即可读取相应的流量。

2. 流量方程　转子流量计的体积流量为

$$V_s = C_R A_R \sqrt{\frac{2(\rho_f - \rho) V_f g}{\rho A_f}} \tag{1-33}$$

式中，V_s 为体积流量，m^3/s；A_R 为转子上端面处环隙的截面积，m^2；V_f 为转子体积，m^3；A_f 为转子上最大直径处的截面积，m^2；ρ_f 为转子材料的密度，kg/m^3；ρ 为被测流体密度，kg/m^3；C_R 为转子流量计的流量系数，由实验测定。

C_R 与转子的形状和流体流过环隙时的 Re 有关。对于一定形状的转子，当 Re 达到一定数值后，C_R 为常数。由式（1-33）可知，对于一定的转子和被测流体，V_f、A_f、ρ_f、ρ 为常数，当 Re 较大时，C_R 也为常数，式（1-33）就可以表示为 $V_s \propto A_R$。即流量与环隙面积成正比，由于玻璃管为下小上大的锥体，当转子停留在不同高度时，环隙面积不同，因而流量不同。

3. 安装与优缺点　转子流量计必须竖直安装在管路上，为便于检修，应设置如图 1-29 所示的支路。转子流量计读数方便，流动阻力很小，测量范围宽，测量精度较高，对不同的流体适用性广。但因转子流量计管壁大多为玻璃制品，故不能经受高温和高压，在安装使用过程中也容易破碎。

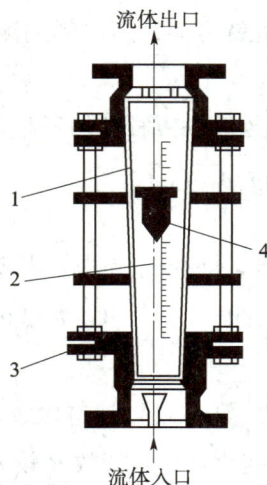

图 1-28　转子流量计　　　　　图 1-29　安装示意图

1. 锥形硬质玻璃管；2. 刻度；3. 突缘填函盖板；4. 转子

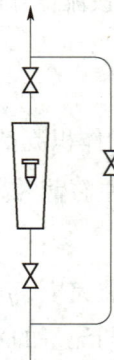

涡轮流量计

涡轮流量计在制药生产中应用广泛，原理是液流使涡轮旋转，流速越快，涡轮转速越快，磁电转换器将涡轮转速变成脉冲信号，经放大后输入处理系统，如输送到频率计，则测量的是瞬时流量；如输送到计数器，则测量的是累计流量。

（三）电磁流量计

图 1-30　电磁流量计

1. 结构及原理　电磁流量计（图 1-30）是 20 世纪 50～60 年代随着电子技术的发展而迅速发展起来的新型流量测量仪表。电磁流量计是应用电磁感应原理，根据导电流体通过外加磁场时感生的电动势来测量导电流体流量的一种仪器。电磁流量计的结构主要由磁路系统、测量导管、电极、外壳、衬里和转换器等部分组成。

2. 特点　电磁流量计没有可动部件，也没有阻流部件，不会引起压力损失，同时也不会引起磨损、阻塞等问题。电磁流量计是体积流量测量仪表，在测量过程中不受被测介质的温度、黏度、密度以及导电率（在一定范围内）的影响。电磁流量计的量程范围宽，可达 1：100。此外，电磁流量计只与被测介质的平均流速成正比，而与轴对称的流动状态（层流或湍流）无关。电磁流量计无机械惯性，反应灵敏，可以测量瞬时脉动流量，而且线性好，因此可以将测量信号直接用转换器线性转换成标准信号输出。

二、测压仪表

（一）通用型压力表

通用型压力表是指以弹簧管为弹性敏感元件，测量并指示高于环境压力的仪表。在工业过程控制与技术测量过程中，由于机械式压力表的弹性敏感元件具有很高的机械强度以及生产方便等特性，机械式压力表得到越来越广泛的应用。精确度等级等于或低于 1.0 级的压力表、真空表及压力真空表统称为通用型压力表。

图 1-31　通用型压力表结构图

1. 接头；2. 衬圈；3. 度盘；4. 指针；5. 弹簧管；
6. 传动机构；7. 连杆；8. 表壳

压力表（图 1-31）通过表内的敏感元件波登管的弹性形变，经由表内机芯的转换机构将波登管的弹性形变转换为旋转运动，引起指针偏转来显示压力。

（二）隔膜压力表

图 1-32　隔膜压力表结构图

隔膜压力表（图 1-32）由隔膜隔离器与通用型压力仪表组成一

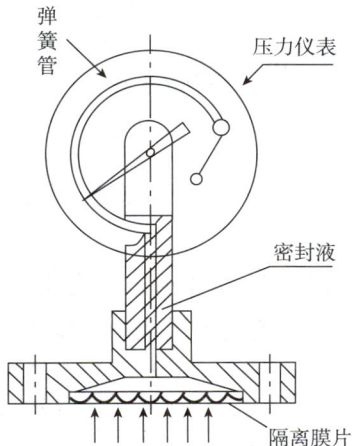

个系统的隔膜表。测量原理是当测量介质的压力 p 作用于隔膜，则隔膜产生变形，压缩压力仪表测压系统的密封液，使其形成 $p - \Delta p$ 的压力。当隔膜的刚性足够小时，则 Δp 也很小，压力仪表测压系统形成的压力就近于测量介质的压力。隔膜压力表适用于测量强腐蚀、高温、高黏度、易结晶、易凝固、有固体浮游物的介质压力以及必须避免测量介质直接进入通用型压力仪表和防止沉淀物积聚且易清洗的场合。

制药化工生产中的测量仪表还有比重计、密度计、液位计、温湿度计、黏度计、压差表、水分测定仪、堆积密度测定仪、浓度检测仪等。

知识链接

比重计

比重计是根据阿基米德定律和物体浮在液面上平衡的条件制成的，是测定液体密度的一种仪器。它是一根密闭的玻璃管，一端粗细均匀，内壁贴有刻度纸，刻度不均匀，上疏下密，另一端稍膨大呈泡状，泡里装有小铅粒或水银。使用时，使玻璃管能在被检测的液体中竖直地浸入足够的深度，并能稳定地浮在液体中，也就是当它受到任何摇动时，能自动地恢复成垂直的静止位置。当比重计浮在液体中时，其本身的重力跟它排开的液体的重力相等。在不同的液体中浸入不同的深度，所受到的压力不同，比重计达到静止时液面所对应的刻度就是被测液体的比重。

实践实训

实训一 流体流动形态的测定

一、实训目的

1. 测量流体在管内流动的两种不同流型。
2. 确定雷诺准数 Re 与流动类型的关系。

二、基本原理

流体流动有两种不同形态，即层流（滞流）和湍流（紊流）。流体做层流流动时，流体质点做平行于管轴的直线运动，且在径向无脉动；流体做湍流流动时，流体质点除沿管轴方向向前运动外，还在径向做脉动运动，在宏观上显示出紊乱地向各个方向做不规则的运动。

流体流动形态可用雷诺准数来判断，若流体在圆管内流动，则雷诺准数可用下式表示：

$$Re = \frac{du\rho}{\mu}$$

式中，Re 为雷诺准数，无量纲量；d 为直管内径，m；u 为流体流速，m/s；ρ 为流体密度，kg/m³；μ 为流体黏度，Pa·s。

对于一定温度的流体，在特定的圆管内流动，雷诺准数仅与流体流速有关。本实验通过改变流体在管内的速度，测量在不同雷诺准数下流体的流动形态。一般认为 $Re \leqslant 2000$ 时，流动为层流；$Re \geqslant 4000$，流动为湍流；$2000 < Re < 4000$ 时，流动为过渡流。

三、实训装置及流程

实验装置如图 1-33 所示。

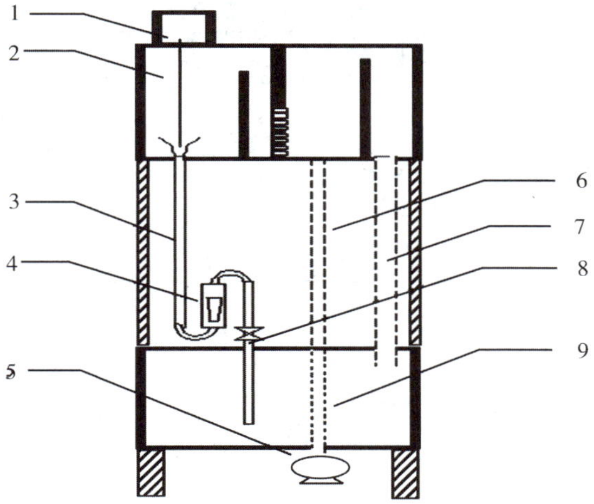

图 1－33　流动形态实验装置示意图

1. 循环水泵；2. 转子流量计；3. 实验管；4. 溢流稳压槽；5. 红墨水储槽；6. 上水管；

7. 溢流回水管；8. 调节阀；9. 储水槽

实验前,先将水充满低位储水槽,关闭流量计后的调节阀,然后启动循环水泵。待水充满稳压溢流槽后,开启流量计后的调节阀。水由稳压溢流槽流经实验管和转子流量计,最后流回低位储水槽。水流量的大小,可由流量计和调节阀调节。

示踪剂采用红色墨水,它由红墨水储槽经连接管和细孔喷嘴,注入实验管。细孔玻璃注射管（或注射针头）位于实验管入口的轴线部位。

四、实训步骤

1. 向储水槽内注入纯化水,直到水满为止。

2. 关闭流量计后的调节阀,然后启动循环水泵。

3. 待水充满稳压溢流槽,开启流量计后的调节阀。先少许开启调节阀,将流量调至所需要的值。再调节红墨水储槽的下口旋塞,并做精细调节,使红墨水的注入流速与实验管中主体流体的流速尽量相适应,一般略低于主体流体的流速为宜。待流动稳定后,记录主体流体的流量和实验现象。

4. 缓慢调节调节阀,使水流量平稳地增大。每调节一个流量,都需等待流动稳定后,记录主体流体的流量和实验现象。

5. 测取数据的顺序从小流量至大流量,一般测 10～15 组数即可。数据测量要覆盖流体从层流到湍流全过程。层流时在试验导管的轴线上,可观察到一条平直的红色细流,好像一根拉直的红线一样。湍流时红墨水进入实验管后,立即呈烟雾状分散在整个导管内,进而迅速与主体水流混为一体,使整个管内流体染为红色,以致无法辨别红墨水的流线。实验中要着重观察并记录从层流向过渡流、从过渡流向湍流转变的临界数据。

注意:实验用的水应清洁,红墨水的密度应与水相当,装置要放置平稳,避免振动。

五、实训数据记录与处理

实验管规格：$\varphi 20mm \times 2mm$　　　　实验介质：水

水温 $t =$ 　　℃；$\mu =$ 　　cP；$\rho =$ 　　kg/m^3

实验数据记录于表 1－4。

表1-4 雷诺实验数据记录表

序号	流量（L/h）	雷诺数	现象	流动形态
1				
2				
...				
15				

六、思考题

你所观察的流动形态和相应的雷诺数与理论一致吗？如果不一致，请分析原因。

七、实验报告要求

1. 实验目的。
2. 主要设备名称及型号。
3. 画出流动形态测定装置流程的方框图。
4. 实验操作步骤。
5. 实验数据记录及处理（数据计算过程）。
6. 实验总结（书写实验中的体会、个人看法和反思等）。
7. 思考题解析。

目标检测

答案解析

一、简答题

1. 如图1-34所示的敞口容器内盛有油和水，已知 $\rho_油 < \rho_水$，故 $h < h_1 + h_2$。若 A 与 A′、B 与 B′及 C 与 C′分别处于同一水平面上，能否判断 A 与 A′、B 与 B′及 C 与 C′的压力是否相等？若有不相等，哪个大？

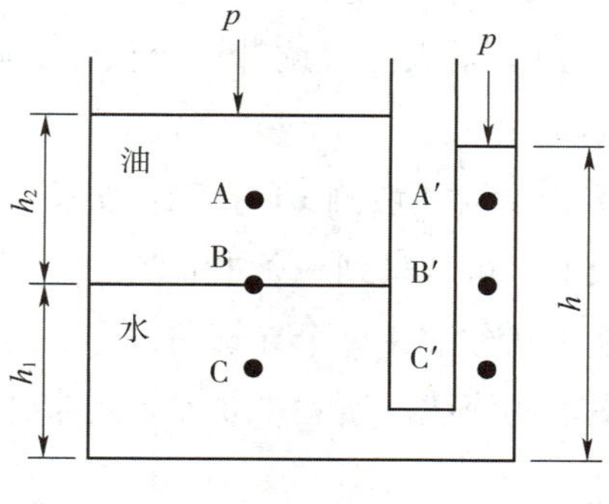

图1-34 习题附图

2. 说明流体的体积流量、质量流量、流速（平均流速）的定义及相互关系。
3. 某制药厂需要安装一根输水量每小时为25m³的管道，计算输水管的内径并选择合适的水管。
4. 流体的流动形态有哪几种？如何判断？
5. 简述流动阻力产生的原因、流体黏度的物理意义。

二、应用实例题

1. 某设备的进、出口压强分别为 1200mmH$_2$O（真空度）和 1.6kgf/cm^2（表压）。若当地大气压为 760mmHg，求此设备进、出口的压强差（用 SI 制表示）。

2. 某液体从 φ108mm×4mm 的管内以流速 1m/s 稳定流入 φ68mm×4mm 的管内，计算流体在小管内的流速。

3. 有一内径为 25mm 的水管，如管中水的流速为 1.0m/s，求：（1）管中水的流动形态；（2）管中水保持层流时的最大流速（水的密度 ρ = 1000kg/m^3，黏度 μ = 1cp）。

4. 一套管换热器的内管为 φ80mm×3mm，外管为 φ158mm×4mm，其环隙的当量直径为多少？

5. 用 φ108mm×4mm 的钢管从水塔将水引至车间，管路长度 150m（包括管件的当量长度）。此管路输水量为 36m^3/h，则此管路的全部能量损失为多少（管路摩擦系数可取为 0.02，水的密度取为 1000kg/m^3）？

6. 如图 1-35 所示，为一洗涤塔的供水系统。储槽液面压力为 100kPa（绝压），塔内水管与喷头连接处的压力为 320kPa（绝压），塔内水管出口高出储槽内水面 20m，管路为 φ55mm×2.5mm 钢管，送水量为 14m^3/h，系统能量损失 4.3mmH$_2$O，泵的效率为 65%，求泵所需的轴功率（水的密度取为 1000kg/m^3）。

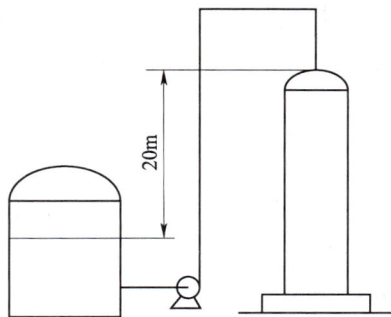

图 1-35 习题附图

书网融合……

知识回顾   微课   习题

第二章 流体输送设备

我国民间有一则谚语："一个和尚挑水喝、两个和尚抬水喝、三个和尚没水喝。"这则谚语，从侧面告诉我们勇于担当，合作共赢的重要性。《增广贤文》中"人心齐，泰山移"很好地诠释了团队协作的精神。"三个和尚"的故事也反映出古代科技水平低下，距离水源地较远，取水不便，需要投入大量人力来解决"吃水难"的问题。我们生活在中国特色社会主义新时代，不论是住在高楼大厦，还是美丽村庄，只要打开水龙头，洁净的水便可源源不断地流出，供人享用。在制药生产中，如何实现流体的输送？怎样控制输送流体的流量、压强等参数以满足制药生产工艺的要求？

本章主要介绍流体输送设备的构造、工作原理、性能参数及操作使用等内容。

学习目标

1. **掌握** 离心泵的结构、工作原理、性能参数、特性曲线及其应用；离心泵的工作点及流量调节；离心泵的操作。

2. **熟悉** 离心泵的维护与保养；往复泵的工作原理及正位移特性；离心通风机的性能参数、特性曲线。

3. **了解** 离心泵的选型、安装高度的确定；其他流体输送设备的结构与工作原理；往复压缩机的工作原理；气体输送设备的初步选型。

在制药化工生产中，流体输送是最常见的单元操作。流体输送机械就是向流体做功以提高流体机械能的装置，本章主要介绍制药化工生产中常用的流体输送设备的基本结构、工作原理和特性，以便能够依据生产工艺要求合理地选择和正确地使用流体输送设备，以实现高效、可靠、安全地运行。

流体输送机械分为液体输送机械和气体输送机械。输送液体的机械称为泵；输送气体的机械按其所产生压强的不同分别称之为通风机、鼓风机、压缩机和真空泵。

流体输送机械按其工作原理分类如下。

（1）动力式（叶轮式） 包括离心式、轴流式输送机械，它们是凭借高速旋转的叶轮使流体获得能量的。

（2）容积式（正位移式） 包括往复式、旋转式输送机械，它们是利用活塞或转子的挤压使流体升压以获得能量的。

（3）流体作用式 包括喷射泵、射流泵等，流体作用式泵是利用另一种工作流体产生压差，使待输送流体获得能量。

第一节 液体输送设备

一、动力式泵（叶轮式泵）

（一）离心泵 e 微课

1. 离心泵的结构 离心泵的型号较多，其构造并无大的差异。如图 2 – 1 所示，泵主要由泵壳、叶轮、轴和轴封等部分组成。

（1）叶轮 其作用是将原动机的机械能直接传给液体，以增加液体的静压能和动能（主要增加静压能），是离心泵的关键部件。叶轮的叶片按照弯曲形式不同可分为前弯叶片、径向叶片、后弯叶片。具有后弯叶片的叶轮，输送流体时的能力损失较小，因此离心泵一般采用具有 6 ~ 12 片后弯叶片（是指叶片的弯曲方向与叶轮的旋转方向相反）的叶轮提高泵的效率。按照结构组成不同，叶轮有闭式、半闭式和开式三种，如图 2 – 2 所示。

图 2 – 1 离心泵装置简图

1. 叶轮；2. 泵壳；3. 泵轴；4. 吸入口；5. 吸入管；

6. 底阀；7. 滤网；8. 排出口；9. 排出管；10. 调节阀

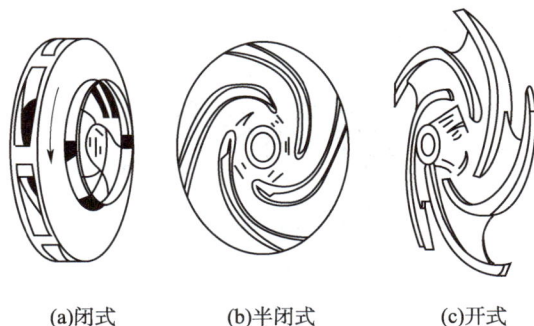

图 2 – 2 离心泵的叶轮

(a)闭式　(b)半闭式　(c)开式

开式叶轮在叶片两侧无盖板，制造简单、清洗方便，适用于输送含有较大量悬浮物的物料，效率较低，输送的液体压力不高；半闭式叶轮在吸入口一侧无盖板，而在另一侧有盖板，适用于输送易沉淀或含有颗粒的物料，效率也较低；闭式叶轮在叶片两侧有前后盖板，效率高，适用于输送不含杂质的清洁液体，一般的离心泵叶轮多为此类。

叶轮按其吸液方式不同可分为单吸式和双吸式两种，如图 2 – 3 所示。

（2）泵壳 是将叶轮封闭在一定的空间，以便由叶轮的作用吸入和压出液体。泵壳大多设计成蜗壳形，故又称蜗壳。由于流道截面积逐渐扩大，故从叶轮四周甩出的高速液体逐渐降低流速，使部分动能有效地转换为静压能。泵壳不仅汇集由叶轮甩出的液体，同时又是一个能量转换装置。

为了减少液体离开叶轮时直接冲击泵壳而造成的能量损失，使泵内液体能量转换效率增高，叶轮外周安装导轮，如图 2 – 4 所示。

图2-3　离心泵的吸液方式

(a)单吸式　　　(b)双吸式

1. 平衡孔；2. 后盖板

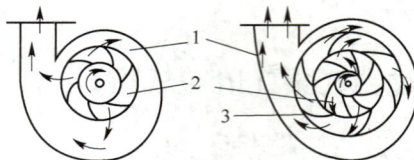

图2-4　泵壳与导轮

1. 泵壳；2. 叶轮；3. 导轮

（3）轴封装置　是用来实现泵轴与泵壳间密封的装置。常用的密封方式有两种，即填料函密封与机械密封。如图2-5所示，填料函密封是用浸油或涂有石墨的石棉绳（或其他软填料）填入泵轴与泵壳间的空隙来实现密封。填料轴封具有结构简单、成本低、适用范围广等优点，但其密封不严，易造成泄漏，填料与轴之间存在摩擦可造成磨损，且增加了能量损失。如图2-6所示，机械密封是通过一个安装在泵轴上的动环与另一个安装在泵壳上的静环来实现密封，两个环的环形端面由弹簧使之平行贴紧，当泵运转时，两个环端面发生相对运动但保持贴紧而起到密封作用。机械密封具有结构可靠、泄漏量小、使用寿命长、运转中无需调整、能量损失小等优点，但其结构复杂，加工精度要求高，拆装不便。

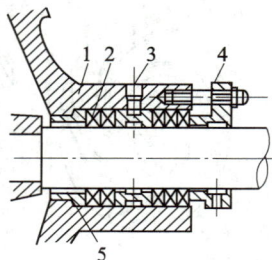

图2-5　填料密封装置

1. 填料函壳；2. 软填料；3. 液封圈；

4. 填料压盖；5. 内衬套

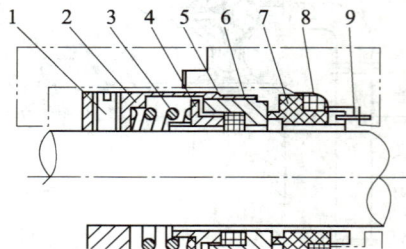

图2-6　机械密封装置

1. 螺钉；2. 传动座；3. 弹簧；4. 推环；5. 动环密封圈；

6. 动环；7. 静环；8. 静环密封圈；9. 防转销

2. 离心泵的工作原理和气缚现象

（1）工作原理　如图2-1离心泵的整套工作装置由吸入管、离心泵和排出管组成。吸入管径应不小于排出管径。离心泵的叶轮安装在泵壳内，并紧固在泵轴上，泵轴由电机直接带动。泵壳中央有一液体吸入口与吸入管连接，液体经底阀和吸入管进入泵内。泵壳上的液体排出口与排出管连接。

在泵启动前，泵壳内灌满被输送的液体。启动后，叶轮由轴带动高速转动，叶片间的液体也随着转动。在离心力的作用下，液体从叶轮中心被抛向外缘并获得能量，以高速离开叶轮外缘进入蜗形泵壳。在蜗壳中，液体由于流道的逐渐扩大而减速，将部分动能转变为静压能，最后以较高的压力流入排出管道，送至需要场所。液体由叶轮中心流向外缘时，在叶轮中心形成了一定的真空，由于贮槽液面上方的压力大于泵入口处的压力，液体便被连续压入叶轮中心处。可见，只要叶轮不断地转动，液体便会连续不断地被吸入和排出。

（2）气缚现象　如果在启动离心泵前，泵壳和吸入管内存有气体。由于气体密度比液体的密度小得多，产生的离心力就很小，因而在叶轮中心区所形成的低压不足以将贮槽内的液体吸入泵内。这种由于泵内存有空气造成离心泵不能吸液的现象称为气缚现象。

离心泵没有自吸能力，所以在启动离心泵前必须灌泵，为防止灌入泵壳内的液体因重力流入低位槽内，在泵吸入管路的入口处装有止逆阀（底阀）。如果泵的位置低于槽内液面，则启动前无需人工灌泵，吸入管也无需底阀，借助位差液体自动流入泵内。

3. 离心泵的主要性能参数 为了完成具体的输送任务需要选用适宜规格的离心泵并使之高效运转，就必须了解离心泵的性能及这些性能之间的关系。离心泵的主要性能参数有流量、扬程、功率和效率等，这些性能与它们之间的关系在泵出厂时会标注在铭牌或产品说明书上，供使用者参考。

（1）流量 也称送液能力，指单位时间内从泵内排出的液体体积，用 V_s 表示，单位 m^3/s 或 m^3/h。离心泵的流量与离心泵的结构、尺寸（叶轮的直径及叶片的宽度等）和转速有关。

（2）扬程 也称外加压头（H_e），指离心泵对单位重量（1N）流体所做的功，即 1N 流体通过离心泵时所获得的能量。用 H 表示，单位为 $J/N = m$（指 m 液注）。在生产上扬程的单位仍习惯用被输送液体的液柱高度 m 表示。离心泵的扬程与离心泵的结构、尺寸、转速和流量有关。通常流量越大，扬程越小，两者的关系由实验测定（图 2-7）。由于吸入管和排出管可以为等径管，可不计两表截面上的动能差（即 $\Delta u^2/2g = 0$），若不计两表截面间的能量损失（$\sum h_{f,1-2} = 0$），则泵的扬程可用下式计算

$$H = h_0 + \frac{p_2 - p_1}{\rho g} = h_0 + H_1 + H_2 \qquad (2-1)$$

式中，h_0 为位压头的改变量，即液体上扬的路程（升举高度），m；H_1 为吸入管上的真空表读数所表示的静压头，m；H_2 为排出管上的压力表读数所表示的静压头，m。

离心泵分单级和多级，一般使用的都是单级，扬程在 5~60m；高扬程一般选多级泵。扬程越高，泵的出口压力越大。

（3）效率 是反映离心泵利用能量情况的参数。由于机械摩擦、流体阻力和泄漏等原因，离心泵的有效功率总是小于其轴功率，两者的差别用效率来表征，效率用 η 表示。离心泵的能量损失包括下述三项。

1）容积损失 是指泵的液体泄漏所造成的损失。由于液体泄漏，一部分已获得能量的高压液体流失，造成了能量损失。容积损失主要与泵的结构及液体在进出口处的压强差有关。

2）机械损失 由泵轴与轴承之间，泵轴与填料函之间以及叶轮盖板外表面与液体之间产生摩擦而引起的能量损失称为机械损失。

3）水力损失 指液体在泵内各部位的摩擦阻力和局部阻力产生的能量损失，该损失的大小取决于泵内的结构、零件加工精度和液体的性质等。

（4）有效功率和轴功率 有效功率指离心泵实际传给液体的功率，即液体获得的实际压头 H 所需的功率，单位 W 或 kW。其值由下式计算：

$$N_e = HV_s \rho g \qquad (2-2)$$

式中，N_e 为离心泵的有效功率，W 或 kW。

轴功率指电机提供给泵轴的功率，用 N 表示，它包括了多种能量损失所消耗的功率，轴功率与有效功率相差一个效率，即

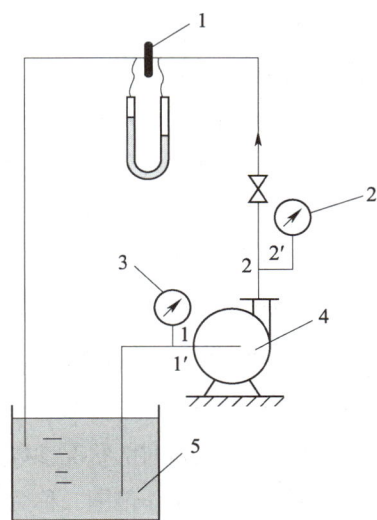

图 2-7 离心泵扬程测定

1. 流量计；2. 压强表；3. 真空表；
4. 离心泵；5. 贮槽

$$N = \frac{N_e}{\eta} = \frac{HV_s \rho g}{\eta}(\text{W}) \qquad (2-3)$$

$$N = \frac{HV_s \rho}{102\eta}(\text{kW}) \qquad (2-3\text{a})$$

式中，N 为离心泵的轴功率，W 或 kW。

轴功率由实验测定，是选取电动机的依据。离心泵铭牌上的轴功率是离心泵在最高效率下的轴功率。

> **即学即练**
>
> 一台离心泵的扬程为 20m，意味着能将液体输送到的高度是（　　）。
>
> 答案解析 　A. 大于 20m　　　B. 等于 20m　　　C. 小于 20m　　　D. 不确定

4. 离心泵的特性曲线和设计点

（1）特性曲线　离心泵的特性曲线是将由实验测定的 V_s、H、N、η 等数据在坐标纸绘制而成的一组曲线。图 2-8 为国产 IS 型离心泵的特性曲线。各种型号的泵各有其特性曲线，形状基本上相同，但均有以下三条曲线。

1）$H-V_s$ 线　表示压头和流量的关系；离心泵的压头一般是随流量的增大而降低。

2）$N-V_s$ 线　表示泵轴功率和流量的关系；离心泵的轴功率随流量增大而上升，流量为零时轴功率最小。所以离心泵启动时，应关闭泵的出口阀门，使启动电流减小，保护电机。

3）$\eta-V_s$ 线　表示泵的效率和流量的关系；从图 2-8 的特性曲线可以看出，当 $V_s = 0$ 时，$\eta = 0$；随着流量的增大，泵的效率随之上升，并达到最大值，随后效率就会下降。

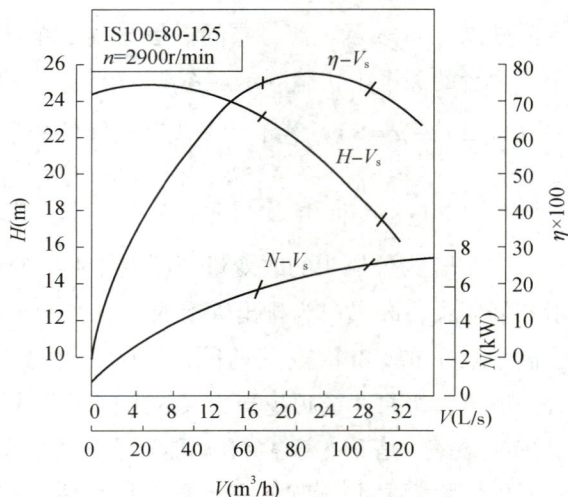

图 2-8　IS 型离心泵的特性曲线

（2）泵的设计点　通常把离心泵的最高效率点称为设计点。泵在与最高效率相对应的流量及压头下工作最经济，所以与最高效率点对应的 V_s、H、N 值称为最佳工况参数。离心泵的铭牌上标出的性能参数就是指该泵在效率最高点运行时的状况参数。根据输送条件的要求，离心泵往往不可能正好在最佳工况点运转，因此一般只能规定一个工作范围，称为泵的高效率区，通常为最高效率的 92% 左右，如图 2-8 中波折号所示范围，选用离心泵时，应尽可能使泵在此范围内工作。根据 GB/T 13007—2011 离心泵效率范围见表 2-1。离心泵的性能曲线可作为选择泵的依据。确定泵的类型后，再依流量和压头选泵。

表 2-1　单级离心泵效率（节选）

流量 V_s（m³/h）	5	10	15	20	25	30	40	50	60	70
最高效率 η（%）	58.0	64.0	67.2	69.4	70.9	72.0	73.8	74.9	75.8	76.5
允许最低效率 η（%）	52.5	58.0	60.8	62.5	63.8	64.8	66.0	67.0	67.8	68.5

例 2-1　如图 2-7 为测定离心泵特性曲线的实验装置，实验中已测出如下一组数据：

泵进口处真空表读数 $p_1 = 2.67 \times 10^4$ Pa（真空度）；泵出口处压力表读数 $p_2 = 2.55 \times 10^5$ Pa（表压），泵的流量 $V_s = 12.5 \times 10^{-3}$ m³/s，功率表测得电动机所消耗功率为 6.2kW，吸入管内径 $d_1 = 80$mm，压出管内径 $d_2 = 60$mm。两个测压点间垂直距离 $Z_2 - Z_1 = 0.5$m；泵由电动机直接带动，传动效率可视为 1，电动机的效率为 0.93，实验介质为 20℃ 的清水，试计算在此流量下泵的压头 H、轴功率 N 和效率 η。

分析：①泵的压头 在真空表及压力表所在的 1－1′ 截面与 2－2′ 截面间列伯努利方程：

$$Z_1 + \frac{u_1^2}{2g} + \frac{p_1}{\rho g} + H = Z_2 + \frac{u_2^2}{2g} + \frac{p_2}{\rho g} + H_f$$

式中 $Z_2 - Z_1 = 0.5$m

$p_1 = -2.67 \times 10^4$ Pa（表压）

$p_2 = 2.55 \times 10^5$ Pa（表压）

$u_1 = \dfrac{4V_s}{\pi d_1^2} = \dfrac{4 \times 12.5 \times 10^{-3}}{3.14 \times 0.08^2} = 2.49$ m/s

$u_2 = \dfrac{4V_s}{\pi d_2^2} = \dfrac{4 \times 12.5 \times 10^{-3}}{3.14 \times 0.06^2} = 4.42$ m/s

两个测压口间的管路很短，其间阻力损失可忽略不计，故

$$H = \Delta Z + \frac{\Delta u^2}{2g} + \frac{\Delta p}{\rho g} + H_f$$

$$H = 0.5 + \frac{4.42^2 - 2.49^2}{2 \times 9.81} + \frac{2.55 \times 10^5 + 2.67 \times 10^4}{1000 \times 9.81} = 29.88 \text{m}$$

②泵的轴功率 功率表测得功率为电动机的输入功率，电动机本身消耗一部分功率，其效率为 0.93，于是电动机的输出功率（等于泵的轴功率）为：

$$N = 6.2 \times 0.93 = 5.77 \text{kW}$$

③泵的效率

$$\eta = \frac{N_e}{N} = \frac{V_s H \rho g}{N} = \frac{12.5 \times 10^{-3} \times 29.88 \times 1000 \times 9.81}{5.77 \times 1000} = 63\%$$

在实验中，如果改变出口阀门的开度，测出不同流量下的有关数据，计算出相应的 H、N 和 η 值，并将这些数据绘于坐标纸上，即得该泵在固定转速下的特性曲线。

（3）影响离心泵特性曲线的主要因素 泵生产厂家所提供的特性曲线是用 20℃ 时的清水在 293K 和 98.1kPa 下做实验求得。当被输送的液体的种类、转速和叶轮直径改变时，离心泵的性能将随之改变。

1）密度 对流量、扬程和效率没有影响，但对轴功率有影响，轴功率可以用下式校正

$$\frac{N_1}{N_2} = \frac{\rho_1}{\rho_2} \tag{2-4}$$

2）黏度 当液体的黏度增加时，液体在泵内流动时的能量损失增加，从而导致泵的流量、扬程和效率均下降，但轴功率增加。因此黏度的改变会引起泵的特性曲线的变化。当液体的运动黏度大于 20cst（厘斯）时，离心泵的性能需按公式校正，校正方法可参阅有关手册。

3）转速 当效率变化不大时，转速变化引起流量、压头和功率的变化符合比例定律，即

$$\frac{V_{s_2}}{V_{s_1}} = \frac{n_2}{n_1} \qquad \frac{H_2}{H_1} = \left(\frac{n_2}{n_1}\right)^2 \qquad \frac{N_2}{N_1} = \left(\frac{n_2}{n_1}\right)^3 \tag{2-5}$$

式中，V_{s_1}、H_1、N_1 为离心泵转速为 n_1 时的流量、扬程和功率；V_{s_2}、H_2、N_2 为离心泵转速为 n_2 时

的流量、扬程和功率。

式（2-5）称为比例定律。当转速变化小于20%时，可认为效率不变，用式（2-5）进行计算误差不大。

4）叶轮　在转速相同时，叶轮直径的变化也将导致离心泵性能的改变。如果叶轮切削率不大于20%，则叶轮直径变化引起流量、压头和功率的变化符合切割定律，即

$$\frac{V_{s_2}}{V_{s_1}} = \frac{D_2}{D_1} \qquad \frac{H_2}{H_1} = \left(\frac{D_2}{D_1}\right)^2 \qquad \frac{N_2}{N_1} = \left(\frac{D_2}{D_1}\right)^3 \qquad (2-6)$$

式中，V_{s_1}、H_1、N_1 为离心泵切割前叶轮直径为 D_1 时的流量、扬程和功率；V_{s_2}、H_2、N_2 为离心泵切割后叶轮直径为 D_2 时的流量、扬程和功率。

必须指出，虽然可以通过叶轮直径的切削来改变离心泵的性能，而且工业生产中有时也采用这一方法，但过多减少叶轮直径，会导致离心泵工作效率的下降。

5. 离心泵的工作点与流量调节

（1）管路特性曲线　当离心泵安装在特定的管路系统时，实际的工作压头和流量不仅与离心泵本身的性能有关，还与管路特性有关，即在输送液体的过程中，泵和管路是互相制约的。所以，在讨论离心泵的工作情况之前，应先了解与之相连的管路状况。

如图2-9所示的输送系统中，为完成从低位能1处向高位能2处输送，单位重量流体所需要的能量，则由伯努利方程可得

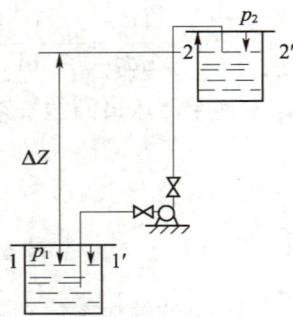

图2-9　输送系统简图

$$H_e = \Delta Z + \frac{\Delta u^2}{2g} + \frac{\Delta p}{\rho g} + \sum H_f \qquad (2-7)$$

一般情况下，动能差 $\Delta u^2/2g$ 项可以忽略，阻力损失为

$$\sum H_f = \sum \left[\left(\lambda \frac{l}{d} + \xi\right)\frac{u^2}{2g}\right] \qquad (2-8)$$

其中 $u = \dfrac{V_e}{\frac{\pi}{4}d^2}$

式中，V_e 为管路系统的输送量，m^3/h，故

$$\sum H_f = \sum \left[\frac{8\left(\lambda \frac{l}{d} + \xi\right)}{\pi^2 d^4 g}\right] V_e^2$$

令 $K = \sum \left[\dfrac{8\left(\lambda \frac{l}{d} + \xi\right)}{\pi^2 d^4 g}\right]$

则

$$\sum H_f = K V_e^2 \qquad (2-9)$$

其数值由管路特性所决定。当管内流动已进入阻力平方区，系数 K 是一个与管内流量无关的常数。将式（2-9）代入式（2-7），得

$$H_e = \Delta Z + \frac{\Delta p}{\rho g} + K V_e^2 \qquad (2-10)$$

在特定的管路系统中，于一定的条件下操作时，ΔZ 与 $\dfrac{\Delta p}{\rho g}$ 均为定值，上式可写成

$$H_e = A + K V_e^2 \qquad (2-11)$$

由式（2-11）看出在特定管路中输送液体时，管路所需压头 H_e 随液体流量 V_e 的平方而变化。将此关系描绘在坐标纸上，即为图 2-10 的管路特性曲线。此线形状与管路布置及操作条件有关，而与泵的性能无关。

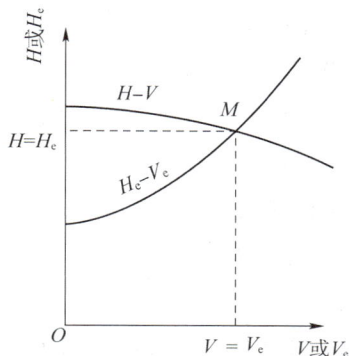

图 2-10　泵的工作点

（2）离心泵的工作点　离心泵安装在管路中工作时，泵的输液量 V 即管路的流量 V_e，在该流量下泵提供的压头必恰好等于管路所要求的压头。因此，泵的实际工作情况是由泵特性曲线和管路特性曲线共同决定的。

若将离心泵特性曲线 $H \sim V_s$ 与其所在管路特性曲线 $H_e \sim V_e$ 绘于同一坐标纸上，如图 2-10 所示，此两线交点 M 称为泵的工作点。对所选定的离心泵在此特定管路系统运转时，只能在这一点工作。选泵时，要求工作点所对应的流量和压头既能满足管路系统的要求，又正好是离心泵所提供的，即 $V_s = V_e$，$H = H_e$。

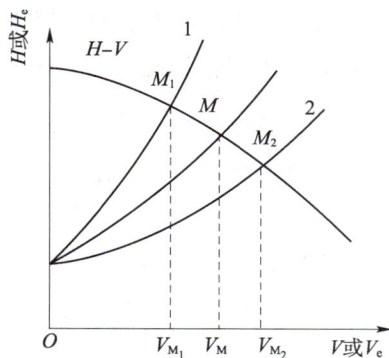

图 2-11　改变阀门开度调节流量示意图

（3）离心泵的流量调节　由于生产任务的变化，管路需要的流量有时是需要改变的，这实际上就是要改变泵的工作点。由于泵的工作点是由管路特性曲线和泵的特性曲线共同决定的，因此改变泵的特性和管路的特性均能改变工作点，从而达到调节流量的目的。

1）改变泵出口阀门的开度　改变离心泵出口管路上的阀门开度，实质是改变管路特性曲线。当阀门关小时，管路的局部阻力加大，管路特性曲线变陡，如图 2-11 中曲线 1 所示，工作点由 M 移至 M_1，流量由 V_M 减小到 V_{M_1}。当阀门开大时，管路阻力减小，管路特性曲线变得平坦一些，如图中曲线 2 所示，工作点移至 M_2，流量加大到 V_{M_2}。

用阀门调节流量迅速方便，且流量可以连续变化，适合制药化工连续生产的特点，所以应用十分广泛。缺点是阀门关小时，阻力损失加大，能量消耗增多，不经济。且在调节幅度较大时离心泵往往在低效区工作，经济性差。

2）改变泵的转速　实质上是改变泵的特性曲线。泵原来转数为 n，工作点为 M，如图 2-12 所示，若把泵的转速提高到 n_1，泵的特性曲线往上移，工作点由 M 移至 M_1，流量由 V_M 加大到 V_{M_1}。若把泵的转速降至 n_2，工作点移至 M_2，流量降至 V_{M_2}。

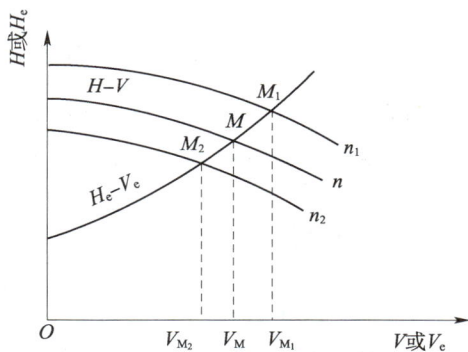

图 2-12　改变转速调节流量示意图

这种调节方法能保持管路特性曲线不变。当流量随转速下降而减小时，阻力损失也相应降低，能量消耗比较合理。但需要变速装置或价格昂贵的变速原动机，且难以做到连续调节流量，故生产中很少采用。

3）改变叶轮直径　也可改变泵的特性（切割定律），从而改变泵的工作点。这种调节方法实施起来不方便，需要车床，而且一旦车削便不能复原，且调节范围不大，生产中很少使用。

4）离心泵的并联操作　在实际生产中，当单台离心泵不能满足输送任务要求时，可采用离心泵的并联或串联操作。

设有两台型号相同的离心泵并联工作，并且各自的吸入管路相同，则两泵的流量和扬程必相同。因此，在同样的扬程下，并联泵的流量为单泵的两倍。如图 2-13 所示，在 $H \sim V$ 坐标上将单泵特性曲线的横坐标加倍而纵坐标不变，得到的这条曲线叫作两泵并联的合成特性曲线。对于两泵并联系统而言，管路特性曲线保持不变。两泵并联的合成特性曲线与管路特性曲线的交点 M 即为工作点，对应的坐标值（V，H）即为两泵并联工作时的（$V_{并}$，$H_{并}$）。

由图可知：$V_{并} > V$，但 $V_{并} < 2V$，这是因为 $V_{并}$ 增大导致管路阻力损失增加（$H_e = A + KV_e^2$，V_e 增加，H_e 也随之增加）的缘故。两泵并联时单泵在 b 点状态下工作。并联泵的总效率与每台泵在 b 点工作所对应的单泵效率相同。两泵并联后，扬程增加不多，由 H 升至 $H_{并}$，流量 V 增加较多，由 V 增至 $V_{并}$，$V_{并} \approx 2V$。

5）离心泵的串联操作　设有两台型号相同的离心泵串联工作，每台泵的流量和扬程也必然相同。因此在同样的流量下，串联泵的压头为单台泵的两倍。如图 2-14 所示，在 $H \sim V$ 标绘出两泵串联的合成特性曲线 II，将单泵的特性曲线 I 的纵坐标加倍，而横坐标不变。同理，管路特性曲线也是不变的。两线交点为工作点，两坐标值为 $H_{串}$ 和 H。由此可见，$H_{串} > H$，$V_{串} > V$，但 $H_{串} < 2H$。串联泵的总效率与每台泵在 b 点工作所对应的单泵效率相同。两泵串联后，流量增加不多，扬程增加接近两倍，$H_{串} \approx 2H_{串}$。

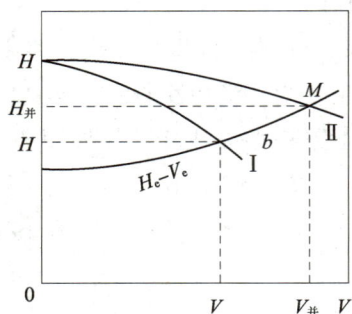

图 2-13　离心泵的并联　　　　图 2-14　离心泵的串联

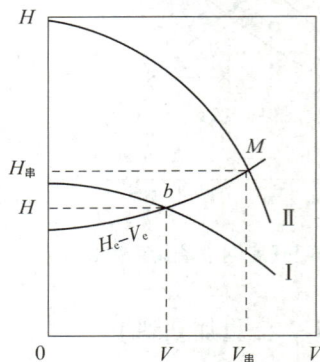

在制药生产过程中，需要大流量的场合较多，需要高压头的情况较少。因此，实际生产中同型号离心泵串联操作很少用到，并联操作较为常见。

▶▶ 实例分析

　　案例　随着我国经济高速发展，城市中心高楼林立，国家供水标准规定供水管网末端水压不低于 0.14MPa，一般供水压力为 0.2MPa。此压力能够满足 7 层以下的供水要求，而高层建筑需要二次供水。目前变频恒压供水是常用的二次供水方式之一，变频恒压供水是指在供水管网中用水量发生变化时，出口压力保持不变的供水方式。

　　问题　试分析变频恒压供水的原理是什么？生活中怎样节约水资源？

答案解析

6. 气蚀现象与离心泵的安装高度

（1）气蚀现象　离心泵的吸液是靠吸入液面与吸入口间的压差完成的。当吸入液面压力一定时，吸上高度越大，吸入阻力越高，吸入口处的压力将越小。当吸入口处压力小于操作条件下被输送液体的饱和蒸气压时，液体将会汽化产生气泡，含有气泡的液体进入泵体后，在旋转叶轮的作用下，进入高压区，气泡在高压的作用下，又会凝结为液体，由于原气泡位置的空出造成局部真空，使周围液体在高压的作用下迅速填补原气泡所占空间。这种高速冲击频率很高，可以达到每秒几千次，冲击压强可以达到数百个大气压甚至更高。高强度高频率的冲击，轻者能造成叶轮的疲劳，重者则可以将叶轮与泵壳破坏，甚至能把叶轮打成蜂窝状。把由于被输送液体在泵体内汽化再凝结对叶轮产生剥蚀的现象叫作离心泵的气蚀现象。

气蚀现象发生时不仅会对叶轮造成剥蚀，还会产生噪声并引起振动，流量、扬程及效率均会迅速下降，严重时不能吸液。工程上规定，当泵的扬程下降 3% 时就进入气蚀状态。

从根本上避免气蚀现象的方法是限制泵的安装高度。所以离心泵的安装高度就是衡量泵抗气蚀能力的参数。此外减小吸入管路阻力，降低泵进口液体的温度也可以有效地防止气蚀现象发生，因此，离心泵流量不采用入口阀门调节。

（2）离心泵的安装高度 是指泵的吸入口与吸入贮槽液面间的垂直距离。避免离心泵气蚀现象发生的最大安装高度，称为离心泵的允许安装高度，也叫允许吸上高度，以符号 H_g 表示。工业生产中，计算离心泵的允许安装高度常用允许气蚀余量法。

1）允许气蚀余量 是表示离心泵的抗气蚀性能的参数，由附录四泵规格表查得。允许气蚀余量是指离心泵在保证不发生气蚀的前提下，泵吸入口处静压头与动压头之和比被输送液体的饱和蒸气压头高出的最小值，用 Δh 表示，即

$$\Delta h = \frac{p_1}{\rho g} + \frac{u_1^2}{2g} - \frac{p_v}{\rho g} \qquad (2-12)$$

式中，p_v 为操作温度下液体的饱和蒸气压，单位为 Pa，可由附录十一查得。

由于允许气蚀余量 Δh 仅与离心泵的结构和尺寸有关，这个最小值越小，说明受泵自身结构决定的抗气蚀能力就越强，因此 Δh 值越小，离心泵抗气蚀性能越强。

2）允许安装高度 如图 2-15 所示，以液面为基准面，列贮槽液面 0-0′ 与泵的吸入口 1-1′ 面间的伯努利方程式，可得

$$Z_1 = H_g = \frac{p_0 - p_1}{\rho g} - \frac{u_1^2}{2g} - \sum H_{f,0-1} \qquad (2-13)$$

将式（2-12）和式（2-13）联立得允许吸上高度

$$H_g = \frac{p_0}{\rho g} - \frac{p_v}{\rho g} - \Delta h - \sum H_{f,0-1} \qquad (2-14)$$

3）实际安装高度 为了安全起见，泵的实际安装高度通常应比允许安装高度低 0.5～1m。当允许安装高度为负值时离心泵的吸入口低于贮槽液面。

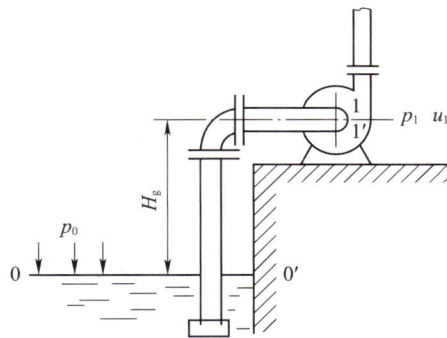

图 2-15 离心泵的允许安装高度

注意，当液体的输送温度较高或沸点较低时，由于液体的饱和蒸气压较高，就要特别注意泵的安装高度。若泵的允许安装高度较低，可采用下列措施：尽量减小吸入管路的压头损失，可采用较大的吸入管径，缩短吸入管的长度，减少拐弯，省去不必要的管件和阀门等。

7. 离心泵的类型 离心泵种类繁多，相应的分类方法也多种多样，按被输送液体性质分为清水泵、油泵、耐腐蚀泵和杂质泵等；按吸液方式分为单吸泵与双吸泵；按叶轮数目分为单级泵与多级泵；按安装形式分为卧式泵和立式泵。

（1）清水泵 是生产中普遍使用的一种泵，适用于输送水及性质与水相似的液体。常用的清水泵包括 IS 型泵、D 型泵和 Sh 型泵。

1）IS 型泵　是单级单吸式离心泵。如图 2－16 所示，泵体和泵盖都是用铸铁制成。特点是泵体和泵盖为后开门结构型式，优点是检修方便，不用拆卸泵体、管路和电机。它是应用最广的离心泵。用来输送温度不高于 80℃ 的清水以及物理、化学性质类似于水的清洁液体。扬程范围为 8～98mH$_2$O，流量范围为 4.5～360m^3/h。

其型号由符号及数字表示：如 IS100－65－200，IS 表示单级单吸离心水泵，吸入口直径为 100mm，排出口直径为 65mm，叶轮的名义直径为 200mm。

图 2－16　IS 型泵的结构图

1. 泵体；2. 泵盖；3. 叶轮；4. 轴；5. 密封环；6. 叶轮螺母；7. 制动垫圈；

8. 轴套；9. 填料压盖；10. 填料环；11. 填料；12. 悬挂轴承部件

2）D 型泵　是多级离心泵，是将多个叶轮安装在同一个泵轴构成的，和泵的串联相似。工作时液体从吸入口吸入，并依次通过每个叶轮，可达到较高的压头，级数通常为 2～9 级，最多可达 12 级，如图 2－17 所示。主要用在流量不是很大但扬程相对较大的场合。全系列扬程范围为 14～351mH$_2$O，流量范围为 10.8～850m^3/h。

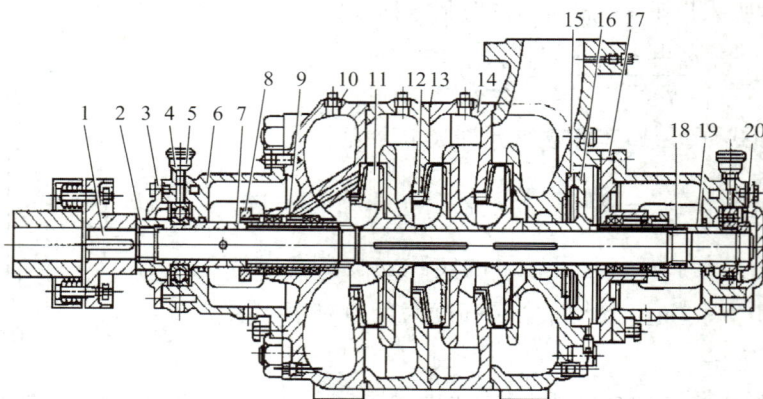

图 2－17　D 型单吸多级离心泵的结构图

1. 泵轴；2. 轴套螺母；3. 轴承盖；4. 轴承衬套甲；5. 轴承；6. 轴承体；7. 轴套甲；8. 填料压盖；9. 填料环；10. 进水段；

11. 叶轮；12. 密封环；13. 中段；14. 出水段；15. 平衡环；16. 平衡盘；17. 尾盖；18. 轴套乙；19. 轴承衬套乙；20. 圆螺母

其型号表示：如 100D45×4，其中吸入口直径为 100mm，每一级扬程为 45m（总扬程为 45×4），泵的级数为 4。

3）Sh 型泵　是双吸式离心泵，叶轮有两个入口，和泵的并联相似。故输送液体流量较大，吸入口与排出口均在水泵轴心线下方，在与轴线垂直呈水平方向泵壳中开盖，检修时无需拆卸进、出水管路及电动机，如图 2 - 18 所示。主要用于输送液体的流量较大而所需的压头不高的场合。全系列流量范围为 l20 ~ 12500m³/h，扬程为 9 ~ 140m。

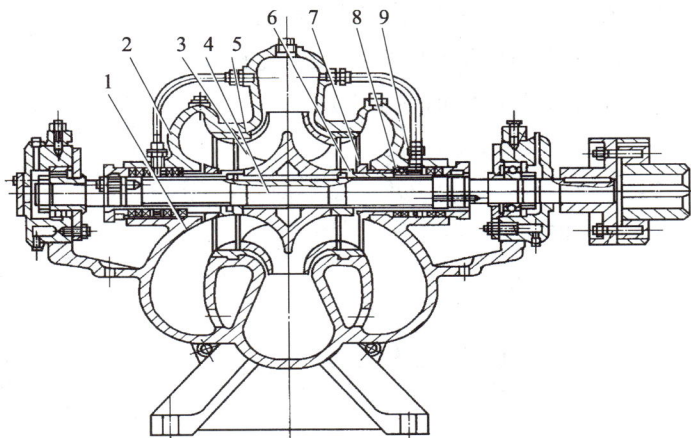

图 2 - 18　Sh 型泵的结构图

1. 泵体；2. 泵盖；3. 叶轮；4. 密封环；5. 轴；6. 轴套；7. 轴承；8. 填料；9. 填料压盖

（2）耐腐蚀泵　耐腐蚀泵（F 型）的特点是与液体接触的部件用耐腐蚀材料制成，密封要求高，常采用机械密封装置，用来输送酸、碱等腐蚀性液体。全系列流量范围为 2 ~ 400m³/h，扬程为 15 ~ 105m。其型号在 F 之后加上材料代号，如 FH 型（灰口铸铁）耐浓硫酸、FG 型（高硅铸铁）耐稀硫酸或混酸、FB 型（铬镍合金钢）耐稀硝酸、碱液及弱腐蚀性液体、FM 型（铬镍钼钛铁合金钢）耐浓硝酸、FS 型（聚三氟氯乙烯塑料）耐硫酸、硝酸、盐酸和碱液。

（3）油泵　油泵（Y 型）是用来输送油类及石油产品的泵，由于这些液体多数易燃易爆，因此必须有良好的密封，而且当温度超过 473K 时还要通过冷却夹套冷却。全系列流量范围为 5 ~ 1270m³/h，扬程为 5 ~ 1740m，输送温度在 228 ~ 673K。油泵的系列代号为 Y，如果是双吸油泵，则用 YS 表示。

（4）杂质泵　杂质泵（P 型）叶轮流道宽，叶片数目少，常采用半开式或开式叶轮。有些泵壳内衬耐磨的铸钢护板，不易堵塞，容易拆卸。用于输送悬浮液及较稠的浆液等。常见有 PW 型（污水泵）、PS 型（砂泵）、PN 型（泥浆泵）。

8. 离心泵的选用方法　离心泵的选用，通常可根据生产任务由国家汇总的各类泵的样本及产品说明书中所列参数进行合理选用，并按以下原则进行。

（1）确定离心泵的类型　根据被输送液体的性质和操作条件确定离心泵的类型，如液体的温度、压力、黏度、腐蚀性、固体粒子含量以及是否易燃易爆等都是选用离心泵类型的重要依据。

（2）确定输送系统的流量和扬程　输送液体的流量一般为生产任务所规定，如果流量是变化的，应按最大流量考虑。根据管路条件及伯努利方程，确定最大流量下所需要的压头。

（3）确定离心泵的型号　根据管路要求的流量和扬程来选定合适的离心泵型号。在选用时，应考虑到操作条件的变化并留有一定的余量。选用时要使所选泵的流量与扬程比任务需要的稍大一些。如果用系列特性曲线来选，要使（V，H）点落在泵的（V，H）点以下，并处在高效区。

（4）校核轴功率　当液体密度大于水的密度时，轴功率必须用公式 $\dfrac{N_1}{N_2} = \dfrac{\rho_1}{\rho_2}$ 进行校核。

（5）列出泵在设计点处的性能　供使用时参考。

例 2 - 2　天津地区某化工厂，需将 60℃ 的热水用泵送至高 10m 的凉水塔冷却，如图 2 - 19 所示。输水量为 80 ~ 85m³/h，输水管内径为 106mm，管道总长（包括局部阻力当量长度）为 100m，管道摩擦系数为 0.025，试选一台合适离心泵并求出该泵的安装高度。

分析：设水池液面为 1 - 1′ 截面，喷水出口为 2 - 2′ 截面，以 1 - 1′ 截面为基准面，在水池液面与喷水口截面列伯努利方程

$$z_1 + \frac{u_1^2}{2g} + \frac{p_1}{\rho g} + H_e = z_2 + \frac{u_2^2}{2g} + \frac{p_2}{\rho g} + H_f$$

其中 $u_2 = \dfrac{85}{3600 \times \frac{\pi}{4} \times (0.106)^2} = 2.68 \text{m/s}$

$$H_f = \lambda \frac{l + l_e}{d} \cdot \frac{u_2^2}{2g} = 0.025 \times \frac{100 \times (2.68)^2}{0.106 \times 2 \times 9.81} = 8.63 \text{m}$$

$$p_1 = p_2, \qquad u_1 \approx 0, \qquad z_1 = 0$$

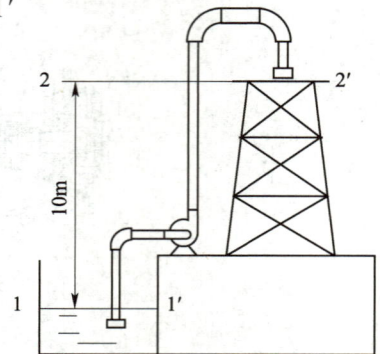

图 2 - 19　例 2 - 2 附图

代入伯努利方程得

$$H_e = 10 + \frac{2.68^2}{2 \times 9.81} + 8.63 = 18.99 \text{m}$$

根据已知流量（输水量）和计算出的扬程查附录四泵的规格表，可选 IS100 - 80 - 125 型离心泵，水泵在最高效率点下的性能数据：$V_s = 100 \text{m}^3/\text{h}$，$H = 20 \text{m}$，$N = 7 \text{kW}$，$\eta = 78\%$，$\Delta h = 4.5 \text{m}$。查附录十一得水在 60℃ 的饱和蒸气压为 $p_v \approx 19.92 \text{kPa}$，再查附录六 60℃ 时水的 $\rho = 983.2 \text{kg/m}^3$ 代入式（2 - 14）则可求出泵的允许安装高度 H_g。

$$H_g = \frac{p_0}{\rho g} - \frac{p_v}{\rho g} - \Delta h - \sum H_{f,0-1}$$

$$H_g = \frac{p_0 - p_v}{\rho g} - \Delta h - \sum H_{f,0-1} = \frac{101.3 \times 10^3 - 19.92 \times 10^3}{983.2 \times 9.81} - 4.5 - 8.63 = -4.693 \text{m}$$

负数说明该泵可以安装在液面下 4.693m 处。

9. 离心泵的操作

（1）启动泵前的准备工作

1）检查电气设备、开关、启动按钮和仪表是否灵活好用，准确可靠。

2）检查机泵各部位紧固螺丝有无松动、缺损。

3）检查看窗油位。

4）盘泵的联轴器 3 ~ 5 圈，转动灵活自如，无杂音和卡阻。

5）检查各压力表检定合格证是否在有效期内；用手轻敲表壳，指针有无弹性摆动，检查指针是否灵活好用。

6）检查泵出口阀是否灵活好用，并关闭出口阀门，做好启动控制准备。

7）关闭泵前过滤器排污阀，打开泵进口阀，打开泵出口放空阀，待排净泵内气体后关闭。

8）检查泵周围有无妨碍启泵操作的物品。

9）检查电动机、配电系统配备是否齐全、安全可靠，供电系统电压是否正常。

待上述工作检查无误后，准备启动泵。

（2）离心泵的启动

1）按启动按钮，开启离心泵。

2）当泵达到正常转速后，再逐渐打开泵出口阀门。在泵出口阀门关闭的情况下，泵连续工作的时间不能超过2~3分钟。

3）当设备报警无法启动时，应及时查明原因，排除故障，不可盲目强行启动。

（3）离心泵的运行

1）检查电流、电压、进出口压力、润滑油油位是否正常，如果发现异常，应及时处理。

2）检查各部位温度是否正常。

3）检查机泵声音及振动是否正常。

4）泵运行正常后，清理现场，并在泵机组上挂运行标志牌。

5）及时填写机组运行记录，做到完整、准确、真实，注意水罐液位及运行参数的变化。

（4）离心泵的停车

1）逐渐关闭泵出口阀门，戴绝缘手套按下电动机停止按钮。

2）待机泵空转停稳后，盘泵3~5圈，关闭泵进口阀门，打开泵前过滤器的排污阀门或出口放空阀门。

3）控制好水罐液位。

4）在停用泵机组上挂上停运标志牌，做好停运记录及停用泵机组的卫生清洁工作。

5）如环境温度低于5℃时，应将泵内水放出，以免冻裂。

6）如长期停用，应将泵折卸清洗，包装保管。

10. 离心泵的维护

（1）日常维护保养 由操作人员在日常操作中进行。

1）进口管道必需充满液体，禁止泵在气蚀状态下运行。

2）起动前应先盘动泵几圈，以免突然启动造成设备损坏。

3）定时检查电机电流值，不得超过电机额定电流。

4）泵进行长期运行后，由于机械磨损，泵机组的噪声及振动增大时，应停车检查。

（2）一级维护保养 以维修人员为主每三个月进行一次。

1）由电器维修人员检查电器部分，要求电线绝缘良好，接线牢固，电器开关灵敏可靠。

2）由设备操作人员彻底清洗、擦拭设备内外表面及死角部位。

3）机械密封润滑应清洁无固体颗粒。

4）严禁密封在干磨情况下工作。

5）密封泄漏允许差3滴/分，否则应检修。

（3）二级维护保养 以维修人员为主每年进行一次。

1）完成一级保养全部内容。

2）由车间维修人员检查传动系统，调整间隙，更换磨损件。

3）由电器维修人员清洗电机，更换润滑脂，检查电机绝缘情况。

4）由电器维修人员整理、清洁、检查电器元件及线路，做到整齐安全、接地良好。

11. 离心泵的检修

（1）检修周期

1）小修　半年进行一次。

2）中修　一年进行一次。

3）大修　三年进行一次。

（2）检修前准备

1）技术资料准备　使用说明书、结构图、维护保养记录、运行记录。

2）准备材料及维修专用工具。

3）切断电源，悬挂"维修中"状态标志。

（3）检修内容

1）小修　设备维修人员负责完成。检查电机是否有异常响声；检查水泵是否运转正常；检查阀门是否有渗漏，做好密封工作；常见故障的处理及检修。

2）中修　包括小修内容；检查、更换易损件；检查调整校核各控制仪表。

3）大修　包括中修内容；对整机进行拆卸，清洗检查零部件，根据磨损情况确定修理件及更换件；检查、调整电器部分；设备经大修后应恢复其原有性能、精度及生产效率，并由工程设备部、使用部门进行验收，做好记录。

工作结束后应及时做好设备使用、维护保养、检修记录。

12. 离心泵的常见故障及处理方法　见表2-2。

表2-2　离心泵的常见故障及处理方法

序号	故障现象	产生原因	处理方法
1	泵灌不满	1. 底阀未关或吸入系统泄漏 2. 底阀损坏	1. 关闭底阀或消除泄漏 2. 修理或更换底阀
2	泵不吸液，真空表指示高度真空	1. 底阀未打开或滤液部分淤塞 2. 吸液管阻力太大 3. 吸入高度过高 4. 吸液部位浸没深度不够	1. 打开底阀或清洗滤液部分 2. 清洗或更换吸液管 3. 适当降低吸水高度 4. 降低吸水部分
3	泵不吸液，真空表和压力表的指针剧烈跳动	1. 开泵前，泵内空气未排空 2. 吸液系统管子或仪表漏气 3. 吸液管没有浸在液中或浸入深度不够	1. 停泵将泵内空气排尽 2. 检查吸液管和仪表或堵住漏气部分 3. 降低吸液管
4	压力表虽有压力，但排液管不出水	1. 排液管阻力太大 2. 叶轮转向不对，无压力 3. 叶轮流道堵塞 4. 出口阀关闭	1. 清除液管或减少弯头 2. 检查电动机相位是否安错 3. 清洗叶轮 4. 打开出口阀
5	泵排液后中断	1. 吸入管路漏气 2. 灌泵时吸入侧气体未排完 3. 吸入侧突然被异物堵住 4. 吸入大量气体	1. 检查吸入侧管道连接处及填料函密封情况 2. 要求重新灌泵 3. 停泵处理异物 4. 检查吸入口有否旋涡，淹没深度是否太浅
6	流量不足	1. 密封环径向间隙增大，内漏增加 2. 叶轮流道堵塞 3. 吸液部分阻力太大，如吸液滤液部位淤塞、弯头过多、底阀太小等	1. 检修 2. 清洗叶轮 3. 清洗滤阀，减少弯头

续表

序号	故障现象	产生原因	处理方法
7	扬程不够	1. 灌泵不足（或泵内气体未排完） 2. 泵转向不对 3. 泵转速太低	1. 重新灌泵 2. 检查旋转方向 3. 检查转速，提高转速
8	振动	1. 叶轮磨损不均匀或部分流道堵塞造成叶轮不平衡 2. 轴承磨损 3. 泵轴弯曲	1. 对叶轮做平衡校正或清洗叶轮 2. 修理或更换轴承 3. 校直或更换泵轴

（二）轴流泵

轴流泵是典型的动力式泵，因流过轴流泵叶轮的液体的流动方向与泵轴方向一致而得名。如图2-20所示，立式轴流泵的结构包括喇叭管、叶轮、导轮、弯管、泵轴、轴承、填料函、传动轴等部件。

喇叭管是立式轴流泵的吸水室，材料为铸铁，喇叭管作用是减少吸入液体的能量损失，让液体均匀地流向叶轮。叶轮由叶片、轮毂、导水锥等结构组成，是轴流泵的输送液体核心部件，叶轮的叶片为倾斜的翼形叶片。导轮位于叶轮上方，导轮上有固定不动的叶片，导叶间的流通通道逐渐扩大，这样的结构既可以减少能量损失，又可将流过叶轮的液体的部分动能转变为静压能。填料函安装在泵轴与弯管结合处，起到防止泄漏的作用。

轴流泵工作原理与离心泵不同，它是依靠倾斜的翼形叶片所产生的推力而输送液体的。当流体流过翼型叶片时，被分成两股分别流过叶片上、下表面，由于液体流过叶片下表面的路程比上表面长，而流过液体流量相同，因此叶片下表面的液体流速大于上表面流速，下表面的液体压强将小于上表面，流体对叶片产生一个向下的推力，叶片对于流体产生一个大小相同、方向相反的反作用力，在此力作用下，液体获得能量并排除泵外。同时，叶轮中心处产生真空，泵外液体被吸入泵内。

轴流泵为管状结构，可节省安装空间，能提供较大流量，但扬程不高，故适用于大流量输送的场合。

（三）旋涡泵

旋涡泵是一种叶轮式泵。它结构主要由叶轮、泵壳、泵盖、泵轴、轴封、电动机等组成。如图2-21所示，与离心泵不同，旋涡泵的叶轮呈圆盘状，在叶轮外周边缘处铣出均匀排列凹槽，两凹槽之间间隔的壁面构成了叶轮的叶片，叶片径向均匀排列。泵壳和叶轮之间的间隙很小，细小的间隙形成环形液体流通通道。旋涡泵的吸入口和排出口之间用间壁隔开。

当启动旋涡泵后，电动机带动泵轴上的叶轮旋转产生离心力，

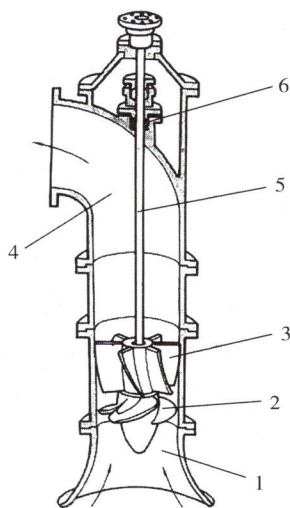

图2-20 立式轴流泵结构示意图

1. 喇叭管；2. 叶轮；3. 导轮；
4. 弯管；5. 泵轴；6. 轴封

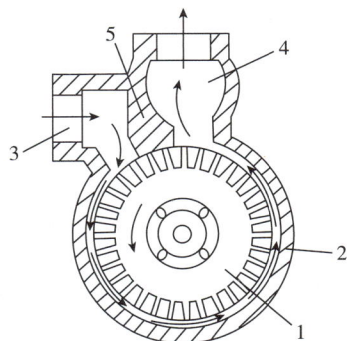

图2-21 旋涡泵结构示意图

1. 叶轮；2. 泵壳；3. 吸入口；
4. 排出口；5. 间壁

叶片间的液体和流道内的液体均受到离心力的作用，由于叶片间液体受到的离心力大于流道内液体，两者之间产生一个方向垂直于泵轴且指向流道纵向的环形旋转运动，即纵向旋涡。在纵向旋涡作用下，液体每流经一个凹槽，就会获得一次能量，最终获得较高扬程的液体被排出泵外。

旋涡泵输出流量为零时，输送液体扬程达到最大值，随着流速的增加，纵向旋涡流动减弱，扬程会急速下降。开车时不宜采用封闭启动，启动前应开启出口阀，流量调节一般采用回路调节。旋涡泵依靠纵向涡流传递能量，因此水力损失较大，泵效率不高。环形流通通道间隙极小，输送流体含有固体杂质容易造成堵塞。输送高黏度流体时，旋涡泵特殊的能量传递方式造成的能量损失较大。

旋涡泵结构简单，便于制造维修，适合于高扬程、小流量、低黏度清洁液体的输送。

（四）自吸泵

自吸泵是指不需在吸入管路内充满待输送液体，只要泵内存有一定量的液体，依靠自身叶轮旋转就能输送液体的一种特殊离心泵。与一般离心泵相比，自吸泵具有自身排气功能。除了具有一般离心泵的结构外，其泵体增设了储液室、回液孔、气液分离室等部件。如图 2 - 22 所示，自吸泵泵壳为双层结构，相当于在普通离心泵泵壳外再包裹一层泵壳，两层泵壳之间的腔体作为储存启动循环液体和气液分离的空间。这个空腔下部称为储液室，空腔上半部分称为气液分离室。储液室与内泵壳间开有一孔，称为回流孔。内泵壳上装有截面由小逐渐扩大的扩散管，它作为内泵壳排出口，可将叶轮甩出的气液混合物排到气液分离室，其高度低于外泵壳出口。在与扩散管下部相连处，内泵壳与叶轮之间留有很小的间隙，此处称为隔舌。隔舌的作用是防止气体回流。自吸泵外泵壳吸入口直接与内泵壳吸入口相连，连接管设计为"S"型弯管。

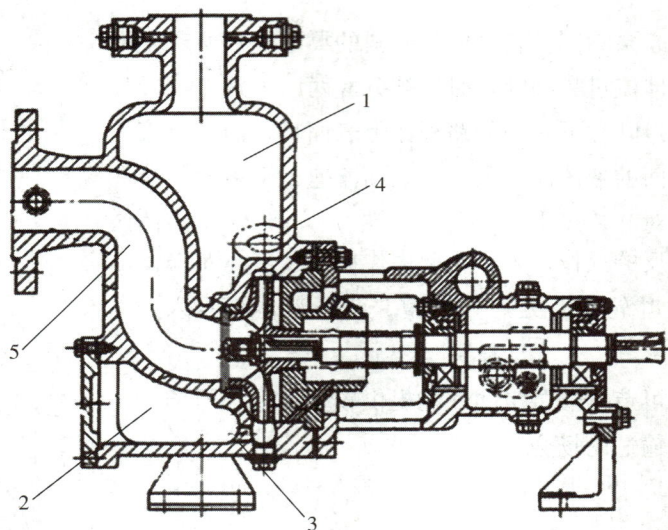

图 2 - 22　自吸泵结构示意图
1. 气液分离室；2. 储液室；3. 回液孔；4. 扩散管；5. "S"型弯管

自吸泵起动后，叶轮将液体及吸入管路中的空气一起吸入泵内，在叶轮搅动下气液完全混合，形成气液混合物。在离心力的作用下，气液混合物流入内泵壳与叶轮之间的流通通道，在叶轮的外缘上形成有一定厚度的气液泡沫带与高速旋转的液环。在隔舌的刮削阻隔下，气液混合物进入扩散管。由于扩散管流通通道横截面积逐渐扩大，流入气液分离室的气液混合物流速减小，气液发生分离，气体被排出泵外，脱气后的液体流入储液室，通过回流孔再次回流内泵壳，与叶轮吸入的气体再次混合。如此反复循环进行排气，吸入管路中的空气不断减少，管路中的液面不断上升，直到排尽气体，自吸泵便可正常运转，进行液体输送。

（五）潜液泵（液下泵）

潜液泵是一种将泵体浸没在待输送液体中的动力式泵，除电机外泵体大部分安装于液体贮罐内。如图 2-23 所示，潜液泵的主要结构包括叶轮、泵壳、轴套、排液管、泵轴、轴承盒、支架等。一般液下泵伸入容器内 1～1.5m，故泵轴较长。其工作原理与离心泵基本相同。使用潜液泵时，叶轮浸没在液体中，因此无需灌泵。潜液泵对轴封要求不高，既节省了空间又改善了操作环境。适用于输送各种腐蚀性液体和高凝固点液体。其缺点是效率不高。

二、容积式泵

容积式泵是利用泵缸内容积的改变来输送液体的。这种泵的排液能力只与活塞位移有关，与管路情况无关，吸入的液体不能倒流，只能从排出口流出，故又称正位移泵。而这种压头只取决管路情况，与泵本身无关的特性称为正位移特性。容积式泵的流量受泵缸容积的限制相对固定，而泵的压头受管路特性影响。容积式泵一般适用于小流量高压头的液体输送。

图 2-23 潜液泵（液下泵）结构示意图
1. 联轴器；2. 轴承盒；3. 支架；4. 安装盘；5. 支撑管；
6. 泵轴；7. 排出口；8. 排液管；9. 泵壳；
10. 叶轮；11. 吸入口；12. 轴套

（一）往复泵

往复泵是容积式泵的一种形式，通过活塞或柱塞在缸体内的往复运动来改变工作容积，进而使液体的能量增加。适用于输送流量较小、压力较高的多种介质。当流量小于 $100m^3/h$、排出压力大于 10MPa 时，有较高的效率和良好的运行性能。包括活塞泵、柱塞泵、隔膜泵等。主要适用于小流量、高扬程的场合，输送高黏度液体时效果比离心泵好，但是不能输送有固体粒子的悬浮液。

1. 活塞泵

（1）结构 活塞泵的结构如图 2-24 所示，主要部件包括泵缸、活塞、活塞杆、若干吸入阀、排出阀。其中吸入阀和排出阀均为单向阀。

（2）工作原理 活塞杆通过曲柄连杆机构将电机的回转运动转换成直线往复运动。当活塞自左向右运动时泵缸容积增大，形成低压，此时因受排出管内压力的作用，排出阀关闭，吸入阀则受贮池液体压强的作用而被顶开，液体流入缸内。当活塞移至最右端时，泵缸容积最大，吸入的液体量最多。此后活塞向左运动，缸内液体被挤压，吸入阀关闭，排出阀被顶开，液体被压入排出管中，排液完毕，完成一个工作循环。

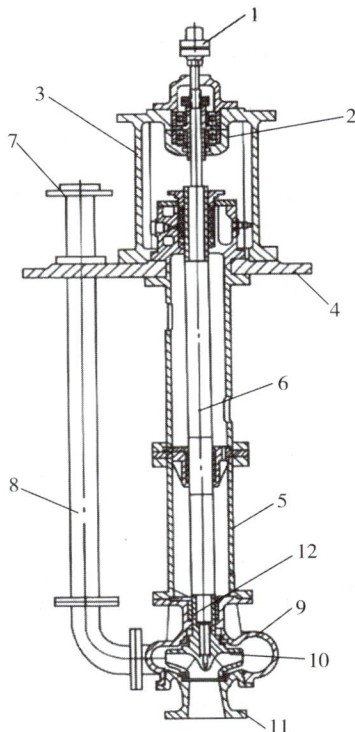

图 2-24 活塞泵装置简图
1. 泵缸；2. 活塞；3. 活塞杆；
4. 吸入阀；5. 排出阀

通常把活塞移动的距离称为冲程。若在一个工作循环中只有一次吸入和一次排出则称为单动泵。它是不连续的输送液体。若在一个工作循环中，无论活塞向左向右运动，都有吸入液体和排出液体的过程，则称这种泵为双动泵。

（3）特点

1）活塞泵是通过活塞的往复运动，将外功以改变压强的形式传递给液体。

2）活塞泵的输液过程是间歇性、周期性的，活塞运动非等速，排液量不均匀。

3）为改善单动泵排液量不均匀，可采用双动泵、三动泵或设置贮液罐，使液体均匀流出。

4）活塞泵具有自吸能力，不需灌泵排气，但仍有安装高度的限制。

5）由于活塞泵的操作容积与往复速度均是有限的，故主要用于小流量、高扬程的场合，尤其适合于输送高黏度的液体，但不适合有腐蚀性和含固体颗粒的液体的输送。

（4）流量

1）理论平均流量 V_T（$\mathrm{m^3/s}$）

$$单动泵 \quad V_T = Asn/60 \qquad (2-15)$$

式中，A 为活塞截面积，$\mathrm{m^2}$；s 为活塞冲程，m；n 为活塞往复频率，次/分。

$$双动泵 \quad V_T = (2A - a)sn/60 \qquad (2-16)$$

式中，a 为活塞杆的截面积，$\mathrm{m^2}$。

2）实际平均流量 V　活塞泵的实际流量总小于理论流量 V_T，即

$$V = \eta_v V_T \qquad (2-17)$$

式中，η_v 为容积效率。主要是由于阀门开、闭滞后，阀门、活塞填料函泄漏。

一般输送常温清水的往复泵，$\eta_v = 0.80 \sim 0.98$。

3）流量的不均匀性　活塞泵的瞬时流量取决于活塞截面积与活塞瞬时运动速度之积，由于活塞运动瞬时速度的不断变化，使得它的流量不均匀。单动泵和双动泵的流量如图 2-25 所示。

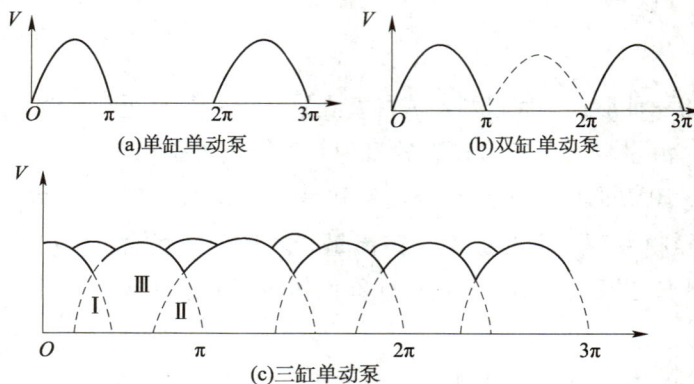

图 2-25　活塞泵流量周期性变化示意图

实际生产中，为了提高流量的均匀性，可以采用增设空气室，利用空气的压缩和膨胀来存放和排出部分液体，从而提高流量的均匀性。采用多缸泵也是提高流量均匀性的一个办法，多缸泵的瞬时流量等于同一瞬时各缸流量之和，只要各缸曲柄相对位置适当，就可使流量较为均匀。

4）流量的固定性　活塞泵的瞬时流量虽然是不均匀的，但在一段时间内输送的液体量却是固定的，仅取决于活塞面积、冲程和往复频率-流量的固定性。

（5）特性曲线和工作点 因为是靠挤压作用压出液体，活塞泵的压头理论上可以任意高，如图 2-26 所示。即在流量 V 一定的情况下，工作曲线 a 的压头为 H；改变其他参数，工作曲线为图 a'，则压头升高为 H'。但实际上由于构造材料的强度有限，泵内的部件有泄漏，故活塞泵的压头仍有一限度。而且压头太大，也会使电机或传动机构负载过大而损坏。

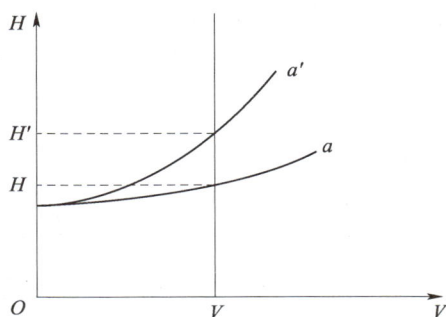

图 2-26 活塞泵的特性曲线

注意：活塞泵的理论流量是由单位时间内活塞扫过的体积决定的，而与管路的特性无关。而活塞泵提供的压头则只与管路的情况有关，与泵的情况无关，管路的阻力大，则排出阀在较高的压力下才能开启，供液压力必然增大；反之，压头减小。

（6）操作要点 活塞泵的效率一般都在 70% 以上，最高可达 90%，它适用于所需压头较高的液体输送。活塞泵可以输送黏度很大的液体，但不宜直接用以输送腐蚀性的液体和有固体颗粒的悬浮液，因泵内阀门、活塞受腐蚀或被颗粒磨损、卡住，都会导致严重的泄漏。

由于活塞泵是靠贮池液面上的大气压来吸入液体，因而安装高度有一定的限制。活塞泵有自吸作用，启动前无需要灌泵。一般不设出口阀，即使有出口阀，也不能在其关闭时启动。

（7）流量调节 活塞泵的流量调节可采用旁路调节法（图 2-27），凡是正位移泵，因其流量的固定性，不能在出口管上安装出口阀来调节流量，只能在旁路上安装旁路阀，以满足输出流量的需要，旁路阀开度大，则实际输出量减少，大量的液体回流至入口。活塞泵应在旁路阀打开后启动，这样的开车操作与离心泵是截然不同的，安装或操作应多加注意。流量调节也可采用转速调节法，曲柄转速慢，活塞往返次数小，流量就减小；反之流量增加。

2. 柱塞泵 如图 2-28 所示，柱塞泵的主要结构与活塞泵类似，是由泵缸、柱状活塞、传动机构、电动机等结构组成，其原理也与活塞泵相同。柱塞泵具有操作简便、结构简单、便于加工制造、密封性能优良、输出流量稳定的特点，可用于定量输送。

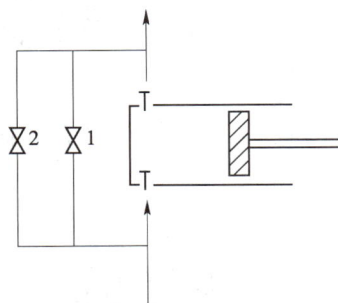

图 2-27 活塞泵的旁路调节流量示意图
1. 旁路阀；2. 安全阀

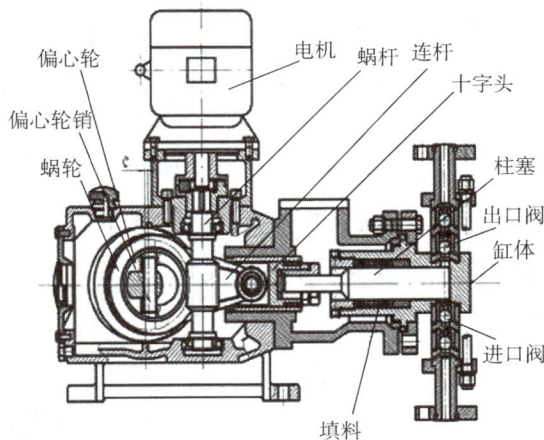

图 2-28 柱塞泵结构示意图

3. 隔膜泵 是一种结构特殊的往复泵，它是依靠橡胶隔膜往复鼓动来改变工作室容积以输送液体的，按隔膜鼓动动力来源可分为机械隔膜泵、液动隔膜泵与气动隔膜泵。机械隔膜泵一般利用电动机驱动活塞（或柱塞）推动隔膜往复运动。液动隔膜泵是液压系统对液体工质产生压力来推动隔膜鼓动的。气动隔膜泵利用压缩空气使隔膜鼓动来输送液体。

如图2-29所示，液压隔膜泵其缸内增设隔膜室，隔膜室内装有橡胶隔膜，将活塞与待输送液体分开，活塞与隔膜间装有液体工作介质。隔膜泵传动机构带动活塞往复运动，当活塞向右运动时，工作介质压力减小，隔膜被吸到右边，工作室容积增加，待输送液体被吸入泵内；当活塞向左运动时，工作介质压力增加，隔膜被推到左边，工作室容积减小，待输送液体被排出泵外。由于隔膜的阻隔避免了待输送液体腐蚀工作部件，适用于腐蚀性液体的输送。

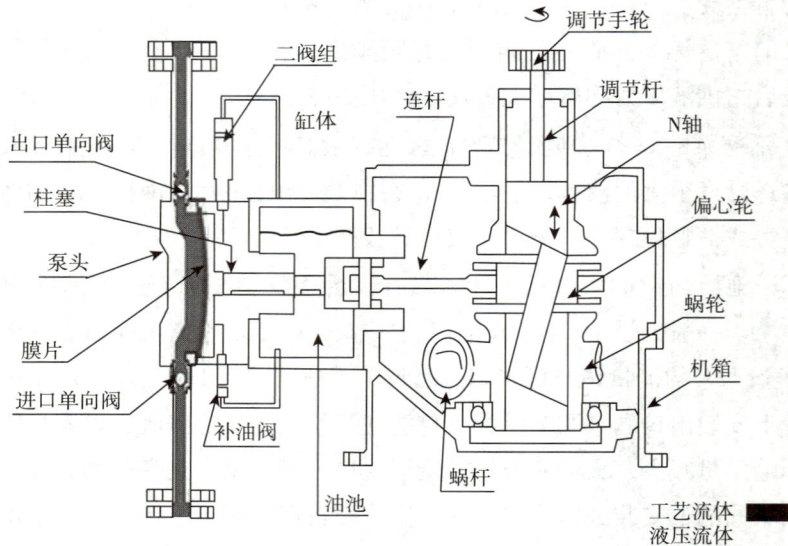

图2-29　隔膜泵结构示意图

〔二〕旋转泵（回转泵）

旋转泵和往复泵一样，同属于正位移泵。旋转泵的工作原理是由泵内的一个或多个转子的旋转来吸入和排出液体的。现介绍常用的齿轮泵和螺杆泵。

1. 齿轮泵　结构如图2-30（a）所示。泵壳内有两个齿轮，一个是主动轮靠电动机驱动旋转，另一个是从动轮靠与主动轮啮合向相反方向而转动。当齿轮转动时，在泵的吸入端，两个齿轮的齿互相拔开，形成低压而吸入液体，然后随齿轮转动，液体分两路封闭于齿穴和壳体之间，并被压向排出端，在排出端两齿轮互相合拢，形成高压而将液体排出。

齿轮泵扬程高而流量小，流速均匀，它用于输送黏稠性液体，但不能输送含有固体颗粒的悬浮液体。

(a)齿轮泵　　　(b)双螺杆泵　　　(c)单螺杆泵

图2-30　旋转泵结构
1. 吸入口；2. 排出口

2. 螺杆泵 主要由泵壳和一根或多根螺杆构成，如图 2-30（b）（c）所示。其工作原理与齿轮泵相似。它是利用螺杆间互相啮合的容积变化来排出液体，当需要的扬程较高时可用较长的螺杆。在单螺杆泵中，螺杆在有内螺旋的壳内运动，使液体沿轴向推进，挤压到排出口。在双螺杆泵中，一个螺杆转动时带动另一个螺杆，螺纹互相啮合。液体被拦截在啮合室内沿杆轴前进，从螺杆两端被挤向中央排出。此外还有多螺杆泵，其转速高，螺杆长，因而可以达到很高的排出压力。三螺杆泵排出压力可达 10MPa 以上。

螺杆泵的特点是扬程高，噪声低，适宜于在高压下输送高黏度液体，并可以输送带颗粒的悬浮液。

三、流体作用泵

流体作用泵使用一种流体作为工作介质，让这种工作介质在其内流动过程中产生压强差，利用压强差从而达到输送另一种流体的目的。作为工作介质流体，可以是液体也可以是气体，常用的有水、空气、蒸汽等。常用的流体作用泵有射流泵、喷射泵等。

如图 2-31 所示，射流泵主要由射流器、离心泵、循环水箱、缓冲罐、真空表、压力表、连接管道等组成。如图 2-32 所示，射流器是射流泵机组的核心部件，其设计原理来源于文丘里效应，即流体在管道流动中突然通过缩小的截面时，流体流速增大，同时流体压强降低，因而高速流动的流体附近会产生低压，从而产生吸力将待输送液体抽吸过来。射流器主要由喷嘴、喉管和扩散管等组成。射流器没有运动的构件，因此结构简单，工作可靠，安装维护方便，密封性好，能实现液液混合与气液混合，可兼作混合反应设备。射流器工作时两股流体混合会产生较大的能量损失，泵效率较低。

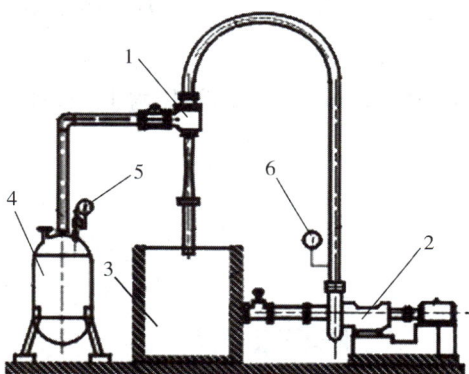

图 2-31 射流泵结构示意图

1. 射流器；2. 离心泵；3. 循环水箱；

4. 缓冲罐；5. 真空表；6. 压力表

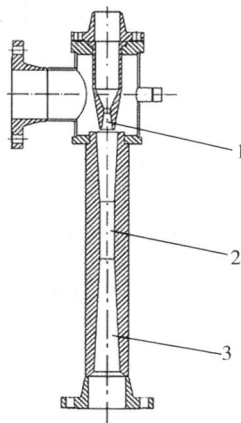

图 2-32 射流器结构示意图

1. 喷嘴；2. 喉管；3. 扩散管

射流泵水箱充满水后，启动离心水泵产生高压水流，高压水流进入射流器的喷嘴形成高速射流，使其喷嘴周围产生负压。射流器负压处与缓冲罐相连，缓冲罐再与需要液体的设备连接。在负压的作用下待输送液体被抽送到需要液体的设备中。

注意：停止工作时，请先关闭工艺管路中的阀门，然后打开旁通进气阀门，最后再停电机水泵，以防止循环水回流到被抽吸的设备中去。

第二节　气体输送设备

PPT

一、概述

（一）气体输送机械在工业生产中的应用

1. 输送气体。

2. 产生高压气体。

3. 产生真空。

（二）气体输送机械的特点

1. 动力消耗大，对一定的质量流量，由于气体的密度小，其体积流量很大。因此气体输送管中的流速比液体要大得多。

2. 气体输送机械体积一般都很庞大，对出口压力高的机械更是如此。

3. 由于气体的可压缩性，故在输送机械内部气体压力变化的同时，体积和温度也将随之发生变化。这些变化对气体输送机械的结构、形状有很大影响。因此，气体输送机械需要根据出口压力来加以分类。

（三）气体输送机械的分类

气体输送机械也可以按工作原理分为离心式、旋转式、往复式以及喷射式等。按出口压力（终压：气体输送设备出口的最后压力）和压缩比（气体出口绝对压力与进口绝对压力之比，多级压缩时，各级的压缩比相同）不同分为如下几类。

1. **通风机**　终压（表压，下同）不大于 15kPa（约 1500mmH$_2$O），压缩比为 1～1.15。

2. **鼓风机**　终压 15～300kPa，压缩比小于 4。

3. **压缩机**　终压在 300kPa 以上，压缩比大于 4，小于 7。

4. **真空泵**　在设备内造成负压，终压为大气压，压缩比由真空度决定。

二、离心式气体输送设备

（一）离心式通风机

1. **结构特点**　如图 2－33 所示离心式通风机的结构与单级离心泵相似。在蜗壳形机壳内装一叶轮，叶轮上叶片数目较多。

离心式通风机的工作原理与离心泵相同。

（1）为适应输送风量大的要求，通风机的叶轮直径一般是比较大的。

（2）叶轮上叶片的数目比较多。

（3）叶片有平直的、前弯的、后弯的。通风机的主

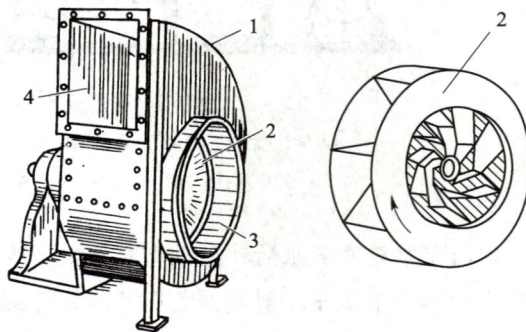

图 2－33　离心通风机及叶片
1. 机壳；2. 叶轮；3. 吸入口；4. 排出口

要要求是通风量大，在不追求高效率时，用前弯叶片有利于提高压头，减小叶轮直径。

（4）机壳内逐渐扩大的通道及出口截面常不为圆形而为矩形。

2. 性能参数

（1）风量 V（m³/s，m³/h）　单位时间内风机出口排出的气体体积，以风机进口处气体状态计。

（2）全风压 P_T（J/m³，Pa）　单位体积气体通过风机时获得的能量。在风机进、出口之间列伯努利方程：

$$P_T = \rho g(z_2 - z_1) + (p_2 - p_1) + \frac{\rho(u_2^2 - u_1^2)}{2} + \rho \sum h_f$$

式中，$\rho g(z_2 - z_1)$ 可以忽略；当气体直接由大气进入风机时，忽略气体进入风机的速度，即 $u_1 \approx 0$，再忽略入口到出口的能量损失，则上式变为：

$$P_T = (p_2 - p_1) + \frac{\rho u_2^2}{2} = P_{st} + P_k \tag{2-18}$$

说明：①从该式可以看出，通风机的全风压由两部分组成，一部分是进出口的静压差，习惯上称为静风压 P_{st}；另一部分为进出口的动压头差，习惯上称为动风压 P_k。

②在离心泵中，泵进出口处的动能差很小，可以忽略。但离心通风机气体出口速度很高，动风压不仅不能忽略，且由于风机的压缩比很低，动风压在全压中所占比例较高。

（3）轴功率 N（W 或 kW）和效率 η　与离心泵类似，离心通风机的轴功率是指电机提供给离心通风机机轴的功率。同样，效率也反映了其能量利用情况。

$$N = \frac{V P_T}{1000\eta} \tag{2-19}$$

例 2-3　某制药厂需要从一气柜向某设备输送密度为 1.36kg/m³ 的气体，气柜内的压力为 650Pa（表压），设备内的压力为 102.1kPa（绝压）。通风机输出管路的流速为 12.5m/s，管路中的压力损失为 500Pa。试计算管路中所需的全风压。（设大气压力为 101.3kPa）

解：$P_T = (p_2 - p_1) + \frac{\rho}{2}u_2^2 + \Delta P_f$

$= \left[102.1 - (101.3 + 0.65)\right] \times 10^3 + \frac{1.36}{2} \times 12.5^2 + 500 = 756.25\text{Pa}$

3. 选型

（1）根据被输送气体的性质、操作条件选定类型。

（2）根据实际风量（以进口状态计）和计算的全风压，从风机样本或产品目录中选择合适的型号。

（3）列出所选风机的主要性能参数并核算风机的轴功率。

选用时需注意的是当实际操作条件与实验条件不符合时，要将风机的风压换算成实验条件下的风压，最后用换算值选风机。实验条件下的风压 P_{T_0} 是指以压力 101.3kPa，温度 20℃ 的空气为工质测量的风压，实验条件下空气密度 $\rho_0 = 1.2\text{kg/m}^3$。因此，实际操作条件可用 $P_T = P_{T_0} \cdot \frac{\rho}{\rho_0} = P_{T_0} \cdot \frac{\rho}{1.2}$ 核算。

（二）离心式鼓风机

离心式鼓风机又称为透平鼓风机，常采用多级（级数范围为 2~9 级），故其工作原理与多级离心泵相似，内部结构也有许多相同之处。图 2 - 34 所示为一台五级离心鼓风机的示意图。气体由吸气口进入后，经过第一级的叶轮和导轮，然后转入第二级叶轮入口。再依次通过以后所有的叶轮和导轮，最后由排出口排出。

离心式鼓风机的蜗壳形通道亦为圆形；但外壳直径与厚度之比较大；叶轮上叶片数目较多；转速较高；叶轮外周都装有导轮。单级出口表压多在 30kPa 以内；多级可达 0.3MPa。

由于在离心鼓风机中气体的压缩比不大，所以无需设置冷却装置，各级叶轮的直径也大致相等。其选型方法与离心式通风机相同。

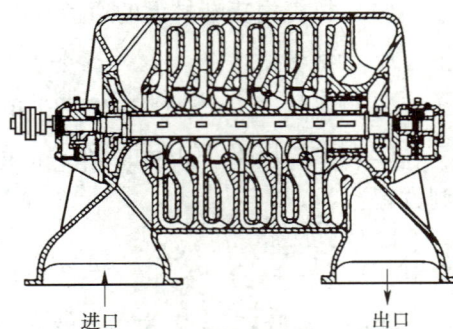

进口　　出口

图 2 - 34　五级离心式鼓风机

（三）离心式压缩机

离心压缩机常称为透平压缩机，主要结构、工作原理都与离心鼓风机相似。主要由转子（主轴、多级叶轮、轴套及平衡元件）和定子（气缸和隔板）组成。只是离心压缩机的叶轮级数更多，可在 10 级以上，转速较高，故能产生更高的压强。由于气体的压缩比较高，体积变化就比较大，温度升高也较显著。因此离心压缩机常分成几段，每段包括若干级。叶轮直径与宽度逐段缩小，段与段之间设置中间冷却器，以免气体温度过高。

工作时气体沿轴向进入各级叶轮中心处，被旋转的叶轮做功，受离心力的作用，以很高的速度离开叶轮，进入扩压器。气体在扩压器内降速、增压。经扩压器降速、增压后气体进入弯道，使流向反转 180° 后进入回流器，经过回流器后又进入下一级叶轮。显然，弯道和回流器是沟通前一级叶轮和后一级叶轮的通道。如此，气体在多个叶轮中被增压数次，能以很高的压力离开。

与其他气体输送设备相比，离心式压缩机有如下优点：流量大，供气均匀，体积小；运转平稳；易损部件少、维护方便。因此，除非压力要求非常高，离心式压缩机已有取代往复式压缩机的趋势。而且，离心式压缩机已经发展成为非常大型的设备，流量达几十万立方米/小时，出口压力达几十兆帕。

三、往复式压缩机

（一）简单结构和工作原理

往复式压缩机的主要部件有气缸、活塞、吸气阀和排气阀等。因气体密度小、可压缩，且在压缩过程中温度升高，所以压缩机的结构复杂，并附设有冷却装置。

如图 2 - 35 所示，往复式压缩机的一个工作循环，需要经过压缩、排气、膨胀、吸气四个阶段。

1. 压缩阶段　活塞位于气缸右端死点，气缸内充满压力为 P_1，体积为 V_1 的气体，其状态点以 $P \sim V$ 图上的点 1 表示。当活塞向左移动时，气缸内气体压强升高，体积压缩，压强增至 P_2，体积缩小到 V_2，其状态点以点 2 表示。气体由状态点 1 到状态点 2 的过程称为压缩阶段。

2. 排气阶段　当活塞继续向左移动，气缸内压强 P_2 稍大于出口管中压强时，排气阀被顶开，气体排出，气体体积减少至 V_3，压强保持恒等于 P_2 直至活塞达到左端的极限位置为止，其状态点以点 3 表示，气体由状态点 2 到状态点 3 的过程称为排气阶段。

3. 膨胀阶段　当活塞达到左端极限位置时，活塞与气缸之间还留有也必须留有一段很小的间隙。这个间隙称为"余隙"。在保证压缩机运转可靠的前提下，尽可能地减小余隙。当活塞从左极端向右移动时，这部分气体将会膨胀，直至等于进口管中气体压强，即 $P_4 = P_1$，体积由 V_3 增至 V_4，其状态点以点 4 表示，气体从状态点 3 到状态点 4 的过程称为膨胀阶段。

4. 吸气阶段　当活塞继续向右移动时，当 $P_4 \leqslant P_1$ 时，吸入阀打开，气体不断吸入，压强恒等于 P_1，直至活塞达到右端极点，体积由 V_4 增至 V_1，状态恢复到点 1 为止。气体从状态点 4 变到状态点 1 的过程称为吸气阶段。

至此，活塞往复运动一次，实现一个工作循环，由压缩 – 排气 – 膨胀 – 吸气四个阶段组成。

（二）主要性能参数

1. 生产能力　压缩机的生产能力又称压缩机的排气量，理论上的排气量 V_1 应等于活塞扫过的容积。

$$V' = ASn_r \qquad (2-20)$$

式中，A 为气缸横断面积，m^2；S 为活塞的冲程距离，m；n_r 为转速即活塞的往返次数。注意：

①由于气缸有余隙，余隙中高压气体的膨胀，占据一部分气缸的容积。

②吸入阀只能在气缸内部压强低于吸入管中气体压强下打开，进入的气体也有一个膨胀过程，也占据一部分气缸的容积，使吸气量减少。

③气体通过填料函、阀门、活塞杆等处存在泄漏，所以实际排气量 V 总比理论值 V' 要小：

$$V = \lambda V' \qquad (2-21)$$

式中，λ 为送气系数，$\lambda = 0.7 \sim 0.9$。

2. 压缩比和级数　压缩比是压缩机的出口和进口压强之比。气体每经过一次压缩称为一级。

3. 排气压力和排气温度　在说明书的铭牌上标注了最终排出压力和各级的排出温度，操作时应严格控制压力和温度不能超过规定值，防止安全事故发生。

4. 轴功率与效率　压缩机所需的理论功率与流量、压缩比以及系统与环境的换热情况有关。

由于压缩过程中不可避免地有部分泄漏；由于活塞运动，通过气阀开启时不可避免地有能量损失等。所以压缩机的轴功率应为：

$$N = \frac{N_e}{\eta} \qquad (2-22)$$

式中，η 为往复压缩机的效率，一般 $\eta = 0.7 \sim 0.9$。

（三）多级压缩

通常压缩机中每级的压缩比以 $4 \sim 7$ 为宜，若生产上需要总压缩比很大、终压很高时，则需进行多

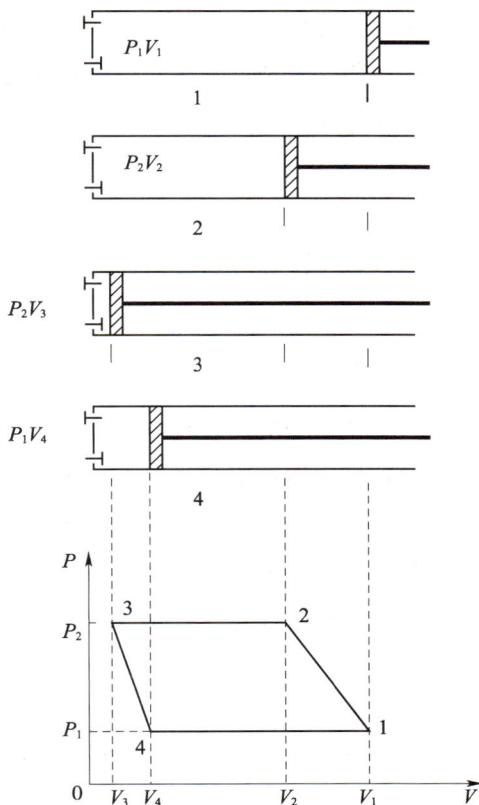

图 2-35　往复式压缩机工作原理示意图

级压缩，否则会引起以下问题。

1. 气缸内润滑油炭化，严重时可能引起油雾爆炸。

2. 由于余隙和压缩比的影响，气体在膨胀阶段余隙大（没排出的气体多），压缩比大（气体膨胀的体积大），气体膨胀时占去的气缸容积大；容积系数 λ_0 严重下降，使吸气能力下降，设计时考虑余隙尽可能的小，压缩比应小于7。

3. 进行多级压缩时，需在级间将压缩气体进行冷却。

（四）类型和选用

1. 分类

（1）按压缩机在活塞一侧吸、排气体还是在两侧都吸、排气体，分为单动压缩机和双动压缩机。

（2）按气体受压缩的次数，分为单级压缩机、双级压缩机和多级压缩机。

（3）按压缩机产生的终压高低，分为低压压缩机、中压压缩机、高压压缩机和超高压压缩机。

（4）按压缩机生产能力的大小，分为小型压缩机、中型压缩机和大型压缩机。

（5）按所压缩的气体种类，分为空气压缩机、氧气压缩机、氢气压缩机、氮气压缩机、氨气压缩机等。

（6）按气缸在空间布置的不同，分为立式压缩机、卧式压缩机、角式压缩机和对称平衡式压缩机。

2. 选用　选用往复压缩机时，首先根据气体的性质定类型（如空气压缩机、氮气压缩机等；立式压缩机或卧式压缩机等），再根据生产能力和排出压力（或压缩比）在压缩机的样本或产品目录中选择合适的型号。

（五）安装与运转

1. 安装　往复压缩机的排气量是间歇的、不均匀的。因此排出的气体要先经过冷却排管降温后进入缓冲罐，再进入输气管路，作用有两个：①使气体输送流量均匀；②使气体中夹带的油沫得到沉降、分离。

2. 运转　往复压缩机运转时，注意：①各部分的润滑和冷却；②运行时不允许关闭出口阀门；③严格按铭牌上规定值操作控制。

四、真空泵

从设备或系统中抽出气体使其中的绝对压强低于大气压，此时所用的输送设备称为真空泵。真空泵的形式很多，此处仅介绍制药化工厂中较常用的形式。

（一）水环真空泵

水环真空泵的结构如图 2-36 所示。外壳为圆形，壳内有一偏心安装的转子，转子上有辐射状的叶片，泵内约充有一半容积的水。当转子旋转时，形成水环，水环具有液封的作用，与叶片之间形成许多大小不同的密封小室。当小室渐增时，气体从入口吸入；当小室渐减时，气体由出口排出。

水环真空泵可以造成的最高真空度为83kPa左右，当被抽吸的气体不宜与水接触时，泵内可充以其他液体，所以又称为液环真空泵。

此类泵结构简单、紧凑，易于制造与维修，由于旋转部分没有机械摩擦，使用寿命长，操作可靠。

适用于抽吸含有液体的气体,尤其在抽吸有腐蚀性或爆炸性气体时更为合适。但效率很低,为30% ~ 50%,所能造成的真空度受泵体中水的温度所限制。

(二)罗茨真空泵

罗茨真空泵是通过安装于泵壳内的一对相互啮合且反向旋转的腰形转子来实现抽气的真空泵。罗茨真空泵属于旋转式气体输送设备。如图2-37所示,腰形转子分别安装在两个平行泵轴上,在两个同步齿轮带动下,两转子能够进行同步反向旋转运动。转子之间、转子与泵壳之间都留有一定间隙,因此,泵内没有摩擦,能实现高速旋转。当电机带动转子高速反向旋转时,吸入口一侧两转子呈打开状并形成负压将气体吸入泵内,然后气体分别被两转子从泵壳两侧推到排出口一侧,此时两转子啮合呈闭合状,将排出口气体挤出泵外。

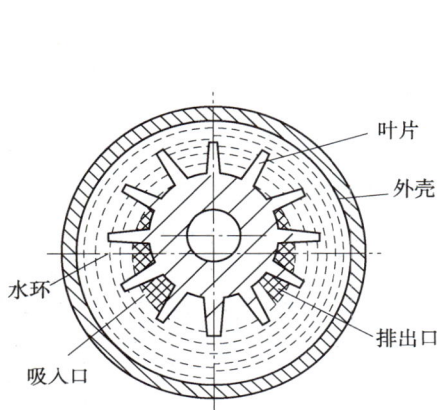

图 2 - 36 水环真空泵结构示意图

图 2 - 37 罗茨真空泵结构示意图

1. 泵壳;2. 转子;3. 吸气口;4. 排气口

(三)喷射泵

喷射泵是利用流体流动时的静压能与动能相互转换的原理来吸、送流体的,既可用于吸送气体,也可用于吸送液体。在制药化工生产中,喷射泵常用于抽真空,故又称为喷射式真空泵。

喷射泵的工作流体可以是蒸汽,也可以是液体。图2-38所示的为蒸汽喷射泵结构示意图。工作蒸汽在高压下以很高的速度从喷嘴喷出,在喷射过程中,蒸汽的静压能转变为动能,产生低压,而将气体吸入。吸入的气体与蒸汽混合后进入扩散管,速度逐渐降低,压强随之升高,然后从压出口排出。

喷射泵构造简单、紧凑,没有活动部分。但是效率很低,蒸汽消耗量大,故一般多当作真空泵使用,而不作为输送设备用。由于所输送的流体与工作流体混合,因而使其应用范围受到一定的限制。若将几个喷射泵串联起来使用,可得到更高的真空度。

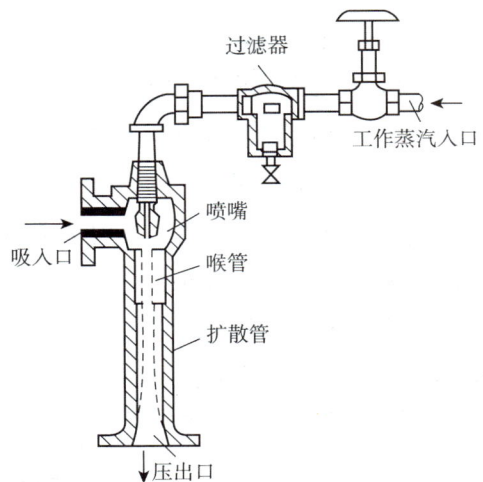

图 2 - 38 喷射泵结构示意图

📱 **知识链接** ··

风机的维修与保养

1. 检查叶轮是否出现裂纹、磨损、积尘等缺陷。由于灰尘不均匀地附着在叶轮上，会造成叶轮平衡破坏，以至引起转子振动，必须使叶轮保持清洁状态，并定期用钢丝刷刷去上面的积尘和锈皮等。如果叶轮长时间运行或修理后，就需要对其再做动平衡。

2. 定期检查机壳与进气室内部是否有严重的磨损，清除严重的粉尘堆积，定期检查所有的紧固螺栓是否紧固，对有压紧螺栓的风机，将底脚上的蝶形弹簧压紧到图纸所规定的安装高度。

3. 经常检查轴承润滑油供油情况，轴承的润滑油正常使用时，半年内至少应更换一次，首次使用时，大约在运行 200 小时后进行，第二次换油时间在 1 ~ 2 个月进行，以后应每周检查润滑油一次，如润滑油没有变质，则换油工作可延长至 2 ~ 4 个月一次，更换时必须使用规定牌号的润滑油，并将油箱内的旧油彻底放干净且清洗干净后才能灌入新油。

4. 风机停止使用时，当环境温度低于 5℃ 时，应将设备及管路的余水放掉，以避免冻坏设备及管路。

5. 风机长期停车存放不用时，将轴承及其他主要的零部件的表面涂上防锈油以免锈蚀。风机转子每隔半月左右，应人工手动搬动转子旋转半圈（即 180°），搬动前应在轴端做好标记，使原来最上方的点，搬动转子后位于最下方。

✍ 实践实训

实训二 离心泵的性能测定

一、实训目的

1. 了解离心泵的构造与特性。
2. 掌握离心泵的操作方法。
3. 测定并绘制离心泵在恒定转速下的特性曲线。

二、实训基本原理

离心泵的压头 H、轴功率 N 及效率 η 与流量 V_s 之间的对应关系，若以曲线 $H \sim V_s$、$N \sim V_s$、$\eta \sim V_s$ 表示，则称为离心泵的特性曲线，可由实验测定。

实验时，在泵出口阀全关至全开的范围内，调节其开度，测得一组流量及对应的压头、轴功率和效率，即可测定并绘制离心泵的特性曲线。

泵的扬程 H 由下式计算

$$H = h_0 + \frac{u_2^2 - u_1^2}{2g} + \frac{p_2 - p_1}{\rho g} + \sum h_f$$

而泵的有效功率 N_e 与泵效率 η 的计算式为 $N_e = HV_s \rho g$

$$N = \frac{N_e}{\eta} = \frac{HV_s \rho g}{1000\eta} = \frac{HV_s \rho}{102\eta}(kW)$$

测定时，流量 V_s 可用涡轮流量计或孔板流量计来计量。轴功率 N 可用马达－天平式测功器或功率表测量。

离心泵的性能与其转速有关。其特性曲线是某一恒定的给定转速（一般 $n_1 = 2900 \text{r/min}$）下的性能曲线。因此，如果实验中的转速 n 与给定转速 n_1 有差异，应将实验结果换算成给定转速下的数值，并以此数值绘制离心泵的特性曲线。

三、实训设备与流程

装置及流程如图 2-39 所示，水从水池经底阀吸入水泵，增压后经出口阀调节流量大小，流经涡轮流量传感器、计量槽再流回水池。

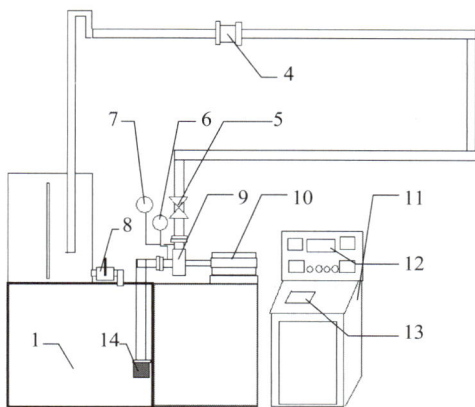

图 2-39　离心泵性能测定装置流程图

1. 水池；2. 计量槽；3. 液位计；4. 涡轮流量计；5. 出口调节阀；6. 真空表；7. 压力表；
8. 球阀；9. 离心泵；10. 电机；11. 仪表柜；12. 流量显示仪；13. 功率表；14. 底阀

四、实训操作要点

1. 熟悉设备、流程及所用三相功率表、流量演算仪的使用方法。

2. 检查泵轴的润滑情况，用手转动联轴器看是否转动灵活。如转动灵活，表明离心泵可以启动。

3. 打开泵的出口调节阀和充水阀，向泵壳内灌水，直至泵壳内空气排净。然后关闭泵的出口调节阀和充水阀。

4. 启动离心泵，然后再按下泵-功率表连锁开关，听到"咔咔"两声，松开手指，功率表同时启动。

5. 打开出口阀使流量达到最大，进行系统的排气操作。

6. 数据测量，将离心泵的出口阀全部开启，流量达到最大，开始记录数据。从最大流量到最小流量（零）依此测取数据，大流量下流量值从演算仪上读取；小流量下改用实测流量。实验中每调节一个流量后稳定一段时间，然后同时记录流量值、压力表读数、真空表读数、功率表偏转格数及转速值，直到出口阀全部关闭，即流量为零时为止。注意不要忘记读取流量为零时的各有关参数。

7. 实验完毕，关闭泵的出口阀，停泵并关闭电源。做好清洁卫生工作。

8. 测量水温。取实验前后水温的算术平均值作为测量温度。

五、实训数据记录和数据处理

实验数据记录表及数据处理表见表 2-3、2-4。

水泵型号　　　　，转速　　　　，泵入口管径 $d_1 = $　　　mm；出口管径 $d_2 = $　　　mm；压力表与真空表高度差（h_0）=　　　m；直管长度 $l = $　　　m；水温 $t = $　　　℃；$\rho = $　　　kg/m³；$\mu = $　　　Pa·s。

表 2 – 3　泵性能数据记录表

序号	流量读数（m³/h）	压力表读数（kPa）	真空表读数（kPa）	功率表读数（W）	备注
1					
2					
…					

表 2 – 4　泵性能数据处理表

序号	流量 V_s（m³/h）	压头 H（m）	轴功率 N（kW）	有效功率 N_e（kW）	效率 η（%）
1					
2					
…					

在坐标纸上描出 $H \sim V_s$、$N \sim V_s$、$\eta \sim V_s$ 曲线。

六、思考题

1. 启动泵前，为什么要先关闭出口阀？待启动后为什么需要再逐渐开大？停泵时也要先关闭出口阀？

2. 离心泵的特性曲线是否与连结的管路系统有关？

3. 离心泵流量愈大，则泵入口处的真空度愈大，为什么？

七、实验报告要求

1. 实验目的。

2. 主要设备名称。

3. 画出测定装置流程图的方框图。

4. 实验操作步骤。

5. 实验数据记录及处理（数据计算过程）。

6. 实验总结（书写实验中的体会、个人看法和反思等）。

7. 思考题解析。

目标检测

答案解析

一、简答题

1. 离心泵整套工作装置由什么组成？各有何作用？

2. 什么是离心泵的扬程？它和液体升扬高度有何不同？

3. 离心泵的主要性能参数中哪些可以为零？对画特性曲线有何意义？

4. 如何改变离心泵的工作点？

5. 离心泵工作时不正常现象有哪些？哪种危害更大？如何预防？

6. 离心泵发生不吸液现象，观察真空表示数指示真空度数值较大，试分析这个故障发生的原因是什么？如何排除？

7. 如何调节往复泵的流量？

8. 离心泵与离心式通风机的外壳为什么均设计成蜗壳形？

二、应用实例题

1. 在一定转速下测定某离心泵的性能，吸入管与压出管的内径分别为70mm和50mm。当流量为30m³/h时，泵入口处真空表与出口处压力表的读数分别为40kPa和215kPa，两测压口间的垂直距离为0.4m，轴功率为3.45kW。试计算泵的压头与效率。

2. 在一制药生产车间，要求用离心泵将冷却水从贮水池经换热器送到一敞口高位槽中。已知高位槽中液面比贮水池中液面高出10m，管路总长为400m（包括所有局部阻力的当量长度）。管内径为75mm，换热器的压头损失为 $32\dfrac{u^2}{2g}$，摩擦系数可取为0.03。此离心泵在转速为2900r/min时的性能如表2−5所示。

表2−5　离心泵在转速为2900r/min时的性能

$V(\text{m}^3/\text{s})$	0	0.001	0.002	0.003	0.004	0.005	0.006	0.007	0.008
H (m)	26	25.5	24.5	23	21	18.5	15.5	12	8.5

试求：（1）管路特性方程；（2）泵工作点的流量与压头。

3. 用离心泵将水从贮槽输送至高位槽中，两槽均为敞口，且液面恒定。现改为输送密度为1200kg/m³的某水溶液，其他物性与水相近。若管路状况不变，试说明：（1）输送量有无变化？（2）压头有无变化？（3）泵的轴功率有无变化？（4）泵出口处压力有无变化？

4. 用油泵从贮槽向反应器输送44℃的异丁烷，贮槽中异丁烷液面恒定，其上方绝对压力为652kPa。泵位于贮槽液面以下1.5m处，吸入管路全部压头损失为1.6m。44℃时异丁烷的密度为530kg/m³，饱和蒸气压为638kPa。所选用泵的允许气蚀余量为3.5m，问此泵能否正常操作？

5. 用内径为100mm的钢管将河水送至一蓄水池中，要求输送量为70m³/h。水由池底部进入，池中水面高出河面26m。管路的总长度为60m，其中吸入管路为24m（均包括所有局部阻力的当量长度），设摩擦系数 λ 为0.028。今库房有以下三台离心泵，性能如表2−6，试从中选用一台合适的泵，并计算安装高度。设水温为20℃，大气压力为101.3kPa。

表2−6　不同型号离心泵的性能参数

序号	型号	V (m³/h)	H (m)	n (r/min)	η (%)	$\Delta h_{允}$ (m)
1	IS100−80−125	60 100	24 20	2900	67 78	4.0 4.5
2	IS100−80−160	60 100	36 32	2900	70 78	3.5 4.0
3	IS100−80−200	60 100	54 50	2900	65 76	3.0 3.6

书网融合……

知识回顾　　微课　　习题

第三章　非均相物系的分离

学习引导

汤剂是最古老的中药剂型之一，它是将药物用煎煮或浸泡后去渣取汁的方法制成的液体剂型。那么如何去渣取汁呢？在制药过程中常会遇到各种类型混合物（包括均相混合物和非均相混合物）的分离，你知道如何分离吗？

本章主要介绍非均相物系的机械分离方法及相应分离设备的结构、原理与操作。

学习目标

1. **掌握**　重力沉降和离心沉降的原理与设备；恒压过滤基本方程式及应用；膜分离的类型及原理。
2. **熟悉**　混合物的分类；各分离设备的基本结构、工作原理、特点和适应范围。
3. **了解**　均相物系的概念和分离方法；常用的过滤介质的特点；非均相物系在制药生产中的应用。

制药化工生产中，常遇到混合物需要分离。混合物分为均相混合物和非均相混合物。均相混合物是指内部物料性质均匀且不存在相界面的物系，又称为均相物系，如完全互溶的液体、混合的气体。其分离方法有萃取、蒸馏和吸收等。非均相混合物是指内部存在两相界面且界面两侧的物理性质不同的物系，又称为非均相物系，如含尘气体、含雾气体、乳浊液、泡沫液体、悬浮液。本章主要介绍非均相混合物的机械分离方法及相应分离设备的操作技术。常用的非均相物系的分离方法有重力沉降、离心沉降和过滤等。

在制药生产中的非均相混合物的分离，主要有以下几个方面作用。

1. 分离有效成分　天然药物中往往有效成分含量比较低，故常通过提取过滤的方式将药渣与药液分离，使有效成分得以分离并将其浓度提高。

2. 收集分散物质（即固体分散相）　收集旋风分离器、旋液分离器等设备的固体颗粒；通过膜分离富集微量物质；收集结晶器内晶浆中夹带大量固体的颗粒；收集催化反应器中气体夹带的催化剂，以循环应用等。

3. 净化分散介质（即连续相）　除去药液中无用的混悬颗粒以得到澄清的药液；除去空气中的尘粒以便得到洁净空气；除去催化反应原料气中的杂质，以保证催化剂的活性等。

4. 环境保护　国家对环境保护越来越重视，对于制药工业所产生的污染，可以利用机械分离的方法处理药厂排出的废气、废液，使其浓度达到国家规定的排放标准；另外为保证车间洁净，也可以用过滤器去除漂浮粉尘和微生物等。

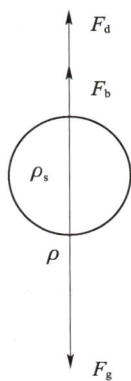

PPT

第一节　沉　降

沉降是依靠外力（重力、离心力、惯性力）作用，利用分散相与连续相之间的密度差异，使之发生相对运动而实现分离的。依据外力的不同沉降分为重力沉降和离心沉降。

一、重力沉降及设备

（一）重力沉降

重力沉降是粒子在重力作用下，沿重力方向的沉积运动的过程。重力沉降可实现气固分离、液固分离、不同密度的液液分离。重力沉降在制药化工生产中应用广泛。

1. 球形颗粒的自由沉降速度　假设球形颗粒不受其他颗粒及器壁的影响，分析球形颗粒在静止的流体中的沉降过程。

一个表面光滑的刚性球形颗粒置于静止连续相流体中，若颗粒密度大于流体密度时，颗粒将下沉。在颗粒做自由沉降过程中，颗粒会受到重力 F_g、浮力 F_b 和阻力 F_d 的作用，如图 3 - 1 所示。

$$F_g = \frac{\pi}{6} d_s^3 \rho_s g \tag{3-1}$$

$$F_b = \frac{\pi}{6} d_s^3 \rho g \tag{3-2}$$

$$F_d = \zeta A \frac{\rho u^2}{2} \tag{3-3}$$

图 3 - 1　沉降颗粒的受力情况

式中，d_s 为球形颗粒的直径，μm；A 为沉降颗粒沿沉降方向的最大投影面积，m^2，对于球形粒子 $A = \frac{\pi}{4} d_s^2$；u 为颗粒相对于流体的降落速度，m/s；ζ 为沉降阻力系数，无因次；ρ_s 为球形粒子的密度，kg/m^3；ρ 为流体的密度，kg/m^3。

对于一定的颗粒与流体，重力与浮力的大小一定，而阻力随沉降速度变化，讨论如下。

（1）沉降开始的瞬间，$u = 0$，则阻力 $F_d = 0$，因此 $\sum F = F_g - F_b = ma$，故加速度 a 具有最大值，此过程为匀加速阶段。

（2）沉降过程中速度逐渐增大，当速度增大到某一数值，重力、浮力、阻力三者达到平衡时，即 $\sum F = F_g - F_b - F_d = 0$，此时加速度为零，粒子做匀速运动，沉降速度为 u_t，也是最大沉降速度。由 $F_g - F_b - F_d = 0$ 得：

$$u_t = \sqrt{\frac{4 d_s (\rho_s - \rho)}{3 \rho \zeta} g} \tag{3-4}$$

在制药化工生产中，小颗粒沉降最为常见，其中（$F_g - F_b$）较小，而阻力 F_d 增加较快。

2. 阻力系数的确定　计算沉降速度 u_t 时，需要确定沉降阻力系数 ζ。ζ 是颗粒与流体相对运动时，以颗粒形状及尺寸为特征量的雷诺数 $Re_t = d_s u_t \rho / \mu$ 的函数，一般由实验测定。

对于球形颗粒，沉降的区域如图 3 - 2 图中曲线，大致可分为三个区域，分别是层流区、过渡区和湍流区。各区域中 ζ 与 Re_t 的关系可分别表示为式 3 - 5、3 - 6、3 - 7。

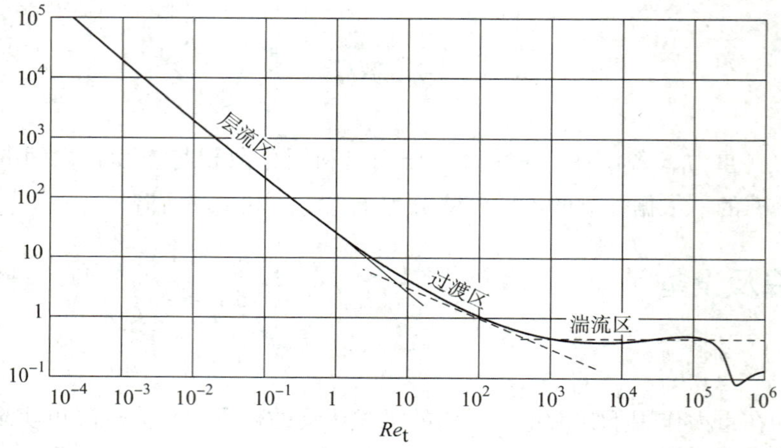

图 3-2　球形粒子自由沉降的 ζ 与 Re_t 的关系

| 层流区 | $10^{-4} < Re_t < 1$ | $\zeta = \dfrac{24}{Re_t}$ | （3-5） |

| 过渡区 | $1 < Re_t < 10^3$ | $\zeta = \dfrac{18.5}{Re_t^{0.6}}$ | （3-6） |

| 湍流区 | $10^3 < Re_t < 2 \times 10^5$ | $\zeta = 0.44$ | （3-7） |

3. 沉降速度的计算　若已知球形粒子沉降所处的区域，即可将该区域沉降阻力系数 ζ 的计算式代入（3-4）式得到沉降速度 u_t。

层流区
$$u_t = \frac{d_s^2 (\rho_s - \rho) g}{18 \mu} \qquad （3-8）$$

此式称为斯托克斯公式

过渡区
$$u_t = 0.27 \sqrt{\frac{d_s (\rho_s - \rho) g}{\rho} Re_t^{0.6}} \qquad （3-9）$$

此式称为艾仑公式。

湍流区
$$u_t = 1.74 \sqrt{\frac{d_s (\rho_s - \rho) g}{\rho}} \qquad （3-10）$$

此式称为牛顿公式。

计算沉降速度 u_t（或颗粒直径 d_s，或颗粒的真密度 ρ_s）可用上述公式进行试算。

📱 **知识链接** --

试算法

　　把猜想的值或者已给出的备选项代入，得出结果。例如计算球形颗粒的沉降速度 u_t 时，需先根据雷诺数 Re_t 值，判断出沉降的流型，方可选用相应的计算式。然而，Re_t 值自身又与沉降速度 u_t 值有关，故需先假设沉降属于某一流型，并采用相应的沉降速度计算公式求得 u_t 值，然后再利用 u_t 值验证 Re_t 值是否与原假设流型相一致。

----

　　4. 非球形颗粒的自由沉降速度　颗粒在沉降方向的投影面积 A 越大，沉降阻力越大，沉降速度越慢。球形或近球形颗粒的投影面积最小，故其沉降速度大于同体积非球形颗粒的沉降速度。

例 3 - 1　试计算直径为 $50\mu m$，密度为 $2650kg/m^3$ 的球形颗粒。求：（1）在 20℃常压空气中的自由沉降速度；（2）在 20℃水中的自由沉降速度。

分析：计算颗粒沉降速度时，需先知道 Re 的值以判断流型，再选用相应的关系式计算 u_t，但 u_t 为待求量，故 Re 的值也是未知量。故此题需采用试算法。

解（1）假设球形颗粒在空气中的沉降发生在层流区

查附录五，常压空气在 20℃时，$\rho = 1.205kg/m^3$，$\mu = 1.81 \times 10^{-5}Pa \cdot s$

依据斯托克斯公式得

$$u_t = \frac{d_s^2 (\rho_s - \rho) g}{18\mu} = \frac{(50 \times 10^{-6})^2 \times (2650 - 1.205) \times 9.81}{18 \times 1.81 \times 10^{-5}} = 0.199 m/s$$

校核流型

$$Re_t = \frac{\rho d_s u_t}{\mu} = \frac{1.205 \times 50 \times 10^{-6} \times 0.199}{1.81 \times 10^{-5}} = 0.662 < 1$$

$10^{-4} < Re_t < 1$，故假设成立。

球形颗粒在空气中的沉降发生在层流区，$u_t = 0.199m/s$ 为所求。

（2）假设球形颗粒在水中的沉降发生在层流区

查附录六，水在 20℃时，$\rho = 998.2kg/m^3$，$\mu = 100.42 \times 10^{-5}Pa \cdot s$

依据斯托克斯公式得

$$u_t = \frac{d_s^2 (\rho_s - \rho) g}{18\mu} = \frac{(50 \times 10^{-6})^2 \times (2650 - 998) \times 9.81}{18 \times 100.42 \times 10^{-5}} = 0.0022 m/s$$

校核流型

$$Re_t = \frac{\rho d_s u_t}{\mu} = \frac{998 \times 50 \times 10^{-6} \times 0.0022}{100.42 \times 10^{-5}} = 0.108$$

$10^{-4} < Re_t < 1$，故假设成立。

球形颗粒在水中的沉降发生在层流区，$u_t = 0.0022m/s$ 为所求。

（二）重力沉降设备

1. 降尘室　是利用重力沉降的原理从含尘气体中除去固体颗粒的设备。其结构及尘粒在降尘室内的运动情况如图 3 - 3 所示。含尘气体进入降尘室后，流通截面积扩大，速率降低，只要颗粒能够在气体通过降尘室的时间内沉到室底，便可从气流中除去。为满足除尘要求，气体通过降尘室的时间 t_r 必须大于等于颗粒沉降至底部所用时间 t_s。

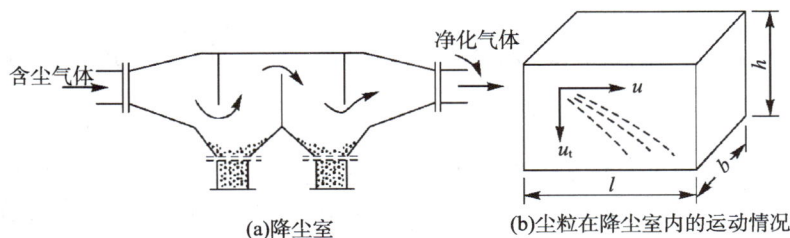

(a)降尘室　　(b)尘粒在降尘室内的运动情况

图 3 - 3　降尘室尘粒运动情况示意图

设 u 为气体在降尘室内的平均流速，m/s；l 为降尘室的长度，m；b 为降尘室的宽度，m；h 为降尘室的高度，m；A' 为降尘室的底面积，m^2。则

气体通过降尘室的时间

$$t_r = \frac{l}{u} \tag{3-11}$$

颗粒沉降至底部的时间

$$t_s = \frac{h}{u_t} \tag{3-12}$$

$$A' = bl \tag{3-13}$$

根据尘粒从气体中分离出来的必要条件，即

$$\frac{l}{u} \geqslant \frac{h}{u_t} \tag{3-14}$$

设 V_s 为降尘室所处理的含尘气体的体积流量，m^3/s，即降尘室的生产能力，因 $V_s = Au$，A 为降尘室入口处侧面积，可得 $V_s = bhu$

$$u = \frac{V_s}{bh} \tag{3-15}$$

代入式（3-14）可得

$$V_s \leqslant blu_t \tag{3-16}$$

降尘室的最大生产能力

$$V_{s,max} = blu_t = A'u_t \tag{3-17}$$

从式（3-17）可以看出，降尘室生产能力只与降尘室的底面积 A' 及颗粒的沉降速度 u_t 有关，而与降尘室高度 h 无关，所以降尘室一般采用扁平的几何形状或在室内加多层隔板，形成多层降尘室，其结构如图 3-4，可以提高其生产能力和除尘效率。

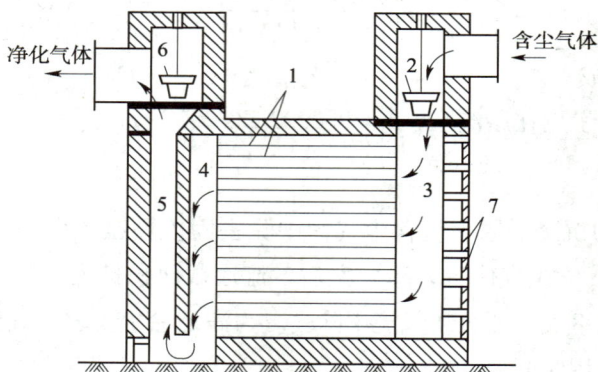

图 3-4　多层隔板降尘室内示意图

1. 隔板；2. 调节阀；3. 气体分散通道；4. 气体聚集通道；5. 气道；6. 调节阀；7. 清灰口

降尘室结构简单，气流阻力小，但设备庞大、分离效率低，适于分离直径 $75\,\mu m$ 以上的较大颗粒，或作为预除尘使用。多层沉降室虽能分离较细颗粒且节省地面空间，但是除灰不方便。

2. 沉降槽　也称为沉降器或增浓器，是在重力作用下，利用微粒与液体的密度差，将固体微粒沉降的设备。沉降槽有间歇操作和连续操作。

间歇沉降槽通常是一个圆形、方形或矩形的敞口容器。悬浮液加入沉降器内后，在静止状态下沉降。沉降结束后，排出清液和由底口排出稠厚的沉渣。随后重新将悬浮液加入沉降器内，进行沉降操作。

连续式沉降槽（也称增稠器）是一种应用最广泛的沉降器，如图 3-5 所示。它是一个底部略具有圆锥形的大直径浅槽，需处理的料浆自中央进料口缓慢送入液面以下 0.3~0.1m 处，以减少进料对槽内沉聚过程的扰动。料液进槽后，清液上浮，经由槽顶部四周的溢流堰连续溢出，称为溢流；颗粒下沉，槽底有缓慢转动的靶将沉渣聚拢到底部排渣口连续排出，排出的稠浆称为底流。

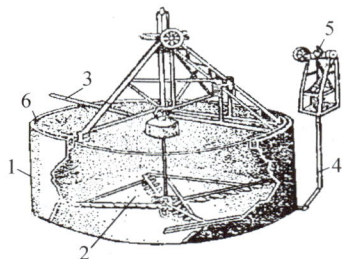

图 3-5　连续式沉降槽示意图
1. 槽；2. 靶；3. 悬浮液送液泵；4. 管；5. 泵；6. 溢流槽

　　沉降槽有澄清液体和增稠悬浮液的双重作用功能，与降尘室类似，沉降槽的生产能力与高度无关，只与底面积及颗粒的沉降速度有关，故沉降槽一般均制造成大截面、低高度。大的沉降槽直径可达 10~100m、深 2.5~4m，一般用于大流量、低浓度悬浮液的处理。

二、离心沉降及设备

（一）离心沉降

　　离心沉降是依靠惯性离心力的作用而实现的沉降过程。对于两相密度差较小、颗粒粒度较细的非均相物系，在重力场中的沉降速率很低甚至完全不能分离，利用离心沉降则可大大提高沉降速度。

　　1. 离心沉降速度　当流体围绕某一中心轴做圆周运动时，形成了惯性离心力场。惯性离心力不是常数，随位置及切向速度变化，其方向是沿旋转半径从中心指向外周。颗粒在离心力场中的运动如图 3-6 所示。

　　当流体带着颗粒旋转时，如果颗粒的密度大于流体的密度，则惯性离心力将会使颗粒在径向上与流体发生相对运动而飞离中心。与颗粒在重力场中受到三个作用力相似，惯性离心力场中颗粒在径向上也受到三个力的作用，分别为惯性离心力（方向为沿半径背离旋转中心）、向心力（方向为沿半径指向旋转中心）和阻力（方向为沿半径指向旋转中心），其数值计算如下：

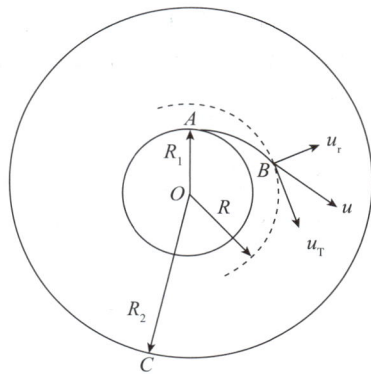

图 3-6　颗粒在离心力场中的运动

$$惯性离心力 = \frac{\pi}{6}d_s^3\rho_s\frac{u_T^2}{R} \qquad (3-18)$$

$$向心力 = \frac{\pi}{6}d_s^3\rho\frac{u_T^2}{R} \qquad (3-19)$$

$$阻力 = \frac{\pi}{4}d_s^2\zeta\frac{\rho\, u_r^2}{2} \qquad (3-20)$$

　　式中，d_s 为颗粒粒径；ρ_s 为颗粒密度；R 为颗粒与中心点的距离；u_T 为切向分速度；ρ 为流体密度；ζ 为沉降阻力系数；u_r 为颗粒与流体在径向上的相对速度。

当惯性离心力、向心力、阻力三者的合力为零时，即达到平衡，此时 u_r 即为该颗粒在该位置处的离心沉降速度。

由 $\dfrac{\pi}{6}d_s^3\rho_s\dfrac{u_T^2}{R}-\dfrac{\pi}{6}d_s^3\rho\dfrac{u_T^2}{R}-\dfrac{\pi}{4}d_s^2\zeta\dfrac{\rho u_r^2}{2}=0$ 解得

$$u_r=\sqrt{\frac{4d_s(\rho_s-\rho)}{3\rho\zeta}\left(\frac{u_T^2}{R}\right)} \tag{3-21}$$

假设颗粒在层流区，沉降阻力系数 ζ 符合斯托克斯定律。将 $\zeta=24/Re$，代入（3-21）得：

$$u_r=\frac{d_s^2(\rho_s-\rho)u_T^2}{18\mu R} \tag{3-22}$$

2. 离心分离因数　同一颗粒在同种流体中的离心沉降速度与重力沉降速度的比值称为离心分离因数，以 K_c 表示。由式（3-22）与（3-8）可知，

$$K_c=\frac{u_r}{u_t}=\frac{u_T^2}{gR} \tag{3-23}$$

离心分离因数是离心分离设备的重要指标。K_c 越高，其离心分离效率越高。离心分离因数的数值一般为几百到几万，同一颗粒在离心力场中的沉降速度 u_r，远远大于其在重力场中的沉降速度 u_t，用离心沉降可将更小的粒子从流体中分离出来。

（二）离心沉降设备

1. 旋风分离器　是利用惯性离心力分离气-固相混合物的最常用设备。图3-7是标准型旋风分离器的示意图，主体的上部为圆筒形，下部为圆锥形，中央有一升气管。旋风分离器的工作原理如下。含尘气体从侧面的矩形进风口切向引入，在分离器内做由上向下、再由下向上的螺旋运动，然后从中心管引出。在上、下螺旋运动过程中，尘粒与气体发生相对运动被甩向器壁后顺壁掉落至灰斗，这样尘粒得以与气体分离并由底部连续排出。由于操作时旋风分离器底部处于密封状态，所以，被净化的气体到达底部后折向上，沿中心轴旋转从顶部的中央排气管排出。

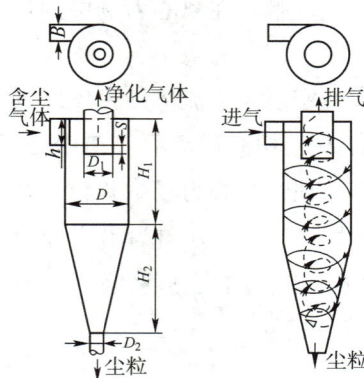

图3-7　旋风分离器结构示意图

$h=D/2$；$B=D/4$；$D_1=D/2$；$D_2=D/4$；$H_1=H_2=2D$；$S=D/8$

旋风分离器结构简单紧凑，没有运动部件，而且分离效率较高，分离因数为 5~2500，一般可分离 5~75μm 的非纤维、非黏性干燥粉尘，操作不受温度、压强的限制，但是对 5μm 以下的细微颗粒分离效率较低、价格低廉、性能稳定，可满足中等粉尘捕集要求，故广泛应用于制药化工及多种工业部门。

2. 旋液分离器　又称水力旋流器，是一种利用离心力从液流中分离出固体颗粒的分离设备，如波轮洗衣机。旋液分离器的主体由圆筒和圆锥两部分构成，如图3-8所示，悬浮液经入口管切向进入圆筒，形成螺旋状向下运动的旋流，固体颗粒受惯性离心力作用被甩向器壁，并随旋流降至锥底的出口，由底部排出的增浓液称为底流，清液或含有微细颗粒的液体则为上升的内旋流，从顶部的中心管排出，称为顶流。与旋风分离器相比，旋液分离器的结构特点是圆筒直径小而圆锥部分长，这是由于液固密度差比气固密度差小得多，在一定的切线进口速度下，较小的旋转半径可使固体颗粒受到较大的离心力，从而提高离心沉降速度，另外，适当地增加圆锥部分的长度，可延长悬浮液在器内的停留时间，有利于液固分离。

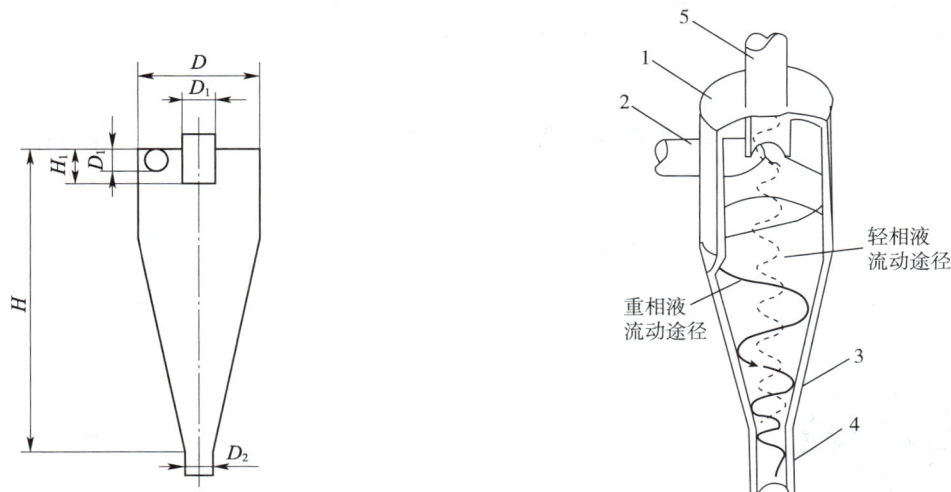

图3-8　旋液分离器结构示意图
1. 圆柱室；2. 进料管；3. 锥体；4. 重相排出口；5. 轻相排出口

旋液分离器结构简单，设备费用低，占地面积小，处理能力大，可用于悬浮液的增浓、分级操作，也可用于不互溶液体的分离、气液分离、传热、传质和雾化等操作中。但旋液分离器进料泵的动能消耗大，内壁磨损大，进料流量和浓度的变化很容易影响分离性能。

第二节　过　滤

一、过滤基本概念

（一）过滤原理　微课1

过滤操作是利用一种具有众多毛细孔的物体作为介质，在介质两侧压差的推动下，使悬浮液中的液体通过介质的毛细孔，而将其中的固体微粒截留，从而达到固、液两相分离的目的。过滤操作所处理的悬浮液称为滤浆或料浆，所用的多孔物质称为过滤介质，通过介质孔道的液体称为滤液，被介质截留的固体颗粒层称为滤渣或滤饼，图3-9为过滤操作的示意图。

过滤与沉降分离相比，过滤操作的液固分离和气固分离更迅速、更彻底。在某些场合下，过滤是沉降的后续操作。过滤具有操作时间短、分离比较完全等特点，适用于含液量较少的悬浮液以及颗粒微小且浓度极低的含尘气体。

（二）过滤推动力和阻力

实现过滤操作的外力可以是重力、压力或惯性离心力，因此，过滤操作又分为重力（常压）过滤、加压过滤、真空过滤和离心过滤。工业上常利用过滤介质两侧的压力差来实现过滤，过滤介质两侧的压力差是过滤过程的推动力。产生压力差的方式有：①滤液自身重力；②抽真空；③用液体泵增压。

在过滤操作开始时过滤的阻力只有过滤介质阻力，随着过滤过程的进行，过滤介质上形成滤渣，过滤所遇到的阻力是滤渣阻力和过滤介质阻力之和。介质阻力仅在过滤开始时较为显著，至滤饼层沉积到相当厚度时，介质阻力便可忽略不计。所以，过滤阻力主要决定于滤饼的厚度及其特性。滤渣愈厚，微粒愈细，则过滤阻力越大。

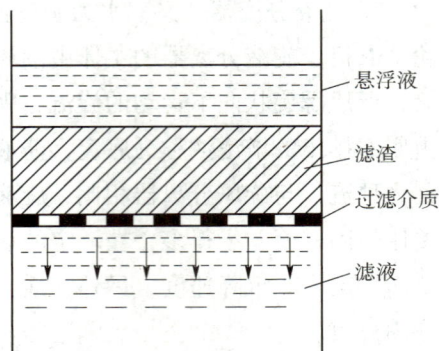

图 3-9　过滤操作示意图

（三）过滤方式　🅔 微课 2

工业上过滤分为两种：饼层过滤和深层（或深床）过滤，如图 3-10（a）和图 3-11 所示。

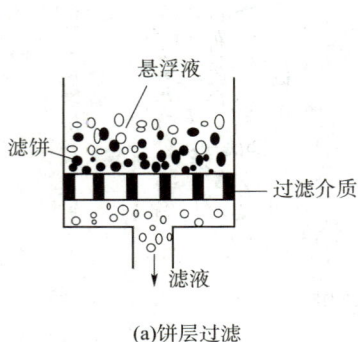

图 3-10　饼层过滤示意图　　　　图 3-11　深层过滤示意图

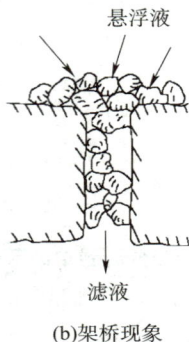

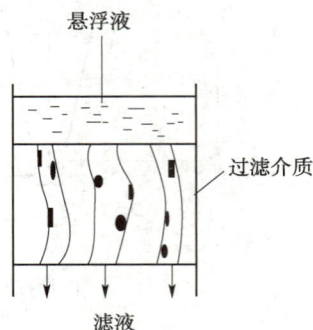

1. 饼层过滤　是将悬浮液置于过滤介质的一侧，固体被过滤介质截留形成滤饼层，液体通过过滤介质形成滤液。其过滤原理如下：悬浮液中颗粒的大小不一，在过滤操作的开始阶段，比过滤介质孔道大的颗粒被截留逐渐形成滤饼，比过滤介质孔径小的颗粒进入介质孔道内，穿过孔道而不被截留，此时滤液仍然是浑浊的，这也就是常说的初滤液。随着过滤的进行，细小颗粒会在介质的通道中发生"架桥"现象，如图 3-10（b）所示，由于"架桥"现象，小于介质孔径的小颗粒也能被截留，在过滤介质上逐渐形成滤饼层。滤饼形成后，滤液即变清，此后，过滤才可有效进行。可见，在饼层过滤中，真正起分离作用的是滤饼，而过滤介质主要起支撑作用。在实际操作中，常将初滤液返回滤浆重新过滤。

饼层过滤要求能够迅速形成滤饼，常用于分离固体颗粒含量较高（固体体积分数 >1%）的悬浮液。

2. 深层过滤　是对于悬浮液中颗粒尺寸比过滤介质孔道的尺寸小得多，采用较厚的粒状床层（固定床）作为过滤介质，当悬浮液中的颗粒进入弯曲细长的介质孔道中，在静电及分子间引力的作用下，颗粒被吸附于孔道壁面上，滤液通过介质孔道，从而实现液固分离。注意，深层过滤不会在介质上形成滤饼，而是固体颗粒沉积于过滤介质的内部。随着过滤的进行，过滤介质的孔道会因截留颗粒的增多逐渐变窄和减少，所以过滤介质必须定期更换或清洗再生。深层过滤常用于处理固体颗粒含量极少（固体体积分数 <0.1%）且颗粒直径较小（<5μm）的悬浮液。如纯化水制备采用石英砂、活性炭等除去固体悬浮物。

实例分析

案例 2011 年，媒体报道某集团制药总厂周围散发恶臭。经某市环保部门检查，该厂生产青霉素类药物，三废皆未经处理直接排放。其中废水因为污水处理设备故障，未经处理直接经排入河中。环保部门严令总厂停产或减产，以降低排除废水的污染程度。

问题 1. 该厂应如何整改使废水达到排放标准？
2. 过滤的方式有哪些？

答案解析

（四）过滤介质

过滤过程所用的多孔性介质称为过滤介质。过滤介质除应达到所需分离要求外，还应具有足够的机械强度，尽可能小的流过阻力，同时，还应具有较高的耐腐蚀性和耐热性。过滤介质要表面光滑，滤饼剥离容易。

工业上常用过滤介质主要有织物介质、多孔性固体介质、粒状介质和微孔滤膜等。

1. 织物介质 是由天然纤维（棉、毛、丝、麻等）或合成纤维、金属丝等编织而成的筛网、滤布，一般可截留粒径 5μm 以上的固体微粒。织物介质在工业上应用广泛。

2. 多孔性固体介质 由陶瓷、金属或玻璃的烧结物、塑料细粉黏结而成的多孔性塑料管，称为滤板或滤器。一般可截留粒径为 1 ~ 3μm 的微细粒子。

3. 粒状介质 由砂石、木炭、石棉等各种固体颗粒或非编织纤维（玻璃棉等）堆积而成，适用于深层过滤，常用于过滤含固体颗粒较少的悬浮液，如制剂用水的预处理。

4. 微孔滤膜 由高分子材料制成的薄膜状多孔介质，适用于精滤，可截留粒径 0.01μm 以上的微粒，尤其适用于滤除 0.02 ~ 10μm 的混悬微粒。

（五）滤饼的压缩性和助滤剂

1. 滤饼的压缩性 滤饼是由被截留下来的颗粒堆积而成的固定滤渣，可以分成不可压缩的和可压缩的两种。不可压缩的滤渣由不变形的颗粒组成，因而在过滤操作中，其粒子的大小和形状，以及滤渣中孔道的大小均保持不变，许多晶体物料都属于这一种。可压缩滤渣则不同，其颗粒的大小、形状和滤渣孔道的大小，均因压力的增加而变化。胶体粒子都是可压缩的滤渣。

2. 助滤剂 为了减小可压缩滤饼的流动阻力，可将某种质点坚硬而能形成疏松饼层的另一种惰性固体颗粒混入悬浮液或预涂于过滤介质上，形成疏松饼层，使滤液得以畅流通过，这种物质称之为助滤剂。常用的助滤剂有硅藻土、珍珠岩、石棉、炭粉等。

助滤剂的基本要求：①能形成多孔饼层的刚性颗粒，使滤饼有良好的渗透性及较低的流体阻力；②具有化学稳定性；③在操作压强范围内具有不可压缩性。

二、过滤计算

以恒压过滤为例来介绍过滤计算。

（一）过滤速率

滤饼是由被截留于过滤介质之上的颗粒堆积而成的固定床层，其内的孔道细小曲折，可将滤液在颗粒床层内的流动视为直管层流。按整个床层截面积计算的滤液的流动速度可表示为：

$$u = \frac{dV}{A dt} \tag{3-24}$$

式中，V 为滤液体积，m^3；A 为过滤面积，m^2；t 为过滤时间，s。

过滤速度 u 也可理解为单位面积在单位时间内获得的滤液体积，$m^3/(m^2 \cdot s)$。过滤速率是单位时间内获得的滤液体积，可用 $\frac{dV}{dt}$ 表示，m^3/s。

（二）恒压过滤

恒压过滤即过滤过程中推动力（压强差）Δp 保持恒定。连续过滤机都是恒压过滤，间歇过滤设备也多为恒压过滤。恒压过滤时，滤饼不断增厚导致过滤阻力逐渐增大，因而过滤速率逐渐下降。

对于特定的悬浮液

$$\frac{dV}{dt} = \frac{k A^2 \Delta p^{1-s}}{V_e + V} \tag{3-25}$$

式中，k 为常数，与悬浮液的黏度 μ、单位压强下滤饼的比阻 r_0 以及每获得 $1m^3$ 滤液所形成的滤饼的体积 V 有关，$k = \frac{1}{\mu r_0 V}$；A 为过滤面积；s 为滤饼的压缩性指数，其值与滤饼的可压缩程度有关，无因次，一般情况下，$s = 0 \sim 1$，对于不可压缩滤饼，$s = 0$；V_e 为未形成滤饼时的当量滤液体积；V 为有滤饼后的滤液体积。

恒压过滤时，压强差 Δp 为定值，k、s、A 及 V_e 亦为常数，故将式（3-25）进行分步积分。

只考虑过滤介质时

$$V_e^2 = K A^2 t_e \tag{3-26}$$

只考虑滤饼时

$$V^2 + 2 V V_e = K A^2 t \tag{3-27}$$

将（3-26）与（3-27）相加并整理得

$$(V + V_e)^2 = K A^2 (t + t_e) \tag{3-28}$$

习惯上将只有过滤介质时获得体积为 V_e 的滤液所需的时间称为虚拟过滤时间，以 t_e 表示。式（3-28）为恒压过滤方程式。该式表示恒压过滤时的滤液体积与过滤时间的关系为抛物线方程，如图 3-12 所示。

图中 OB 段表示实在的过滤时间 t 与实在的滤液体积 V 之间的关系，而 OO′ 段则表示与介质阻力相对应的虚拟过滤时间 t_e 与 V_e 之间的关系。

令 $q = \frac{V}{A}$ 及 $q_e = \frac{V_e}{A}$，其中 q 和 q_e 分别为单位滤液面积获得的滤液体积和虚拟滤液体积，m^3/m^2。以上三式可分别改写为

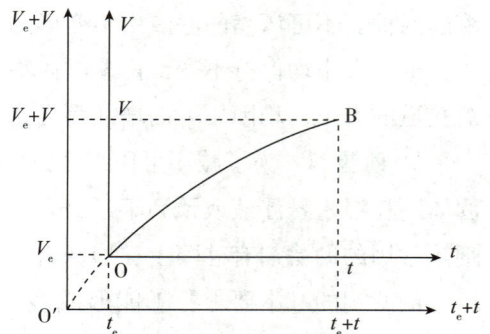

图3-12　恒压过滤时滤液体积与过滤时间之间的关系

$$q_e^2 = K t_e \tag{3-29}$$

$$q^2 + 2 q q_e = K t \tag{3-30}$$

$$(q + q_e)^2 = K (t + t_e) \tag{3-31}$$

式（3-29）（3-30）（3-31）也称为恒压过滤方程式。

恒压过滤方程式中的 K 是由过滤压强差所决定的常数，称为过滤常数，其单位为 m^2/s；q_e、t_e 均为反映过滤介质阻力大小的常数，也称为过滤常数。习惯上，将 K、q_e、t_e 统称为过滤常数，过滤常数由实验测定。对于可压缩滤饼，K、q_e、t_e 均随 Δp 而变化；而对于不可压缩滤饼，K、t_e 随 Δp 而变化，但 q_e 不变。

若过滤介质的阻力可忽略，则 $q_e = 0$，$t_e = 0$。代入式（3-31）得 $q^2 = Kt$。

例 3 – 2　某悬浮液在一台过滤面积为 $0.4m^2$，用恒压 $1.5kgf/cm^2$（表压）的板框过滤机中过滤，2小时后得滤液 $35m^3$，过滤介质阻力不计，问：

（1）其他情况不变，过滤面积加倍，可得滤液多少？

（2）其他情况不变，过滤时间缩短为 1.5 小时，可得滤液多少？

解：已知恒压过滤，$A = 0.4m^2$，$t = 2h$，$V = 35m^3$

不计过滤介质的阻力，则 $V_e = 0$，由 $V^2 + 2VV_e = KA^2t$ 可得：

$$V^2 = KA^2t$$

$$K = \frac{V^2}{A^2t} = \frac{35^2}{0.4^2 \times 2}$$

（1）过滤面积加倍

由 $V^2 = KA^2t$ 得 $V = \sqrt{KA^2t}$

$$V = \sqrt{\frac{35^2}{0.4^2 \times 2} \times (0.4 \times 2)^2 \times 2} = 70 \ m^3$$

（2）过滤时间缩短至 1.5h 则

$$V = \sqrt{KA^2t} = \sqrt{\frac{35^2}{0.4^2 \times 2} \times 0.4^2 \times 1.5} = 30.3 \ m^3$$

（三）洗涤速率

滤饼是由固体颗粒堆积而成的床层，其空隙中仍滞留一定量的滤液。为回收这些滤液或净化滤饼颗粒，过滤后需采用适当的洗涤液对滤饼进行洗涤。洗涤液中不含固体，故滤饼在洗涤过程中厚度保持不变。若洗涤过程中推动力保持恒定，则洗涤液的体积流量也恒定。

洗涤速率为单位时间内所消耗的洗涤液体积来表示，即：

$$\left(\frac{dV}{dt}\right)_w = \frac{V_w}{t_w} \tag{3-32}$$

式中，$\left(\dfrac{dV}{dt}\right)_w$ 为洗涤速率，m^3/s；V_w 为洗涤过程中所消耗的洗涤液体积即洗水的用量，m^3；t_w 为洗涤时间，s。

即学即练 3 – 1

实例　日常生活中，豆浆已成为常见食品。

问题　1. 制作豆浆过程中，豆浆是如何分离出来的？

　　　　2. 分离过程中是否需要洗涤豆渣？

答案解析

三、过滤设备

工业上应用的过滤设备称为过滤机。过滤机的类型很多，按操作方式可分为间歇过滤机和连续过滤机；按过滤推动力产生的方式可分为压滤机、真空过滤机和离心过滤机。下面介绍几种生产上常用的过滤机。

(一) 板框过滤机

板框过滤机为间歇式操作的加压过滤设备。如图3-13所示，板框过滤机是由若干块交替排列的滤板、滤框、滤布和洗涤板组成，共同被支撑在两侧的横梁上，并用压紧装置压紧和拉开。滤板和滤框是板框过滤机的主要工作部件，板和框的边长均为320~1000mm，框厚为25~50mm，板和框的数量在机座长度范围内可自行调节，一般为10~60块不等，过滤面积为2~80m²。

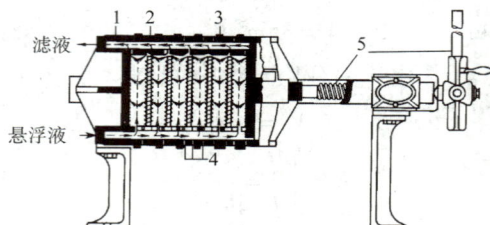

图3-13　板框过滤机示意图

1. 固定头；2. 滤板；3. 滤框；4. 滤布；5. 压紧装置

滤板和滤框构造如图3-14所示，一般制成正方形，在板和框的上角端均开有圆孔，在叠合、压紧后即构成供滤浆、滤液和洗涤液流动的通道。滤框两侧覆以滤布、框架和滤布围成了容纳滤浆及滤饼的空间。滤板为支撑滤布而做成实板，滤板上刻有凹槽是为形成滤液的流出通道，滤板又分为洗涤板和过滤板两种，结构略有不同，为便于区别，常在板、框外侧铸有小钮或其他标志。通常过滤板为一钮，滤框为二钮，洗涤板为三钮，组合时即按钮数1-2-3-2-1-2-3-2-1-2…的顺序安装板和框。压紧装置的驱动可用手动、电动或液压传动等方式。

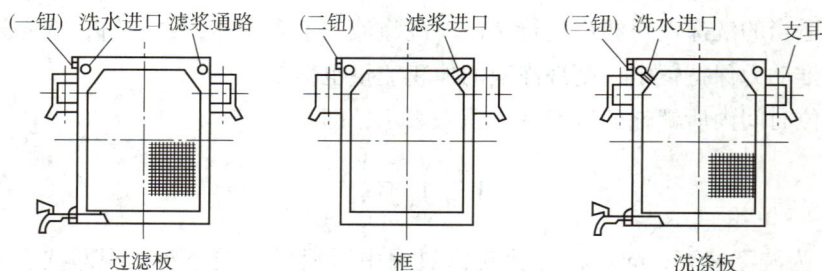

图3-14　滤板和滤框构造示意图

板框过滤机为间歇操作，每个操作周期由装配、压紧、过滤、洗涤、拆开、卸料、清洗和重装等八个步骤组成。过滤时，悬浮液在指定的压力下经滤浆通道，由滤框角端的暗孔进入框内，滤液分别穿过两侧滤布，再经邻板板面流到滤液出口排走，固体则被截留于框内，待滤饼充满滤框后，即停止过滤。

洗涤滤饼时，可将洗水压入洗水通道，经洗涤板角端的暗孔进入板面与滤布之间。此时，应关闭洗涤板下部的滤液出口，洗水便在压力差推动下穿过一层滤布及整个厚度的滤饼，然后再横穿另一层滤布，最后由过滤板下部的滤液出口排出，这种操作方式能提高洗涤效果，称为横穿洗涤法。洗涤结束后，旋开压紧装置并将板框拉开，卸出滤饼，清洗滤布重新组合，进入下一个操作循环。

板框过滤机优点是结构简单，制造容易，设备紧凑，过滤面积大而占地小，操作压强高，滤饼含水少，对各种物料的适应能力强。缺点是间歇手工操作，劳动强度大，生产效率低。目前各种自动操作的板框过滤机的出现，改善了板框过滤机的工作条件和劳动强度。

（二）双联过滤器

双联过滤器也称双联切换过滤器。由两台不锈钢单筒过滤器并联而成，内外全抛光。两个单筒过滤器通过两个三通球阀组装在一个机座上，如图 3 - 15 所示。清洗过滤器时不必停车，可实现连续工作。滤筒内装有滤网和滤网支撑篮；顶部装有放气阀，供过滤时排放滤筒内的空气。

滤网除采用不锈钢滤芯外，也可采用优质蜂房式脱脂纤维棉，可滤掉粒径 $1\mu m$ 以上的颗粒，双联过滤器亦可单筒使用，只需去掉共同机座，其余不变。

双联过滤器管道接头采用胀合连接，上盖与滤筒连接采用快开式结构，更方便清洗（更换）滤网，三只可调节式支脚可使滤器平稳放置在地面上。连接管路采用活接或卡箍连接方式，进出料阀门采用三通球阀启闭，耐压耐温，操作灵活方便，无料液泄漏更卫生。故双联过滤器具有结构新颖合理、密封性好、流通能力强、操作简便等诸多优点，应用范围广泛、适应性强的多用途过滤设备。尤其是滤袋侧漏机率小，能准确地保证过滤精度，并能快捷地更换滤袋，过滤基本无物料消耗，使得操作成本降低。

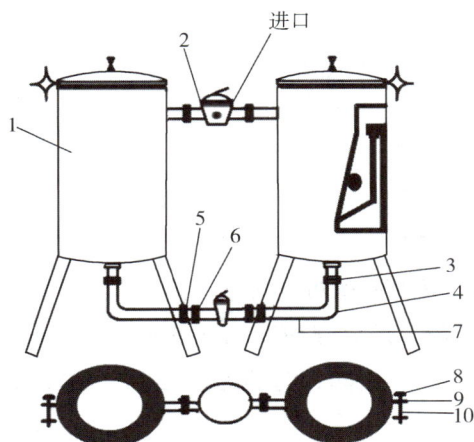

图 3 - 15 双联过滤器示意图

1. 过滤器；2. 三通外螺纹旋塞；3. 圆螺母；4. 直角弯；5. 光接头；
6. 螺纹接头；7. 管子；8. 盖形螺母；9. 拉紧螺栓；10. 手柄

（三）管道过滤器

管道过滤器是液压系统中用于管路部分的过滤器，是管道输送过程中涉及的过滤器，可以不称为过滤设备。管道过滤器主要由接管、筒体、滤篮、法兰、法兰盖及紧固件等组成。安装在管道上能除去流体中的较大固体杂质，使机器设备（包括压缩机、泵等）、仪表能正常工作和运转，达到稳定工艺过程，保障安全生产的作用。当液体通过筒体进入滤篮后，固体杂质颗粒被阻挡在滤篮内，而洁净的流体通过滤篮、由过滤器出口排出。当需要清洗时，旋开主管底部螺塞，排净流体，拆卸法兰盖，清洗后重新装入即可。因此，使用维护极为方便。

管道过滤器具有结构紧凑、过滤能力大、压力损失小、适用范围广、维护方便等优点。

（四）离心机

离心分离是通过离心机的高速运转，使离心加速度超过重力加速度几百到几千倍，而使杂质沉降速度增加，以加速药液中杂质沉淀并除去的一种方法。

离心分离主要用于一些难以过滤或过滤效果差的物料的分离，如用于固体颗粒小、液体黏度大的物料。

1. 离心机的分类 见表3-1。

表3-1 离心机的分类

过滤式				沉降式			
间歇式	三足式	上卸料		间歇式	撇液管式		
		下卸料			多鼓（径向排列）	并联式	
	上悬式	重力卸料				串联式	
		机械卸料			管式	澄清式	
连续式	卧式刮刀卸料					分离式	
	卧式	单鼓	单级	连续式	碟式	人工排渣	
			多级			活塞排渣	
		多鼓（轴向排列）	单级			喷嘴排渣	
			多级		螺旋卸料	圆柱形	
	离心卸料					柱-锥形	
	振动卸料					圆锥形	
	进动卸料			螺旋卸料沉降-过滤组合式			
	螺旋卸料						

（1）按分离因数 K_c 的大小分类 离心机可分为常速离心机、高速离心机和超速离心机。$K_c < 3000$，为常速离心机，主要用于分离颗粒较大的悬浮液或物料的脱水；$3000 < K_c < 50000$，为高速离心机，主要用于分离乳浊液和细粒悬浮液；$K_c > 50000$，为超速离心机，主要用于分离超微细粒悬浮液和高分子胶体悬浮液。

（2）按操作原理分类 离心机可分为过滤式离心机和沉降式离心机。

（3）按操作方式分类 离心机可分为间歇式离心机和连续式离心机。

（4）按卸料（渣）方式分类 离心机有人工卸料和自动卸料两类。其中自动卸料的形式有刮刀卸料、活塞卸料、离心卸料、螺旋卸料、排料管卸料、喷嘴卸料等。

（5）按转鼓形状分类 有圆柱形转鼓、圆锥形转鼓和柱-锥形转鼓。

（6）按转鼓的数目分类 离心机可分为单鼓式离心机和多鼓式离心机。

2. 离心设备

（1）三足式离心机 为间隙式过滤离心机，其结构如图3-16所示，圆筒形转鼓装在主轴上，外壳和主轴装在底盘上。转鼓的壁面上开有许多小孔，内壁衬有袋状滤布。操作时，将悬浮液加到旋转着的转鼓内，在离心力的作用下，滤液透过滤布排出，固体则被截留于滤布上形成滤饼，积到一定厚度时，停止加料，停车后人工卸料。三足式离心机的优点是：对物料适应性强；结构简单；制造、安装、维修、使用成本低；运转平稳，易于实现密闭和防爆；可用于小批量物料处理，各种盐类结晶的过滤和脱水。

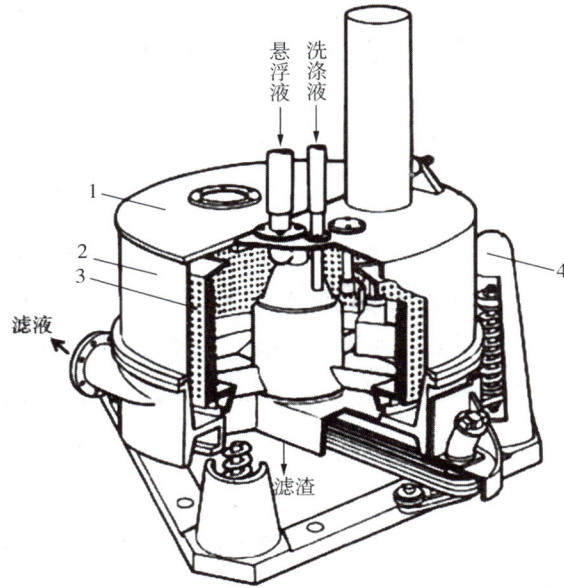

图 3 – 16 三足式离心机

1. 外壳盖；2. 外壳；3. 转鼓；4. 柱脚

（2）碟片式高速离心机 为立式离心机，是高速密闭的全自动分离设备。其结构如图 3 – 17 所示，转鼓装在立轴上端，转鼓内有一组互相套叠的倒锥形碟片（分离乳浊液的离心机，碟片上有小孔；分离混悬液的离心机，碟片上不开孔，仅设有一个清液排出口），碟片与碟片之间有很小的间隙。操作时，电机缓慢启动，通过传动装置使转鼓平稳高速旋转。当离心机达到全速后，乳浊液（或混悬液）通过进料泵从分离机顶部入口连续均匀的输入至转鼓内部，当乳浊液（或混悬液）流过各碟片之间的间隙时，液滴（或固体颗粒）沿碟片向下部运动形成液层（或沉渣），从排渣口排出转鼓。密度较小的液体，沿碟片壁向碟片上部运动，由顶部输出。积聚在沉渣区的固体可停机后清除，也可通过排渣机构连续排出。其中碟片的作用是缩短液滴（或固体颗粒）的沉降距离，扩大转鼓的沉降面积。碟片式离心

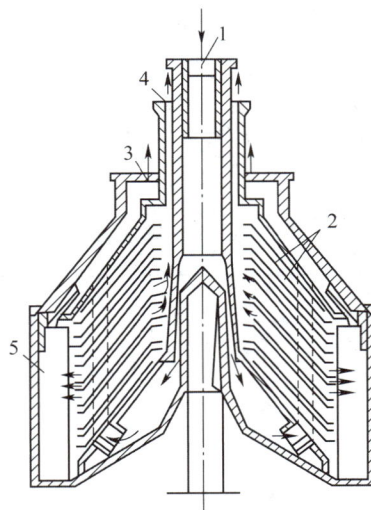

图 3 – 17 碟片式高速离心机

1. 悬浮液入口；2. 倒锥体盘；3. 重液出口；4. 轻液出口；5. 隔板

机可实现液固分离、液液分离，具有较高的分离效率和较大的生产能力。但该设备结构复杂，不宜用于腐蚀性的液体的分离。可用于牛乳脱脂、饮料澄清、催化剂分离等。

第三节 膜分离

PPT

膜分离技术是人类最早应用的分离技术之一，由于膜分离过程一般没有相变，既节约能耗，又适用于热敏性物料的处理，因而已经成为制药工业最重要的分离技术之一。20 世纪 60 年代以后，不对称性膜制造技术取得长足的进步，各种膜分离技术迅速发展，在包括药物在内的分离过程中得到越来越广泛的应用。膜在分离过程中可起到物质的识别与透过、形成相界面和反应场的作用。

一、基本概念

膜分离过程是以天然的或合成的、具有选择性透过的高分子薄膜为分离介质，在膜两侧推动力（如压力差、浓度差、电位差、温度差等）作用下，原料侧流体混合物中的某种或某些组分选择性地透过膜，从而实现分离、分级、提纯或富集。物质透过膜主要有三种传递方式，即被动传递、促进传递和主动传递。最常见的是被动传递，即物质由高化学位相侧向低化学位相侧传递，这化学位差就是膜分离传递过程的推动力。促进传递过程中，膜内有载体，在高化学位一侧，载体同被传递的物质发生反应，而在低化学位一侧又将被传递的化学物质释放，这种传递过程有很高的选择性。常见膜分离过程的特点见表 3-2。

表 3-2 常见膜分离过程的特点

	微滤	超滤	纳滤	反渗透	电渗析	透析
膜的类型	对称微孔膜	不对称微孔膜	对称微孔膜	复合膜	离子交换膜	对称微孔膜
推动力	压力差	压力差	压力差	压力差	电位差	浓度差
截留粒径	$0.02 \sim 10 \mu m$	$0.001 \sim 0.01 \mu m$	2nm	$0.1 \sim 1nm$		
分离机制	筛分	筛分	筛分	溶液扩散	电子迁移	筛分
膜材料	纤维素类、聚酰胺、聚砜、玻璃、陶瓷等	纤维素类、聚酰胺、聚砜等	纤维素类、聚酰胺、聚砜、芳香聚酰胺复合材料等	醋酸纤维素、聚苯砜酰胺、芳香聚酰胺复合材料等	聚乙烯、聚砜、磷酸锆等	纤维素类、聚丙烯、甲基丙烯酸甲酯等
应用对象	澄清、细胞收集等	大分子物质分离、纯化和浓缩等	小分子物质分离	小分子物质浓缩	离子和大分子分离等	小分子有机物和离子分离等

二、分离过程类型及原理

（一）以静压力差为推动力的膜分离过程

以静压力差为推动力的膜分离有微滤（MF）、超滤（UF）、纳滤、反渗透（RO），其中微滤、超滤、纳滤的机制与常规过滤相同，属于筛分过滤，但作为推动力的压强差比常规过滤大，且一般不采用真空过滤。常用的压强为 100~500kPa。微滤可用于处理含细小粒子和大分子溶质的溶液，介于均相分离和非均相分离之间。特别适用于微生物、细胞碎片、微细沉淀物和其他在微米级范围的粒子，如 DNA

和病毒等的截留和浓缩。超滤分离的是大分子溶质和溶液，属于均相分离过程。适用于分离、纯化和浓缩一些大分子物质，如在溶液中分离蛋白质、多糖、抗生素以及热原，也可以用来回收细胞和处理胶体悬浮液。纳滤是介于反渗透和超滤之间的压力驱动的膜分离过程，用于相对分子质量较小的物质如无机盐、葡萄糖、蔗糖等从溶剂中分离出来。渗透现象是如图 3 – 18（a）所示，用只允许水分子透过的膜将水池隔断成两部分，在隔膜两边分别注入纯水和盐水到同一高度，一段时间后纯水液面降低，盐水的液面升高，把水分子透过这个隔膜迁移到盐水中的现象叫作渗透现象。当两边高度不再变化时达到平衡，此时隔膜两端液面差所代表的压力被称为渗透压。若在盐水端液面施加压力，则水分子将由盐水端向纯水端转移，这一现象称为反渗透现象，如图 3 – 18（b）所示。反渗透是对膜一侧的料液施加压力，当压力超过它的渗透压时，溶剂会逆着渗透的方向做反向渗透，反渗透过程中压力差在 2～10MPa。制药工业中反渗透过程已应用于超纯水制备，从发酵液中分离溶剂以及浓缩抗生素、氨基酸等。

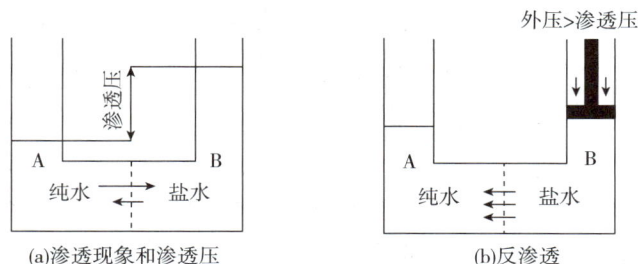

图 3 – 18　渗透压与反渗透

（二）以蒸汽分压差为推动力的膜分离过程

以蒸汽分压差为推动力的膜分离过程有两种：膜蒸馏和渗透蒸发。膜蒸馏（MD）是在不同温度下分离两种水溶液的膜过程，已经用于高纯水的生产、溶液脱水浓缩和挥发性有机溶剂的分离，如丙酮和乙醇等。膜蒸馏中使用的膜应是疏水性微孔膜，气相能够透过微孔膜，而液相因膜的疏水特性被阻止通过。两个温度在溶液－膜界面上形成两个不同的蒸汽分压，在这种情况下，水和挥发性有机溶剂蒸汽在较高的溶剂蒸汽压下，从温度高的流体侧流向膜的冷侧并凝结成一个馏分，这个过程是在大气压和比溶剂沸点低的温度下进行的。

渗透蒸发是以蒸汽压差为推动力的过程，在过程中使用的是致密（无孔）的聚合物膜。在膜的低蒸汽压一侧，已扩散过来的组分通过蒸发和抽真空的办法或加入一种恰当的惰性气体流，从表面去除，用冷凝的办法回收透过物。当液体混合物各组分在膜中的扩散系数不相同时，该混合物就可以分离。

（三）以电位差为推动力的膜分离过程

电渗析是指在直流电场作用下，电解质溶液中的离子选择性通过离子交换膜，从而得到分离的过程。它是一种特殊的膜分离操作，所使用的膜只允许一种电荷的离子通过而将另一种电荷的离子截留，称为离子交换膜。由于电荷有正负两种，故离子交换膜也有正负两种。电渗析即是阴、阳离子交换膜交替排列于正负电极之间，并用特制的隔板将其隔开，组成除盐（淡化）和浓缩两个系统，在直流电场作用下，以电位差为推动力，利用离子交换膜的选择透过性，把电解质从溶液中分离出来，从而实现溶液的浓缩、淡化、精制和提纯，如图 3 – 19 所示。

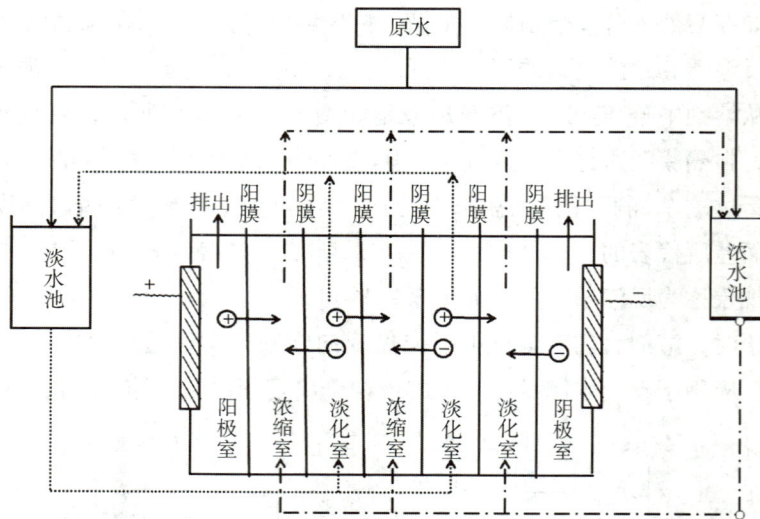

图 3 – 19　电渗析原理

离子交换膜电渗析已在血浆处理、免疫球蛋白和其他蛋白质、氨基酸的分离上得到应用。电渗析可分离发酵液中氨基酸、提纯 N – 乙酰 – L – 半胱氨酸等，可用于大豆蛋白质的分离。

（四）以浓度差为推动力的膜分离过程

透析是利用小分子物质的扩散作用，透析膜两侧溶质浓度差为传质推动力，从溶液中分离出小分子物质和截留大分子物质的过程。其原理如图 3 – 20 所示。

透析最主要的应用是血液（人工肾）的解毒，也用于实验室规模的酶纯化。通过透析可以除去酶液中的盐类、有机溶剂、低分子量的抑制剂等小分子物质。透析法虽然速度相对比较慢，但是方法和设备都比较简单，现在普遍使用的是渗析管。

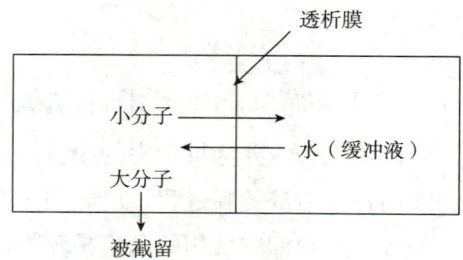

图 3 – 20　透析的原理

即学即练 3 – 2

1. 什么是膜分离？
2. 可用何种膜分离除去中药注射剂中的蛋白质和热原？

答案解析

三、常用膜组件

将膜、固定膜的支撑材料、间隔物或管式外壳等组装成的一个单元称为膜组件。膜组件的结构及形式取决于膜的形状，工业上应用的膜组件主要有中空纤维式、管式、螺旋卷式、板框式四种形式。管式和中空纤维式组件也可以分为内压式和外压式两种。

（一）板框式膜组件

板框式是最早使用的一种膜组件，其设计类似于常规的板框过滤装置，膜被放置在可垫有滤纸的多孔支撑板上，两块多孔的支撑板叠压在一起形成的料液流道空间组成一个膜单元，单元与单元之间可并联或串联连接。不同的板框式设计的主要差别在于料液流道的结构。板框式装置的结构及其流道示意如图 3 - 21 所示，料液在进料侧空间的膜表面上流动，通过膜的渗透液经板间隙的孔中流出。

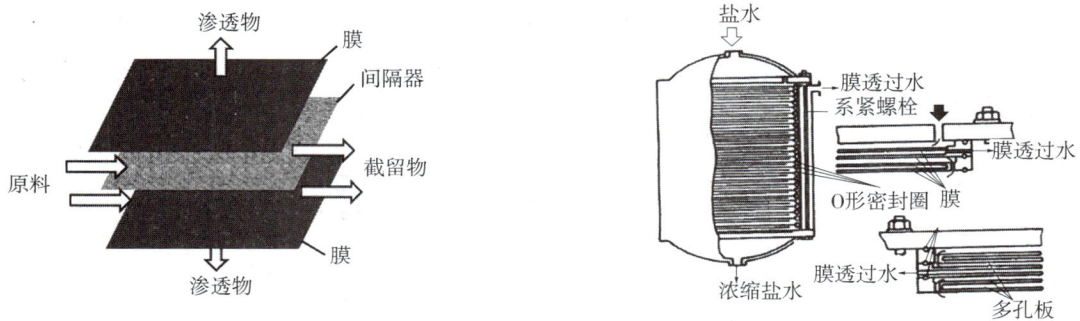

图 3 - 21　板框式膜组件

板框式膜组件的优点是：原液流道截面积较大，压力损失较小，原液的流速可以高达 1 ~ 5m/s。因此即使原液中含有一些杂质、异物也不易堵塞流道，对处理对象的适应面较广，并且对预处理的要求较低。将原液流道隔板设计成各种形状的凹凸波纹可以使流体易于实现湍流。

存在的问题有板框式膜组件对膜的机械强度要求比较高。由于膜的面积可以大到 0.4m^2，如果没有足够的强度就很难安装、更换。此外，液体湍流时造成的波动，也要求膜有足够的强度才能耐机械振动。另外密封边界线长也是这种形式的主要缺点之一。因此，装置越大，对各零部件的加工精度要求也就越高，尽管组装结构简单，但相应增加了成本。

（二）管式膜组件

管式膜组件有外压式和内压式两种，如图 3 - 22 所示。对内压式膜组件，膜被直接浇铸在多孔不锈钢管内或用玻璃纤维增强的塑料管内。加压的料液从管内流过，透过膜的渗透溶液在管外侧被收集。对外压式膜组件，膜则被浇铸在多孔支撑管外侧面。加压的料液从管外侧流过，渗透溶液则由管外侧渗透通过膜进入多孔支撑管内，如图 3 - 23 所示。无论是内压式还是外压式，都可以根据需要设计成串联或并联装置。

图 3 - 22　管式膜组件的形式

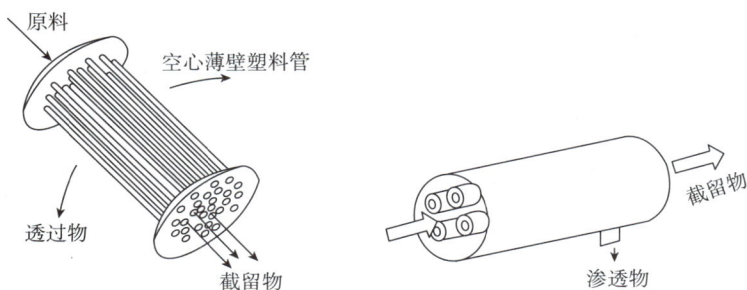

图 3 - 23　管式膜组件的结构

（三）螺旋卷式膜组件

目前，螺旋卷式膜组件被广泛地应用于多种膜分离过程，图3-24为螺旋卷式膜组件的基本构型及料液与渗透液在膜组件内的流向。膜、料液通道网以及多孔的膜支撑体等通过适当的方式被组合在一起，然后将其装入能承受压力的外壳中制成膜组件。通过改变料液和过滤液流动通道的形式，这类膜组件的内部结构也可被设计成多种不同形式。

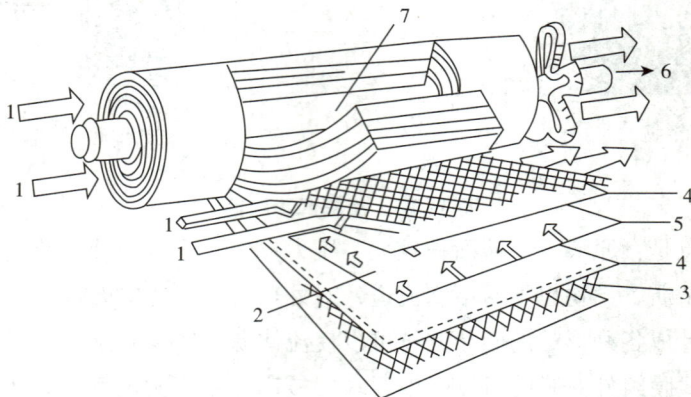

图 3 - 24　螺旋卷式膜组件

1. 进料；2. 透过物；3. 隔网；4. 膜；5. 膜支撑体；6. 浓缩透过物；7. 透过物收集管

（四）中空纤维膜组件

中空纤维膜组件也分为外压式和内压式，最大特点是单位装填膜面积比所有其他组件大，最高可达到30000m²/m³。将大量的中空纤维安装在管状容器内，中空纤维的一端以环氧树脂与管外壳壁固封制成膜组件（图3-25）。料液从中空纤维组件的一端流入，沿纤维外侧平行于纤维束流动，透过液则经中空纤维壁渗透进内腔，然后从纤维在环氧树脂的固封头的开端引出，原液则从膜组件的另一端流出。

中空纤维膜设备的特点是：高压下不产生形变的强度，纤维直径较细，一般外径为$50 \sim 100 \mu m$，内径为$15 \sim 45 \mu m$。

四种膜组件的性能比较见表3-3和表3-4所示。

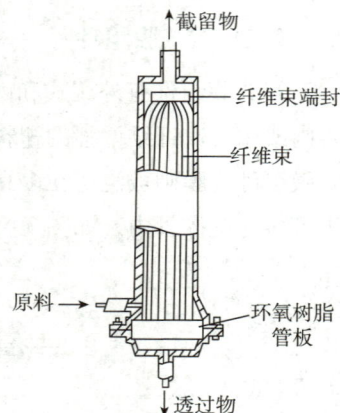

图 3 - 25　中空纤维膜组件

表 3 - 3　四种膜组件的传质特性比较

项目	螺旋卷式	中空纤维	管式	板框式
填充密度（m²/m³）	200～800	500～30000	30～328	30～500
料液流速（m/s）	0.25～0.5	0.05	1～5	0.25～0.5
料液侧压降（MPa）	0.3～0.6	0.01～0.03	0.2～0.3	0.3～0.6
抗污染	中等	差	非常好	好
易清洗	较好	差	优	好
更换方式	组件	组件	膜或组件	膜
组件结构	复杂	复杂	简单	非常复杂
膜更换成本	较高	较高	中	低
对水质要求	较高	高	低	低
料液预处理	需要	需要	不需要	需要
相对价格	低	低	高	高

表 3 – 4　各种膜组件的综合性能比较

形式	优点	缺点
管式	易清洗，无死角，适宜于处理含固体较多的料液，单根管子可以调换	保留体积大，单位体积中所含过滤面积较小，压力降大
中空纤维	保留体积小，单位体积中所含过滤面积大，可以逆洗，操作压力较低（小于 0.25MPa），动力消耗低	料液需要预处理；单根纤维损坏时，需调换整个膜组件
螺旋卷式	单位体积中所含过滤面积大，换新膜容易，设备投资低，操作费用也低	料液需要预处理；压力降大；易污染；清洗困难；液流不易控制
板框式	保留体积小，能源消耗介于管式和螺旋卷绕式之间，流体稳定，比较成熟	投资费用大；固体含量较高时，会堵塞进料液通道；拆卸费时

实践实训

实训三　恒压过滤常数的测定

一、实训目的

1. 了解板框过滤机的构造。

2. 掌握板框过滤机工艺与操作方法。

2. 理解恒压过滤常数 K、q_e、t_e 的测定方法。

二、实训的基本原理

过滤是以某种多孔物质作为介质，在外力的作用下，悬浮液中的液体通过介质的孔道而固体颗粒被截留下来，从而实现固液分离的单元操作。过滤过程中，随着滤饼不断增厚，流动阻力增大，因此，恒压过滤时，过滤速率不断减小。

恒压过滤方程

$$(q + q_e)^2 = K(t + t_e) \tag{3 – 33}$$

式中，q 为单位过滤面积获得的滤液体积，m^3/m^2；q_e 为单位过滤面积上的虚拟滤液体积，m^3/m^2；t 为实际过滤时间，s；t_e 为虚拟过滤时间，s；K 为过滤常数，m^2/s。

将式（3 – 33）进行微分可得：

$$\frac{dt}{dq} = \frac{2}{K}q + \frac{2}{K}q_e \tag{3 – 34}$$

当过滤时间间隔不大时，可用增量比 $\frac{\Delta t}{\Delta q}$ 来代替 $\frac{dt}{dq}$，则

$$\frac{\Delta t}{\Delta q} = \frac{2}{K}q + \frac{2}{K}q_e \tag{3 – 35}$$

式（3 – 35）一个直线方程式，将其绘制在直角坐标系中，可得 $\frac{\Delta t}{\Delta q} - q$ 的直线。直线其斜率为 $\frac{2}{K}$，截距为 $\frac{2}{K}q_e$，从而求出 K、q_e。

虚拟过滤时间 t_e 可由下式求出：

$$q_e^2 = Kt_e \tag{3 – 36}$$

三、实训设备与流程

装置及流程如图3-26所示，利用搅拌器将滤浆槽内固液混合物搅拌均匀，通过旋涡泵调压后，使滤浆压强维持恒定。开启板框过滤机滤浆进口阀，将滤浆送入板框过滤机后进行恒压过滤操作，获得的滤液流入计量桶。

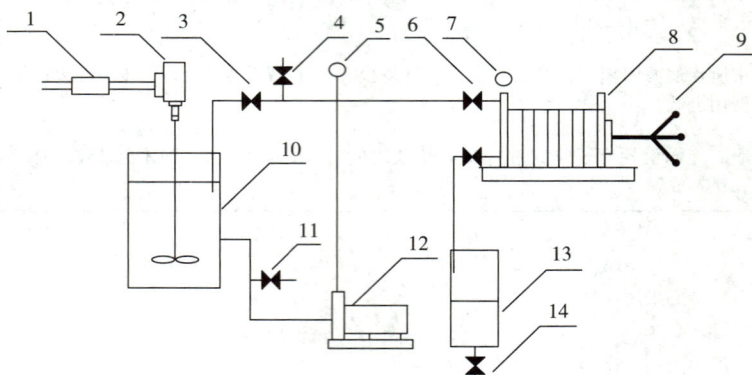

图3-26 恒压过滤常数测定装置流程图

1. 调速器；2. 电动搅拌器；3, 4, 6, 11, 14 阀门；5, 7. 压力表；8. 板框过滤机；
9. 压紧装置；10. 滤浆槽；12. 旋涡泵；13. 计量桶

四、实训操作要点

1. 向滤浆槽中加入一定量的 $CaCO_3$ 和水，启动电动搅拌器，将滤液槽内 $CaCO_3$ 和水搅拌均匀，配成质量分数为 5% $CaCO_3$ 的滤浆。

2. 按照板框过滤机板和框安装顺序装好板框，敷设滤布，并压紧板框。安装顺序为固定头-过滤板-滤框-洗涤板-滤框-过滤板-可动头。

3. 全开阀门3、关闭阀4、6、11后，启动旋涡泵，并调节阀门3，使压力表5达到规定值。

4. 待压力表5稳定后，打开板框过滤机滤浆入口阀6，过滤开始。当计量桶内出现第一滴液体时按表计时。每20秒记录一次体积增量 ΔV，测量10组数据。

5. 测量完毕后，打开阀门3使压力表5指示值下降。开启压紧装置卸下过滤框内的滤饼并放回滤浆槽内，将滤布清洗干净。放出计量桶内的滤液并倒回槽内，以保证滤浆浓度恒定。

6. 结束时，打开进水阀门11、打开阀门4接通下水，关闭阀门3对泵及滤浆进出口管进行冲洗。

7. 实训操作中要注意过滤板与框之间的密封垫应放正，过滤板与框的滤液进出口对齐。用摇柄把过滤设备压紧，以免漏液。计量桶的流液管口应贴桶壁，否则液面波动影响读数。

五、实训数据记录和数据处理

恒压过滤数据记录表及处理表见表3-5、表3-6。

测量板框过滤机的过滤面积为　　　　 m^2，过滤压差为　　　　 MPa。

表3-5 恒压过滤数据记录表

序号	过滤时刻 t（s）	滤液体积 V（ml）	体积增量 ΔV（ml）
1			
2			
3			

表 3 – 6　恒压过滤数据处理表

序号	q（m^3/m^2）	$\Delta t/\Delta q$（$s \cdot m^2/m^3$）
1		
2		
3		
...		

在坐标纸上描出 $\dfrac{\Delta t}{\Delta q} - q$ 的直线，根据测量原理计算出 K、q_e、t_e。

六、思考题

1. 影响过滤速率的主要因素有哪些？如何提高过滤速率？
2. 解释过滤开始时滤液有点浑浊然后变澄清的原因是什么？
3. 如果恒压过滤的压差增加一倍，则 K、q_e、t_e 将如何变化？

七、实训报告要求

1. 实训目的。
2. 主要设备名称、型号及参数。
3. 实训操作步骤。
4. 实训数据记录及处理（数据计算过程）。
5. 实训总结（书写实验中的体会、个人看法和反思等）。
6. 思考题解析。

目标检测

答案解析

一、简答题

1. 沉降的目的是什么？重力沉降和离心沉降设备有哪些不同？怎样提高重力沉降速度？
2. 为什么过滤操作完成后需要洗涤滤饼？
3. 列举常用膜组件的类型。
4. 非均相物系的分离方法和分离设备有哪些？

二、应用实例题

1. 求直径为 $80\mu m$ 的球形颗粒在 20℃水中的自由沉降速度。已知玻璃球的密度为 $2500kg/m^3$，水的密度为 $1000kg/m^3$，水在 20℃时的黏度为 $0.001Pa \cdot s$。

2. 恒压过滤某悬浮液，已知过滤 10 分钟得滤液 5L，若过滤介质阻力可忽略，试求：又过滤 10 分钟后所得到滤液的量。

书网融合……

知识回顾　　　微课 1　　　微课 2　　　习题

第四章　传　热

学习引导

在日常生活中，常常需要将冷水加热烧开或者将热水冷却晾凉；冬天人们需要使用保温瓶保温、暖气供暖；化学实验室的冷凝管采用冷水逆流冷凝蒸汽。这些案例都涉及一个共同的问题，就是能量转移过程，称为热量的传递过程，简称为传热。你知道还有哪些相关案例吗？生产企业哪些岗位或设备需要用到传热？

本章主要介绍传热基本原理和传热在制药化工生产中的广泛应用，如何实现工业规模化的加热、冷却与冷凝，传热设备的结构和特点及换热设备的选型、使用、维护和保养。培养学生初步具备工程思维和过程需要最佳化的观念。

学习目标

1. **掌握**　傅里叶定律和牛顿冷却定律；传热基本原理在实践中的应用；典型间壁式换热器的结构特点、操作、运行和维保。

2. **熟悉**　影响传热速率和对流传热系数的因素；间壁两侧流体间的热量衡算、传热平均温度差和传热系数等工艺过程的计算。

3. **了解**　传热基本原理、基本方法，传热设备的选用和传热过程的强化途径；工业上常用的加热剂和冷却剂，不凝气体和冷凝水的排放。

PPT

第一节　概　述

传热与日常生活密切相关，在生产、生活中实用性较强，是制药化工生产中常见的单元操作，同时，热能合理利用对降低产品成本和环境保护有重要意义。传热过程就是热量从高温物体通过介质传向低温物体的总过程。

传热的必要条件是物体内部或物系之间只要存在温度差，即传热推动力 $\Delta T_m > 0$。传热的充分条件是两种流体以一定的方式（直接或间接）接触。

热量总是自发地由高温物体传向低温物体一方，当两物体的温度差为零时传热就停止进行。

传热的发生和方向是过程的平衡问题，而热量的传递还有快慢之分，是过程的速率问题，过程速率能反映换热器换热能力的大小。根据传递过程的规律，传热过程的传热速率可以表示成推动力与阻力之间的关系，即

$$传热速率\ Q = \frac{传热总推动力（温度差）}{传热总阻力（热阻）} = \frac{\Delta T_m}{R} \tag{4-1}$$

在制药化工生产中，常遇到需要控制化学反应温度，将原料、中间体或产品加热或冷却到一定温度的情况。物料的加热与冷却要求设备传热效果好，传热速率大，结构紧凑，投资费用低。以适应实现蒸发、精馏、干燥、低温等化工单元操作。热量与冷量都是能量，在提倡节能的今天，有效回收与利用热量和冷量，可以节约能源，降低生产成本。

制药化工生产中对传热技术的运用通常可分成两类：一类是强化传热过程，如换热设备中的传热过程，生产中的加热蒸发、蒸馏及废热回收等都要求传热速率快。由式（4-1）分析，提高传热温度差，降低传热阻力，能加快传热速率。另一类是削弱传热过程，如高温设备及管道的保温，低温设备及管道的绝热，生产中对高于环境温度的热管和低于环境温度的冷管都要保温，防止热（冷）量损失，要求热量传递的速率越慢越好。由式（4-1）分析，减少传热温度差，增加传热阻力，能降低传热速率。

实例分析

案例 空气能热水器是把空气中的低温热量吸收进来，经过氟介质气化，然后通过压缩机压缩后增压升温，再通过换热器将热量传递给水以此来提高水温。它可以从根本上消除电热水器漏电、干烧以及燃气热水器使用时产生有害气体等安全隐患，克服了太阳能热水器阴雨天不能使用及安装不便等缺点，具有高安全、高节能、寿命长、不排放毒气等诸多优点。

问题 1. 空气能热水器将水温升高的依据是什么？

2. 制药化工生产中使用该原理的目的是什么？

答案解析

一、传热的基本形式

根据传热机制的不同，将传热的基本方式划分为三种：热传导、热对流和热辐射。

（一）热传导

热传导简称导热。物体内部或两个直接接触的物体之间存在温度差，热量能从高温部分自发地向低温部分传递，直到各部分的温度相等为止，这种传热方式称为热传导。在热传导过程中不发生物质的宏观位移。

（二）热对流

在流动的流体中，由于各处的温度不同，流体各部分之间发生相对位移，将热量从一处带到另一处的传热称为热对流或对流。工程上将流体与固体壁面间的传热称为对流传热，对流传热有自然对流和强制对流两种形式。虽然液体和气体中热传递的主要方式是对流传热，但也常伴有热传导。

（三）热辐射

热辐射是一种通过电磁波传递热量的方式。任何物体只要温度在绝对零度以上（$T > 0K$），都能不断地向外界发射辐射热，同时会不断地吸收来自其他物体的辐射能，并转变为热能。低温物体吸收的热量多，辐射的热量少，本身温度升高；高温物体则相反，物体温度越高，辐射热量越多，吸收热量越少，本身温度降低。此外，辐射能可以在真空中传播，不需要任何介质。因此热辐射、热传导及热对流传递热量是有根本区别的，如表4-1所示。

表 4 – 1　三种传热方式的区别

传热方式	定义	起因	特点	条件	举例
热传导	有温差时热量能从高温自发向低温传递到各部分温度相等为止的传热方式	借助分子、原子和自由电子的热运动而进行，常发生于固体或静止的层流流体内部	静止介质中的传热，无物质的宏观位移，依靠介质才能传递热能	$\Delta T_m > 0$	热水袋暖身、热水杯烫手
热对流	流体各部分之间产生相对位移而引起的热量传递过程	仅发生于流体中，流体质点之间产生宏观运动	流体介质中的传热，依靠介质才能传递热能	$\Delta T_m > 0$	烧开水、南北向通风、电风扇散热
热辐射	高温物体发射的能量比吸收的多，低温物体相反，从而使净热量由高温物体传递至低温物体，是通过电磁波在空间传递能量	任何物体只要其温度在绝对零度以上，都会不停地向外发射辐射能，同时又吸收其他物体的辐射能，并转化为热能的过程	不仅有能量的转移而且有能量形式的转换，辐射能与热能相互转换，不需要任何介质	$T > 0K$	烤箱、冬天烤火、晒太阳

实际传热过程中，往往不是以某种传热方式单独出现，而是以复合（或联合）传热形式进行，特别是热辐射，常伴有对流传热。复合传热是指对上述两种或三种热量传递方式同时存在的综合传热过程。如生产中普遍使用的间壁式换热，主要是以热对流和热传导相结合的方式进行。

二、工业生产中的换热方式

制药生产中的传热是通过冷、热两种流体的热交换来完成的，而热交换是通过一定的设备来实现的，根据使用的设备不同，换热方式大体可以分为以下几种。

（一）混合式换热

即直接接触式换热，它最大特点是传热面积大，传热速率快，在换热器中通过冷、热流体直接接触，完全混合来进行热量交换。在传热过程中伴有物质的交换，在相互混合过程中实现传热。如目前工业上广泛使用的洗气塔、喷淋式冷却塔和空气冷却塔等。洗气塔如图 4 – 1 所示，其优点是有较高的传热效率，结构简单，传热效果好。但冷、热流体直接混合，为分离增加了困难，实际使用存在一定的局限性，只适用于冷、热流体允许相互混合的场合，不能用于发生反应或有影响的流体之间。如蒸发操作中产生的二次水蒸气冷凝，在洗涤除尘中用水洗涤含尘高温气体等。

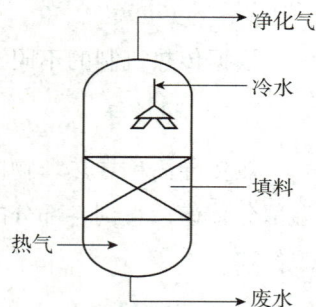

图 4 – 1　洗气塔

（二）蓄热式换热

蓄热式换热是通过蓄热式换热器完成，它的主要特点是器内装有能吸收大量热量的固体填充物（如石头蓄冷器、丝网蓄冷器等）。

操作时，冷、热流体交替通过蓄热室中的填充物。首先通入热流体，使填充物温度升高而贮存了热量，然后改通冷流体，吸收热流体贮存下来的热量，这种过程交替进行从而实现了冷、热流体之间换热的目的。蓄热式换热器如图 4 – 2 所示，其优点是能控制填充物温度，适用于热敏性物料。缺点是有交叉污染，温度波动大，传热效率低，操作复杂，两流体产生间接混合现象，仅能适用于气体之间的换热。

（三）间壁式换热

制药化工生产中所涉及的传热过程，一般不允许冷、热流体直接接触。间壁式换热正是为了防止两流体之间发生污染和混合，通过一个固体壁面（间壁）隔开，使冷、热两种流体分别在壁面两侧流动的典型传热设备。两种流体被固体壁面隔开后，热流体以对流传热方式将热量传给壁面一侧，热量以热传导方式从壁面一侧传给另一侧，再由间壁另一侧以对流传热方式将热量传给冷流体。其优点是冷、热流体不发生混合，能实现多种单元操作，在工业生产中得到广泛应用。但是传热效果和传热速率略低于混合式传热。常见的间壁式换热器如图4-3所示，如夹套式换热器、列管式换热器等。

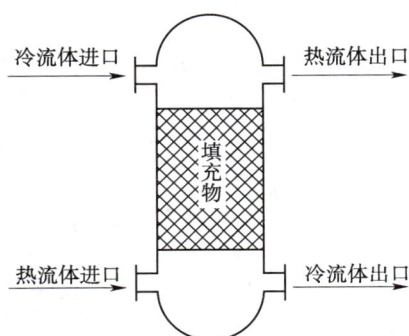

图 4-2 蓄热式换热器

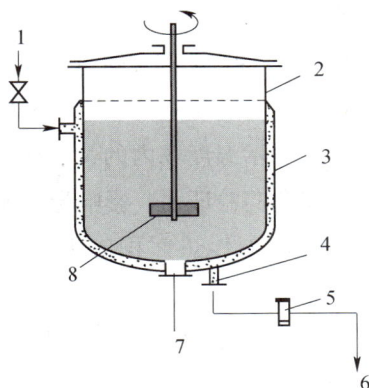

图 4-3 间壁式换热器

1. 蒸汽进口；2. 反应釜；3. 夹套；4. 接管；
5. 疏水器；6. 冷凝水出口；7. 出料口；8. 搅拌叶轮

三、换热器的主要性能指标

评价换热器性能的主要指标有传热速率和热流强度。

1. 传热速率（热流量） 为单位时间内通过换热器全部传热面积时传递的热量，以 Q 表示，单位：J/s 或 W；传热速率是反映换热器换热能力大小的性能指标，Q 与传热面积 A 有关。

2. 热流强度（热通量） 也称热流密度，为单位时间内通过单位传热面积传递的热量，也表示单位面积上的传热速率，以 q_F 表示，单位为 J/（s·m²），即 W/m²。

$$q_F = \frac{Q}{A} \tag{4-2}$$

上式表明当传热速率不变时，热流强度越大，所需要的换热器的传热面积反而越小。对于列管式换热器来说，当换热器的传热面积分别采用管内、外侧面积或平均面积时得到的热流强度数值不同。因此，计算 q_F 时需要注明所选择的基准面积。

四、稳定传热和不稳定传热

根据传热系统的温度分布情况，传热过程分为稳定传热和不稳定传热。传热过程中各处的温度仅随位置变化，不随时间而变化的传热过程称为稳定传热。稳定传热时，在同一热流方向上的传热速率为常量，连续生产中的传热过程多为稳定传热。

如果传热过程中各处的温度或其他参数既随位置变化，又随时间而变化的传热过程称为不稳定传热。如间歇生产，连续生产的开、停车为不稳定传热，本章重点研究稳定传热状态下的传热，不考虑不稳定传热。

第二节　热传导

PPT

一、傅里叶定律及导热系数

热传导定律也称傅里叶定律。热传导中常用的导热介质有平壁和圆筒壁两种。

（一）傅里叶定律 ⓔ 微课1

由均匀材料构成的单层平壁导热，如建筑用砖如图4-4所示。

对于一维稳态热传导，温度仅随传热距离发生变化，则温度梯度可表示为 dT/dn，单位为 K/m，表示温度场内的某一地点在等温面法线方向上最大的温度变化率。理论研究和实验证明，影响导热速率 Q 的因素如下。

（1）传热面积 A　速率与传热面积成正比，即 $Q \propto A$，传热面积越大，则传递的热量越多。

（2）温度差 dT　速率与温度差成正比，即 $Q \propto dT$，温度差越大，推动力越大，传热速率越快。

（3）导热层的厚度 dn　速率与厚度 dn 成反比，即 $Q \propto 1/dn$，如冬天穿厚棉袄能保暖。

（4）导热材料　导热性能好的材料，传热较快；导热性能差的材料，传热较慢。

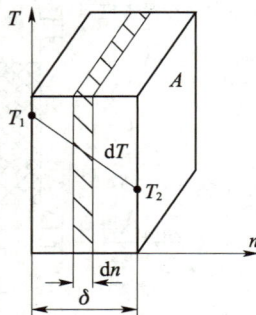

图4-4　傅里叶定律示意图

傅里叶定律表明，在热传导时，其导热速率与导热面积和温度梯度成正比。引入常数 λ 改写成等式

$$Q = -\lambda A \frac{dT}{dn} \tag{4-3}$$

式中，Q 为热传导速率或传热速率，J/s 或 W；λ 为比例系数，称导热系数或热导率，W/（m·K）或 W/（m·℃）；A 为垂直于热流方向的导热面积，m^2；dn 为导热层的厚度（即导热壁的薄层厚度），m；dT 为厚度为 dn 的导热层两侧的温度差，K。

式中，负号表示热量传递的方向与温度降低的方向一致。

（二）导热系数

导热系数 λ 是表征材料导热性能的重要物性参数，与物质的组成、结构、密度、温度及压力有关。

1. 物理意义　根据傅里叶定律，当导热面积 A 为 $1 m^2$，温度梯度 dT/dn 为 1K/m 时，在数值上 $Q = \lambda$，即导热系数为单位时间内以导热方式传递的热量。λ 越大，Q 越大。

2. 含义　导热系数表示物体导热能力的大小。λ 值越大（热阻小），传递的热量越多，说明物质的导热性能越好，导热能力越强。不同物质的 λ 值不同，一般通过实验测定。常见物质的导热系数，可根据温度从附录十四、十五和十六中查出。

3. λ 的大小

（1）固体 λ　纯金属材料中，银的 λ 值最大，其次是铜、铝、铁、碳钢、不锈钢，合金含有较多的杂质，其导热系数变小。非金属材料中石墨的导热系数较大，建筑材料或隔热材料的导热系数一般很小。

纯金属导热系数较大，故纯金属是良好的导热体。因此制药化工厂的间壁式换热器常选用固体金属（如铜、铝等）或合金（如 304、316 不锈钢、钛等）和非金属材料（如石墨、陶瓷、聚四氟乙烯等）。石墨还具有良好的耐腐蚀性能，常用作间壁的材料。其他非金属固体，因导热系数小而作建筑材料和保温、隔热材料。

（2）液体 λ 非金属液体中水的 λ 值最大，有机液体的一般较小，而有机水溶液的 λ 值高于相关的纯有机液体的 λ 值。常见液体的 λ 值及随温度变化的规律如图 4 - 5 所示。

（3）气体 λ 一般气体 λ 值很小，不利于导热而有利于保温。石棉、玻璃棉、岩棉、泡沫塑料、软木等细小的空隙中存在大量的空气，导热性能较差，导热速率慢，故常用作保温隔热材料。制药化工厂输送热水、水蒸气的管路，导热油的设备和管路需要保温（如提取罐、浓缩加热器、干燥塔和烘箱）。所有保温的管路与设备除需包裹保温材料外，一般还要求外包不锈钢板，要求不高的场所可以包铝板或镀锌板；输送冷冻盐水的管路和低温类设备（如冷冻机、冷冻干燥机、溶媒回收类冷凝器）则需要保冷。保温和保冷措施可以起到防止热（冷）量散失、节约能源，减低操作成本的作用。

总之，$\lambda_{纯金属} > \lambda_{合金} > \lambda_{非金属固体（石墨除外）} > \lambda_{液体（汞除外）} > \lambda_{气体}$，$\lambda_{湿} \gg \lambda_{干}$。

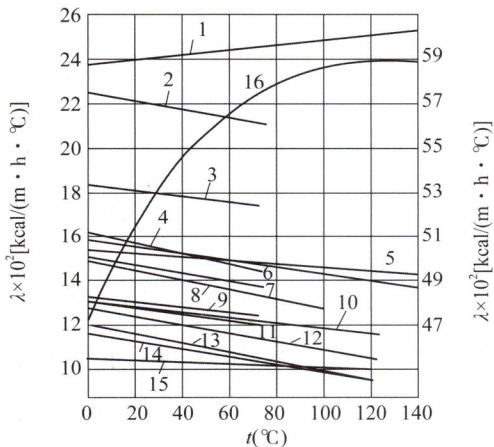

图 4 - 5 液体的 λ 值

1. 无水甘油；2. 蚁酸；3. 甲醇；4. 乙醇；

5. 蓖麻油；6. 苯胺；7. 醋酸；8. 丙酮；9 丁醇；

10. 硝基苯；11. 异丙醇；12. 苯；13. 甲苯；

14. 二甲苯；15. 凡士林；16. 水（1cal = 4.1868J）

图 4 - 6 气体的 λ 值

1. 水蒸气；2. 氧气；3. 二氧化碳；

4. 空气；5. 氮气；6. 氩气

4. 各种状态下 λ 的性质

（1）气体 λ 在相当大的压力范围内，压力对气体的 λ 值无明显影响。只有当气体压力很低（小于 2.7kPa）或很高（大于 200MPa），λ 值才会随压力增加而增大。温度升高，λ 增大。图 4 - 6 为几种气体的 λ 与温度之间的关系。

（2）液体 λ 除无水甘油和水随温度升高，λ 增加以外，其余液体随温度升高，λ 略减小。液体的 λ 与压力无关。

（3）固体 λ 有的随温度升高，λ 减小，如金属（高合金钢除外）；有的随温度升高，λ 增大，如非金属（冰除外）。非金属的建筑材料或隔热材料的 λ 值通常还随着密度增大而增加。

（4）绝热材料 λ 值 不仅与材料组成和温度有关，而且与密度和湿度有关。密度增加 λ 增大，湿度增加 λ 增大。这种材料呈纤维状或多孔结构，其空隙中含有 λ 值很小的空气。绝热材料的多孔结构使

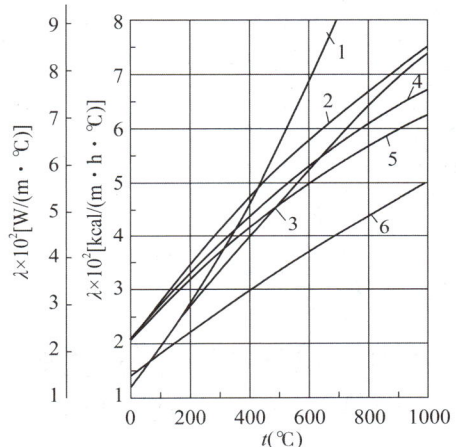

其容易吸收水分，λ 值增大，保温性能变差。所以露天设备需要隔热保温时应采取防水措施。另外，在选用绝热材料时还应考虑材料所能承受的温度和机械强度。

5. 保温材料的选择 保温材料是指 $\lambda \leqslant 0.12\text{W}/(\text{m}\cdot\text{K})$，$\rho \leqslant 350\text{kg/m}^3$，防火等级大于 B1 时的材料。其选择原则是优质、价廉、满足工艺和节能环保要求。具体选择时可选用平均工作温度下 λ 小，空隙率 ε 大，材料轻，强度合适的材料，如复合硅酸盐管（板）、玻璃棉管（板）、聚氨酯（如橡塑和发泡）、岩棉管（板）等。

6. 导热系数的实际应用

（1）选择合适的保温材料 凡是需要强化传热提高传热速率时，尽可能选 λ 大的导热材料；凡是需要削弱传热降低传热速率时，尽可能选 λ 小的导热材料。

（2）不同保温材料的合理布置 凡是需要保温、保冷时，需将 λ 小的材料放置内层保障能量少流失。

（3）指导使用环境要求 因 $\lambda_{湿} \gg \lambda_{干}$，保温设备和保温材料应保持干燥，防止潮湿，保护保温材料免受雨水浸泡，以免影响保温效果。

> **即学即练**
>
> 答案解析
>
> 1. 制药化工厂哪些设备和管路需要保温？
> 2. 现有哪些保温材料？怎样选择合适的保温材料？

二、平壁的导热

构成平壁的材料完全均匀，如耐火砖、铝箔等，其导热系数不随温度而变化。对于平壁定态导热，其特点是导热速率 Q 和导热面积 A 均为定值，故热流强度 q_F 也为定值。

（一）单层平壁的导热

单层平壁在单位时间内的导热量 Q 为定值，如图 4-7 所示。根据傅里叶定律 $Q = -\lambda A \dfrac{dT}{dn}$，当平壁厚度值 n 由 $0 \to \delta$；温度 T 由 $T_1 \to T_2$，分离变量并积分，整理后得导热速率

$$Q = \frac{\lambda A}{\delta}(T_1 - T_2) \tag{4-4}$$

可变式为

$$Q = \frac{T_1 - T_2}{\dfrac{\delta}{\lambda A}} = \frac{\Delta T}{R_\lambda} = \frac{导热推动力}{导热热阻} \tag{4-5}$$

式（4-5）为单层平壁稳定导热速率方程，式中，R_λ 为固体导热热阻，$R_\lambda = \delta/\lambda A$，K/W。

（二）多层平壁的导热

1. 两层平壁 可看作由两个单层平壁串联而成。如图 4-8 所示，有三个温度，其中内侧温度为 T_1，最外侧温度为 T_3，T_2 为两层平壁之间的交界温度；两种不同材料有两个导热系数，两个不同厚度值，即总热阻由两个分热阻串联组成。

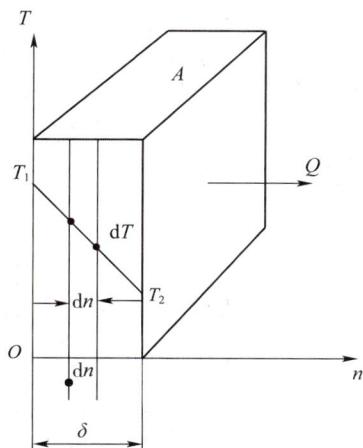

图 4-7 单层平壁导热

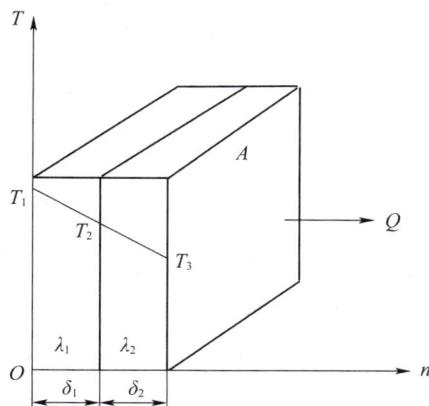

图 4-8 两层平壁导热

两层平壁的导热速率方程：

$$Q = \frac{\Delta T}{R_{\lambda总}} = \frac{T_1 - T_3}{\dfrac{\delta_1}{\lambda_1 A} + \dfrac{\delta_2}{\lambda_2 A}} \tag{4-6}$$

对于更多层的平壁导热，传热推动力和热阻具有加和性。式（4-6）中的 ΔT 和 $R_{\lambda总}$，可以依次类推。

2. 对三层平壁 如图 4-9 所示，借助单层平壁的导热速率方程，并与串联电路求总电阻类比，可以直接写出三层平壁的总导热速率方程式。

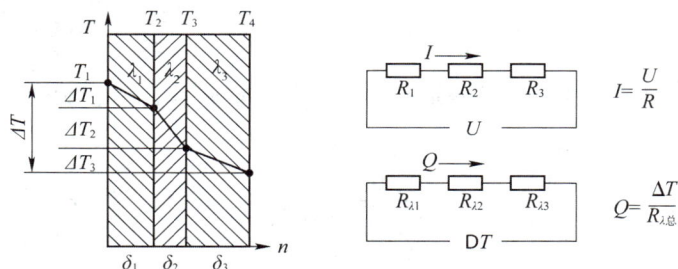

图 4-9 三层平壁稳态导热温度分布

三层平壁特点：$A_1 = A_2 = A_3 = A$，有四个温度值，$T_1 > T_2 > T_3 > T_4$，两侧温度分别为 T_1 和 T_4；由三种不同材料组成即有三个导热系数和三个厚度值，即总热阻由三个分热阻串联组成。三层平壁的导热速率：

$$Q = \frac{\Delta T}{R_{\lambda总}} = \frac{总推动力}{总热阻} = \frac{\Delta T}{\sum R_\lambda} = \frac{T_1 - T_4}{\displaystyle\sum_{i=1}^{3} \frac{\delta_i}{\lambda_i A}} = \frac{T_1 - T_4}{\dfrac{\delta_1}{\lambda_1 A} + \dfrac{\delta_2}{\lambda_2 A} + \dfrac{\delta_3}{\lambda_3 A}} \tag{4-7}$$

式中，ΔT 为三层平壁总温度差又称传热推动力，K；$R_{\lambda总}$ 为导热总热阻，即各层热阻之和，K/W。

3. 对 n 层平壁 $A_1 = A_2 = A_3 = \cdots = A_n = A$，有 $(n+1)$ 个温度值，其中内侧温度仍为 T_1，最外侧温度为 T_{n+1}，由 n 种不同的材料组成，即有 n 个导热系数和 n 个厚度值，即总热阻由 n 个分热阻串联组成，可以类推出 n 层平壁的导热速率：

$$Q = \frac{\Delta T}{R_{\lambda\text{总}}} = \frac{\Delta T}{\sum R_\lambda} = \frac{T_1 - T_{n+1}}{\sum_{i=1}^{n} \frac{\delta_i}{\lambda_i A}} = \frac{T_1 - T_{n+1}}{\frac{\delta_1}{\lambda_1 A} + \frac{\delta_2}{\lambda_2 A} + \cdots \frac{\delta_n}{\lambda_n A}} \tag{4-8}$$

热流强度

$$q_F = \frac{Q}{A} = \frac{T_1 - T_2 + T_2 - T_3 + \cdots + T_n - T_{n+1}}{\frac{\delta_1}{\lambda_1} + \frac{\delta_2}{\lambda_2} + \cdots + \frac{\delta_n}{\lambda_n}} = \frac{T_1 - T_{n+1}}{\sum_{i=1}^{n} \frac{\delta_i}{\lambda_i}}$$

对于多层平壁的稳态热传导，不仅各层的导热速率相等，而且各层的热流强度也相等。

例 4-1 某制药公司的铝箱壁厚 $\delta_1 = 20mm$，其导热系数 $\lambda_1 = 58.2 W/(m \cdot ℃)$。若黏附在铝箱内壁的水垢层厚度 $\delta_2 = 1mm$，其导热系数 $\lambda_2 = 1.162 W/(m \cdot ℃)$。已知铝箱外表面温度 $T_1 = 250℃$，水垢内表面温度 $T_3 = 200℃$。试求铝箱每秒每平方米表面积的热流强度以及铝箱内表面（与水垢相接触的一面）的温度 T_2。

分析：（1）按双层平壁热流强度方程计算

$$q_F = \frac{Q}{A} = \frac{T_1 - T_3}{\frac{\delta_1}{\lambda_1} + \frac{\delta_2}{\lambda_2}} = \frac{250 - 200}{\frac{0.02}{58.2} + \frac{0.001}{1.162}} \approx 41494 W/m^2$$

（2）双层平壁简化成单层平壁稳定导热

$$q_F = \frac{Q}{A} = \frac{T_1 - T_2}{\frac{\delta_1}{\lambda_1}}$$

则 $T_2 = T_1 - Q\frac{\delta_1}{\lambda_1 A} = 250 - 41494 \times \frac{0.02}{58.2} \approx 236℃$

由此可知，虽然水垢厚度很薄，导热系数很小，导热性能较差，但它所产生的热阻却占总热阻的

$$\frac{\frac{\delta_2}{\lambda_2 A}}{\frac{\delta_1}{\lambda_1 A} + \frac{\delta_2}{\lambda_2 A}} = \frac{\frac{0.001}{1.162 \times 1}}{\frac{0.02}{58.2 \times 1} + \frac{0.001}{1.162 \times 1}} \times 100\% = 71\%$$

而为铝箱壁热阻的 $\frac{R_{\lambda\text{垢}}}{R_{\lambda\text{铝}}} = \frac{\frac{\delta_2}{\lambda_2 A}}{\frac{\delta_1}{\lambda_1 A}} = \frac{\frac{0.001}{1.162 \times 1}}{\frac{0.02}{58.2 \times 1}} = 2.5$。即 1mm 水垢的热阻相当于 2.5mm 铝箱壁的热阻。

水垢很薄，因导热系数小，但热阻很大，严重影响传热效果。因此，在实际生产和日常生活中应有效防止传热设备结垢，一旦有水垢和灰垢应设法及时清除垢层，定期进行清洗，以降低传热阻力，增强传热效果，节省能源。

三、圆筒壁的导热

在制药化工生产中所用设备及管道通常为圆筒形，如热交换器中的圆管和外壳、蒸汽管道等。

圆筒壁导热与平壁导热的不同点在于圆筒壁的导热面积 A 和温度均随半径的变化而变化，故热流强度和传热面积不是常量，但传热速率 Q 在稳态时依然是常量。

（一）单层圆筒壁的导热

如图 4-10 所示，设圆筒长为 L，宽为圆筒的周长，$C = 2\pi r$，则圆筒面积 $A = 2\pi rL$。设圆筒的内半径为 r_1，外半径为 r_2，$r_2 > r_1$，即导热面积是变量，r 增大，A 增大，沿半径方向取微小厚度 dr，则通过该薄层的导热速率可表示为

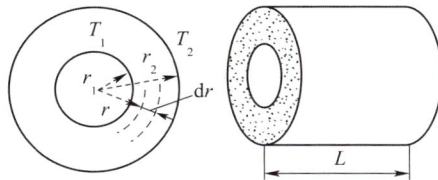

图 4-10 单层圆筒壁的导热

$$Q = -\lambda A \frac{dT}{dn} = -2\pi rL\lambda \frac{dT}{dr} \text{ 即 } -\frac{Q}{2\pi L\lambda} = \frac{dT}{\dfrac{dr}{r}}$$

分离变量并积分 $-\dfrac{Q}{2\pi L\lambda}\displaystyle\int_{r_1}^{r_2}\frac{dr}{r} = \int_{T_1}^{T_2}dT$

式中，T_1 为圆筒内壁温度，T_2 为圆筒外壁温度，设 $T_1 > T_2$，解积分方程，得单层圆筒壁传热速率方程

$$Q = \frac{2\pi L\lambda(T_1 - T_2)}{\ln\dfrac{r_2}{r_1}} = \frac{T_1 - T_2}{\dfrac{\ln\dfrac{d_2}{d_1}}{2\pi L\lambda}} = \frac{\Delta T}{R_\lambda} \tag{4-9}$$

式中，R_λ 为单层圆筒的导热热阻，半径之比可以用直径之比代替

$$R_\lambda = \frac{\ln\dfrac{r_2}{r_1}}{2\pi L\lambda} = \frac{\ln\dfrac{d_2}{d_1}}{2\pi L\lambda} \tag{4-10}$$

式中，d_2 为圆筒外壁直径，d_1 为圆筒内壁直径，且 $d_2 > d_1$，m。

$$\frac{Q}{L} = \frac{2\pi\lambda(T_1 - T_2)}{\ln\dfrac{r_2}{r_1}} = \frac{2\pi\lambda(T_1 - T_2)}{\ln\dfrac{d_2}{d_1}} \tag{4-11}$$

式中，$\dfrac{Q}{L}$ 为每米长的热（冷）损，W/m。

（二）多层圆筒壁的导热

以三层圆筒壁为例，如图 4-11 所示。设圆筒的长度为 L，三层圆筒壁可看作由三种不同材料串联而成，有三个导热系数和三个分热阻，有四个半径或直径，有四个温度，其中内侧温度为 T_1，最外侧温度为 T_4。

三层圆筒壁的传热速率方程

$$Q = \frac{\Delta T}{R_{\lambda\text{总}}} = \frac{\Delta T}{\displaystyle\sum_{i=1}^{3}R_{\lambda i}} = \frac{T_1 - T_4}{\dfrac{\ln\dfrac{r_2}{r_1}}{2\pi L\lambda_1} + \dfrac{\ln\dfrac{r_3}{r_2}}{2\pi L\lambda_2} + \dfrac{\ln\dfrac{r_4}{r_3}}{2\pi L\lambda_3}} = \frac{2\pi L(T_1 - T_4)}{\dfrac{\ln\dfrac{r_2}{r_1}}{\lambda_1} + \dfrac{\ln\dfrac{r_3}{r_2}}{\lambda_2} + \dfrac{\ln\dfrac{r_4}{r_3}}{\lambda_3}} \tag{4-12}$$

对多层圆筒壁，可以看作由 n 个单层圆筒壁串联而成，设有 n 层圆筒壁应有 n 种不同材料，即有 n 个 λ，有 n 个分热阻，有 $(n+1)$ 个半径或直径值，有 $(n+1)$ 个温度值，其中内侧温度仍为 T_1，最外侧温度为 T_{n+1}，但只有一个管长 L。

类推出 n 层圆筒壁传热速率方程式

$$Q = \frac{\Delta T}{R_{\lambda\text{总}}} = \frac{\Delta T}{\displaystyle\sum_{i=1}^{n}R_{\lambda i}} = \frac{T_1 - T_{n+1}}{\displaystyle\sum_{i=1}^{n}\frac{1}{2\pi L\lambda_i}\ln\frac{r_{i+1}}{r_i}} = \frac{2\pi L(T_1 - T_{n+1})}{\displaystyle\sum_{i=1}^{n}\frac{1}{\lambda_i}\ln\frac{r_{i+1}}{r_i}} \tag{4-13}$$

每米长的热（冷）损：

$$\frac{Q}{L} = \frac{2\pi(T_1 - T_{n+1})}{\sum_{i=1}^{n}\frac{1}{\lambda_i}\ln\frac{r_{i+1}}{r_i}} = \frac{2\pi(T_1 - T_{n+1})}{\sum_{i=1}^{n}\frac{1}{\lambda_i}\ln\frac{d_{i+1}}{d_i}} \tag{4-14}$$

对于多层圆筒壁的稳态热传导，通过各层的传热速率均相等，但热流强度随半径而变化。

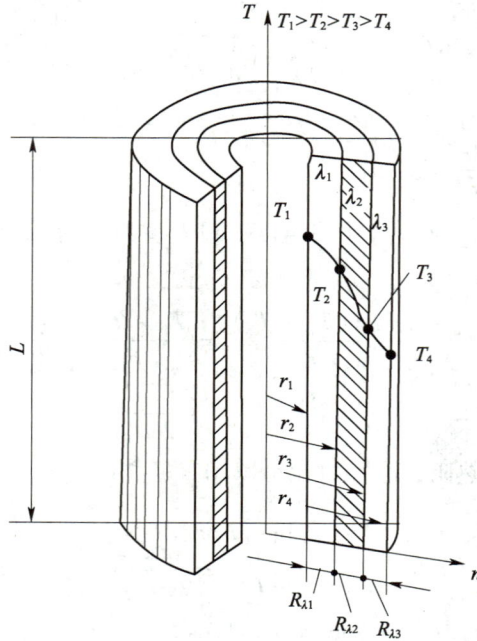

图 4-11　三层圆筒壁的导热

当圆筒壁的外径大于其壁厚的 4 倍时，圆筒壁导热可以按平壁处理。

例 4-2　已知蒸汽管内径为 160mm，外径为 170mm，管外先包一层 20mm 石棉，再包一层 40mm 保温灰。设蒸汽管内壁温度为 169℃，保温灰外表面温度为 40℃，钢管导热系数为 46.52W/(m·K)，石棉导热系数为 0.174W/(m·K)，保温灰导热系数为 0.07W/(m·K)，如图 4-12 所示。

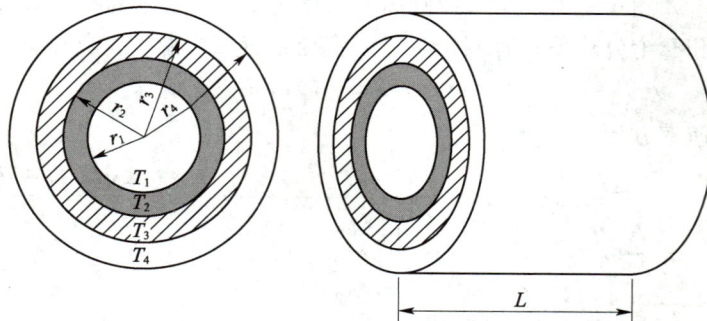

图 4-12　三层圆筒壁导热

试求：（1）每米管长的热损失为多少？（2）石棉与保温灰之间的温度为多少？（3）管外壁与石棉之间的温度为多少？

分析：（1）求 $\frac{Q}{L}$，属于三层圆筒壁导热。

已知：$d_1 = 160\text{mm}$　　　$d_2 = 170\text{mm}$　　　$d_3 = d_2 + 2 \times 20 = 210\text{mm}$

$d_4 = d_3 + 2 \times 40 = 290\text{mm}$　　　$T_1 = 169℃$　　　$T_4 = 40℃$

$$\frac{Q}{L} = \frac{2\pi(T_1 - T_4)}{\dfrac{1}{\lambda_1}\ln\dfrac{d_2}{d_1} + \dfrac{1}{\lambda_2}\ln\dfrac{d_3}{d_2} + \dfrac{1}{\lambda_3}\ln\dfrac{d_4}{d_3}} = \frac{2\pi(169 - 40)}{\dfrac{1}{46.52}\ln\dfrac{0.17}{0.16} + \dfrac{1}{0.174}\ln\dfrac{0.21}{0.17} + \dfrac{1}{0.07}\ln\dfrac{0.29}{0.21}} = 139.03\,\text{W/m}$$

（2）求交界温度T_3时，三层圆筒壁简化成两层

$$139.03 = \frac{2\pi(T_1 - T_3)}{\dfrac{1}{\lambda_1}\ln\dfrac{d_2}{d_1} + \dfrac{1}{\lambda_2}\ln\dfrac{d_3}{d_2}}$$

得$T_3 = 415.09\text{K} = 142℃$

（3）求T_2时，两层圆筒壁简化成单层

$$139.03 = \frac{2\pi(T_1 - T_2)}{\dfrac{1}{\lambda_1}\ln\dfrac{d_2}{d_1}}$$

得$T_2 = 441.97\text{K} = 168.97℃$

📖 知识链接

日常生活中隔热保温案例

1. 保温瓶的夹层玻璃表面镀一层反射率很高的材料或表面镀银，能减少辐射表面的吸收比和发射率（黑度），增加辐射换热的表面热阻，使辐射换热削弱。

2. 生活中添置遮热板或遮阳布，可显著削弱表面之间的辐射传热速率，阻挡辐射传热，遮热板的使用成倍地增加了系统中辐射的表面热阻和空间热阻，使系统黑度减少，辐射散热量大大降低。

3. 采用夹层结构并抽真空，可削弱对流传热和导热。夹层结构可以使强迫对流或大空间自然对流成为有限空间的自然对流，大大降低了对流传热系数，抽真空则杜绝了空气的自然对流。

4. 在北方的建筑房屋背阴面墙壁中，都加一层泡沫板类的材料，是因为泡沫板类的材料有空隙，空隙中存在空气，气体的导热系数很小，传热速率降低，热量传递减少，对保温有利。寒冷地区也常采用双层玻璃窗对房屋进行保温，热带地区采用双层玻璃，以减少吸收外界热量。

5. 日常生活中用砂锅烧汤有利于保温是因为砂锅是由陶土烧制而成，其材质为导热系数小的非金属，非金属的比热比金属大得多，而传热能力比金属差得多。

第三节　对流传热

PPT

一、对流传热分析

对流传热是指流体与固体壁面之间的传热过程，主要发生在流体内部、流体与固体壁面之间。在湍流主体中，由于流体质点的强烈碰撞与混合，并充满漩涡，所以湍流主体中温度降低很小，即温度梯度很小，可以说没有传热热阻，以热对流为主。在流体流动章节已经学过，流体在管路中的流动，即使是呈湍流时，无论流体主体的湍动程度多么强烈，由于流体具有黏性，在紧靠固体壁面处总存在着一层流

体呈层流状态，流体仅沿壁面做平行运动，相邻流体层间无流体的宏观位移，即层流内层不存在热对流，传热方式以热传导为主。因多数流体的导热系数较小，所以热传导时的热阻很大，导致在对流传热中，温度降低主要集中在层流内层，即热阻主要集中在层流内层，因此，强化对流传热的主要途径是减薄层流内层的厚度δ_t。如图 4-13 所示，可见对流传热是既有对流又有热传导的综合传热现象。对流传热是指热流体内部的对流传热、左层流内层的导热、固体壁面的导热、右层流内层的导热、冷流体内部的对流传热五个过程组成。流体主体与壁面之间的温度差是流体与壁面之间进行对流传热的推动力，其中热流体侧的推动力为（$T_f - T_w$），冷流体侧的推动力为（$T_w' - T_f'$）。

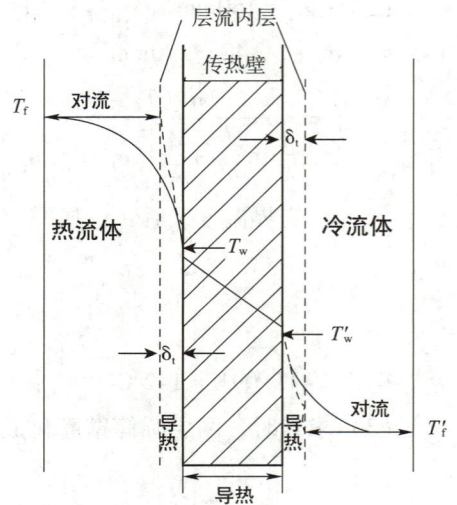

图 4-13 对流传热的温度分布

（一）无相变的对流传热

1. 自然对流 若流体的宏观运动是由于流体内部温度不同而产生的密度差异（密度轻的部分上浮，重的部分下沉）引起的流体的流动称自然对流。温差增大，密度差增加，自然对流越强烈。在流体中传导过程常伴有自然对流。

2. 强制对流 若流体的宏观运动是由于在外力强制作用下造成的流动，称为强制对流。为增加流速，常用风机、水泵、搅拌作外力设备。其优点是便于控制、传热快，但消耗机械能增加。

3. 管外对流 流体在管外垂直流过时，分为流体垂直流过单管和垂直流过管束两种情况，工业上所用换热器多为流体垂直流过管束，流体垂直流过管束时的对流传热，与管束的排列方式有关。

4. 管内对流 分为圆形直管、非圆管和弯管；直管内对流又分为层流、过渡流和湍流。

（二）有相变的对流传热

1. 蒸汽冷凝传热 由蒸汽冷凝变成了液体，放出了热量，称冷凝热。

2. 液体沸腾传热 由液体受热沸腾汽化变成了蒸汽，吸收了热量，称汽化热。其大小可查附录中的饱和水蒸气表，注意表中包含的内容有：①规定了 0℃ 的水热焓量为零；②汽化热 = 蒸汽焓 - 液体焓；③蒸汽的热焓量 >> 液体的热焓量，为液体热焓量的 5~9 倍，所以用蒸汽加热的换热器，应及时排除冷凝水；④表中无冷凝热，可查汽化热。取 |冷凝热| = |汽化热|；⑤饱和蒸汽的概念：一定的温度下，与同种物质的液态（或固态）处于平衡状态的蒸汽所产生的压强，它随温度升高而增加；⑥因锅炉承受的压力小于 10 个大气压（kgf/cm^2），故锅炉产生的蒸汽温度应低于 180℃。

二、对流传热速率方程（牛顿冷却定律）

由于对流传热热阻主要集中在与固体壁面接触的层流内层中，而且以导热的形式传递热量，对照单层平壁稳定导热速率公式：

$$Q = \frac{\lambda A}{\delta}(T_1 - T_2)$$

当流体的主体温度 $T_f > T_w$（与热流体接触的外壁温度）时

$$\text{对流传热速率} \quad Q = \frac{\lambda_f}{\delta_t} A(T_f - T_w) \tag{4-15}$$

式（4-15）为对流传热方程式，也称牛顿冷却定律。

式中，λ_f 为流体的导热系数，W/(m·K)；δ_t 为有温度梯度存在的传热边界层区域的有效膜厚度即层流内层的厚度，m；A 为对流传热面积，m^2。

令对流传热系数或膜系数为 $\alpha = \dfrac{\lambda_f}{\delta_t}$，W/(m²·K) 或 W/(m²·℃)

式（4-15）可改写成

$$Q = \alpha A(T_f - T_w) = \frac{T_f - T_w}{\dfrac{1}{\alpha A}} = \frac{T_f - T_w}{R_\alpha} \tag{4-16}$$

式中，R_α 为对流传热热阻，$R_\alpha = 1/\alpha A$。

α 的物理意义：当温度差 $T_f - T_w = 1K$，对流传热面积 $A = 1m^2$ 时，对流传热速率 $Q = \alpha$。α 越大，Q 越大。

α 的选用：要强化传热时，选 α 越大越好；要削弱传热时，选 α 越小越好。采用换热器换热时，要求传热速率快，α 越大越有利于传热。

三、对流传热系数

计算对流传热速率 Q 的关键是要知道对流传热系数 α，即研究对流传热就需要研究对流传热膜系数 α。

（一）影响对流传热系数 α 的因素

对流传热系数 α 与导热系数 λ 不同，α 不是物性参数。影响对流传热系数的因素很多，它不仅与流体的物性参数有关，而且与很多因素有关。

1. 流体的种类　一般来说，液体的对流传热系数大于气体的对流传热系数，如水的对流传热系数比空气的大。

2. 流体的流动状态　湍流的对流传热系数大于层流的对流传热系数。湍流流速比层流大，雷诺数 Re 增大，流体的湍动程度增强，使传热边界层的有效膜厚度 δ_t 减小，从而增大对流传热系数。

3. 对流传热的形式　对于同一种流体，强制对流时的流速较大，因此强制对流的对流传热系数大于自然对流的对流传热系数。

综合表明，同一流体在圆形直管内流动，需要强化传热时，尽可能采用强制湍流对流。

4. 流体的物性参数　流体的密度 ρ、黏度 μ、导热系数 λ 和比热容 C_p，反映物性对对流传热系数较大的影响。即 ρ 越大，λ 越大，C_p 越大，α 越大；μ 越小，α 越大。

5. 流体有无相变　有相变流体的对流传热系数要远远比无相变流体的对流传热系数大。例如，在套管式换热器中用水蒸气加热管内的空气，环隙中蒸汽冷凝时的对流传热系数要远远大于管内空气的对流传热。

6. 传热壁面的结构　固体传热壁面的形状（如管、板、管束等）、流道尺寸大小（如管径、管长、板厚等）及流体流动的相对位置（如管子的排列方式、垂直、水平或倾斜放置等）都直接影响对流传热系数，这些都将反映在对流传热系数的计算公式中。

（二）对流传热系数 α 的关联式

由于对流传热系数受以上多方面因素的影响，要想推导出一个统一计算对流传热系数公式是十分困难的，目前工程计算中使用的对流传热系数计算式，大多是通过实验得出的经验公式，它是将影响对流传热系数的因素进行分类整理成相应的无因次准数关联式，再根据具体的传热情况进行分析得出适当的计算公式。

借助实验研究方法得出的常用准数关联式，如表 4-2 所示。

表 4-2　各无因次数群的计算方法和含义

数群名称	计算方法	含义
努塞尔特准数	$N_u = \dfrac{\alpha L}{\lambda}$	待定特征数，表示对流传热系数的特征数，反映对流传热强度
雷诺准数	$Re = \dfrac{Lu\rho}{\mu}$ 式中 $L \approx d$	确定流体的流动形态，又称流型数，反映流体的流动状态对对流传热的影响
普兰特准数	$P_r = \dfrac{C_p\mu}{\lambda}$	研究对流传热有关的流体物性的数，又称物性数，反映流体物性对对流传热的影响
格拉斯霍夫准数	$G_r = \dfrac{L^3\rho^2\beta g\Delta T}{\mu^2}$	又称升力数，反映由于温差而引起的自然对流对对流传热的影响

使用准数时注意以下几点。

1. 对于液体　由于 $P_r > 1$，所以 $P_r^{0.4} > P_r^{0.3}$，当液体被加热时，管壁处滞流内层的温度高于液体主体的平均温度，由于液体黏度随温度升高而降低，故贴壁处液体黏度较小，使滞流底层的实际厚度比用液体主体温度计算的厚度要薄，对流传热系数较大。

即液体被加热的对流传热系数大于被冷却的对流传热系数。

2. 对于气体　由于 $P_r < 1$，即 $P_r^{0.4} < P_r^{0.3}$，由于气体黏度随层流内层温度升高而增大，气体被加热时的底层变厚，使 α 变小。即气体被加热的对流传热系数小于被冷却的对流传热系数。

3. 定性温度　在无因次数群中涉及的流体物理性质大都随温度而变化，确定换热器中流体物性的温度，是各个物性参数如 $(\rho, \mu, \lambda, C_p$ 等$)$ 取值的依据。通常取流体进、出口温度的算术平均值即平均温度 $T_m = (T_进 + T_出)/2$，也可取壁面的平均温度或流体与壁面的平均温度（称为膜温）。对高黏度流体用壁温作为定性温度；冷凝传热取凝液主体温度和壁温的算术平均值作为定性温度。

4. 应用范围　只能在实验的范围内应用，外推是不可靠的。

5. 特征尺寸　传热面的结构和几何因素有时是很复杂的，一般选取对流体的流动和传热起决定作用的几何尺寸作为特征尺寸。流体在管内进行对流传热时，取管内径作为特征尺寸；在管外进行对流传热时，取管外径作为特征尺寸；流体在非圆形管内进行对流传热时，取当量直径为特征尺寸。

6. 入口效应　对流传热还与流体的入口效应有关，容器进口段的对流传热系数高于充分发展后的对流传热系数值。

（三）流体无相变时的对流传热系数的计算

流体在圆形直管内强制湍流传热时的 α

对于气体和黏度 $\mu < 2 \times 10^{-3}\,\mathrm{Pa \cdot s}$ 的低黏度液体

$$Nu = 0.023 Re^{0.8} P_r^n \tag{4-17}$$

$$或\ \alpha = 0.023\frac{\lambda}{d}\left(\frac{du\rho}{\mu}\right)^{0.8}\left(\frac{C_p\mu}{\lambda}\right)^n \tag{4-18}$$

式中，α 为对流传热系数，$\mathrm{W/(m^2 \cdot K)}$ 或 $\mathrm{W/(m^2 \cdot ℃)}$；λ 为流体的导热系数，$\mathrm{W/(m \cdot K)}$ 或

W/（m·℃）；d 为传热面的特征尺寸，可以是管内径、管外径或平板高度。对于圆形管路取管内径 d，m；u 为流体的流速，m/s；ρ 为流体的密度，kg/m³；μ 为流体的黏度，Pa·s 或 N·s/m² 或 kg/（m·s）；C_p 为流体的比热容，J/（kg·K）或 J/（kg·℃）。

此经验公式的应用范围：$Re > 10^4$；$0.7 < P_r < 120$ 及上述有关条件。且管长与管内径之比即 $L/d \geqslant 60$ 才能适用本公式。

当管内流体被加热时 P_r 的指数 $n = 0.4$，当管内流体被冷却时 $n = 0.3$。

例 4 - 3 水在 $\phi 38mm \times 2mm$ 的管内流动，流速为 1m/s，进管口的水温为 15℃，出管口的水温为 85℃，试求管壁对水的对流传热系数 α。若水的流速增加一倍，仍维持原来的加热温度，对流传热系数 α 有何变化？

分析：根据已知的水管尺寸求出水管内径 $d = \dfrac{38 - 2 \times 2}{1000} = 0.034m$，根据水管的进出口温度求出定性

温度 $T_m = \dfrac{T_{进} + T_{出}}{2} = \dfrac{15 + 85}{2} = 50℃$，查附录六可知 50℃时，水的物性参数为：

$$\rho_水 = 988.1 kg/m^3, \mu = 54.92 \times 10^{-5} Pa \cdot s$$

$$\lambda = 64.33 \times 10^{-2} W/(m \cdot K), C_p = 4.174 \times 10^3 J/(kg \cdot K)$$

$$Re = \frac{du\rho}{\mu} = \frac{0.034 \times 1 \times 988.1}{54.92 \times 10^{-5}} \approx 6.12 \times 10^4$$

$$P_r = \frac{C_p\mu}{\lambda} = \frac{4.174 \times 10^3 \times 54.92 \times 10^{-5}}{0.643} \approx 3.54$$

$Re > 10^4$，$0.7 < P_r < 120$ 适合应用范围。水在管内被加热取 $n = 0.4$。

$$\alpha = 0.023 \frac{\lambda}{d} Re^{0.8} P_r^{0.4} = 0.023 \times \frac{0.643}{0.034} \times (6.12 \times 10^4)^{0.8} \times 3.54^{0.4} \approx 4907 W/(m^2 \cdot K)$$

$$\alpha' = \alpha \left(\frac{u'}{u}\right)^{0.8} = 4907 \times 2^{0.8} \approx 8538 W/(m^2 \cdot K)$$

故水的流速增加一倍时，对流传热系数增加到原来的 $2^{0.8}$ 即 1.74 倍。说明增加流速，对流传热系数也增加，对流传热加快。

（四）流体有相变化时的对流传热系数

1. 蒸汽冷凝的对流传热 蒸汽是工业上最常用的热源，在锅炉内利用燃料燃烧时产生的热量将水加热汽化，使之产生蒸汽。蒸汽具有一定的压力，饱和蒸汽的压力和温度具有一定的关系。蒸汽在饱和温度下冷凝成同温度的冷凝水时，放出冷凝潜热，供冷流体加热。

蒸汽冷凝的方式有两种，膜状冷凝和滴状冷凝，如图 4 - 14 所示。

（1）膜状冷凝 冷凝液能很好地润湿壁面时，凝结液在壁面上铺展成一层完整的液膜向下流动，将传热壁面完全覆盖称作膜状冷凝，如图 4 - 14（a）所示。

特点：对流传热系数小、热阻大、传热效果差。膜状冷凝时蒸汽放出的潜热必须穿过液膜才能传递到壁面上去，此时，液膜层就形成壁面与蒸汽间传热的

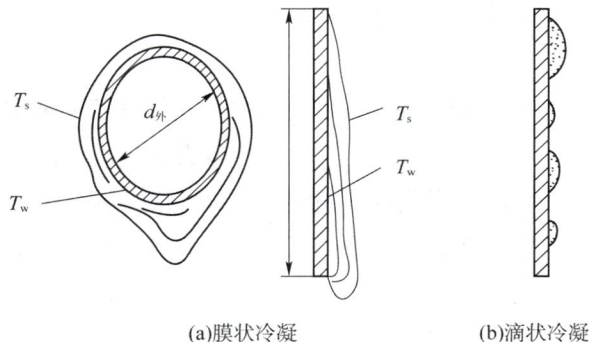

图 4 - 14 冷凝方式的流动状态

(a)膜状冷凝　(b)滴状冷凝

主要热阻。若冷凝液借重力沿壁下流，则液膜越往下越厚，传热系数随之越小。少量不凝性气体影响膜状凝结传热，降低传热系数。

（2）滴状冷凝　当冷凝液不能完全润湿壁面，在壁面上形成一个个小液滴，液滴时起时落，且不断成长变大，表面不断更新，使大部分壁面直接重新暴露在蒸汽中，这种冷凝方式为滴状冷凝，如高压锅内盖上的冷凝液，如图 4 – 14（b）所示。

特点：没有完整液膜阻碍对流传热，热阻很小，对流传热系数较大，为膜状冷凝的 5～10 倍甚至更高。但由于滴状冷凝大部分表面在可凝性蒸汽中暴露一段时间后被蒸汽所润湿，壁面上不容易形成持久性滴状冷凝，制药化工生产中蒸汽冷凝过程多为膜状冷凝，所以工业冷凝器的设计均按膜状冷凝处理。

实现膜状冷凝变成滴状冷凝的方法：一是在壁面上涂一层油类物质，二是在蒸汽中混入油类或脂类物质。对紫铜管进行表面改性处理等，能在实验室条件下实现连续的滴状冷凝。

影响冷凝传热的因素有以下 5 个方面。

（1）蒸汽流速和流向的影响　蒸汽流动会在汽 – 液界面上产生摩擦阻力，若蒸汽与液膜的流向相同，便会加速冷凝液膜的流动，使液膜厚度减薄，对流传热系数增大，传热加快。因此，所有用蒸汽加热的换热器，蒸汽进口的管道一般设计在换热器的上部，防止蒸汽与液膜逆向流动，增加液膜厚度，降低传热速率。

（2）不凝性气体的影响　工业蒸汽中往往含有空气等微量不凝性气体，不凝性气体会在连续冷凝操作中积累于壁面上形成一层气膜，由于气体的导热系数较小，会使传热系数明显下降，例如，当水蒸气中的不凝性气体的含量为 1% 时，冷凝后的 α 可降低 60% 左右。所以用蒸汽加热的换热器，在蒸汽冷凝一侧的上方应该安装排气阀，定期排放不凝性气体。

（3）过热蒸汽的影响　在相同压力下，温度高于其饱和温度的蒸汽称为过热蒸汽。过热蒸汽冷却变成饱和蒸汽时没有相态变化，传热系数比饱和蒸汽低，影响较小。但用蒸汽加热时，蒸汽的温度应该适当。

（4）冷凝液的影响　未及时排放出去的冷凝水会占据一部分传热面，由于水的对流传热系数比蒸汽冷凝时的对流传热系数要小，从而导致部分传热面的传热效率下降。因此，用蒸汽加热的换热器的下部应设疏水阀，及时排放冷凝水，并避免逸出过量的蒸汽。

（5）冷凝壁面的影响　冷凝液膜为膜状冷凝传热的主要热阻，如何减薄液膜厚度降低热阻，是强化膜状冷凝传热的关键。一般情况下，错列布置的平均对流传热系数要比直排布置时高，因此，设法减少垂直方向上的管排数，或将管束旋转一定的角度，使冷凝液沿下一根管子的切向流过，均可减小液膜的平均厚度，使对流传热系数增大。设计换热器内的列管时错排布置好，安装换热器内的列管时，应将上管和下管错开分布。

2. 液体的沸腾

（1）沸腾传热过程　液体与高温壁面接触被加热汽化并产生气泡的过程称为沸腾，沸腾的必要条件是存在汽化核心。工业上经常需要将液体加热使之沸腾蒸发，如在锅炉中把水加热成水蒸气；在蒸发器中将溶剂汽化以浓缩溶液，都是属于沸腾传热。其沸腾机制是当液体被加热面加热至沸腾时，首先在加热面某些粗糙不平的点上产生气泡，这些产生气泡的点称为汽化中心。气泡形成后，由于壁温高于气泡温度，热量将会由壁面传入气泡，并将气泡周围的液体汽化，从而使气泡长大。气泡长大至一定尺寸后，便脱离壁面自由上升。气泡在上升过程中所受的静压力逐渐下降，因而气泡将进一步膨胀，当膨胀至一定程度后便发生破裂。当一批气泡脱离壁面后，另一批新气泡又不断形成。由于气泡的不断产生、长大、脱离、上升、膨胀和破裂，从而使加热面附近的液体层受到强烈扰动。粗糙表面上微细的凹缝或裂穴最可能成为汽化核心。同一液体，沸腾时的对流传热系数比无相态变化时的对流传热系数大得多。

（2）沸腾的方式　有大容积沸腾和管内沸腾两种。

1）大容积沸腾　是指加热面沉浸在液体中，液体在受热面上发生沸腾现象，此时，液体的运动由自然对流和气泡的扰动所引起。大容器饱和沸腾曲线可分为自然对流、泡状（核状）、过渡和膜状沸腾四个区域，其泡状沸腾具有温差小、热流大的传热特点，是工程上较为常见的沸腾状况。

2）管内沸腾　指液体在管内流动的过程中而受热沸腾的现象，此时，气泡不能自由升浮，而是受迫随液体一起流动，形成汽-液两相流动，沿途吸热，直至全部汽化。

（3）液体的沸腾曲线　液体主体达到饱和温度T_s'，加热壁面的温度T_w'，随壁面过热度$\Delta T = T_w' - T_s'$的增加，沸腾传热表现出不同的传热规律。图4-15表示水在一个大气压力下，沸腾传热热流强度q_F和对流传热系数α与沸腾温度差ΔT的变化关系，称为沸腾曲线。

1）自然对流区　沸腾温度差ΔT较小，加热壁面处的液体轻微过热，产生的气泡在升浮过程往往尚未达到自由液面就放热终结而消失，气泡的生产速度很慢。其对流传热系数α和热流强度q_F都很小，汽化仅在液体表面进行，无气泡从液面中逸出。如图4-15中AB段所示。

2）泡状（核状）沸腾区　随着ΔT的增大，在加热面上产生气泡数量增加，气泡脱离时，对液体产生强烈的搅拌作用，故α和q_F都迅速增加，工业上采用泡状沸腾，如图中4-15中BC段所示。

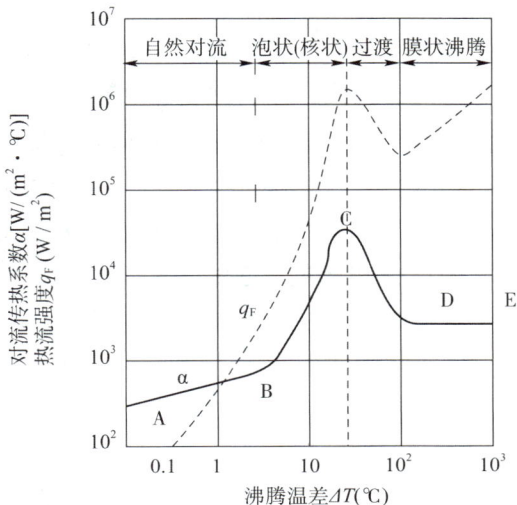

图4-15　水的沸腾曲线

（实线：α；虚线：q_F）

3）过渡沸腾区　当ΔT增大至过C点后，加热面上产生的气泡数大大增加，且气泡的生成速率大于脱离速率，气泡脱离壁面前连接成汽膜，由于热阻增加，α与q_F均下降，如图中4-15中CD段所示。

4）膜状沸腾区　ΔT继续增大，气泡迅速形成并互相结合成汽膜覆盖在加热壁面上，产生稳定的膜状沸腾，此时，由于膜内辐射传热逐渐增强，α和q_F又随ΔT的增加而升高。膜状沸腾的对流传热系数略有升高。如图中4-15中DE段所示。

（4）烧毁点　由图4-15可知，由泡状沸腾转变为过渡沸腾的转变点C称为临界点。临界点处的ΔT称为临界温度差ΔT_c；与该点对应的热流强度称为临界热流强度q_c。实际生产中的沸腾传热一般应控制在泡状沸腾区操作，控制ΔT不大于临界点ΔT_c。否则，一旦变为过渡沸腾，不仅α会急剧下降，而且因加热壁面温度有可能高于换热器的金属材料的熔化温度，导致传热管寿命缩短，加热壁面烧毁。因此也把C点称为烧毁点。

注意：沸腾操作不允许在膜状沸腾阶段工作。因这时金属加热面温度升高，金属壁会烧红、烧坏。实际操作中不允许超越临界温差。

🔖 知识链接 --

辐射传热

辐射传热是高温物体在绝对零度以上都可向低温物体产生热辐射。主要有太阳对大地的辐射和设备对环境的辐射。在现实生活中利用太阳辐射能有太阳能热水器、太阳能发电；避开太阳辐射能有遮阳伞等。

在制药化工生产中，主要考虑设备的热损失。当设备或管道的外壁温度高于周围环境的温度时，热量将从壁面以对流和辐射两种方式向环境传递热量。设备的热损失即为以对流和辐射两种方式传递至环境的热量之和。为便于计算，常采用与对流传热速率方程相似的公式计算，即

$$Q_L = \alpha_T A (T_W - T) \tag{4-19}$$

式中，Q_L 为设备的总热损失速率，W；α_T 为对流 – 辐射联合传热系数，W/(m$^2 \cdot$ K)；A 为保温设备最外层的面积，m^2；T_W 为保温设备最外层的温度，K；T 为周围环境的温度，K。

换热器、反应釜、塔类设备及蒸汽管道都要安装绝热保温层，减少热损失。对于有保温层的设备或管道，其外壁向周围环境散热的联合传热系数可用下列经验公式估算。

1. 空气在保温层外做自然对流

$T_W < 150℃$，联合传热系数 α_T 分别按以下两式估算

$$对平壁：\alpha_T = 9.8 + 0.07(T_W - T) \tag{4-20}$$

$$对管道及圆筒壁：\alpha_T = 9.4 + 0.052(T_W - T) \tag{4-21}$$

2. 空气沿粗糙壁面做强制对流

$$当空气流速 u \leqslant 5m/s 时，\alpha_T = 6.2 + 4.2u \tag{4-22}$$

$$当空气流速 u > 5m/s 时，\alpha_T = 7.8\, u^{0.78} \tag{4-23}$$

第四节　加热、冷却与冷凝

PPT

一、加热

按产生热量的来源，可以将加热热源分为两类：一次热源（直接热源）和二次热源（间接热源）。

（一）一次热源

1. 炉灶或烟道气加热　加热温度较高，可达到 500 ~ 1000℃ 的温度。但消耗量大，加热温度不均匀，难以精确地控制温度，不清洁，操作和输送不方便，对流传热系数较小，热量利用率差。

2. 电加热　加热温度更高，可达到 1000 ~ 3200℃，清洁、均匀、无污染，输送方便，能量利用率高，能精确调控加热温度。常用电阻加热和电感加热。但设备成本高，耗电量大，俗称电老虎。

（二）二次热源

1. 饱和水蒸气或热水加热　饱和水蒸气的适用温度范围为 100 ~ 180℃，热水适用温度范围为 40 ~ 100℃，为节约能源可利用水蒸气的冷凝水或废热水的余热。

2. 联苯混合物加热　适用温度范围广，液体 15 ~ 255℃，蒸汽 255 ~ 380℃，用蒸汽加热时温度容易调节。联苯的黏度小于矿物油的黏度，有较大的对流传热系数。但容易渗漏，渗漏的蒸汽易燃。

3. 矿物油（包括各类气缸油和压缩机油等）加热　适用温度 < 250℃，价廉易得，黏度大，对流传热系数小。高于 250℃ 容易分解，容易燃烧。

4. 熔盐加热　适用温度范围为 142 ~ 530℃，加热温度高，加热均匀，但容积热容小。

（三）载热体

在制药化工生产中，物料在换热器内被加热或冷却时，通常需要另一种流体供给或取走热量，此种流体称为载热体。

1. 载热体的分类 热载热体和冷载热体。

（1）热载热体 起加热作用的载热体又称加热介质或加热剂。常用的热载热体有饱和水蒸气、热水和热空气等。

（2）冷载热体 起冷却或冷凝作用的载热体又称冷却介质或冷却剂。常用的有冷水、空气、液氨、H_2、冷冻盐水、氟利昂 -12 等。

2. 载热体的选择参考原则 在选用载热体时为提高传热过程的经济性，必须根据具体情况选择适当温度的载热体，同时还应考虑以下问题。

（1）温度容易调节，并能满足工艺要求。

（2）载热体使用安全、无毒、无害、不分解、不易燃、腐蚀性小。

（3）黏度小、流动性能好，对流传热系数大。

（4）载热体干净不易结垢，导热系数大，传热性能好。

（5）价廉易得，来源方便。

（6）加热均匀，不产生局部过热。

制药化工生产中，加热介质广泛采用饱和水蒸气（来自锅炉）为热载热体，是因为饱和水蒸气有与其他流体无法相比的突出特点。

（1）载热量大 蒸汽冷凝放出大量的相变潜热，温度达 $100 \sim 180℃$ 或为 $100 \sim 160℃$。超过 $180℃$ 时水蒸气压力为（1MPa），再高压力不经济。

（2）温度易调节 饱和水蒸气压力和温度严格对应，控制蒸汽的压强就可准确调节温度。但加热温度不能太高。

（3）水和蒸汽价廉易得、使用安全 水可直接取自大自然不必特别加工，有时还可利用价格低廉的蒸汽机和涡轮排放的废气减少成本。蒸汽加热均匀，不会造成局部过热现象。

（4）热利用率较高 饱和水蒸气冷凝有很大的对流传热系数，膜状冷凝时对流传热系数可达到 $11600W/(m^2 \cdot K)$。

二、冷却与冷凝

（一）冷却与冷凝的概念

冷却是从热物料中移走热量，热物料被降温放出显热，相态不发生变化，只是温度变化，如热水冷却成冷水，高温气体冷却后仍为温度较低的气体。

冷凝也是从热物料中移走热量，但相态发生了变化，由气态变成液态，从热流体中放出冷凝潜热，得到的液相物料温度与气相物料温度相同，全过程中取走物料潜热。如水蒸气冷凝成水，此时水的温度与水蒸气的温度相同，但能放出很大的潜热。

（二）冷却剂

移走物料热量的流体，称为冷却剂。工业上常用的冷却剂为冷水（有河水、井水、水厂给水、循环水）、冷冻盐水、冰和空气。水和空气可将物料最低冷却至周围环境的温度，由于水的比热及传热速率比空气大，又比冷冻盐水经济，故应用水最为普遍。水和空气的温度都受来源、地区和季节的限制，在水资源比较紧缺的地区采用空气冷却具有重大现实意义。

1. 冷水冷却 冷水获取方便，价格便宜，对流传热系数大，冷却效果好，调节方便，水温受季节和气温影响，冷水适用温度范围为 15~20℃ 或 15~35℃。冷却水出口温度差宜小于或等于 5~10℃，终温一般在 40~50℃，以免结垢。冷水分为以下四类。

（1）地表水（江、湖、河水） 含矿物质少，结垢也较少，但温度随季节变化。

（2）地下水（井水） 含矿物质多、容易结垢，水温不随季节变化，最低为 4℃。

（3）冷冻盐水（氯化钠、氯化钙、氯化镁等水溶液） 当物料温度要求低于环境温度时，可采用冷冻盐水或液氨等低温冷却剂。适用于使物料冷却到 -15~0℃，成本较高。为了降低成本，可先用冷水预冷以后，再用冷冻盐水冷却，使用后温度升高，用泵送回制冷车间。

（4）冰 冰冷却适用于 0℃ 以上物料的冷却，但只适用局部冷却。

2. 循环水冷却 为节约水资源，常将升温后的水先用空气冷却后再循环利用称循环水，可大量节约水资源。

3. 空气冷却 空气适用温度小于 35℃，水资源缺乏地区可用空气冷却，最大优点是来源广、易得、价廉。但对流传热系数较小，导热差，传热不良，设备大。空气冷却受季节和地区气候的影响较大。

三、加热蒸汽冷凝后的不凝气体和冷凝水的排放

（一）不凝气体的排放

在换热器中形成的不凝气体大部分为原料水内的二氧化碳、锅炉蒸发水中溶有的极少量空气。不凝气体逐渐积累会滞留在冷凝器的上部，即使含量极微，也会对冷凝传热产生十分有害的影响，若含 1% 的空气，蒸汽的 α 下降 60%，故及时排放不凝气体至关重要。

排放方法：在加热设备的上部适当位置，安装排气阀，不定期地打开不凝气体排空阀门，排放不凝气体。同时夹带的蒸汽可进行热量回收。

（二）冷凝水的排放

水蒸气是制药化工生产中最常用的载热体，它能载送的热量主要是相变热（冷凝热），有数据表明，冷凝热约占总热的 70%。由此可知，要充分利用好蒸汽载送的热量，尽可能使蒸汽与传热面接触，以利传热。但通过一定时间传热后蒸汽将冷凝成水，水的传热效果很差，应及时排除。既要及时排水，又要不浪费热源蒸汽，还要减少人工操作，常采用的设备称疏水器，符号为 ─◖─。

（三）疏水器的作用、种类及安装

1. 疏水器作用 只允许冷凝水通过而不允许没有冷凝的蒸汽排出，即只排水不排汽。

2. 疏水器的种类 有热动力式、机械式（如浮杯式疏水器）和热膨胀式（如压力恒温疏水器）三种。

3. 与疏水器配合使用的附件和安装 如图 4-16 所示，其附件如下。

（1）进管 用于连接换热器或传热设备的夹套出口。

（2）检修截止阀 主要用于检修或检查过滤器、疏水阀、逆止阀的工作情况。

（3）管道过滤器 用于过滤冷凝水中的铁锈和残渣，保护疏水器。故在安装疏水器之前，加装管道过滤器。

（4）疏水器 用于排放冷凝水，而不排放没有冷凝的蒸汽。

（5）逆止阀（单向止回阀门） 防止冷凝水回流。

（6）旁通截止阀 主要用于加热设备开始运行时排放大量的冷凝水。或在疏水器失效时使用，以便修理疏水器。

（7）出水管 用于连接排放沟井或回收罐。

安装方法为：①疏水器的安装位置都应在加热装置的下部 0.5m 以上，水平放置，使冷凝水易于排放；②实际安装如图 4-16 所示。

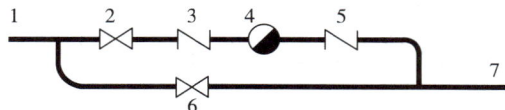

图 4-16 疏水器配合使用的附件与安装方法

1. 进管；2. 检修截止阀；3. 管道过滤器；4. 疏水器；5. 逆止阀；6. 旁通截止阀；7. 出水管

四、夹套设备综合管排布置方案

夹套换热设备具有多种操作功能，不同时刻在一台设备中进行不同操作，以满足工艺上的要求，如图 4-17 所示。能实现循环冷却水降温、冷冻盐水降温、热水升温、水蒸气加热。冷冻盐水降温后，用压缩空气回收夹套与管路中的盐水。其他降温或升温操作后吹净夹套与管路中的介质，清洗管路或夹套等操作，在制药生产过程中得到了广泛的应用。夹套设备操作方法如下。

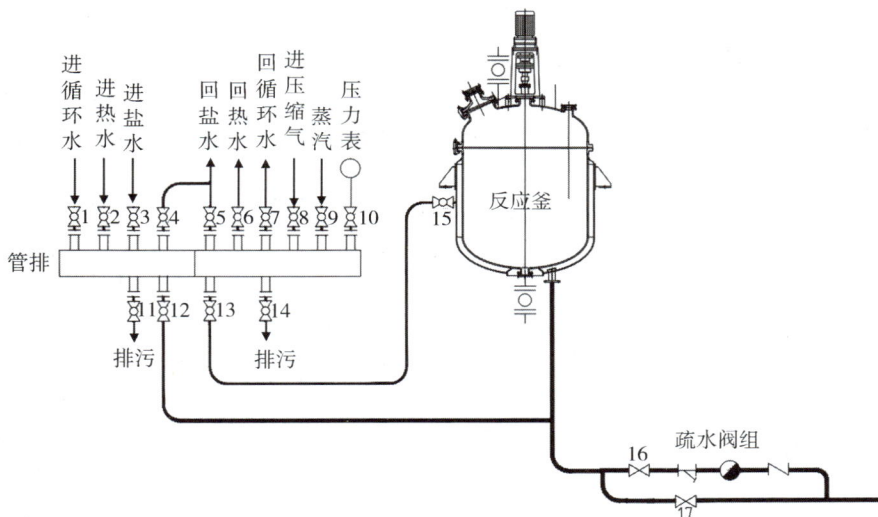

图 4-17 夹套设备综合管排布置方案

1. 当工艺要求温度缓慢下降且不低于环境温度时，可用循环冷却水降温。即依次打开阀门 1、12、15、13、7，开启前要保障除 10 号阀门外的其他阀门关闭。

2. 当工艺要求温度下降较快或温度较低时，可用冷冻盐水降温。即依次打开阀门 3、12、15、13、5，开启前要保障除 10 号阀门外的其他阀门关闭。

3. 当工艺要求温度缓慢上升且低于 90℃时，可用热水升温。即依次打开阀门 2、12、15、13、6，开启前要保障除 10 号阀门外的其他阀门关闭。

4. 当工艺要求温度上升较快或较高时，可用蒸汽加热。即依次打开阀门 9、13、15、16，开启前要保障除 10 号阀门外的其他阀门关闭。

5. 冷冻盐水降温后，要注意用压缩空气回收夹套与管路中的盐水。即依次打开阀门 8、13、15、12、4，开启前要确保除 10 号阀门外的其他阀门关闭。

6. 其他降温或升温操作后均应打开压缩空气吹净夹套与管路中介质。即依次打开阀门 8、13、15、17、12，开启前要确保除 10 号阀门外的其他阀门关闭。

7. 管路或夹套清洗时，可分别打开排污阀 11、14，该阀门也可做紧急情况下泄压使用。

8. 注意事项如下。

（1）使用过程中注意压力不能超过反应釜夹套的设计压力，疏水阀组的旁通阀 17 号在蒸汽开启瞬间可短时打开排冷凝水。

（2）反应釜上夹套安全阀，釜内温度表、物料管等装置根据设备实际配置。

（3）蒸汽阀门和疏水阀组阀门需用截止阀，其他为球阀。

（4）加工管排用的管和各进出口管需用无缝液体管。

第五节　间壁两侧流体间的总传热过程

间壁两侧的高温、低温流体之间的热量传递，是通过固体间壁以对流—导热—对流方式进行的传热，达到降低或升高某流体温度的目的，称为间壁式传热。它具有冷、热流体不发生混合的优点，在制药化工生产中应用极广。

一、总传热速率方程式

传热面不结垢的间壁式换热器的总传热过程是由三个传热环节串联组合而成，如图 4-18 所示。

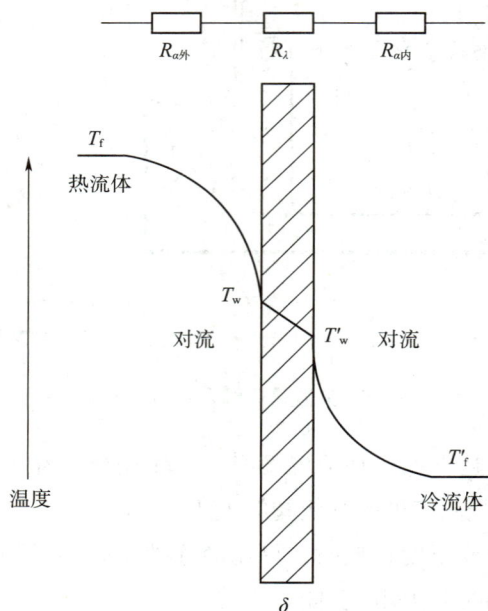

图 4-18　间壁两侧流体传热示意图

（1）热流体质点之间发生对流传热 即热流体将热量以对流的形式传给管壁一侧，温度差为（T_f - T_w），层流内层为对流传热的主要热阻。

（2）间壁两侧的热传导 管壁一侧的热量传给管壁的另一侧，温度差为（T_w - T_w'）的导热形式。

（3）管壁另一侧将热量以对流的形式传给冷流体，温度差为（T_w' - T_f'）。

$$Q = \frac{T_f - T_w}{\dfrac{1}{\alpha_外 A_外}} = \frac{T_w - T_w'}{\dfrac{\delta}{\lambda_壁 A_m}} = \frac{T_w' - T_f'}{\dfrac{1}{\alpha_内 A_内}} = \frac{T_f - T_f'}{\dfrac{1}{\alpha_外 A_外} + \dfrac{\delta}{\lambda_壁 A_m} + \dfrac{1}{\alpha_内 A_内}} \tag{4-24}$$

$$= \frac{T_f - T_f'}{\dfrac{1}{KA}} = \frac{传热总推动力 \Delta T_m}{传热总阻力 R_总}$$

间壁两侧流体的总传热速率方程为 $Q = KA(T_f - T_f') = KA\Delta T_m$ （4-25）

式中，Q 为总传热速率，J/s 或 W；$R_总$ 为对流—导热—对流的总热阻，$R_总 = 1/KA$，K/W；K 为比例常数即总传热系数，W/(m²·K) 或 W/(m²·℃)；A 为传热面积，m²，A 可取 $A_外$、A_m、$A_内$；ΔT_m 为传热总推动力即冷、热两种流体的平均温度差，K 或 ℃。从式（4-25）可知，在稳态传热过程中，单位时间内通过换热器间壁传递的热量与传热面积成正比，与冷、热两流体间的平均温度差成正比，与总传热系数成正比。

在传热计算和传热过程的分析中，总传热速率方程式是十分重要的，读者应该熟悉该方程式以及该式中各项的意义、单位和求法；并以此方程式为基础，将传热中主要的内容联系起来，以便熟练地掌握传热的基本原理。

K 的物理意义是在 $\Delta T_m = 1$K，$A = 1$m² 时，总传热速率 $Q = K$，K 中包括对流与导热的两种系数之和，故称总传热系数。K 越大，总热阻 $R_总$ 越小，总传热速率 Q 越大。

二、总传热过程的计算

（一）换热器的热量衡算

根据能量守恒和转换定律，在忽略热损失时，单位时间内高温流体释放的热量 $Q_放$ 与低温流体吸收热量 $Q_吸$ 相等，如图 4-19 所示，因此用高温或低温流体中的任何一个都可求得换热器的热负荷 Q，并由此求出另一流体的流量或出口状态的温度。

流体进入和离开换热器的热状态变化有显热和潜热两种，在进行热量衡算时注意各种物料在液相 0℃ 时的热焓量等于零。

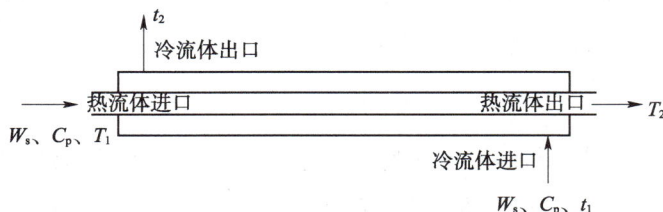

图 4-19 换热器的热量衡算

1. 显热

（1）定义 流体在加热或冷却过程中不发生相态变化，只有明显的温度变化时吸收或放出的热量称为显热。如

$$\text{冷水} \underset{\text{被冷却（放热）}}{\overset{\text{被加热（吸热）}}{\longleftrightarrow}} \text{热水}$$

（2）计算式

热流体放热 $\qquad\qquad Q = W_s C_p (T_2 - T_1)$ （4-26）

$Q < 0$ 表示放热，热流体由 T_1 降至 T_2，即 $\Delta T = T_2 - T_1 < 0$ 表示热流体的冷却程度，非传热推动力，ΔT 越大，说明热流体的冷却程度越大，放出的热量越多。

冷流体吸热 $\qquad\qquad Q = W_s C_p (t_2 - t_1)$ （4-27）

$Q > 0$ 表示吸热，冷流体由 t_1 升至 t_2，即 $\Delta t = t_2 - t_1 > 0$ 表示冷流体的受热程度，非传热推动力，Δt 越大，说明冷流体的受热程度越大，吸收的热量越多。

式中，Q 为热流体放出的热量或冷流体吸收的热量，kW；W_s 为流体的质量流量，$W_s = \rho V_s$，kg/s；C_p 为流体的平均定压比热容，可根据定性温度查附录，kJ/（kg·K）或 kJ/（kg·℃）。

2. 潜热

（1）定义　流体在汽化或冷凝过程中不发生温度变化，只有相态变化时吸收或放出的热量称为潜热（相变热）。如

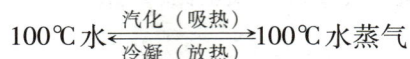

$$100℃水 \underset{\text{冷凝（放热）}}{\overset{\text{汽化（吸热）}}{\longleftrightarrow}} 100℃水蒸气$$

（2）计算式

$$Q = r W_s \qquad\qquad (4-28)$$

式中，$Q < 0$ 说明蒸汽冷凝能放出热量；反之 $Q > 0$ 说明液体汽化需要吸收热量。r 为流体的汽化热，可查附录，$|r_{冷凝热}| = |r_{汽化热}|$，kJ/kg。

例4-4　试计算压力为 143.3kPa（绝对），流量为 1200kg/h 的饱和水蒸气冷凝后，并降温至 50℃ 时所放出的热量。

分析：（1）查附录十二饱和水蒸气表，当绝对压力为 143.3kPa 时的饱和温度为

$$T_s = 110℃，汽化热 \gamma = 2232kJ/kg = 2.232 \times 10^6 J/kg$$

（2）冷凝水从 $T_s = 110℃$ 降至 $T_2 = 50℃$，其定性温度 $T_m = 80℃$，查附录六水的重要物理性质表可知 80℃ 时水的 $C_p = 4.195 \times 10^3 J/（kg·K）$

（3）饱和水蒸气冷凝后放出的潜热：

$$Q_1 = r W_s = 2.232 \times 10^6 \times 1200/3600 \approx 0.7439 \times 10^6 W$$

（4）饱和水蒸气由 110℃ 降温到 50℃ 时，放出的显热 $Q_2 = W_s C_p (T_s - T_2) = 1200/3600 \times 4.195 \times 10^3 \times (110 - 50) \approx 83.8999 \times 10^3 W \approx 0.0839 \times 10^6 W$

（5）放出的总热 $Q = Q_1 + Q_2 = 0.8278 \times 10^6 W$

（二）传热平均温度差 ΔT_m 的计算

间壁式换热器的传热总推动力与两侧流体的温度差有关。用 t、T 分别表示冷、热流体的温度，对一种流体的温度差 $\Delta T = T - t$，对两种流体有 T_1、T_2 和 t_1、t_2 四个进、出口温度，怎样计算 ΔT_m 及怎样提高 ΔT_m，有待如下研究。两种流体沿着间壁两侧流动时温度变化不同，可分为恒温稳定传热和变温稳定传热两种情况。

1. 恒温传热　冷、热流体只有相态变化、无温度变化。恒压的饱和水蒸气和沸腾液体间的传热，如蒸发器、再沸器。

$$T_1 \xrightarrow{\text{热流体}} T_2 \qquad T_1 = T_2 = T$$

$$t_1 \xrightarrow{\text{冷流体}} t_2 \qquad t_1 = t_2 = t$$

传热平均温度差 $$\Delta T_m = T - t \qquad\qquad (4-29)$$

2. 变温传热 分为间壁一侧流体变温，另一侧流体恒温；间壁两侧流体均变温两种情况。

（1）间壁一侧流体变温，另一侧流体恒温。如图 4-20 所示，为一侧流体变温，另一侧恒温传热时的温差变化情况。图 4-20（a）是一侧为热流体从进口的 T_1 降低到出口的 T_2，另一侧为环境温度，温度恒定为 t，如用大气冷却热流体。$\Delta T_m = \Delta T_1 - \Delta T_2 = T_1 - t - (T_2 - t) = T_1 - T_2$。图 4-20（b）是一侧为饱和蒸汽冷凝，温度恒定为 T，另一侧为冷流体被加热，温度从进口的 t_1 升高到出口的 t_2，如用蒸汽加热冷流体。$\Delta T_m = \Delta T_1 - \Delta T_2 = T - t_1 - (T - t_2) = t_2 - t_1$。

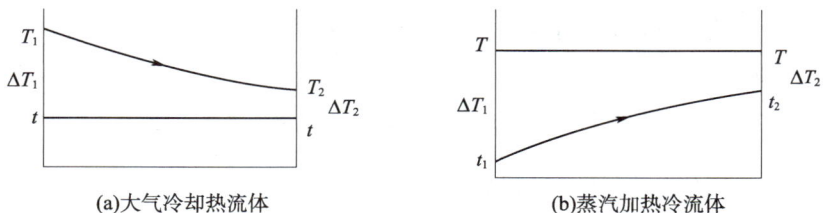

(a)大气冷却热流体　　　　　　　　　　(b)蒸汽加热冷流体

图 4-20　一侧流体变温时的温差变化

（2）间壁两侧流体均变温，如图 4-21 所示。

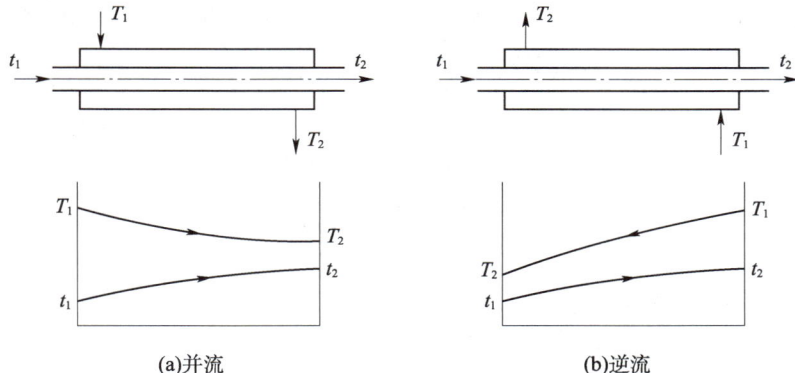

(a)并流　　　　　　　　　　(b)逆流

图 4-21　并流和逆流变温传热时的温差变化

3. 间壁两侧变温传热，冷、热两流体的流向有四种　如图 4-22 所示。

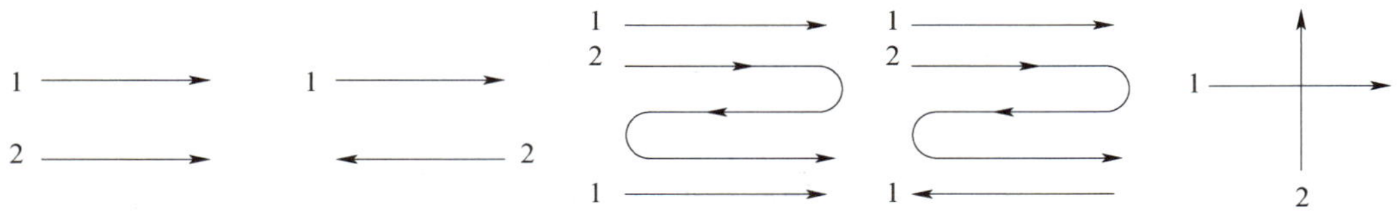

(a)并流　　　　(b)逆流　　　　(c)折流　　　　(d)错流

图 4-22　间壁换热器中冷、热两种流体的流向

（1）并流（顺流）　冷、热两种流体平行流动且方向相同。

（2）逆流　冷、热两种流体平行流动且方向相反。

（3）折流（混合流）　分简单折流（一种流体只沿一个方向，另一种流体折流）和复杂折流（两种流体均作折流或既有折流又有错流）两种。

（4）错流（交叉流）　冷热两种流体的走向互相垂直。

在这四种流向中以并流和逆流应用最为普遍，折流和错流可视作并流和逆流处理。

4. 并流和逆流传热推动力 ΔT_{m} 的计算　如图 4-21 所示。

（1）并流　　　　　　　　　　　　　　　　（2）逆流

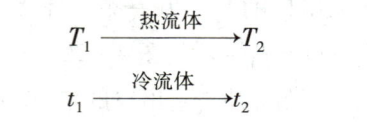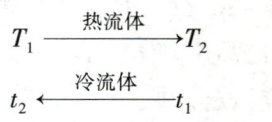

$$\Delta T_1 = T_1 - t_1 \quad \Delta T_2 = T_2 - t_2 \qquad\qquad \Delta T_1 = T_1 - t_2 \quad \Delta T_2 = T_2 - t_1$$

ΔT_1、ΔT_2：分别代表热交换器两流体的温差且 $\Delta T_1 > \Delta T_2$

ΔT_{m} 的计算方法有两种：

当 $\Delta T_1 / \Delta T_2 \leqslant 2$ 时，可以用算术平均法计算，即 $\Delta T_{\mathrm{m}} = (\Delta T_1 + \Delta T_2)/2$ 　　　　　（4-30）

当 $\Delta T_1 / \Delta T_2 > 2$ 时，可以用对数平均法计算，即 $\Delta T_{\mathrm{m}} = \dfrac{\Delta T_1 - \Delta T_2}{\ln \dfrac{\Delta T_1}{\Delta T_2}}$ 　　　　　（4-31）

算术平均值总是大于对数平均值，此两式适用并流、逆流和一侧流体变温，另一侧流体恒温的 ΔT_{m} 计算。

例 4-5　送入蒸发器的稀溶液由 15℃，预热至 50℃，蒸发后的浓溶液由 106℃，降至 60℃，求并流及逆流时的传热平均温度差，并加以比较。

分析：（1）并流

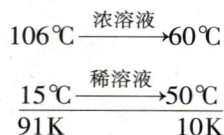

要求 $\Delta T_1 > \Delta T_2$，取 $\Delta T_1 = 91\mathrm{K}$，$\Delta T_2 = 10\mathrm{K}$

因 $\Delta T_1 / \Delta T_2 = 9.1 > 2$

用对数平均法求 $\Delta T_{\mathrm{m}} = \dfrac{\Delta T_1 - \Delta T_2}{\ln \dfrac{\Delta T_1}{\Delta T_2}} = \dfrac{91 - 10}{\ln \dfrac{91}{10}} = 36.68\mathrm{K}$

（2）逆流

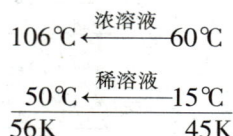

取 $\Delta T_1 = 56\mathrm{K}$　$\Delta T_2 = 45\mathrm{K}$

因 $\Delta T_1 / \Delta T_2 = 1.24 < 2$ 用算术平均法求 ΔT_{m}，$\Delta T_{\mathrm{m}} = (\Delta T_1 + \Delta T_2)/2 = 50.5\mathrm{K}$

通过计算比较得出重要结论：$\Delta T_{\mathrm{m逆}} > \Delta T_{\mathrm{m并}}$，逆流优于并流。实际生产中尽可能采用逆流传热。其优点如下。

（1）在两流体的进、出口温度相同的条件下，根据 $Q = KA\Delta T_{\mathrm{m}}$，当传热量速率 Q 和总传热系数 K 相同时，传热平均温度差 $\Delta T_{m逆} > \Delta T_{m并}$，故传热面积 $A_逆 < A_并$，采用逆流操作所需的传热面积最小，使换热器结构紧凑，减少一次性设备投资。

（2）在传热面积 A 相同时，逆流操作还可节省热流体或冷流体的用量，降低生产成本，减少日常费用投资。

因此实际生产中所使用的换热器多采用逆流传热，但在某些特殊情况下也有采用并流传热。例如工艺要求控制冷流体被加热时不得超过某一温度，防止热敏性药物过敏，或热流体被冷却时不得低于某一温度，防止某液体降温后结晶，宜采用并流操作。又如加热高黏度液体时，可利用并流初温差较大的特点，可先使液体迅速升温，降低黏度，以提高对流传热系数。

5. 折流和错流的平均温度差的计算　折流和错流的平均温度差介于并流与逆流之间，其计算方法先以逆流布置时计算平均温度差 $\Delta T_{m逆}$，再乘以温度修正系数 ψ 计算，即

$$\Delta T_m = \psi \Delta T_{m逆} \tag{4-32}$$

式中，ΔT_m 为折流或错流时的平均温度差，℃；$\Delta T_{m逆}$ 为按纯逆流计算的平均温度差，℃；ψ 为温差修正系数，无因次。

修正系数 ψ 是 R 与 P 的函数，即 $\psi = f(R, P)$

$$R = \frac{T_1 - T_2}{t_2 - t_1} = \frac{热流体的温降}{冷流体的温升} \tag{4-33}$$

$$P = \frac{t_2 - t_1}{T_1 - t_1} = \frac{冷流体的温升}{两流体的最初温差} \tag{4-34}$$

根据 R 与 P 的数值，从图4-23可查出 ψ 值。折流或错流时，管程数一般用偶数。因温差修正系数 ψ 值恒小于1，故折流和错流时的平均温度差总小于逆流。设计换热器时，应使 $\psi \geq 0.8$，否则经济上不合理。若 $\psi < 0.8$，应考虑增加壳程数，或将多台换热器串联使用，以提高 ψ 值，使传热过程更接近于逆流。

（三）总传热系数 K 的计算

如何正确确定 K 值，收集各种传热情况下的经验数据，是传热过程计算中的一个重要内容，先讨论总传热速率方程的总热阻求算方法。

由总传热方速率方程可知，总传热阻力等于对流传热阻力与热传导阻力的叠加。$R_总 = \frac{1}{KA}$，K 增大，$R_总$ 减小。

$$对间壁式换热 R_总 = R_{\alpha外} + R_\lambda + R_{\alpha内} = \frac{1}{\alpha_外 A_外} + \frac{\delta}{\lambda_壁 A_m} + \frac{1}{\alpha_内 A_内} \tag{4-35}$$

式中，$\lambda_壁$ 为间壁层固体材料的导热系数，W/(m·K)；$\alpha_外$、$\alpha_内$ 为圆筒外、内流体的对流传热系数，W/(m²·K)；δ 为间壁的厚度，m；A_m 为圆筒内、外表面积 $A_内$、$A_外$ 的平均传热面积，m²。在传热计算中，选择何种面积为基准，计算结果是相同的，但习惯上计算总传热系数均以外表面积为基准。

圆筒形间壁外、内无垢层的换热：

$$Q = \frac{T_f - T_f'}{\dfrac{1}{\alpha_外 A_外} + \dfrac{\delta}{\lambda_壁 A_m} + \dfrac{1}{\alpha_内 A_内}} \tag{4-36}$$

1. 当圆筒直径趋于无穷大，传热面可视为平壁面时（即 $A_外 = A_m = A_内$）的通用式

$R_总 = \frac{1}{KA} = \frac{1}{\alpha_外 A_外} + \frac{\delta}{\lambda_壁 A_m} + \frac{1}{\alpha_内 A_内}$，若为平壁，$A = A_外 = A_m = A_内$ 化简后得

(a)单壳程，2、4、6、8…管程

(b)双壳程，2、4、6、8…管程

(c)错流(两流体不混合)

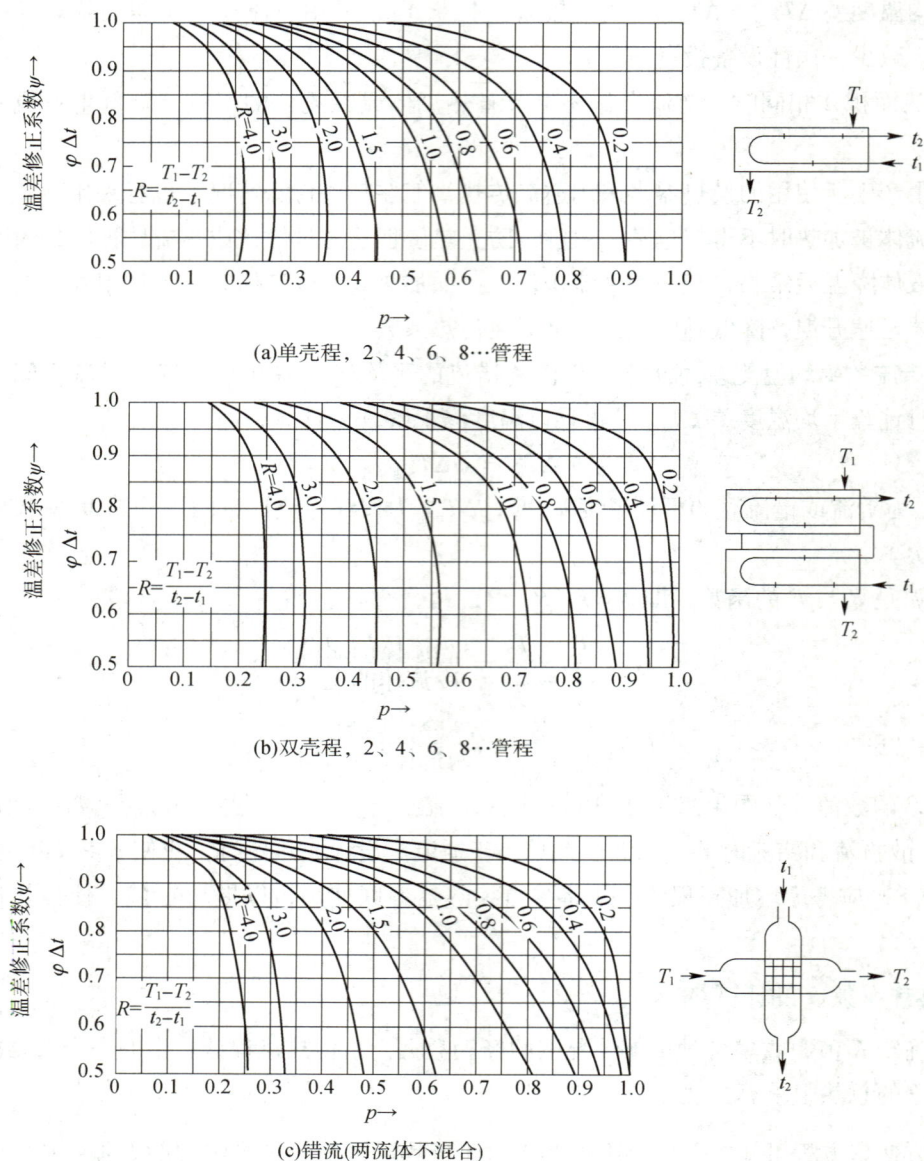

图 4 - 23　温差修正系数 ψ

$$\frac{1}{K} = \frac{1}{\alpha_{外}} + \frac{\delta}{\lambda_{壁}} + \frac{1}{\alpha_{内}} \qquad (4-37)$$

2. 对于圆筒壁，若以管外表面积$A_{外}$为计算基准（一般设计计算时常用）

$$\frac{1}{K_{外}} = \frac{1}{\alpha_{外}} + \frac{\delta A_{外}}{\lambda_{壁} A_{m}} + \frac{A_{外}}{\alpha_{内} A_{内}} \qquad (4-38)$$

或

$$\frac{1}{K_{外}} = \frac{1}{\alpha_{外}} + \frac{\delta d_{外}}{\lambda_{壁} d_{m}} + \frac{d_{外}}{\alpha_{内} d_{内}} \qquad (4-39)$$

3. 若以管内表面积$A_{内}$为计算基准

$$\frac{1}{K_{内}} = \frac{A_{内}}{\alpha_{外} A_{外}} + \frac{\delta A_{内}}{\lambda_{壁} A_{m}} + \frac{1}{\alpha_{内}} \qquad (4-40)$$

4. 若考虑管壁外、内有垢层且以$A_{外}$为计算基准时

$$\frac{1}{K_{外}} = \frac{1}{\alpha_{外}} + R_{垢外} + \frac{\delta A_{外}}{\lambda_{壁} A_m} + R_{垢内} \times \frac{A_{外}}{A_{内}} + \frac{A_{外}}{\alpha_{内} A_{内}} \qquad (4-41)$$

以上 K 式中的 $A_{外}$、A_m、$A_{内}$ 可用对应的 $d_{外}$、d_m、$d_{内}$ 代替。上式中总热阻由五个串联分热阻组成。其中污垢热阻：指污垢对传热的阻力（无垢时传热面的热阻为零）。$R_{垢外} = 1/\alpha_{垢外}$，$R_{垢内} = 1/\alpha_{垢内}$。污垢热阻的倒数为污垢对流传热系数 $\alpha_{垢}$，指单位面积的污垢热阻，$W/(m^2 \cdot K)$。五个串联热阻的数量级不一样，常常是一两个热阻具有较大的数值，称这一两个热阻为关键热阻，关键热阻直接决定总热阻的大小。关键热阻减小，$R_{总}$ 减小快，K 增大，Q 增大。在实际生产中，尽可能降低关键热阻，来增加传热速率 Q。

换热设备在使用一段时间后，通常传热表面会有污垢积存，降低传热速率。尽管污垢层较薄，但热阻却很大。如仅产生 1mm 厚的水垢，其热阻相当于 2.5mm 厚的铝板的热阻。说明垢层大大降低了总传热系数，严重影响了传热效果。由于污垢热阻随换热器操作时间的延长而增大，因此在设计换热器时首先应考虑结垢的影响，换热器要根据具体工作条件定期清洗。由于污垢层的厚度和导热系数难以准确估计，因此常采用污垢热阻的经验值。常用液体的污垢系数 $\alpha_{垢}$，见表 4-3。常见气体及蒸汽的污垢系数 $\alpha_{垢}$，见表 4-4。选用时首选污垢系数小的材料。

表 4-3 常见液体的污垢系数 $\alpha_{垢}$

介质	$\alpha_{垢}\ [W/(m^2 \cdot K)]$	介质	$\alpha_{垢}\ [W/(m^2 \cdot K)]$
一般的水	1680~2900	冷冻盐液	1390
优质的水	2900~5800	苛性碱液	2900
海水（<50℃）	1390*	乙醇	5800
载热剂油及制冷剂	5800	一般稀无机物液	1160*
20% NaCl 液	1620*	轻有机化合物	5800
25% CaCl$_2$ 液	1390*		

* 表示比较安全的系数。

表 4-4 常见气体及蒸汽的污垢系数 $\alpha_{垢}$

介质	$\alpha_{垢}\ [W/(m^2 \cdot K)]$	介质	$\alpha_{垢}\ [W/(m^2 \cdot K)]$
轻有机蒸汽	1160	压缩空气	2900
水蒸气（不含油）	5800~11600	制冷剂蒸汽（含油）	2900
HCL 气体	1920	潮湿空气	3770
酸性气体	5.80	工业用溶剂及有机载热体蒸汽	5800
常压空气	5800~11600		

（四）讨论总传热系数 K

1. 当管壁薄或管径较大时 $A_{外} \approx A_{内} = A_m$（即 $d_{外} \approx d_{内} \approx d_m$），可按平壁计算。

$$\frac{1}{K} = \frac{1}{\alpha_{外}} + \frac{\delta}{\lambda_{壁}} + \frac{1}{\alpha_{内}} + R_{垢外} + R_{垢内} \qquad (4-42)$$

2. 当忽略管壁和污垢热阻时

$$\frac{1}{K} = \frac{1}{\alpha_{外}} + \frac{1}{\alpha_{内}} \qquad K = \frac{\alpha_{外}\,\alpha_{内}}{\alpha_{内} + \alpha_{外}} = f(\alpha_{内}, \alpha_{外}) \qquad (4-43)$$

（1）若 $\alpha_{外} \approx \alpha_{内}$ 时　即两侧 α 相差不大时，必须同时提高两侧的 α，才能提高 K 值。

（2）若 $\alpha_{内} \ll \alpha_{外}$ 时　如用饱和蒸汽（走管外，$\alpha_{外}$ 有相变），加热冷流体（走管内，$\alpha_{内}$ 无相变）$K \approx \alpha_{内}$，叫 $\alpha_{内}$ 控制。$\alpha_{内}$ 控制了 K 的大小，此时，关键热阻在管内，应设法提高管内的 α 值，方法有：增加管内流体的流速，在管内设计翅片以增加传热面积，选用黏度小的流体等。

（3）若 $\alpha_{外} \ll \alpha_{内}$ 时　则 $K \approx \alpha_{外}$，此时，关键热阻在管外，应设法提高管外的 α 值，方法有：增加管外流体的流速，在管外设置挡板以增加流体的湍动程度，选用黏度小的流体等。

即两侧流体的对流传热系数 α 相差较大时，则 $K \approx \alpha_{小}$，过程由 $\alpha_{小}$ 控制，关键在于提高较小的 α 以提高 K 值，增强传热。当采用翅片方法强化传热时，翅片应该加在 α 较小一侧最有效。

3. 若考虑垢层热阻　总传热量 Q 受 $\lambda_{小}$ 的（垢层厚）一侧所控制，要想提高 Q，则应重点考虑垢层厚度。垢层厚，$\lambda_{小}$ 的为关键热阻，应及时清除 $\lambda_{小}$ 的一侧污垢。

4. 结论　为了强化传热提高 Q 时，需要提高 K，减小 $R_{总}$，而总热阻是由热阻大的那一侧的对流传热 $\alpha_{小}$ 的所控制，在强化传热过程中，传热热阻大的一侧的传热系数小，要想传热快，提高对流传热系数小的一侧最有效。

（五）如何确定 K 值

在设计换热器时，总传热系数 K 值的来源有以下三个方面。K 值的计算比较繁琐，如果能在现场进行实测也是一种好方法，甚至有时候在现场进行粗略的估算，也可能有用。

1. 查找生产实际的经验数据　在有关手册或专业书中，都列有某些情况下 K 的经验值，参见表 4-5、表 4-6、表 4-7，常可供初步设计时参考。但应选用与工艺条件相仿、传热设备类似而较为成熟的经验 K 值作为设计依据。

2. 通过实验测定　现有换热器的有关数据，如流体的流量和温度等，再用总传热速率方程式计算 K 值，显然，实验测定可以获得较为可靠的 K 值。实测 K 值的意义不仅是为了提供设计换热器的依据，而且可以了解传热设备的性能，从而寻求提高设备生产能力的途径。

3. K 值的计算　K 值可以通过总传热速率方程 $Q = KA\Delta T_m$ 求得，在测试装置中用转子（或孔板）流量计测出流体的流量；用温度计测出两种流体的进、出口温度值，求出 ΔT_m；从手册中查出冷或热流体的定压比热容，进行热量衡算，求出 Q 值；再从换热器设计图中查出传热面积 A，即可求出 K。但是计算得到的 K 值往往与实际值相差较大，实测的 K 值往往偏小，主要是污垢造成，或冷、热流体的温度、流速、黏度等没有达到设计要求造成。总之，在采用计算方法得到的 K 值时应慎重，最好与前面两种方法对照，以确定合适的 K 值。

表 4-5　列管式换热器总传热系数 K 的经验值

冷流体	热流体	W/(m²·K)	冷流体	热流体	W/(m²·K)
水	水	850~1700	水	水蒸气冷凝	1420~4250
水	气体	17~280	气体	水蒸气冷凝	30~300
水	有机溶剂	280~850	气体	气体	10~40
水	轻油	340~910	有机溶剂	有机溶剂	115~340
水	重油	60~280	水沸腾	水蒸气冷凝	2000~4250
水	低沸点烃类冷凝	455~1140	轻油沸腾	水蒸气冷凝	455~1020

表 4 - 6　无相变时列管式换热器的 K 的经验值

管内	管间	W/（m² · K）
水	水（流速较高时）	815 ~ 1160
水（0.9 ~ 1.5m/s）	净水（0.3 ~ 0.6m/s）	580 ~ 700
盐水	轻有机物 $\mu < 0.5$cP	230 ~ 580
有机溶剂	有机溶剂 $\mu = 0.3 ~ 0.55$cP	200 ~ 230
冷水	轻有机物 $\mu < 0.5$cP	410 ~ 815
冷水	中等有机物 $\mu = 0.5 ~ 1$cP	290 ~ 700
水	气体	12 ~ 280

表 4 - 7　有相变时列管式换热器的 K 的经验值

管内	管间	W/（m² · K）
水溶液 $\mu = 2$cP 以上	水蒸气	570 ~ 2800
水溶液 $\mu = 2$cP 以下	水蒸气	1160 ~ 4000
水	有机蒸汽及水蒸气	580 ~ 1160
水	水蒸气	1160 ~ 4000
水	饱和有机溶剂蒸汽（常压）	580 ~ 1160

例 4 - 6　已知热水走管内，测得其流量为 2000kg/h，进口温度为 80℃，出口温度为 50℃；冷水走管外，测得进口温度为 15℃，出口温度为 30℃，逆流传热。查设计资料得传热面积为 2m² 的列管式换热器，求总传热系数 K 值，并说明实测 K 值的意义。

分析：（1）已知热流体的 $T_1 = 80$℃，$T_2 = 50$℃，求出定性温度 $T_m = 65$℃，查附录六可知 65℃热水的定压比热容 $C_p \approx 4.18 \times 10^3$J/（kg · K）。

（2）已知热流体的流量 $W_h = 2000$kg/h，求出热流体放出的显热：

$$Q = W_s C_p (T_1 - T_2) = 2000/3600 \times 4.18 \times 10^3 (80 - 50) = 6.97 \times 10^4 \text{W}$$

（3）求逆流时的平均温度差 ΔT_m：

$$
\begin{array}{ccc}
80℃ & \xrightarrow{\text{热水}} & 50℃ \\
30℃ & \xleftarrow{\text{冷水}} & 15℃ \\
\hline
50\text{K} & & 35\text{K}
\end{array}
$$

取 $\Delta T_1 = 50$K，$\Delta T_2 = 35$K

因 $\Delta T_1 / \Delta T_2 < 2$，用算术平均法求，$\Delta T_m = (\Delta T_1 + \Delta T_2)/2 = 42.5$K

（4）当传热面积 $A = 2$m² 时，实测的总传热系数

$$K = \frac{Q}{A \Delta T_m} = \frac{6.97 \times 10^4}{2 \times 42.5} = 820 \text{W}/（\text{m}^2 · \text{K})$$

（5）根据换热器制造厂家出厂时 K 值的设计数据，将实测的 K 值与之进行对照，可检查正在运行中的换热器的传热能力是否变差，评价换热器的换热效果，估计器壁的结垢情况。

若 $K_{测定} > K_{设计}$，不现实说明实测有误或各流量没有达到设计要求，重新测量。

若 $K_{测定} \approx K_{设计}$，正常说明换热器能达到设计时的效果。

若$K_{测定} \ll K_{设计}$，说明换热器效率太低，有待清除污垢或检修；或冷、热流体流量过小，没有达到设计时湍流的流速要求；或ΔT_m没有达到设计要求。

查表4-5可知列管式换热器的总传热系数的经验值$K = (850 - 1700)\,W/(m^2 \cdot K)$，因$K_{测定} < K_{设计}$，说明换热器的效率降低，传热能力变差。

例4-7 某药厂有一列管式换热器，管束由$\varphi25\,mm \times 2.5\,mm$的钢管组成。热流体$CO_2$走管内，流量为$5\,kg/s$，温度由$60\,℃$冷却到$25\,℃$。冷流体水走管外，与热流体逆流传热，流量为$3.8\,kg/s$，进口温度为$20\,℃$。已知管内$CO_2$的定压比热容$C_{p热} = 0.653\,kJ/(kg \cdot ℃)$，对流传热系数$\alpha_内 = 260\,W/(m^2 \cdot ℃)$；管外水的定压比热容$C_{p冷} = 4.2\,kJ/(kg \cdot ℃)$，对流传热系数$\alpha_外 = 1500\,W/(m^2 \cdot ℃)$；钢的导热系数$\lambda = 45\,W/(m \cdot ℃)$。若热损失和污垢热阻均可忽略不计，试计算换热器的传热面积。

分析：（1）根据热量衡算，求出热流体CO_2放出的显热

$$Q_{热放} = C_{p热} W_{s热}(T_1 - T_2) = 0.653 \times 5 \times (60 - 25) = 114.2750\,kW$$

（2）求冷水的出口温度t_2，因忽略热损失，则$Q_{热放} = Q_{冷吸}$

$$C_{p冷} W_{s冷}(t_2 - t_1) = 114.2750$$

$$4.2 \times 3.8 \times (t_2 - 20) = 114.2750$$

$$t_2 = 27.16\,℃ \approx 27\,℃$$

（3）求总传热系数K，钢管为圆筒壁，以管外表面积$A_外$为计算基准：已知钢管尺寸中$d_外 = 25\,mm$，$\delta = 2.5\,mm$，求出$d_内 = 25 - 2.5 \times 2 = 20\,mm$，因$\dfrac{d_外}{d_内} < 2$，用算术平均法求$d_m$，$d_m = \dfrac{d_外 + d_内}{2} = 22.5\,mm$。

$$\frac{1}{K_外} = \frac{1}{\alpha_外} + \frac{\delta}{\lambda_壁} \frac{d_外}{d_m} + \frac{1}{\alpha_内} \cdot \frac{d_外}{d_内} = \frac{1}{1500} + \frac{0.0025 \times 25}{45 \times 22.5} + \frac{25}{260 \times 20} \approx 0.0056$$

$$K_外 \approx 178.5714\,W/(m^2 \cdot ℃)$$

（4）求逆流时的传热推动力ΔT_m

$$
\begin{array}{ccc}
60\,℃ & \xrightarrow{\ \ 热流体\ \ } & 25\,℃ \\
27\,℃ & \xleftarrow{\ \ 冷流体\ \ } & 20\,℃ \\
\hline
33\,℃ & & 5\,℃
\end{array}
$$

取$\Delta T_1 = 33\,℃$，$T_2 = 5\,℃$

因$\Delta T_1 / \Delta T_2 > 2$，用对数平均法求

$$\Delta T_m = \frac{\Delta T_1 - \Delta T_2}{\ln \dfrac{\Delta T_1}{\Delta T_2}} = \frac{33 - 5}{\ln \dfrac{33}{5}} \approx 14.8376\,℃$$

（5）求传热面积A

$$A = \frac{Q}{K \Delta T_m} = \frac{114.275 \times 10^3}{178.5714 \times 14.8376} \approx 43.13\,m^2$$

第六节　换热器

PPT

冷、热流体进行热量交换以满足工艺要求的设备或装置，统称为热交换器，简称换热器。是制药、

化工、石油、动力、轻工等许多工业部门中应用最为广泛的设备之一。

一、换热器的要求和分类

（一）要求

由于用途、工作条件和物料特性的不同，出现了各种不同形式的传热设备，对换热设备基本要求如下。

1. 能满足生产工艺对压力、温度、流量、传热量等的要求。
2. 传热面积要大，占地面积小，传热效果好。
3. 流体阻力小，日常费用低。
4. 结构合理，便于清洗除垢。
5. 选材准、用材省、一次性成本低、能防腐、适用范围广。
6. 便于制造、安装和维修。

（二）分类

传热设备的种类很多，换热器的分类有很多种方法。

1. 按使用目的和用途不同，可分为冷却器、加热器、蒸发器、冷凝器、蒸馏塔、精馏塔、再沸器、废热回收等。

2. 按材料不同，可分为金属换热器（如钢、铝、铜等）和非金属换热器（如玻璃、陶瓷、塑料、石墨等）。

3. 按构成间壁式换热器的换热面不同特点，可分为管式换热器、板面式和翅片式换热器三大类，管式换热器是通过管子壁面进行传热，目前设计制造都比较成熟，按传热管的结构不同，又分为套管式、列管式、蛇管（盘管）式。管式换热器中应用最广的是列管式换热器，它又分为固定管板式、浮头式和 U 形管式，具有可靠性高、适应性广等优点。板面式换热器是冷、热流体通过板面进行传热的换热设备，也是间壁式换热器的另一种型式，由于金属板容易加工成不同的形状，板面式换热器又分为夹套式、螺旋板式、平板式、旋转刮板式。翅片式换热器又分为翅片管式和板翅式。

4. 按工作原理和冷、热流体的传热方式不同，可分为间壁式换热器、蓄热式换热器和混合式换热器三类。

二、间壁式换热器

间壁式换热器是指冷、热两种流体被固体壁面隔开，各自在一侧流动，热量通过固体壁面由热流体传给冷流体的换热设备。前已述及，由于生产中参与换热的冷、热流体绝大部分是不允许互相混合的，因此间壁式换热器是制药及化工生产中应用最多的一种传热设备。在间壁式换热器中，热量垂直通过间壁进行传递，与热流方向相垂直的间壁表面称为传热面。根据传热面的形状不同，换热器有管式和板式之分。目前企业在用的间壁式传热设备有以下形式。

（一）管式换热器 📱微课2

1. 套管式换热器 由直径不同的直管同心套合而成，其结构如图4-24所示。内管以及内管与外管构成的环隙作为载热体的通道，内管表面为传热面。每一段套管称为一程，总程数可根据所需的传热面积增减。相邻程的内管之间可用U形管连接，而外管之间则用管子连接。

优点：结构简单，制造容易，安装方便，能耐高压，传热面积可调，传热系数较大，并可实现纯逆流操作，有利于传热。缺点是单位换热器长度所具有的传热

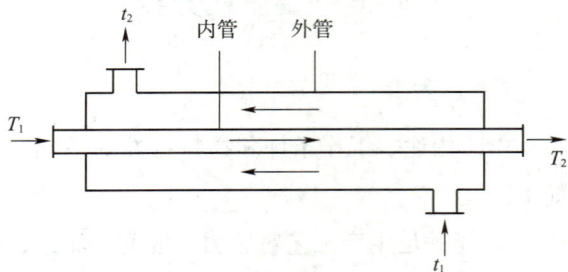

图4-24 套管式换热器

面积较小，且管间接头较多，易产生泄漏，环隙也不易清洗。一般用于传热面积不太大而要求压强较高或传热效果较好的场合。

2. 列管式换热器 当所需的传热面积较大时，套管的长度将会很长，列管式换热器用一束小管代替内管，克服了套管式换热器的传热面积仅限于一根内管的表面积的缺点。列管式换热器又称为管壳式换热器，由管壳、管束、管板、封头、挡板（折流板）、接管组成。双程换热器以上还有隔板，隔板分为管程隔板（指封头内的隔板）和壳程隔板（指管板间的隔板）。流体从换热器的一端流到另一端称为一个流程。两种流体分别在管内和管间两个空间流动，实现传热目的。流体在管内流动，其流程称为管程（管内），在管内流动的流体称为管程流体；另一种在壳与管束之间从管外表面流过的流体称为壳程流体。流体在壳内或管间环空隙流动，其流程称为壳程（管间即管外），管束的壁面即为传热面。流体在管内每通过管束一次称为一管程；流体在管外每通过壳体一次称为一壳程。管内流体自管束的一端进入，一次穿过管束并从另一端流出，称为单程管壳换热器，也叫单管程单壳程换热器，如图4-25所示。 📱微课3

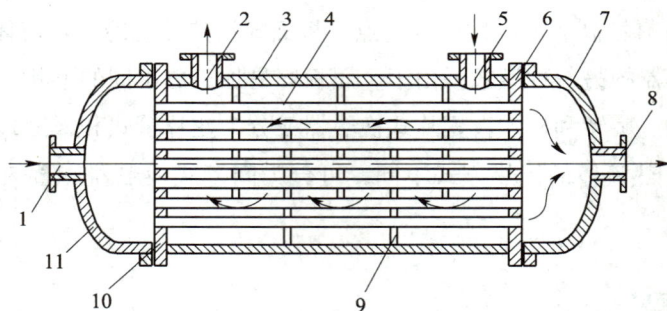

图4-25 单程列管式换热器（一管程一壳程）
1，2，5，8. 接管；3. 管壳；4. 管束；6，10. 管板；7，11. 封头；9. 挡板

为增大壳程的对流传热膜系数，通常在管外设置挡板（折流板），如图4-25所示。挡板的形式有环盘形、弓形、圆缺形（图4-26）。其目的是增加流体在换热器内停留的时间，让它们充分换热，以增强流体的湍动程度，增大对流传热系数，提高传热效果。

优点：是单位体积内所具有的传热面积较大，具有较大的操作弹性，传热效果较好，结构坚固，选材广泛，制造容易。因而在制药化工生产中有着广泛的应用，但结构复杂、成本高。

为增大管内流体的传热速率，增大 K，可在换热器两端的封头内添置适当的隔板，若加一块隔板将

单程列管式换热器的一个分配室等分为二，即构成双管程列管式换热器，如图 4-27 所示。管内流体先通过管束中的一半管子，后从另一封头改变流向通过另一半管子，流体质点在管内走的路程是管束长的两倍。我国有 1、2、3、4 壳程和 1、2、4、6、8 管程的列管式换热器。

图 4-26　换热器挡板的形式和流向

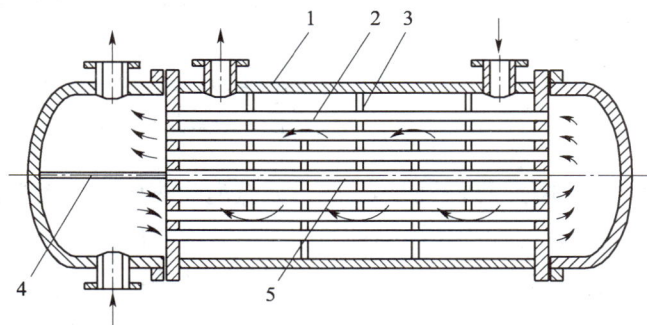

(a)环盘形　(b)弓形　(c)圆缺形

图 4-27　双管程列管式换热器（一壳程二管程）
1. 壳体；2. 管束；3. 挡板；4. 管程隔板；5. 壳程隔板

在列管式换热器内，由于冷、热流体的温度不同，因而管束和壳体的热膨胀程度也不同。若两流体的温差较大（50℃以上），产生的热应力可能造成壳体或管束变形，甚至弯曲、断裂或管板变形。因此，应采取相应的热补偿措施，以消除或减少热膨胀的影响。根据热补偿方法和形式的不同，列管式换热器有下列三种常用类型。

（1）固定管板式换热器　对于列管式换热器，若将两端的管板与壳体焊接成一体，则称为固定管板式换热器。如图 4-28 所示，当两流体的温度差较大时，管束与壳体的热膨胀程度不同，常考虑安装膨胀节（补偿圈），即在外壳的适当部位焊上一个补偿圈，能发生相应的弹性变形（拉伸或压缩），以适应外壳和管束的不同热膨胀程度。此种热补偿方法较为简单，但补偿能力有限，且不能完全消除较大的热应力，可用于冷、热流体温差不大（<70℃）及壳程压力不高（<600kPa）的场合。

优点：结构相对简单，造价较低，应用广泛。缺点：壳程不易机械清洗和检修。

图 4-28　带膨胀节的固定管板式换热器（一壳程四管程）
1. 放气嘴；2. 挡板（折流板）；3. 膨胀节（补偿圈）

（2）浮头式换热器　浮头式换热器的两端管板之一不与外壳固定连接，该端称为浮头，本身具有补偿能力，如图 4-29 所示。当管子受热或受冷时，管束连同浮头可在壳体内自由伸缩，而与外壳的膨胀无关。

图 4 - 29　浮头式换热器（二壳程四管程）

1. 管程隔板；2. 壳程隔板；3. 挡板；4. 浮头

优点：不但可以补偿热膨胀，完全消除热应力，而且由于固定端的管板是以法兰与壳体相连接的，因此管束可从壳体中拉出壳外，便于清洗或检修，适用于冷、热流体温差较大的情况。缺点：浮头式换热器的结构比较复杂，金属消耗量较多，造价也较高。在制药化工生产中有着广泛的应用。

（3）U 形管式换热器　若将每根换热管均弯成 U 形，并将管子的两端固定于同一管板上，因此每根管子可以自由伸缩，而与其他管子和壳体均无关，如图 4 - 30 所示。

优点：结构简单（无后管板和浮头），质量较轻，本身具有补偿能力。由于每根换热管都能在壳体内自由伸缩，因而可完全消除热应力。U 形换热管可拉出壳外，便于管外清洗，耐高温高压。缺点：管内不易清洗；换热管少，且管子需一定的弯曲半径，因而降低了管板的利用率。适用于高温高压、冷热流体温差较大的情况。

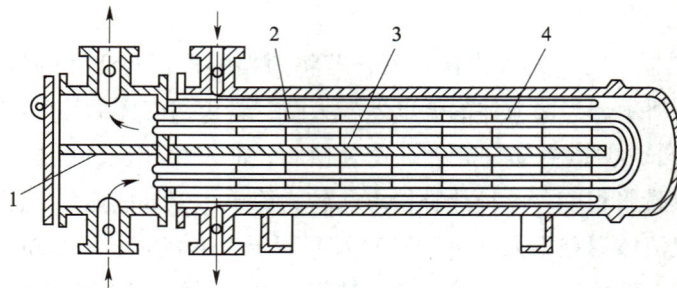

图 4 - 30　U 形管式换热器

1. 管程隔板；2. 挡板；3. 壳程隔板；4. U 形管

3. 蛇管式换热器　根据换热方式的不同，蛇管式换热器有喷淋式和沉浸式两类。

（1）喷淋式　喷淋式蛇管换热器的结构如图 4 - 31 所示，将蛇管成排地固定于钢架上，并排列在同一垂直面上，从而构成管内及管外空间，传热面为蛇管表面。多用于冷却管内热流体，冷却介质一般为水。工作原理是水由最上面的锯形槽均匀喷淋而下，被冷却的流体在管内自下部管进口流入，上部管出口排出，形成以错流为主并带逆流的热交换。

优点：传热推动力大，传热效果好，便于检修和清洗。水在外部受热后易汽化，对流传热系数大。缺点：占地面积较大，常安装在室外操作，喷淋不易均匀，并可能造成部分干管。注意水槽应水平放置，使淋水均匀，防止干管。

（2）沉浸式　沉浸式蛇管换热器的结构如图 4 - 32 所示，将金属管绕成各种各样与容器相适应的形状，并沉浸于容器内的液体中。工作原理是两种流体分别在蛇管内、外流动而进行热量交换。

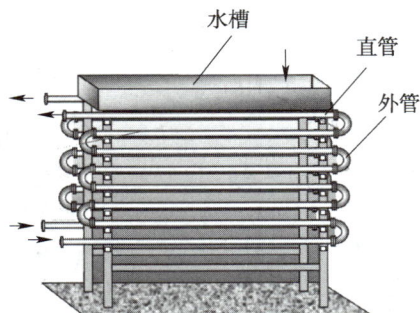

图 4-31 喷淋式蛇管换热器

图 4-32 沉浸式蛇管换热器
1. 容器；2. 蛇管

优点：结构简单，价格低廉，制造容易，管内能耐高压，用耐腐蚀的材料制造，管外易清洗。缺点：管内不易清洗，管外流体流动的湍动程度较差，因而对流传热系数及总传热系数较小，为此可缩小容器体积，或在容器内增设搅拌装置。常用于釜式反应器内物料的加热或冷却，以及高压或强腐蚀性介质的传热。

喷淋式与沉浸式相比，喷淋式蛇管换热器管外的冷却水可部分汽化，故对流传热系数大，传热效果好，清洗和检修比较容易。

(二) 板面式换热器

1. 夹套式换热器 壁外设夹套，夹套安装在容器外部，与容器壁形成一个密闭空间作为载热体的通道，另一个空间即为反应器内部。夹套通常用钢或铸铁制成，可焊在器壁上或者用螺钉固定在反应器的法兰或器盖上。虽然夹套式换热器的体积较大，但由于传热面仅为夹套所包围的反应器器壁，因而传热面积受到限制。有时为增加传热面积，可在釜内装设蛇管。由于反应器内物料的对流传热系数较小，故常在釜内安装搅拌装置，使物料作强制对流，以提高对流传热系数。由于夹套内难以清洗，因此只能通入不易结垢的清洁流体。当夹套内通入水蒸气等压力较高的流体时，其表压一般不能超过 0.5MPa，以免在外压作用下容器发生变形（失稳）。夹套换热器 K 的经验值参见表 4-8。

（1）优点 具有结构简单、造价低廉、适应性强等特点，常用于釜式反应器内物料的加热或冷却。在用水蒸气加热时，蒸汽应从上部接管进入夹套，冷凝水则从下部的疏水阀排出。当用冷却水或冷冻盐水冷却时，冷却介质应从下部接管进入夹套，以排尽夹套内的不凝性气体，从上部接管流出来。其最大的优点是边生产边传热，其他间壁式换热器都做不到。

（2）缺点 传热面积和总传热系数都较小。因此适用于传热量不太大的场合。

2. 螺旋板式换热器 将两张薄金属板分别焊接在一块分隔板的两端并卷成螺旋体，从而形成两个互相隔开的螺旋形通道，再在两侧焊上盖板和接管，即成为螺旋板式换热器，如图 4-33 所示。为保持通道的间距，两板之间常焊有定距柱。这样流体在雷诺数较低时，也可以产生湍流。通过这种优化的流动方式，流体的热交换能力得到了提高，而颗粒沉积的可能性下降。冷、热流体分别在两个螺旋形通道内流动，通过螺旋板进行热量传递。应用较为广泛，可以被焊接或用法兰连接在塔顶成为塔顶冷凝器，这样还可以实现多级冷凝。

表 4-8　夹套换热器 K 的经验值

	夹套内流体	釜中流体	器壁材料	W/(m² · K)	备注
用作加热器	水蒸气	溶液		390~1160	双层刮刀式搅拌
	水蒸气	水	铜	835	无搅拌
	水蒸气	溴化钾液	搪玻璃	357	有搅拌（加热精制）
	水蒸气	加热至沸腾的水	钢	1060	无搅拌
用作冷却器	水	硝基乙苯	钢	164	有搅拌（冷却结晶）
	水	普鲁卡因 NaCl	搪玻璃	135	有搅拌（冷却盐析）
	盐水	普鲁卡因溶液	搪玻璃	171	有搅拌（冷却盐析）
	盐水	溴化钾液	搪玻璃	198	有搅拌（冷却结晶）
	水	培养基	钢	215	有搅拌
	盐水	发酵液	钢	144	有搅拌
	盐水	四氯化碳	不锈钢	391	有搅拌
用作蒸发器	水蒸气	液体		290~1740	罐中无或有搅拌
	水蒸气	水	钢	1060~1400	无搅拌
	水蒸气	苯	钢	700	无搅拌
	水蒸气	二乙胺	钢	490	无搅拌

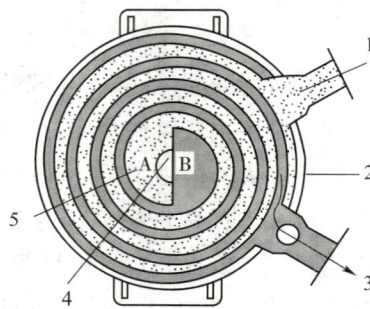

图 4-33　螺旋板式换热器

1. 冷流体进口；2. 壳体；3. 热流体出口；

4. 隔板；5. 金属板；A. 冷流体出口；B. 热流体进口

（1）优点　结构紧凑，单位体积内的传热面积较大，可实现完全逆流操作，ΔT_m 大，总传热系数较高，具有自冲刷作用，不易结垢和堵塞，能利用低温热源，精密控制温度。

（2）缺点　流动阻力较大，操作压力和温度不能太高，一旦发生内漏则很难检修。用于热源温度较低或需精密控制温度的场合。

3. 平板式换热器　由传热板片、密封垫片和压紧装置组成，其核心部件是长方形的薄金属板，又称为板片。为增加流体的湍动程度和传热面积，每块金属板的表面均被冲压成凹凸规则的波纹，如图 4-34 所示。将一组金属板片平行排列起来，并在相邻两板的边缘之间衬以垫片，用框架夹紧，即成为板式换热器。由于每块板的四个角上均有一个圆孔，因此当板片叠合时，这些圆孔就形成了冷、热流体进出的四个通道。其工作原理是两种流体分别在每块板的两侧流动，进行对流传热。

（1）优点　结构紧凑，金属材料消耗量低、加工容易、单位体积设备提供的传热面积较大，可根据需要增减板数以调节传热面积，操作灵活性大，易于清洗和检修，总传热系数较高，传热效率高。

（2）缺点　处理量不大，允许操作压力较低，操作温度也不能过高。因此，常用于所需传热面积不大及承受压力较低的场合。

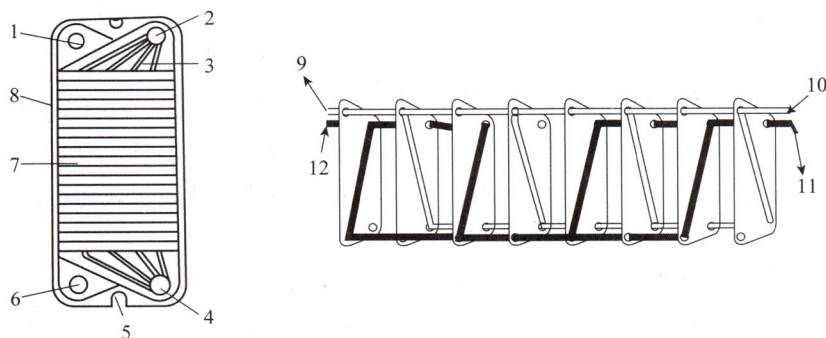

图 4 - 34　平板式换热器

1.2.4.6 圆孔；3. 导流槽；5. 定位缺口；7. 水平波纹；8. 密封槽；
9. 热流体出口；10. 热流体进口；11. 冷流体出口；12. 冷流体进口

（三）翅片式换热器

1. 翅片管式换热器　结构与列管式换热器相似，如图 4 - 35 所示，不同的是换热管的内表面或外表面上装有径向或轴向翅片，以增加管内或管外及管内外的传热面积。

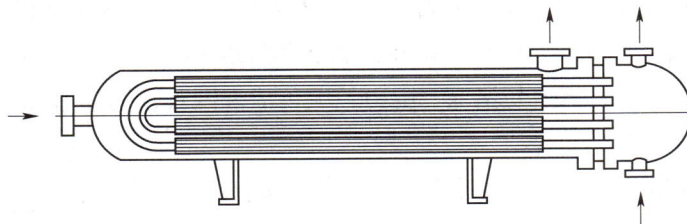

图 4 - 35　翅片管式换热器

常用翅片如图 4 - 36 所示，工作原理与列管式换热器相同。

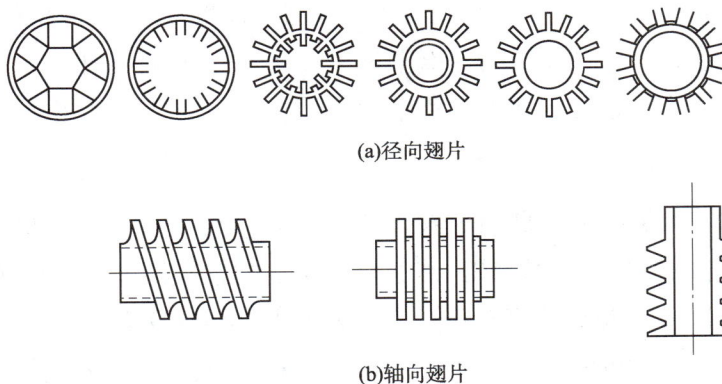

(a)径向翅片

(b)轴向翅片

图 4 - 36　常见翅片

（1）优点　采用翅片管既能增加传热面积，又能提高管外流体的湍动程度，从而可显著提高换热器的传热效果。

（2）缺点 加工困难，翅片与管的连接应紧密、无间隙。否则连接处的附加热阻可能很大，翅片连接处易产生高热阻，导致传热效果下降。常用于两种流体的对流传热系数相差较大的场合，如空气冷却器、空气加热器等，翅片常用在对流传热系数 α 较小（即关键热阻）的一侧。

2. 板翅式换热器 常用铝和铝合金材料制造。其结构是在两块平行的薄金属板间夹入波纹状或其他形状的翅片，两边以侧封条密封，即构成一个传热单元体，如图 4-37 所示。将各传热单元体以不同的方式组合在一起，并用钎焊固定，可制成逆流、并流或错流型板束，再将带有进、出口的集流箱焊接到板束上，即成为板翅式换热器。工作原理是冷、热流体在板两侧流动而实现传热。

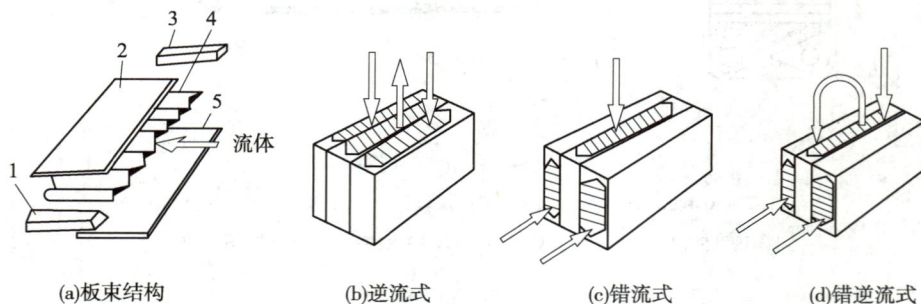

(a)板束结构　　　(b)逆流式　　　(c)错流式　　　(d)错逆流式

图 4-37　板翅式换热器

1、3. 侧板；2、5. 隔板；4. 翅片

（1）优点 结构紧凑，体积小，轻巧牢固，设备投资少，每立方米体积内的传热面积大，一般可达 $2500 \sim 4300 \mathrm{m}^2$；总传热系数较高，传热效果好，能承受高达 5MPa 的压力。适应性强，操作范围广。

（2）缺点 制造工艺复杂，流道易堵塞，阻力较大，清洗困难，内漏难以修复，铝质翅片易腐蚀，难检修，故介质要求清洁干净。

主要用于低温和超低温的场合，适应性大，可适用于多种介质的热交换。

目前，市场出现了一种螺旋缠绕管式换热器，相对传统换热器优点明显。

三、传热过程的强化

要想强化传热，提高总传热速率，就是力求用较小的传热面积或较小体积的传热设备来完成给定的传热任务，以提高传热过程的经济性。根据总传热速率方程 $Q = KA\Delta T_\mathrm{m}$ 可知，Q 与 K、A、ΔT_m 成正比，因此，采取的强化措施有增大 ΔT_m、A 或 K 三种方法。

（一）增大传热推动力 ΔT_m

ΔT_m 的增大，可通过提高加热剂温度或降低冷却剂温度来实现。但工艺流体的温度受到客观条件和工艺因素的限制，一般不能随意变动。如冷却用水的进口温度因气温的限制而不能降低，加热用蒸汽的温度受压力的限制也只能达到 $160 \sim 180℃$，不能再高。ΔT_m 增大同时会使有效能损失增大，因此两流体平均温度差的提高是有一定限度的。两流体变温传热时，尽可能从设备结构上保证采用逆流或接近逆流操作是最简单、快捷、经济的方法，如使用套管式换热器和螺旋板式换热器都能使冷、热流体实现纯逆流操作。

（二）增大传热面积 A

增大传热面积是强化传热的有效途径之一，直接接触传热或增加换热器单位体积设备所具有的传热面积，提高其紧凑性。需改进传热面结构，如采用不同异形管；开槽及在管外表面加装翅片；折流形式；多孔、还有波纹管、螺纹管等各种高效强化传热面代替光滑管。不过会增加设备投资费用，同时设备的体积显得笨重，因此也不是很好的办法。

（三）提高总传热系数 K

K 是换热器传热效果好坏的标志，强化传热的最有效途径是增大总传热系数，降低总热阻。总热阻是由冷、热流体两侧热阻、管壁热阻和污垢热阻组成，其中管壁热阻一般很小。

工程上提高 K 值可采用的措施：主要是减小金属壁、污垢及两侧流体等热阻中较大者的热阻。当金属壁很薄，导热系数较大且壁面无污垢时，则减小两侧流体的对流传热热阻是强化传热的关键。若两侧流体的对流传热系数 $\alpha_{内}$ 和 $\alpha_{外}$ 相差较大时，需要提高对流传热系数较小的 α 值，对提高 K 值，增强传热最有效。

一般无相变流体的 α 值较小，提高 α 值有以下显著措施。

1. 增大流体流速 相同管径的情况下主要是提高流体的流量或压力；相同流量情况下改小管径或减少管道阻力（如少弯头、少挡板等）。但流速增加也会使流体通过换热器的压力降 ΔP 增大，因此流速增大受到一定限制。

2. 提高传热面的粗糙度、改变传热面形状 这种方法能改变流体流动方向，提高流体扰动程度，能产生涡流，减小壁面层流膜厚度，以增大 α 值。

（1）把传热面挤压成皱纹、小凸起或烧结一层多孔金属层，增加粗糙程度。

（2）把传热面加工成波纹状、螺旋槽状、纵槽状、翅片状等。改变传热面形状不仅能增大 α 值，而且也扩展了传热面积，更能强化传热。

3. 在管内插入旋流元件 如在管内插入金属螺旋圈、麻花铁、纽带等，能增加壁面附件流体的扰动程度，减小层流底层的厚度，增大 α 值。

综上所述，改进和提高换热器的传热效率和性能是节省投资、节约能源、提高生产能力的重要途径。换热器的开发与研究，强化传热元件的开发与应用，始终是人们关注的课题。

四、换热器的选用

（一）考虑的因素

以列管式换热器的选用为例进行介绍。选择原则为传热效果好、结构简单、清洗方便。一般情况下，可考虑以下因素进行选择。

1. 生产工艺要求 冷热流体的流量、进出口温度、操作压力、工艺特点（腐蚀性、黏度等），冷、热流体的物性数据是选择换热器的主要依据。

2. 流体流速 流速影响对流传热系数和污垢的大小。流速增大，既能提高对流传热系数，又能减少结垢，从而可提高总传热系数，减少换热器的传热面积。但流速越大，流体流动阻力就越大，动力消耗就越多；流速减小，流体中颗粒沉积，甚至堵塞管路。适宜的流速可通过经济衡算来确定，也可根据经验数据来选取，但所选流速应尽可能避免流体在层流状态下流动。列管式换热器中常用的流速范围列于表 4-9、表 4-10、表 4-11。

表 4-9 列管式换热器中常用的流速范围

流体种类		低黏度流体	易结垢流体	气体
流速 u（m/s）选择范围	管程	0.5~3	>1	5~30
	壳程	0.2~1.5	>0.5	3~15

表 4 – 10　列管式换热器中易燃、易爆液体的安全允许流速

液体名称	乙醚、二硫化碳、苯	甲醇、乙醇、汽油	丙酮
安全允许流速（m/s）	<1	<2~3	<10

表 4 – 11　列管式换热器中不同黏度下液体的常用流速

液体黏度 $\mu \times 10^3$（Pa·s）	>1500	1500~500	500~100	100~35	35~1	<1
最大流速（m/s）	0.6	0.75	1.1	1.5	1.8	2.4

3. 流体流动途径　对于固定管板式换热器，流体走壳程（管外或管间）还是走管程（管内），一般由经验确定。通常不清洁或易结垢、腐蚀性大或压力高的流体宜走管程，需冷却的高温流体、待加热的低温流体、流量较小或黏度较大流体及饱和蒸汽宜走壳程。在选择流体流径时，应视具体情况，抓主要矛盾。通常情况下，应首先考虑流体压力、防腐蚀及结构清洗等要求，然后再校核对流传热系数和压强降，以便作出较恰当的选择。

4. 冷却介质用量和终温

（1）用水冷却热流体时，水的进口温度可根据当地的气候条件确定，但其出口温度需通过经济衡算来确定。为节约用水，可提高水的出口温度，但传热面积将增大或热流体的出口温度升高；反之，为减少传热面积，冷却水的用量将增加。一般情况下，冷却水两端的温度差控制在 5~10℃。水源充足的地区，可选较小的温差；水源不足的地区，可选较大的温差。

（2）冷却水终温最高不得超过 50℃，提高冷却水的终温，虽可减少冷却水的用量，节约电能和水源；但终温过高，水流量少，易出现严重的结垢，热流体温度升高不能满足工艺要求，且传热 ΔT_m 降低而不利于传热。

5. 换热管的规格和排列方式　我国目前试用的列管式冷却器系列标准中，最常用的管径规格仅有 $\phi 25mm \times 2.5mm$ 和 $\phi 19mm \times 2mm$ 两种。选择列管式冷却器的管径时应尽可能使流速高些，易结垢和黏度较大的液体宜采用较大的管径。管长有 1.5m、2m、3m 和 6m 四种规格，管长的选择是以清洗方便及合理使用管材为原则，长管不便于清洗且易弯曲。一般出厂的标准钢管长为 6m，则列管式冷却器管长的整数倍最好与它相等。管子在管板上的排列方式有直列和错列两种，常用的有正三角形排列（即等边三角形）、正方形直列和正方形错列，如图 4 – 38 所示。正三角形排列较紧凑，对相同壳体直径的换热器排的管子较多、传热面大、传热效果也较好，但管外清洗较困难；正方形直列则管外清洗方便，适用于壳程流体易结垢的情况，但其对流传热系数小于正三角形排列，若将正方形直列管束斜转 45° 安装，变为正方形错列，可适当增强传热效果。

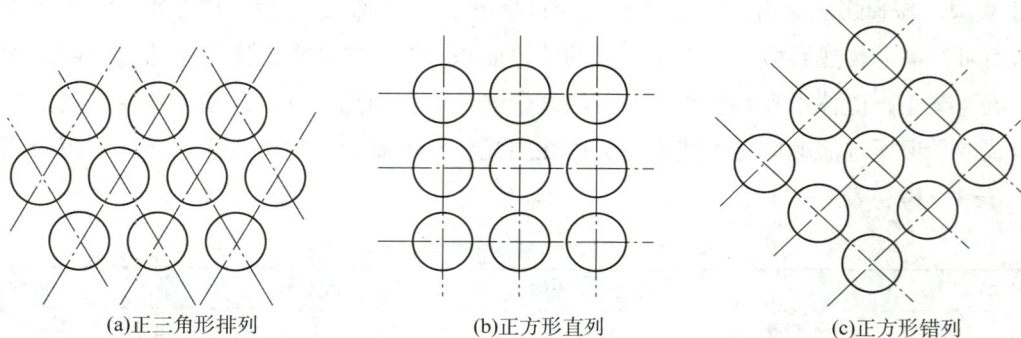

(a)正三角形排列　　(b)正方形直列　　(c)正方形错列

图 4 – 38　管子在管板上的排列

6. 管程和壳程数的确定　管程数是以两端封头内的管程隔板数来控制，当流体的流量较小或因传热面积较大而导致管程数很多时，管内的流速可能很低，而对流传热系数减小。为提高管内流体的流速，可采用多管程。但管程数也不宜过多，因为管程数越多，管程流体的阻力就越大，动力消耗也就越多。在列管式换热器的系列标准中，常用管程数有 1、2、4、6、8 五种规格（图 4 – 39）。

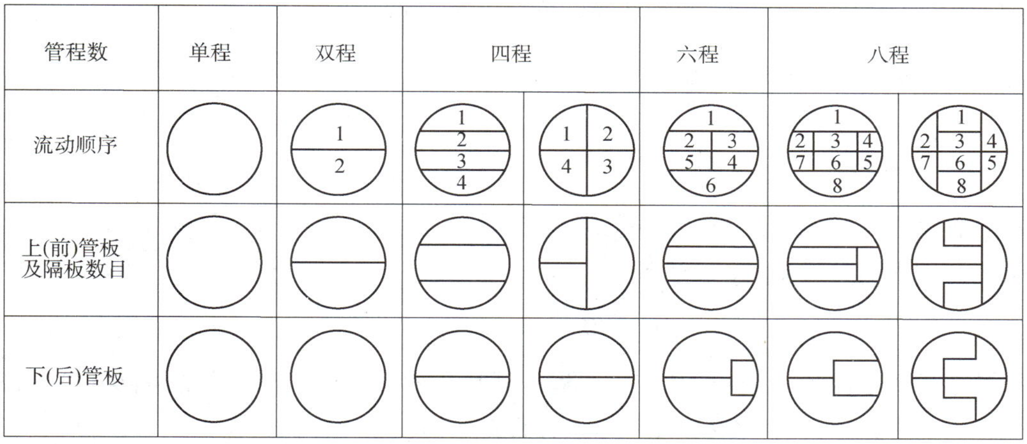

管程数	单程	双程	四程		六程	八程	
流动顺序	○	1／2	1 2 3 4	1 2 4 3	1 2 3 5 4 6	1 2 3 4 7 6 5 8	1 2 3 4 7 6 5 8
上(前)管板及隔板数目							
下(后)管板							

图 4 – 39　列管换热器的管程数与隔板的设置

　　壳程数是以壳程隔板来控制，当温度修正系数 $\psi < 0.8$ 时，可增加壳程数。但由于多壳程换热器的壳程隔板在制造、安装和维修方面比较困难，又会减少管束的数量及传热面，因而一般不采用多壳程换热器，而是将多台换热器串联使用。我国常用的壳程数有 1、2、3、4 四种规格。

　　7. 材料　换热器材料有金属和非金属两种。常用的金属材料有碳钢、不锈钢、低合金钢、铜和铝等；常用的非金属材料有石墨、玻璃和聚四氟乙烯等。

（二）选用步骤

常用的列管式换热器在我国都已实现标准化，要求根据生产任务选择合适的换热器。

1. 试算并初选设备规格

（1）根据工艺要求或物料特性确定流体在换热器中的流动途径。

（2）确定流体在换热器两端的温度，选择列管式换热器的型式；计算定性温度，并确定在定性温度下流体的性质，安排管程。

（3）根据传热任务计算热负荷 Q。

（4）计算平均温度差，并根据温度校正系数不应小于 0.8 的原则，决定壳程数。

（5）依据总传热系数的经验值范围，或按生产实际情况，选定总传热系数 K 选值。

（6）由总传热速率方程 $Q = KA\Delta T_m$，初步算出传热面积 A，并确定换热器的基本尺寸（如列管内径 d、管长 L、管数 n 及管子在管板上的排列等），或按系列标准选择设备规格。

（7）根据冷、热流体的操作压强、温度及流体的腐蚀性等来选用列管换热器的材料。

2. 根据初定的设备规格，计算管、壳程流体的流速和压强降　检查计算结果是否合理或满足工艺要求。若压强降不符合要求，要调整流速，再确定管程数或折流板间距，或选择另一规格的设备，重新计算压强降直至满足要求为止。

3. 核算总传热系数　计算管程、壳程对流传热系数 $\alpha_{内}$ 和 $\alpha_{外}$，确定污垢热阻 $R_{垢内}$ 和 $R_{垢外}$，再计算总传热系数 K'，比较 K 得初始值和计算值，若 $K'/K = 1.15 \sim 1.25$，则初选的设备合适。否则需另设 K 选值，重复以上计算步骤。

通常进行换热器的选择或设计时，应在满足传热要求的前提下，再考虑其他各项问题，它们之间往往是互相矛盾的。列如，若设计的换热器的总传热系数较大，将导致流体通过换热器的压强降（阻力）增大，相应地增加了动力费用；若增加换热器的表面积，可能使总传热系数和压强降降低，但又要受到安装换热器所能允许的尺寸的限制，且换热器的造价也提高了。

五、换热器的操作与维保 ⓔ 微课4

（一）启动之前的检查

1. 启动之前检查管线连接是否符合要求。
2. 排水（污）阀门是否关闭。

（二）运行

1. 先缓慢打开冷介质进出口阀门后，再缓慢打开热介质进出口阀门，均应缓慢升压、升温。为了稳定系统操作，可同步调节两侧流体的量（如有中间隔板应包括隔板两侧）。
2. 在充液时必须非常仔细地排气。
3. 根据进出口压力和温度的指示，调整阀门达到设定的工艺参数。
4. 在运行过程中，压力应稳定，避免忽高忽低。
5. 仔细观察换热器的运行情况，如温度、压力、向外泄漏等。
6. 在运行过程中，若发现有轻微泄漏，可在卸压状态下将压紧尺寸减小 $2 \sim 3mm$ 后再运行。
7. 如果换热器完全按照计划运行，那么此换热器可以进入正常使用。

（三）停运

1. 先关闭热介质进口阀门，然后再关闭冷介质进口阀门，所有阀门的关闭均应快速进行。
2. 如果长时间停运，应打开管道最低处的阀门，将设备内的残液排放干净。

（四）换热器的操作要点

1. 热蒸汽加热　必须不断排除冷凝水，否则积于换热器中，部分或全部变为无相变传热，传热效率下降。同时还必须及时排放不凝性气体，这是因为不凝性气体的存放使蒸汽冷凝的传热系数大大降低。

2. 热水加热　一般温度不高，加热速度慢，操作稳定，只有定期排放不凝性气体，才能保证正常操作。

3. 烟道气加热　一般用于生产蒸汽或加热、汽化液体。烟道气的温度一般较高，且温度不易调节，在操作过程中，必须时时注意被加热物体的液位、流量和蒸汽产量，还必须做到定期排污。

4. 导热油加热　其特点是温度高达400℃、黏度较大、热稳定性差、易燃、温度调节困难。操作时必须严格控制进出口温度，定期检查进出管口及介质流道是否结垢，做到定期排污、定期放空、过滤或更换导热油。

5. 水和空气冷却　操作时注意根据季节变化调节水和空气的用量，用水冷却时，还要注意定期清洗管路等。

6. 冷冻盐水冷却　其特点是温度低，腐蚀性较大，在操作时应严格控制进出口温度，防止结晶堵塞介质通道，要定期放空和排污。

7. 冷凝操作　需要注意的是定期排放蒸汽侧的不凝性气体，特别是减压条件下不凝性气体的排放。

（五）日常维护和保养

1. 列管式换热器的维护和保养

（1）保持设备外部整洁，保温层和油漆完好。

（2）保持压力表、温度计、安全阀和液位计等仪表和附件的齐全、灵敏和准确。

（3）发现阀门和法兰连接处渗漏时，应及时处理。

（4）开停换热器时，不要将阀门开得太猛，否则容易造成管子和壳体受到冲击，以及局部骤然胀缩，产生热应力，使局部焊缝开裂或管子连接口松弛。

（5）尽可能减少换热器的开停次数，停止使用时应将换热器内的液体清洗放净，防止冻裂和腐蚀。

（6）定期测量换热器的壳体厚度，一般两年一次。

2. 板式换热器的维护和保养

（1）保持设备整洁、油漆完好，紧固螺栓的螺栓部分应涂防锈油漆并加外罩。防止生锈和黏结灰尘。

（2）保持压力表、温度计灵敏、准确，阀门和法兰无渗漏。

（3）定期清理和切换过滤器，预防换热器堵塞。

（4）组装板式换热器时，螺栓的拧紧要对称进行，松紧适宜。

3. 翅片管换热器的维护和保养

（1）翅片管换热器应保持散热表面清洁，可用自来水冲洗，也可用压缩空气吹洗。

（2）工作 2～3 年后，应立即清洗蒸汽换热器的水管内腔，可用化学方法去除水垢。

（3）不使用时应放净管内剩水，长期不用也可在管内装满水，防止锈蚀。

（4）使用前须排除蒸汽换热器内的冷却水和混合空气，经预热处理后方可使用。

（六）换热器清洗的注意事项

1. 机械清洗　主要适用板式换热器，有用软刷刷并冲水、用高压软管冲洗、用水冲洗或布擦干等三种方法。

（1）三元乙丙橡胶垫片，其与有机溶剂的接触时间不得超过半小时。

（2）进行机械清洗时，应避免划伤板片和密封垫片。

（3）采用高压软管冲洗时，应在板片后支撑刚性板，以防止变形。

（4）清水冲洗后，请仔细检查板片和密封垫片，板面不允许有固体颗粒及纤维之类的杂物，密封垫片如有脱落、损坏应及时补黏、更换。

2. 化学清洗　根据结垢物的性质，可选用质量浓度≤4% 的碱性清洗剂或质量浓度≤4% 的酸性清洗剂进行清洗，清洗方法如下：清洗温度为 40～60℃，不拆开设备反冲洗，这种清洗要求事先要在介质进出口管路上接一管口，将设备与"机械清洗车"连接，把清洗液按介质流动相反的方向打入设备中，循环清洗时间 20～30 分钟，介质流速控制 0.1～0.2m/s 即可，最后再用清水循环 5～10 分钟至清洗水中 pH 为中性。

（1）采用此方法，应预先在设备安装时留有备用接管，并能使清洗液顺利排掉。

（2）进行反冲洗后必须用清水冲洗换热器。

（3）无论采取哪种方法，禁止使用盐酸清洗不锈钢管（板），也不能用氯离子含量大于 25mg/L 的水来制备清洗液或冲洗管（板）。

（七）换热器常见故障排除

换热器一般只要正常使用和维保，出现故障较少。一旦出现故障，处理办法见表 4-12。

表 4-12　换热器常见故障及处理办法

故障	处理办法
传热效率差	（1）检查冷、热流体流量，检查阀门开启状态 （2）检查进入换热器的流体是否清洁，排除结垢
传热管穿孔即内泄漏	（1）检查冷、热流体流量是否有变化，高压流体流量变小，低压流体流量增多，说明换热器有内漏，应停车，阻塞泄漏管 （2）停车检查分析判断是哪根管穿孔，将两端堵塞，可恢复生产
外泄漏（进出接管穿孔、法兰密封差）	（1）发生在法兰密封处，可再紧固法兰 （2）发生在壳体处，对于轻微低压，外泄，可用堵塞或加箍的方法临时解决，对于大量高压外泄的应停车补焊
流体的进出口压力差偏大	（1）有堵塞现象，或结垢严重引起，应停车清洗 （2）进出阀门开启小，尽量及时打开阀门
振动	（1）地脚螺丝松脱，应加以坚固 （2）流体的脉动，可改变流量，防止脉动 （3）吊架失效或基础不稳固，应加固吊架或基础
温度达不到工艺要求	（1）内泄引起，应停车堵管 （2）结垢引起，应停车洗管 （3）冷、热流体的流量、温度变化，应进行调节，满足工艺要求

（八）检修

经检查分析：发现换热器的总传热系数 K 减小，传热效果太差，达不到生产要求时，应请检修人员及时检修，用洗管机洗去管内污垢，堵漏等工作。检修分小修、中修和大修三类。

（1）小修　半年一次，修补保温层，补焊外泄漏，更换进出口阀门，加固吊架。

（2）中修　1~2 年一次，用机械、高压水或化学除垢方法，清洗换热器，更换个别换热管，检查管板和管子的腐蚀情况，为大修提供依据。

（3）大修　3~5 年一次，清除换热器的内外垢层，更换部分有泄漏的换热管。

知识链接

螺旋缠绕管式换热器

螺旋缠绕管式换热器又称螺纹管缠绕式换热器、螺旋螺纹管换热器，是新一代换热产品中的代表作品。主要适用于气液换热工况，是根据 CFD 计算流体力学技术、FEM 微分有限元技术、OWEN 湍流抖振频率准则、Eisinger 准则、Bevinsbbb 准则、非对称流设计等技术设计。目前在汽水换热工况换热系数最高可达 14000W/（m²·℃）。螺旋缠绕管式换热器产品包括螺旋缠绕管式换热器、可拆卸式、耐腐蚀式。该种换热器湍流效果好，换热效率高，杂质沉积概率小，结垢倾向低。螺旋缠绕结构，完全消除了换热管与管板之间的拉脱力，大大提高使用寿命。同等换热量下，体积约为传统换热器的 1/10，可节省宝贵的空间资源。同工况下与传统换热器相比，投资相差无几，每年却能为企业节省大量的运行成本。

尤其应用在制药行业和食品行业的溶媒和气体回收，效果非常明显。但对于黏度较大的物料或冷却介质不宜采用。

实践实训

实训四 套管换热器传热系数测定

一、实验目的

实际生产中需要评估换热器的传热能力时，需通过结构类似的换热器，对总传热系数 K 值进行实测或估算，学会传热过程的调节方法，学会分析、独立解决传热过程的问题，并了解影响总传热系数的工程因素和强化传热操作的工程途径。

学会确定换热器性能测定位点及流程；测定套管式换热器的总传热系数 K 及 K 的经验数据的查找及应用；测定空气在圆形直管中作强制对流的对流传热系数。

二、实验基本原理

1. 传热系数 K 的测定 根据传热基本方程式 $Q = KA\Delta T_m$，总传热系数可按 $K = Q/A\Delta T_m$ 计算。

式中，Q 为传热速率，W；A 为传热面积（换热管内表面积），m^2；ΔT_m 为冷、热流体的对数平均温差，K 或℃；K 为以内表面积为基准的传热系数，$W/(m^2 \cdot K)$。

当换热器的操作条件一定时，只要测出 Q、A 和 ΔT_m，则传热系数 K 即可求得。

（1）传热速率 Q　由空气的吸热速率求得

$$Q = W_s C_p (t_2 - t_1) = V_s \rho C_p (t_2 - t_1)$$

式中，V_s 为空气的体积流量，m^3/s；t_1、t_2 为空气的进口、出口的温度，℃；C_p 为空气的比热容，$kJ/(kg \cdot K)$，查定性温度 $(t_1 + t_2)/2$ 下的数值。

（2）传热面积 $A_内$　按内表面积计算，单位为 m^2。

$$A_内 = \pi d_内 L$$

（3）对数平均温差 ΔT_m

$$\Delta T_m = \frac{(T - t_1) - (T - t_2)}{\ln\left(\dfrac{T - t_1}{T - t_2}\right)}$$

式中，T 为热流体蒸汽的温度，℃。

2. 对流传热系数 α 测量 根据空气在管内的对流传热速率 $Q = \alpha A\Delta T_m$，对流传热系数 α 可按 $\alpha = \dfrac{Q}{A\Delta T_m}$ 计算，如果测出 Q、A 和 ΔT_m，则对流传热系数即可求得。

（1）对流传热速率 Q　稳定传热过程中，对流传热速率与总传热速率相等。

（2）对流传热面积 A　空气在管内流动，对流传热面积为内管的内表面积。

（3）对流传热平均温差 ΔT_m

$$\Delta T_m = \frac{(T_w - t_1) - (T_w - t_2)}{\ln\left(\dfrac{T_w - t_1}{T_w - t_2}\right)}$$

式中，T_w 为换热器内壁温度，℃，因金属管壁热阻很小，可认为内、外壁温度相等。

三、实验设备与流程

冷空气经风机 1 流入进气管，进入套管换热器 3 内管，在套管换热器中冷空气被加热，测出空气的进出口温度，热流体蒸汽 4 进入换热器套管放出热量，部分蒸汽冷凝，冷凝液经排出口 5 排出，测出蒸汽的进出口温度，流程如图 4－40 所示。本实验装置由两套套管换热器构成：一套内管是光滑管，另一套内管是螺旋槽管，两套的流程完全相同。光滑管和螺旋槽管均为黄铜管，换热管长 1.224m，管内径 17.8mm，管外径 20mm，螺旋槽管的表面积因没有准确的计算方法，也按光滑管面积计算。

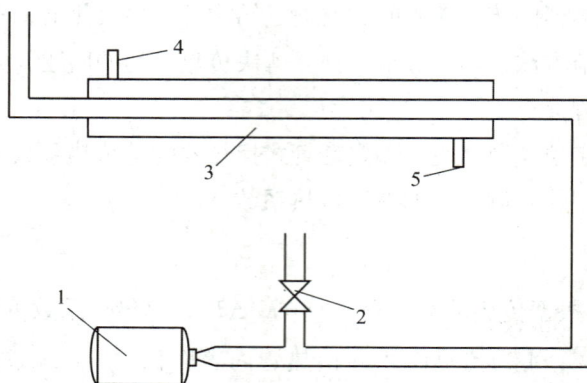

图 4－40　传热实验装置图
1. 风机；2. 旁路调节阀；3. 套管换热器；4. 水蒸气进口；5. 冷凝液出口

实验流程中所用仪器如下。

1. 温度测量　普通玻璃温度计、热电阻温度计和热电偶温度计。

2. 流量测量　孔板流量计、转子流量计、涡轮流量计等。

3. 压力测量　U 形管压力计、斜管压力计、弹簧压力计等。

根据实验原理和给定套管换热器，选择适合的测定仪器，确定实验测定位点，设计实验的流程、操作步骤，最后测定套管换热器的总传热系数，空气的对流传热系数。

四、实验操作步骤

1. 启动风机前，全开旁路调节阀门；启动风机后，用旁路调节阀控制空气流量。

2. 打开蒸汽排气阀，开启蒸汽进气阀门，排除不凝性气体及冷凝水。

3. 每次测取数据必须在系统稳定后进行。

4. 实验操作完后，先关闭蒸汽阀门再关闭风机开关。

5. 两套套管换热器不能同时进行测定实验。

6. 注意水蒸气发生器的釜压不能过高，以免发生危险。

五、实验数据记录与实验结果

1. 实验数据记录　具体记录于表 4－13、表 4－14 中。

实验设备：

实验介质：

管长：　　　　　　（m）

管径：　　　　　　（mm）

表4-13　光滑管实验原始数据记录表

	1	2	3	4	5	6	7	8
孔板压差 ΔP（Pa）								
空气表压 P_1（kPa）								
空气进口温度 t_1（℃）								
空气出口温度 t_2（℃）								
导热壁温度 T_w（℃）								
水蒸气温度 T（℃）								

表4-14　螺纹管实验原始数据记录表

	1	2	3	4	5	6	7	8
孔板压差 ΔP（Pa）								
空气表压 P_1（kPa）								
空气进口温度 t_1（℃）								
空气出口温度 t_2（℃）								
导热壁温度 T_w（℃）								
水蒸气温度 T（℃）								

2. 结果整理　将测得实验数据进行整理，填在表4-15中。

表4-15　实验数据整理结果

项目	光1	光2	光3	光4	光5	光6	光7	光8
	螺1	螺2	螺3	螺4	螺5	螺6	螺7	螺8
对数平均温度差 ΔT_m（℃）								
对流传热平均温差 ΔT_m（℃）								
空气密度 ρ（kg/m³）								
空气质量流量 W_s（kg/s）								
传热速率 Q（W）								
总传热系数 K [W/(m²·K)]								
对流传热系数 α [W/(m²·K)]								

六、思考题

1. 根据实验数据分析空气流速对对流传热系数 α 和总传热系数 K 的影响。

2. 比较本实验中对流传热系数 α 与传热系数 K 的大小，分析为什么？

3. 根据换热器制造厂家出厂时 K 值的设计数据，将实测的 K 值与之进行对照，有什么实际意义？

七、实验报告要求

1. 实验目的。

2. 主要设备名称。

3. 画出测定装置流程图的方框图。

4. 实验操作步骤。

5. 实验数据记录及处理（数据计算过程）。

6. 实验总结（书写实验中的体会、个人看法和反思等）。

7. 思考题解析。

目标检测

答案解析

一、简答题

1. 简述傅里叶定律中的导热系数在实际应用中的物理意义。

2. 对流传热系数与导热系数是否相同？影响对流传热系数的因素有哪些？

3. 现有一个制药厂建在地表水缺乏的地区，根据勘探资料，该地区的地下水资源比较充裕，试为该制药厂设计一套冷却水使用方案。

4. 一个大气压下，$30\,℃$ 的水经加热后变成 $120\,℃$ 的蒸汽，发生了怎样的热量交换过程？怎样计算吸收的总热量？

5. 换热器中的冷、热流体在变温条件下操作时，为什么多采用逆流传热？在什么情况下可以采用并流传热？

6. 间壁式换热过程中有哪些热阻？什么是关键热阻？

7. 在日常生活中炒锅和水壶使用一段时间后，内、外有污垢对传热有无影响？在传热设备中，若存在水垢、灰垢对传热过程会产生什么影响？日常生活和实际工作中如何防止结垢？

8. 在设计列管式换热器时，为了强化传热，最有效的措施是增大总传热系数 K，如何增大 K 值？

二、应用实例题

1. 红砖平壁墙的内壁温度为 $600\,℃$，外壁温度为 $150\,℃$，砖壁的导热系数 λ 为 $1.0\,W/(m \cdot K)$ 即 $1.0\,W/(m \cdot ℃)$，通过红砖壁的热流强度为 $1960\,W/m^2$，则该红砖壁的壁厚为多少米？

2. 炉壁内层由耐火砖组成，其厚度为 $500\,mm$、导热系数为 $1.163\,W/(m \cdot K)$；外层由普通砖组成，其厚度为 $250\,mm$、导热系数为 $0.582\,W/(m \cdot K)$，该炉壁的内壁温度为 $1200\,℃$，外壁温度为 $80\,℃$。试求：（1）每秒每平方米炉壁面的热损失；（2）耐火砖与普通砖界面的温度。

3. 蒸汽管道的内外直径分别为 $68\,mm$ 和 $100\,mm$，导热系数 $\lambda_1 = 63\,W/(m \cdot ℃)$，内表面温度为 $140\,℃$，现采用玻璃棉垫料保温，$\lambda_2 = 0.053\,W/(m \cdot ℃)$，若要求保温层外表面的温度不超过 $50\,℃$，且蒸汽管道允许的热损失为 $50\,W/m$，则玻璃棉垫料保温层的厚度至少为多少毫米？

4. 常压下，空气在管长为 4m，管径为 φ60mm×3.5mm 的钢管中流动，流速为 10m/s，温度由 150℃升至 250℃。试求：（1）管壁对空气的对流传热系数；（2）若空气的流速升高至 15m/s，管壁对空气的对流传热系数。

5. 有一板式传热器，热流体的进、出口温度分别为 80℃、50℃，冷流体进、出口温度分别为 10℃、30℃，求并流和逆流布置时的传热平均温度差分别为多少？比较大小后可得出什么结论？

6. 已知质量流量为 1kg/s，试计算：（1）常压下，空气由 20℃升温至 80℃时所吸收的热量；（2）120℃的饱和水蒸气冷凝为 120℃的水时所放出的热量。

7. 现将 5000kg/h 的干空气由 10℃加热到 110℃。采用间壁加热器，用 0.49MPa（表压）的饱和水蒸气加热，不计热损失。试求蒸汽消耗量为多少？

8. 某制药厂有一台列管换热器的传热面积为 1.85m²，热水走管内，冷水走管间，逆流传热。已测出热水流量为 2000kg/h，水的定压比热 C_p = 4.18kJ/（kg·K），热水进、出口温度为 50℃与 40℃。冷水进、出口温度为 10℃与 23℃。已知设计时总传热系数 K 为 850～1700W/（m²·K），试求该换热器的 K 值，并评价换热器的传热能力是否变差？

书网融合……

知识回顾　　微课1　　微课2　　微课3　　微课4　　习题

第五章　蒸发与结晶

学习引导

湿衣服在晾晒时，水分逐渐蒸发，会晾干；面包放久了，水分蒸发，会脱水变硬。日常生活中食用的食盐也大多来自海水晾晒，海水经蒸发、结晶后可获得含有少量泥沙和杂质的粗盐。生产中，要将溶液中的溶质与溶剂进行分离，常用蒸发和结晶的方法来实现。如何高效地进行蒸发与结晶？常用的节能蒸发器和结晶器主要有哪些？如何进行蒸发器与结晶器的操作维护和保养？

本章主要介绍蒸发与结晶的概念及单效蒸发的计算、多效蒸发流程，常用蒸发器与结晶器的结构、应用及操作、维护和保养。

学习目标

1. **掌握**　单效蒸发的水分蒸发量、蒸汽消耗量及蒸发器传热面积的计算；真空蒸发；结晶过程及控制。

2. **熟悉**　单效和多效蒸发操作的流程；常用蒸发器与结晶器的结构与特点；蒸发器与结晶器的操作、维护和保养。

3. **了解**　蒸发的特点；蒸发过程；结晶过程的工业应用与分类。

第一节　蒸　发

PPT

一、概述

蒸发是将含有不挥发溶质的溶液加热至沸腾，使其中部分溶剂汽化并被移出，从而提高溶液浓度的过程。它是一种浓缩溶液的单元操作，在制药化工生产中有着广泛的应用，尤其是在制剂与中药提取生产中，蒸发通常是一道重要的操作工序。

被蒸发的溶液是由不挥发的溶质与可挥发性的溶剂组成，所以蒸发也是不挥发溶质与挥发性溶剂相分离的过程。蒸发的目的是使溶液浓缩或回收溶剂，以便得到有效成分的结晶或制成浸膏。在化学药物合成时，一般反应多在稀溶液中进行，其中间产品及产品就溶解于该溶液中，为了使其结晶析出，也需要进行蒸发。

蒸发的方式有自然蒸发与沸腾蒸发两种，沸腾蒸发是在大于等于沸点温度下的蒸发，溶液的各个部分几乎都同时发生汽化，效率较高，故制药生产中多采用沸腾蒸发。

（一）蒸发操作必须具备的条件

1. 蒸发操作所处理的溶液中溶剂具有挥发性，而溶质不具有挥发性。

2. 要不断地供给热能使溶液沸腾汽化，由于溶质的存在，使蒸发过程中溶液的沸点温度高于纯溶剂的沸点。

3. 溶剂汽化后要及时地排除，否则，溶液上方蒸汽压力增大后，影响溶剂的汽化；若蒸汽与溶液达到平衡状态时，蒸发操作将无法进行。

（二）蒸发操作的分类

1. 按加热方式分类 可分为直接加热和间接加热，一般工业蒸发过程多采用的是饱和水蒸气间接加热操作。

2. 按蒸发器的效数分类 可分为单效蒸发和多效蒸发，工业生产中被蒸发的物料多为水溶液，且通常用饱和水蒸气为热源通过间壁加热。习惯上将热源蒸汽称为生蒸汽或一次蒸汽，而从蒸发器汽化生成的蒸汽称为二次蒸汽。蒸发的二次蒸汽不再被利用时，称为单效蒸发；若将二次蒸汽引入另一压力较低的蒸发器中作为加热蒸汽再利用，称为多效蒸发。生产实际中，为了综合利用热能，常常利用二次蒸汽作为另一个蒸发器的热源使用。

3. 按操作压强分类 可分为常压蒸发、真空蒸发和加压蒸发，工业生产中一般用常压蒸发和真空蒸发。

4. 按操作方式分类 可分为间歇蒸发和连续蒸发。

在制药化工生产中，以水溶液的蒸发最为常见。本章将针对溶剂为水的蒸发过程，重点介绍蒸发操作的工艺流程、工艺计算、典型蒸发设备类型及操作维护保养。

二、蒸发方式

（一）单效蒸发和真空蒸发

1. 单效蒸发流程 如图 5-1 所示。蒸发系统主要由加热室、蒸发室（内部有除沫装置和气液分离装置）、冷凝器、受水器及连接管件等构成，其中真空泵、冷却塔和水泵是系统选配部件。加热室内有若干加热管（通常为列管式、可实现逆流、间壁传热），原料液自加热室底部进入加热管管程中，锅炉蒸汽从上部进入加热室壳程将管程中的料液加热（蒸汽冷凝水由加热室下部排出）。被加热的料液在真空作用下从喷管被切向吸入蒸发室，料液在蒸发室中失去了加热源，一部分料液在惯性和重力的作用下螺旋下降，同时蒸发产生的气体在真空作用下，进入冷凝器。螺旋下降的料液从蒸发室底部弯道回到加热室，再次受热又喷入蒸发室形成循环，蒸发室内产生的二次蒸汽经蒸发室顶部的除沫装置和气液分离装置除去其夹带的液沫后进入冷凝器，被循环冷却水冷凝，冷凝水流入受水器经排水阀排出。如此循环，直至浓缩至规定浓度后，由蒸发室底部回到加热室底部排出，此时的溶液称为浓缩液（或完成液）。

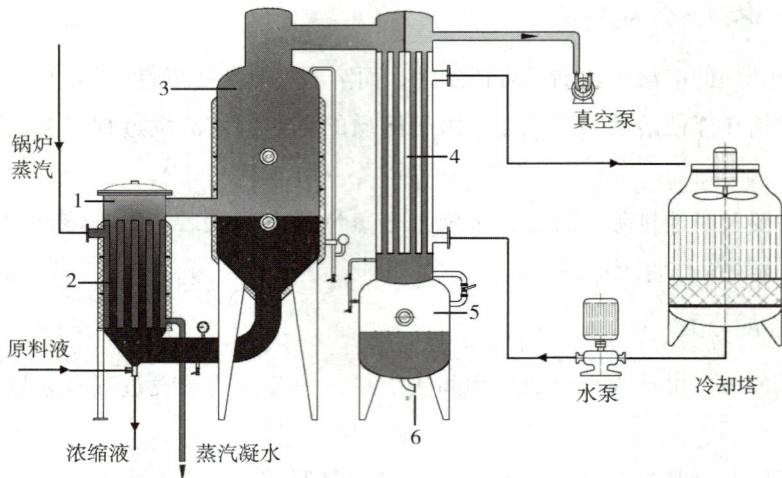

图 5-1 单效蒸发流程

1. 加热室；2. 加热管；3. 蒸发室；

4. 冷凝器；5. 受水器；6. 排水阀

2. 单效蒸发的计算

（1）水分蒸发量的计算　水分蒸发量是单位时间从溶液中蒸发出来的水量，以 W 表示，单位 kg/h，蒸发器的蒸发量亦是蒸发器的生产能力。设原料液中溶质的浓度（质量分数）为 ω_1，完成液中溶质的浓度（质量分数）为 ω_2，原料液量为 F，单位 kg/h，由物料衡算得

$$F\omega_1 = (F - W)\omega_2 \tag{5-1}$$

所以水分的蒸发量

$$W = F\left(1 - \frac{\omega_1}{\omega_2}\right) \tag{5-2}$$

（2）加热蒸汽消耗量　在蒸发器中加热蒸汽所放出的热量，主要是供给产生二次蒸汽所需要的潜热，还要供给使溶液加热到沸点及损失到外界的热量 $Q_损$，所以加热蒸汽的消耗量是上述三者之和。即热平衡方程为

$$DR = W\gamma + Fc_均(t_1 - t_0) + Q_损 \tag{5-3}$$

式中，D 为加热蒸汽消耗量，kg/h；W 为水分蒸发量即二次蒸汽产生量，kg/h；γ 为蒸发压力下水的汽化热，kJ/kg；R 为加热蒸汽的汽化热，kJ/kg；t_0 为原料液的平均温度，K；t_1 为蒸发器中溶液的沸点，K；$c_均$ 为原料液平均比热容，kJ/(kg·k)；F 为原料液处理量，kg/h。

由式（5-3）得

$$D = \frac{W\gamma + Fc_均(t_1 - t_0) + Q_损}{R} \tag{5-4}$$

定义 $e = D/W$，称为单位蒸汽消耗量，即每汽化 1kg 水需要消耗的加热蒸汽量，kg 蒸汽/kg 水。这是蒸发器的一项重要技术经济指标。

若原料液在沸点下加入，则 $t_1 = t_0$，若忽略热损失，则 $Q_损 = 0$，式（5-4）可简化为 $D = \dfrac{W\gamma}{R}$；在较窄的饱和温度范围内，水的汽化热值变化不大，近似认为 $R \approx \gamma$，则，$D \approx W$，$e \approx 1$，也就是在上述各假设条件下，采用单效蒸发时，蒸发 1kg 水消耗 1kg 的加热蒸汽。实际上，由于溶液热效应的存在和热量

损失不能忽略，通常情况下 $e \geqslant 1.1$。

（3）蒸发器的传热面积计算 根据传热基本方程，得出传热面积 A 为

$$A = \frac{Q}{K\Delta t_{均}} \tag{5-5}$$

式中，$\Delta t_{均}$ 为传热平均温差，℃。

若忽略热损失

$$A = \frac{W\gamma + Fc_{均}(t_1 - t_0)}{K\Delta t_{均}} \tag{5-6}$$

为了计算传热面积 A，需求出 K 及 $\Delta t_{均}$，现分别讨论如下。

1）K 值 可根据实验或查取经验数值确定。

2）传热温度差 $\Delta t_{均}$ 蒸发可近似视为恒温传热，加热蒸汽的温度一般是恒定的，而溶液的沸点随溶液浓度变化，在蒸发过程中逐渐升高，因而传热温度差在蒸发过程中逐渐变小。

在计算传热面积时，应按最小温度差计算，即由溶液的沸点 t_1 来计算，这样求出的传热面积才能满足全部蒸发过程的需要。故有

$$\Delta t_{均} = T - t_1 \tag{5-7}$$

式中，T 为饱和蒸汽的温度，℃。

例 5-1 用真空蒸发器将原料液由 20% 浓缩至 50%（均为质量分数），每小时的处理量为 9000kg，操作压力为 66.7kPa（真空度），沸点为 70℃，加热蒸汽为 392kPa（绝压），冷凝水在其冷凝温度时排出。忽略损失于周围的热量。实验测定升膜蒸发器的传热系数 $K = 1750 \text{W}/(\text{m}^2 \cdot \text{K})$。求沸点进料条件下每小时水分蒸发量、蒸汽消耗量及蒸发器的传热面积。

分析：（1）求水分蒸发量

$$W = F\left(1 - \frac{\omega_1}{\omega_2}\right) = 9000\left(1 - \frac{0.2}{0.5}\right) = 5400 \text{kg/h}$$

沸点进料条件下每小时水分蒸发量为 5400kg。

（2）求加热蒸汽消耗量 从附录十一饱和水蒸气表查得：70℃ 水的汽化热，$\gamma = 2331.2 \text{kJ/kg}$；从附录十二查得：392kPa 时，加热蒸汽的汽化热 $R \approx 2139.9 \text{kJ/kg}$，又 $Q_{损} = 0$，故

$$D = \frac{W\gamma}{R} = \frac{5400 \times 2331.2}{2139.9} = 5882.7 \text{kg/h} = 1.63 \text{kg/s}$$

$$e = \frac{D}{W} = \frac{5882.7}{5400} = 1.09$$

即每蒸发 1kg 水需要 1.09kg 加热蒸汽。

（3）求蒸发器的传热面积 已知 $t_0 = 70℃$，查附录十二饱和水蒸气表，可得 392kPa 时的饱和蒸汽温度 $T \approx 143℃$，

$$A = \frac{Q}{K\Delta t_{均}} = \frac{1.63 \times 2139.9 \times 10^3}{1750 \times (143 - 70)} = 27.3 \text{m}^2$$

蒸发器的传热面积为 27.3m²。

3. 真空蒸发 真空蒸发时溶液侧的操作压力低于大气压，要依靠真空泵抽出不凝气体并维持系统的真空度，其目的是为了降低溶液的沸点和有效利用热源。与常压蒸发操作相比，真空蒸发具有下列优点。

（1）在加热蒸汽压力相同的情况下，真空蒸发时溶液沸点低，传热温度差增大，可相应减小蒸发器的传热面积。

（2）可以蒸发不耐高温的溶液。

（3）可以利用低压蒸汽或废蒸汽作加热剂。

（4）操作温度低，热损失较小。

真空蒸发的缺点是为保持蒸发器的真空度，需要增加额外的能量消耗，真空度愈高，消耗的能量也愈大；同时，溶液沸点下降，随之黏度增大，使对流传热系数减少。应通过经济核算来选择合适的蒸发操作压力。

> **即学即练 5 – 1**
>
> 想想制药化工厂，有哪些单元操作需要用真空？
>
> 答案解析

（二）多效蒸发

蒸发操作能量消耗较大，其能耗高低直接影响着生产成本，因此，如何节能，特别是如何有效利用二次蒸汽降低成本，具有非常重要的意义。

1. 多效蒸发原理　蒸发操作中，二次蒸汽的产量较大，且含有大量的潜热，应将其加以回收利用。另外，蒸发操作的费用主要是汽化溶剂（水）所消耗的蒸汽及动力费。在单效蒸发中，每蒸发 1kg 水通常都需要消耗多于 1kg 的加热蒸汽。在大型工业生产过程中，当蒸发大量水分时，势必要消耗大量的加热蒸汽。为减少加热蒸汽的消耗量，可采用多效蒸发，即将几个蒸发器彼此连接起来协同操作。其原理是利用减压的方法使后一效蒸发器的操作压力和溶液的沸点均较前一效蒸发器的低，使前一效蒸发器引出的二次蒸汽作为后一效蒸发器的加热蒸汽，且后一效蒸发器的加热室成为前一效蒸发器的冷却器。按此原则将几个蒸发器顺次连接起来协同操作以实现二次蒸汽的再利用，从而提高加热蒸汽利用率的操作称为多效蒸发，每一个蒸发器称为一效。

通入生蒸汽的蒸发器称为第一效，利用第一效的二次蒸汽作为加热蒸汽的蒸发器称为第二效，利用第二效的二次蒸汽作为加热蒸汽的蒸发器称为第三效，以此类推。由于多效蒸发可以节省加热蒸汽用量，所以在蒸发大量水分时，广泛采用多效蒸发。

2. 多效蒸发流程　在多效蒸发中，根据料液与二次蒸汽之间的流向关系，多效蒸发操作流程可分为顺流加料、逆流加料和平流加料三种。以三效为例介绍多效蒸发流程。

（1）顺流加料法　又称并流加料法，该流程中料液与二次蒸汽的流向一致，两者均是由第一效依次流至末效，如图 5 – 2 所示。原料液和蒸汽都加入第一效，溶液顺次流过第一效、第二效和第三效，由第三效取出完成液。加热蒸汽在第一效加热室中冷凝后，经冷凝水排除器排出；由第一效溶液中蒸发出来的二次蒸汽送入第二效加热室供加热用；第二效的二次蒸汽送入第三效加热室；第三效的二次蒸汽送入冷凝器中冷凝后排出。

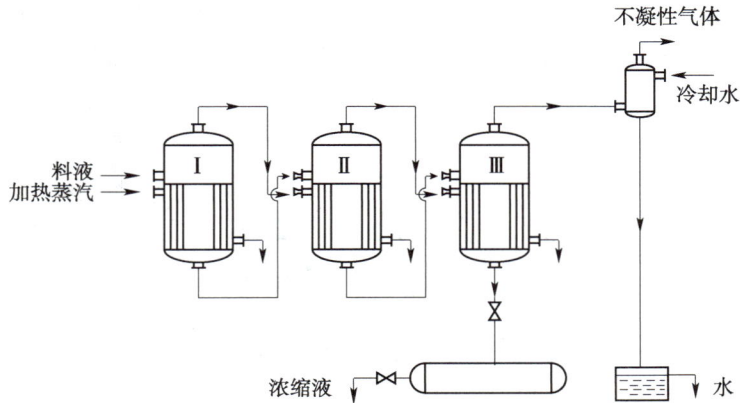

图 5 - 2　顺流加料法三效蒸发流程

1）优点　①因各效压力依次降低，溶液的输送可以利用各效间的压力差，自动地从前一效进入后一效，无需用泵输送；②前效的操作压力和温度高于后效，料液从前效进入后效时，一般会因过热而自动蒸发，从而减轻后效的操作负荷，在各效间不必设预热器。

2）缺点　随着溶液的逐效蒸浓，温度逐效降低，溶液的黏度则逐效提高，致使传热系数逐效减小，往往需要更多的传热面积。因此，黏度随浓度增加很快的料液不宜采用此法。

（2）逆流加料法　该流程中料液与二次蒸汽流向相反，如图 5 - 3 所示。料液从末效加入，从末效至第一效，各效蒸发器中的压力和温度依次升高，料液不能在蒸发器之间自动流动，必须用泵送入前一效，最后从第一效取出完成液；而蒸汽从第一效加入，依次至末效。

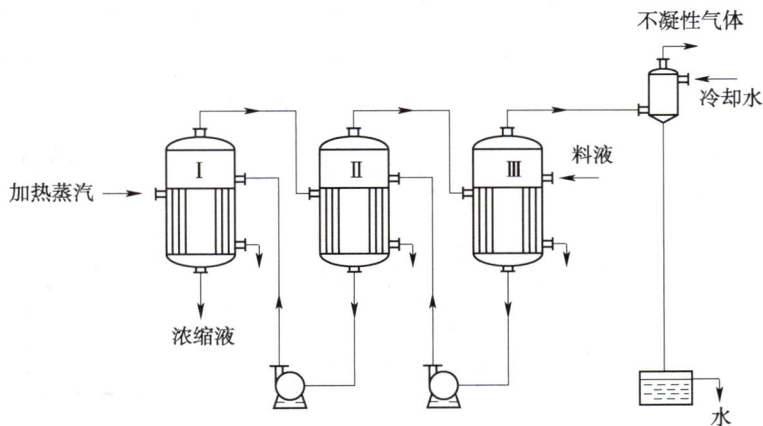

图 5 - 3　逆流加料法三效蒸发流程

1）优点　①蒸发的温度随溶液浓度的增大而增高，这样各效的黏度相差很小，传热系数基本相同，有利于整个系统生产能力的提高；②完成液排出温度较高，可以在减压下进一步闪蒸增浓；③逆流加料时，末效的蒸发量比并流加料时少，因此减少了冷凝器的负荷。

2）缺点　①辅助设备多，各效间须设料液泵；②各效均在低于沸点温度下进料，须设预热器（否则二次蒸汽量减少），故能量消耗增大。

因而此法适用于黏度较大的料液蒸发，可生产较高浓度的完成液。

（3）平流加料法　该流程中料液同时加入至各效，完成液同时从各效引出，蒸汽从第一效依次流至末效，如图 5 - 4 所示。对于在蒸发过程中易于结晶的物料，为避免溶液夹带着晶体在各效之间流动，一般采用平流加料蒸发流程；还可用于同时浓缩两种以上不同的料液，除此之外一般很少使用。

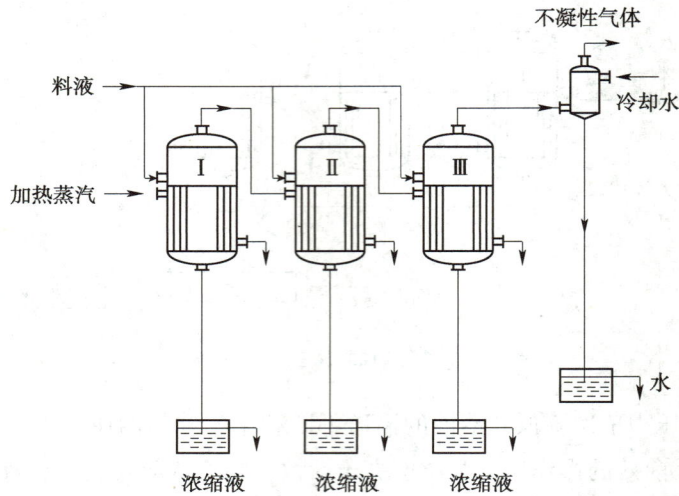

图 5 - 4　平流加料法三效蒸发流程

在此场合中，将多效蒸发器中某一效的二次蒸汽引出一部分作为其他换热器的加热剂，这部分引出的蒸汽称为额外蒸汽。

多效蒸发的三种加料流程各有特点及适用场合。在实际生产中，往往还可以根据被蒸发溶液的具体物性及浓缩要求，将以上这些基本流程变形或组合，以适应生产需要。

3. 多效蒸发效数的限定　在工业生产中，采用多效蒸发可以节约能源，减少热源蒸汽（生蒸汽）的单位消耗量，提高其利用率。显然，当蒸发器的生产能力一定时，采用多效蒸发所需的生蒸汽消耗量远小于单效蒸发。理论上的单位蒸汽消耗量 e，对单效蒸发而言为 1，两效蒸发为 1/2，三效蒸发为 1/3，以此类推，n 效时为 $1/n$；但实际上由于存在温差损失和热损失，多效蒸发根本达不到上述的指标。表 5 - 1 列出了蒸发器各效 e 的经验值。

表 5 - 1　蒸发过程的单位蒸汽消耗量（kg 蒸汽/kg 水）

效数 n	单效	两效	三效	四效	五效
理想值	1	0.5	0.33	0.25	0.2
实际平均值	1.1	0.57	0.4	0.3	0.27

由表 5 - 1 可知，随着效数的增加，所节省的生蒸汽量越来越少，但设备费用则随效数增加而成正比增加。当增加一效的设备费用不能与所节省的加热蒸汽的收益相抵时，就没有必要再增加效数了，因此多效蒸发的效数是有一定限度的。

综上所述，工业上使用的多效蒸发装置，其效数并不是很多。一般对于电解质溶液，如 NaOH 水溶液的蒸发，由于其沸点升高较大，故采用 2 ~ 3 效；对于非电解质溶液，如葡萄糖的水溶液或其他有机溶液的蒸发，由于其沸点升高较小，所用效数可取 4 ~ 6 效。

📱 知识链接 -

双效浓缩岗位标准操作规程

目的：建立双效浓缩岗位标准操作法，保证双效浓缩全过程符合 GMP（药品生产质量管理规范）

规定要求，确保产品质量符合工艺要求。

范围：适用于双效浓缩岗位的各项工作。

责任人：双效浓缩岗位操作人员负责实施，车间管理人员及 QA 人员监督执行。

内容：

1. 操作前的准备工作

（1）检查设备上有无"已清洁"状态表示，操作间有无"清场合格证"且在有效期内。

（2）准备好该批的批生产记录单，足够数量的盛装单以及浓缩液储罐。

（3）取下"清场合格证"，贴在待生产产品批生产记录背面。

（4）QA 人员作生产前检查，检查合格后由 QA 人员填写"生产许可证"，并插入操作间门上的状态标识夹中。

（5）把设备上"已清洁"的状态标识换成"正在运行"的状态标识。

2. 操作程序

（1）接通水源、电源、汽源。开启冷却循环水进、出阀门，开启真空泵打开真空阀，使一、二效蒸发器呈真空状态。从一、二效依次吸进提取液至第一视镜 1/2 处，进料完毕即关闭进料阀。

（2）开启进蒸汽阀门同时打开旁通阀排冷凝水，冷凝水排净后关闭旁通阀，生产过程中冷凝水由疏水阀自动排出。升温加热时先微开预热并排净冷凝水后，逐渐将蒸汽压力加至工艺要求压力（0.10～0.15MPa）运行。

（3）开启冷凝器的冷却水，使一、二效蒸发器进入正常工作状态。设备在运行中要保持正常液面、维持一定的真空度，同时注意灌内温度。当药液体积不断变小，打开进料阀，不断补加药液至第一视镜 1/2 处。浓缩时逐渐向二效转移，转移时先破坏当效的真空，利用真空将其往上一效转移药液。

（4）出料及停机

1）当药液蒸发到一定浓度，要停机进行抽样检查。检查时打开放料阀，用量筒盛装少量药液，再用比重计测量比重，当达到工艺要求浓度时，即可准备出料。

2）停机：打开各效排空阀，关闭蒸汽阀，再关闭真空泵，打开放料阀放料。

（5）操作完毕后，关好水、电、汽。

（6）将浓缩好的药液盛装于洁净的密闭容器中，并填写盛装单，按时移交到下一工序，填写好交接记录，经复核确认，双方在交接记录上签字。

（7）及时填写批生产记录，QA 人员应对上述过程进行监控，并在记录上签字。

3. 生产结束后清洁

（1）取下"生产许可证"，把设备和操作间的状态标识换成"待清洁"状态标识。

（2）按《SIN-1000 型双效浓缩罐清洁标准操作规程》《清场标准操作规程》及《容器具清洁消毒标准操作规程》的要求进行相关设备、容器具及操作间的清洁。

（3）清洁工作完毕后及时填写清场记录，并将清场记录附于本岗位批生产记录的背面。请 QA 人员检查，合格后由 QA 填写"清场合格证"正、副本，并将正本附于批生产记录的背面，副本插入操作间门上的状态标识夹中，作为下批产品的生产凭证，同时取下操作间的"待清洁"状态标识。

（4）将设备的状态标识更换成"已清洁"状态标识。

（5）操作人员下班离岗前应关掉照明灯具和关好门窗。

4. 注意事项

（1）本设备蒸汽最高压力为 0.2MPa，严禁超压运行。无冷却循环水或供水不足时，不得开机。

（2）运行时经常检查药温，是否冲料等不正常情况。发现冲料时，应马上破坏真空，待药液下降后，再慢慢调节真空与蒸汽压力，直到正常。

5. 异常情况的处理与报告

（1）出现异常情况时，应及时报告车间管理人员和 QA 人员，并决定是否停机。

（2）操作人员在 24 小时内写出发生异常情况经过的报告，交车间管理人员，车间管理人员与 QA 人员及时对事故进行核实、分析，提出处理意见，做出处理。

6. 变更记载

版本号	修订日期	修订原因

三、常用蒸发器

蒸发设备实际也是传热设备，但与一般传热设备的主要区别是蒸发时需要不断地除去所产生的二次蒸汽，所以蒸发器除了需要间壁传热的加热室外，还需要进行气液分离的蒸发室。这两部分构成了蒸发器的主体。

按照溶液在设备内的流动情况不同，蒸发器可分为循环型和单程型两大类。下面介绍几种常用的蒸发器。

（一）循环型蒸发器

对于循环型蒸发器，溶液在蒸发器中做循环流动。根据引起循环的原因，可分为自然循环型和强制循环型两大类。对于自然循环型，是由溶液因受热程度不同而产生密度的差异引起的；而对于强制循环型则是因为外力的作用引起的。

1. 中央循环管式蒸发器 在这类蒸发器内，溶液因受热程度不同而产生密度的差异，属于自然循环型，也称为标准式蒸发器。

其结构如图 5-5 所示。加热室是由 $\phi25 \sim 75mm$ 的竖式管束组成，管长 $0.6 \sim 2mm$；管束中间有一直径较大的中央循环管，此管截面积为加热管束总截面积的 $40\% \sim 100\%$。由于中央循环管与管束内的溶液受热情况不同产生密度差异，于是溶液在中央循环管内下降，由管束内沸腾上升，不断地做循环运动，提高了传热效果。

这类设备的优点在于结构紧凑，制造方便，操作可靠。缺点是清洗维修不便，溶液循环速度不高。一般适用于结垢不严重、有少量结晶析出和腐蚀性小的溶液蒸发。

2. 外加热式蒸发器 将管束较长的加热室装在蒸发器的外面，使加热室与分离室分开的蒸发器，称为外加热式蒸发器，其结构如图 5-6 所示。由于循环管没有受到蒸汽加热，增大了循环管内与加热管内溶液的密度差，从而加快了溶液的自然循环速度。加热室有垂直的，也有倾斜的。因加热室在蒸发器外，蒸发器的总高度减小，便于检修及更换。

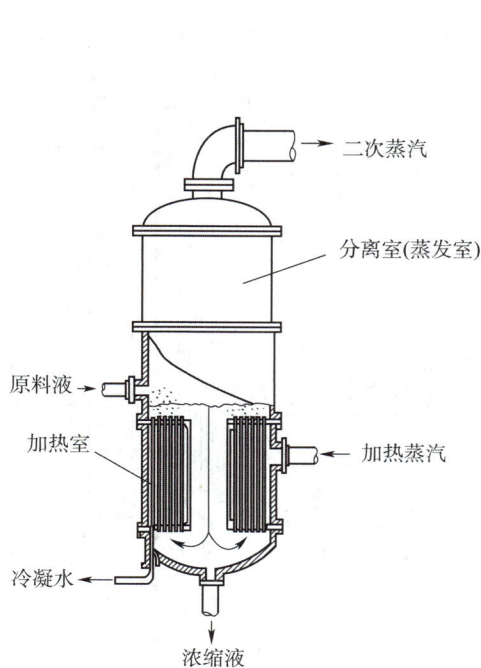

图 5 – 5 中央循环蒸发器

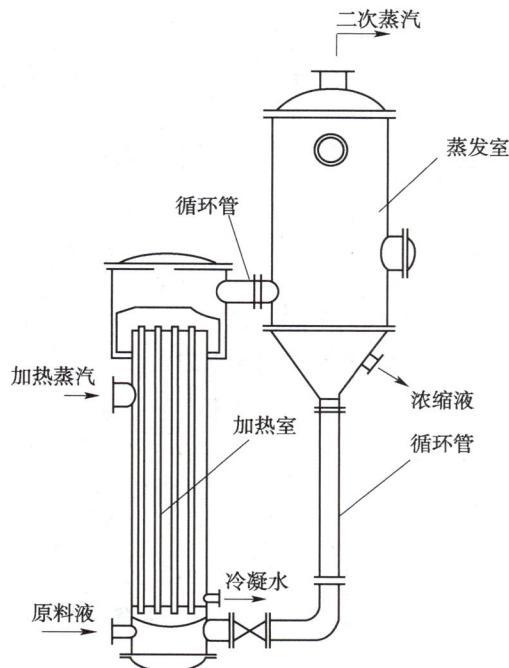

图 5 – 6 外加热式蒸发器

3. 强制循环型蒸发器 强制循环型蒸发器结构如图 5 – 7 所示。其特点是溶液靠泵强制循环，循环速度达 2 ~ 5m/s。循环管是一垂直的空管子，它的截面积约为加热管总截面积的 150% 左右。管子上端通分离室，下端与泵的入口相连。泵的出口连接在加热室底部。溶液由泵送入加热室，在室内受热沸腾，沸腾的气液混合物以高速进入分离室进行气液分离，蒸汽经除沫器后排出，溶液沿循环管下降被泵再次送入加热室。由于溶液的流速大，因此适用于高黏度和易于结晶析出、易结垢或易于产生泡沫的溶液的蒸发。但动力消耗大，每平方米传热面积消耗功率为 0.4 ~ 0.8kW。

（二）单程型蒸发器

前述几种蒸发器，溶液在器内停留时间都比较长，这对热敏性物料的蒸发极为不利，容易使物料分解变质。单程型蒸发器也是非循环型蒸发器，其特点是溶液只流经加热管一次，即以完成液的形式排出蒸发器。单程膜式蒸发器的溶液沿加热管壁呈膜状流动形式进行传热和蒸发，溶液只通过加热面一次即可达到浓缩的要求。由于蒸发速度快，溶液受热时间短，因此特别适合处理热敏性溶液的蒸发。

1. 升膜式蒸发器 结构如图 5 – 8 所示。其结构与列管换热器类似，不同之处是它的加热管直径为 25 ~ 50mm，管长与管径比为 100 ~ 300。料液经预热后由加热室底部进入，受热后迅速沸腾气化，所产生的二次蒸汽在管内高速上升（高压下气速 20 ~ 30m/s，减压下达 80 ~ 200m/s）。料液在上升过程中逐渐被蒸浓，经气液分离器分离后获得浓缩液。

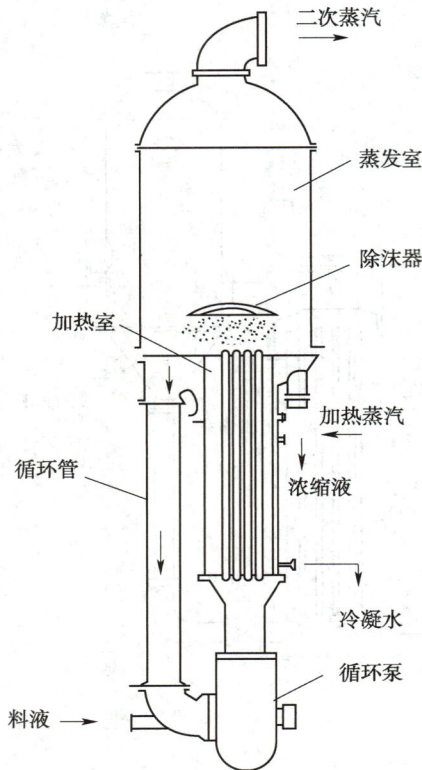

图 5 – 7　强制循环蒸发器

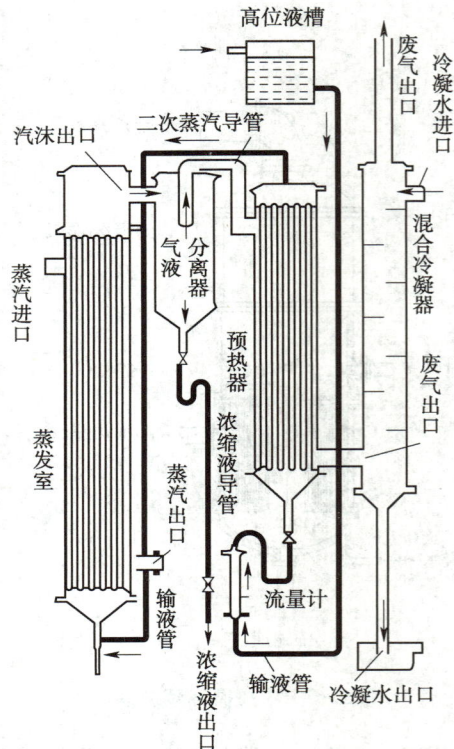

图 5 – 8　升膜式蒸发器

升膜式蒸发器可采用常压蒸发也可减压蒸发，其操作状态应以料液形成薄膜上爬为好，形成爬膜的条件：①靠足够的温度差；②靠蒸发的蒸汽量及足以达到拉引溶液形成液膜的上升速度。

此种蒸发器适用于蒸发量大、稀溶液、热敏性及易产生气泡溶液的蒸发，而对高黏度（大于50kPa·s）、易结晶、易结垢的溶液不适用。

2. 降膜式蒸发器　结构如图5－9所示。料液由加热室顶部加入，经液体分布器后均匀分布在每根加热管的内壁上，在重力作用下呈膜状下降，液膜在向下流动的过程中因受热而蒸发，产生的二次蒸汽随同液体一起由加热管底部进入分离器，然后分别排出。二次蒸汽既要使每根加热管上能形成均匀的液膜，又要能防止蒸汽上窜，必须在每根加热管入口处安装液体分布器。🅔微课1

降膜式蒸发器与升膜式蒸发器相比较，料液停留时间更短，受热影响更小，故特别适用于热敏性料液的蒸发，还可以蒸发黏度较大（50~450kPa·s）的溶液，但不易处理易结晶和易结垢的溶液。降膜式蒸发器的蒸发速度快，较升膜式蒸发器更易成膜，成膜均匀不易结垢。安装时要求列管有一定的垂直度，同时对于料液分布器加工及安装要求较高。

3. 刮板式薄膜蒸发器　结构如图5－10所示。该类蒸发器是在壳体上配有加热夹套，壳体内中心设置转动轴，轴上安装有叶片，叶片与壳壁之间的缝隙有0.7~1.5mm。叶片的类型有多种，常用的为刮板式和甩盘式两种。

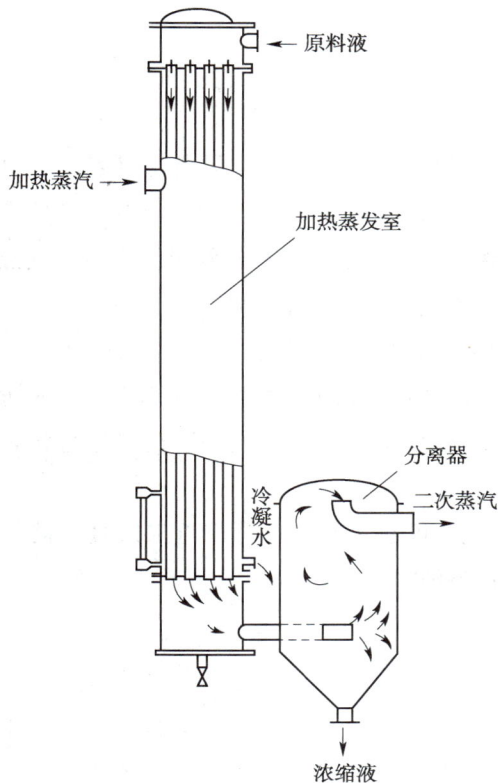

图5-9　降膜式蒸发器

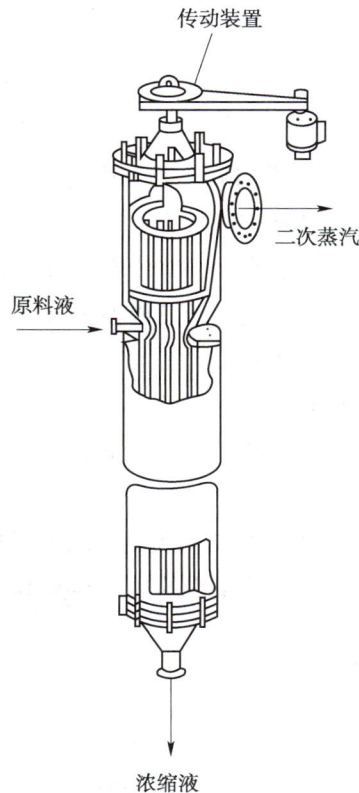

图5-10　刮板式薄膜蒸发器

当料液由蒸发器的上部沿切线方向输入器内，刮板被传动装置带动旋转，料液受刮板的刮带而旋转，在离心力、重力及刮板的作用下，料液在蒸发器内壁形成了旋转下降的液膜，液膜在下降过程中，不断地被夹套内壁加热蒸发而浓缩，浓缩液由底部排出收集，二次蒸汽经分离器分离液沫后冷凝移除。

该蒸发器依靠叶片强制将料液刮拉成膜状流动，具有传热系数高、料液停留时间短的优点，但结构复杂、制造与安装要求高、动力消耗大、传热面积有限而致处理液量不能太大。该蒸发器适用于处理易结晶、高黏度或热敏性的料液。对于热敏性中药提取液，可先选用升膜式蒸发器作初步蒸发浓缩，再经刮板式薄膜蒸发器进一步处理，效果良好。

（三）MVR蒸发器

MVR蒸发器主要是应用于制药行业的新型高效节能蒸发设备。利用热泵蒸发的节能方法，对二次蒸汽进行绝热压缩，以提高蒸汽的压力，从而使蒸汽的饱和温度有所提高，再引至加热室用作加热蒸汽，实现二次蒸汽的再利用。

在单效蒸发的基础上将蒸发室内蒸出的低压低温的二次蒸汽，经过MVR压缩机的压缩，成为较高压力、温度的蒸汽，被送回到蒸发器的加热室当作加热蒸汽使用。浓缩液被压缩后的二次蒸汽加热继续蒸发，压缩后的二次蒸汽将热量传递给料液，自身被冷凝变成冷凝水排出。这样仅使用了少量的机械能即可将全部的二次蒸汽变成可回收利用的蒸汽源，提高了热效率，使蒸发过程持续进行。

MVR蒸发器在蒸发过程中仅需消耗少量电能，每蒸发1000kg水，仅需消耗20~30度电，且不需冷却水及真空泵，操作成本低，由于采用单效蒸发，使产品停留时间短，特别适合于热敏性物料。

四、蒸发器的操作与维保

（一）蒸发器的操作

1. 正常开车　蒸发器开车时首先将加热室残留的冷凝水排净，检查设备、仪表、阀门和控制系统是否正常。对需要抽真空的装置进行抽真空；设置有关仪表设定值，同时将其设为自动状态；按照规定的顺序开启加料阀、蒸汽阀，并依次查看各效分离罐的液位显示。监测各效温度，检查其蒸发情况；通过有关仪表监测产品浓度，通过调整蒸汽流量或加料流量来调整产品浓度。

2. 操作运行　开车后，注意监测蒸发器各部分的运行情况及温度、压力、液位等指标，操作中控制蒸发装置的液位是关键，目的是使装置运行平稳，流量稳定，由于大多数泵输送的是沸腾液体，有效地控制液位也能避免泵的"气蚀"现象，运行中做好操作记录，当装置处于稳定运行状态下，不要轻易变动性能参数。

3. 正常停车　首先将蒸汽关闭，然后关闭进料阀，停止进料。打开靠近末效真空器的开关并将抽真空装置停机，将蒸发设备内的热物料排净后进行设备清洗。

> ▶▶ **实例分析**
>
> 　　**案例**　某药厂发生一起爆炸惨案。由于工人操作不当和失误，致使正在运行中的无水硫酸钠主要设备一效蒸发器的蒸发室突然爆炸，硝水（硫酸钠溶液）溢出，二人烫伤身亡，损失惨重。
>
> 　　**问题**　1. 蒸发器为什么会发生爆炸？如何安全操作？
> 　　　　　　2. 如何高效、节能地利用好二次蒸汽？
>
> 答案解析

（二）蒸发器的维保

蒸发设备的类型不同，结构形式各异，其维护保养不同，一般应注意下述几点。

1. 压力表、真空表、温度计及安全阀门等应定期检验，每年至少一次。

2. 定期检查管路、焊缝、密封圈等连接件部位，以保持其密封完好。

3. 定期检查真空系统，若设备真空度达不到要求，应注意检查设备是否有泄漏点、真空系统是否正常工作。

4. 每次操作前，应检查设备的各种关键部件、仪表是否完整无损、灵敏可靠。检查各气路是否畅通。如管道接口处出现渗漏时，应卸下重新调整，密封件损坏应及时更换。

5. 所有阀门的启闭，均须缓慢进行，尤其是蒸汽阀门及真空阀门。

6. 定期对蒸发器进行清洗。可选用蒸汽、碱水或其他洗涤剂煮沸30分钟，再刷洗设备内部，并用水清洗干净，但不宜进行酸洗，以免腐蚀设备。清洗周期因设备类型不同则要求不同，应视具体情况而定。如多效蒸发器一般"一效"十天需清刷一次，"二效""三效"则可两、三个月洗刷一次，更换品种时，应进行彻底的清洗，以避免交叉污染。

7. 设备若闲置不用，应将管道及控制阀等卸下，干燥后涂上润滑油存放。

第二节　结　晶

PPT

结晶是指从溶液、蒸汽或熔融物中析出晶体的过程，是获得纯净固态物质的重要方法之一。结晶在制药化工过程中有着广泛的应用，如抗生素、维生素等药品的纯化一般都离不开结晶操作。据不完全统计，超过85%的药物是以晶体形式存在，因此，结晶是对固体物料进行分离、纯化以及控制其特定物理形态的重要单元操作。

相对于其他化工分离操作，结晶过程有以下优点。

（1）纯度高　能从杂质含量相当多的混合溶液或多组分的熔融混合物中分离出高纯或超纯的晶体。

（2）选择性高　特别适合于同分异构体混合物、共沸物、热敏性物系等的分离。

（3）能耗低、设备简单　结晶热一般仅为蒸发潜热的1/10～1/3，对设备材质要求较低，且一般无有毒或废气逸出，有利于环境保护。

一、结晶的原理 🔲 微课2

（一）溶解度

在一定温度下，将固体溶质加入溶剂中，当加到某一数量后，溶质不再溶解，此时，固体与溶液处于两相平衡，溶液达到饱和状态，其浓度即是此温度条件下溶质的溶解度（平衡浓度）。

物质的溶解度与其化学性质、溶剂的性质及温度有关。物质在特定溶剂中的溶解度主要随温度的变化而变化。溶解度与温度的关系曲线称为溶解度曲线，如图5-11所示。从图5-11可以看出多数物质的溶解度随温度升高而增大，且不同物质的溶解度对温度变化的敏感程度不同。如葡萄糖的溶解度对温度十分敏感，温度的变化会引起其溶解度的明显改变，硫酸肼的溶解度对温度的变化不太敏感。而$Ca(OH)_2$、$CaCrO_4$的溶解度则随温度的升高而减小。结晶操作应根据这些不同的特点，采用相应的操作方法。各种物质的溶解度数据可以由实验测定或从有关手册中查得。

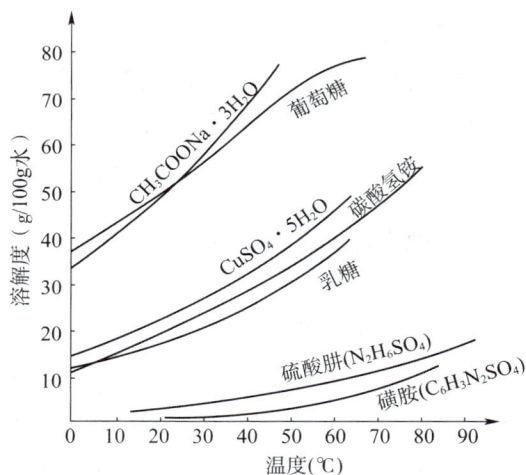

图5-11　几种物质在水中的溶解度曲线

（二）过饱和度

在一定温度、压力下，当溶液中溶质的浓度超过了溶解度却没有晶体析出，这种现象称为溶液的过饱和现象，处于过饱和状态的溶液称为过饱和溶液。过饱和溶液很不稳定，在振动、投入颗粒、摩擦等条件下，处在过饱和溶液中的"多余"溶质就会自动从溶液中析出，直到溶液变成饱和溶液。显然，过饱和是结晶的前提，在同一温度下，过饱和溶液和饱和溶液间的浓度差为过饱和度，它是结晶过程不可缺少的推动力。

过饱和浓度与温度的关系可用过饱和曲线表示，如图5-12所示，AB线为溶解度曲线（饱和溶液曲线），CD线为过饱和曲线，与溶解度曲线大致平行。AB曲线以下的区域为稳定区，在此区域溶液尚未达到饱和，溶质不会结晶析出。AB曲线以上是过饱和区，此区又可分为两个部分：AB线和CD线之间的区域称为介稳区，在此区域内不会自发地产生晶核（过饱和溶液中新生成的结晶微粒），但如果溶液中加入晶体，则能诱导结晶进行，这种加入的晶体称为晶种；CD 线以上是不稳区，在此区域内能自发地产生晶核。

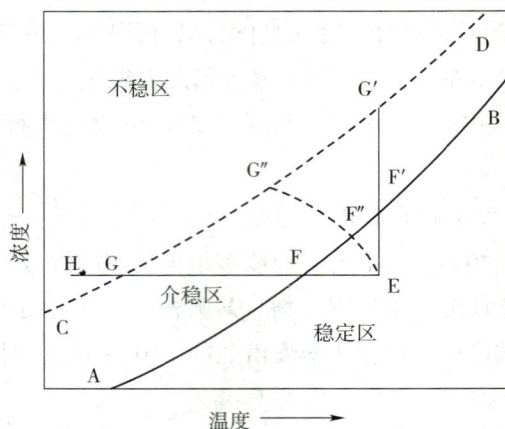

图 5 - 12　过饱和浓度与温度的关系

从图 5 - 12 中可知，将初始状态为 E 的洁净溶液冷却至 F 点，溶液刚好达到饱和，但没有结晶析出；当由点 F 继续冷却至 G 点，溶液经过介稳区，虽已处于过饱和状态，但仍不能自发地产生晶核（不加晶种的情况下）；当冷却超过 G 点进入不稳区后，溶液才能自发地产生晶核。另外，也可以采用在恒温的条件下蒸发溶剂的方法，使溶液达到过饱和，如图中 EF′G′ 线所示；或者采用冷却和蒸发溶剂相结合的方法使溶液达到过饱和，如曲线 EF″G″ 所示。

上述分析可以看出，过饱和度是结晶过程的推动力，只有溶液过饱和时，才有形成晶核及晶体成长的可能性，所以过饱和是结晶的必要条件。冷却降温和蒸发可以使溶液达到过饱和状态，且过饱和的程度愈高，成核越多、晶体成长越迅速。

二、结晶过程与控制

（一）结晶的过程

溶液的结晶过程通常要经历两个阶段，即晶核形成和晶体成长。晶核形成是指在过饱和溶液中生成一定数量的结晶微粒，在晶核的基础上成长为晶体则为晶体生长。

1. 晶核形成　晶核是晶体成长过程中必不可少的核心。根据成核过程的机制不同，晶核形成可分为两大类：初级成核和二次成核。溶液无晶粒存在条件下自发地形成晶核，称为初级成核。初级成核根据起因不同又可分为均相初级成核和非均相初级成核。溶液在较高过饱和度下自发生成晶核的过程称为均相初级成核；溶液在外来因素（固体杂质颗粒、粗糙的容器壁、紫外线、超声波等）诱导下生成晶核的过程称为非均相初级成核。在含有晶体的溶液中形成晶核的过程称为二次成核。二次成核是由晶体相互碰撞或晶体与搅拌桨（或器壁）碰撞时所产生的微小晶粒诱导下发生的。一般工业结晶主要采用二次成核。

2. 晶体成长　在过饱和溶液中已有晶核形成或加入晶种后，以过饱和度为推动力，溶液中的溶质向晶核或加入的晶体运动并在其表面上进行有序排列，使晶体格子扩大的形成晶粒，这就是晶体成长过程。成长过程分以下三个步骤。

（1）溶质由溶液扩散到晶体表面附近的静止液层。

（2）溶质穿过静止液层后达到晶体表面，生长在晶体表面上，晶体增大，放出结晶热。

（3）释放出的结晶热再靠扩散传递到溶液主体中。

（二）结晶过程控制

介稳区对结晶操作具有很大的实际意义。在结晶过程中，若将溶液控制在靠近溶解度曲线的介稳区内，由于过饱和度较低，则在较长时间内只能有少量的晶核产生，溶质也只会在晶种的表面上沉积，而不会产生新的晶核，主要是原有晶种的成长，于是可得颗粒较大而整齐的结晶产品，如图 5 – 13（a）所示，这往往是工业上所采用的操作方法。反之，若将溶液控制在介稳区，且在较高的过饱和程度内，或使之达到不稳区，则将有大量的晶核产生，于是所得产品中的晶体必定很小，如图 5 – 13（b）所示。图中的 abc 线为溶液温度与浓度改变的路线。所以，适当控制溶液的过饱和度，可以很大程度上帮助控制结晶操作。

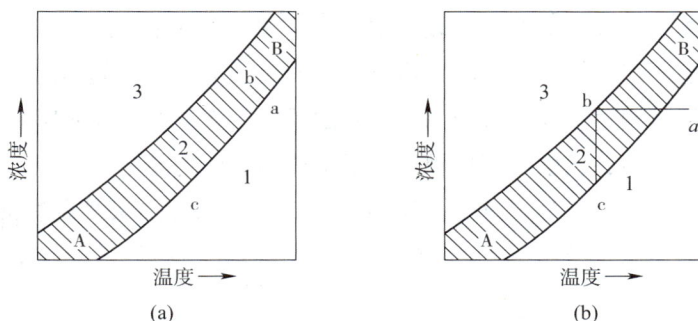

图 5 – 13　溶液冷却结晶过程

实践表明，迅速的冷却、剧烈的搅拌、高的温度及溶质的分子量不大时，均有利于形成大量的晶核；而缓慢的冷却及温和的搅拌，则是晶体均匀成长的主要条件。

三、影响结晶操作的因素

（一）过饱和度的影响

溶液的过饱和度是结晶操作中一个极其重要的参数。过饱和度既影响晶核的形成又影响晶体的成长。通常，过饱和度越大，成核速度越快，而生产工艺要求控制结晶产品中晶粒的大小，晶核的量不宜过多；此外，过饱和度越大，晶体的成长速度也越快，一方面会引起溶液黏度增加，结晶速率受阻，另一方面晶体成长速率过快时容易形成晶簇，使杂质包裹在晶体内，影响晶体纯度，也会给包装和使用带来不便。因此，结晶操作中过饱和度的增加需要一个限度，存在一个最优化的过饱和度的选择问题。适宜的过饱和度数值一般由实验测定。

（二）冷却（蒸发）速度的影响

在结晶操作中，过饱和度是靠冷却和蒸发造成的。快速的冷却或蒸发将使溶液很快地达到过饱和状态，甚至直接穿过介稳区，达到较高的过饱和度而得到大量的细小晶体；反之，缓慢冷却或蒸发，常得到很大的晶体。

（三）晶种的影响

结晶操作中一般都是在人为加入晶种的情况下进行的。晶种的作用主要是用来控制晶核的数量，以获得较大而均匀的结晶产品。加晶种时，必须掌握好时机，应在溶液进入介稳区内适当温度时加入晶种。如果溶液温度较高,加入的晶种有可能部分或全部被溶化而不能起到诱导成核的作用;如果温度较低,当溶液中已自发产生大量细小晶体时,再加入晶种已不能起作用。此外,在加晶种时,应当轻微地搅动,以使其均匀地散布在溶液中。

(四)搅拌的影响

在大多数结晶设备中都配有搅拌装置,搅拌能促进扩散和加速晶体生长。但在搅拌时应注意搅拌的形式和搅拌的速度。在一些靠搅拌推动溶液循环的结晶器中,适合配制旋桨式搅拌装置。搅拌装置的转速应适宜,转速太快,会导致对晶体的机械破损加剧,二次成核速率大大增加而影响产品的质量;转速太慢,则可能起不到搅拌的作用。适宜的搅拌速度一般都是由对特定的物系进行实验或参考经验数据决定。

(五)杂质的影响

溶液中的杂质对晶体的成长速率的影响较为复杂,有的杂质能抑制晶体的成长,有的能促进成长;有的杂质能在极低的浓度下产生影响,有的却需要在相当高的浓度下才起作用。杂质影响晶体成长速率的途径也各不相同。有的是通过改变溶液与晶体之间的界面上液层的特性而影响溶质长入晶面,有的是通过杂质本身在晶面上的吸附,发生阻挡作用;如果杂质和晶体的晶格有相似之处,杂质能长入晶体内而产生影响。在工业生产中,有时为了改变晶体的形状而有意识地加入某种物质,常用的有无机离子、表面活性剂和某些有机物等。

四、结晶方法

工业上通常按溶液形成过饱和的方式区分结晶的方法。常用的结晶方法有以下几种。

1. 冷却结晶　通过冷却降低溶液的温度来实现溶液过饱和的方法。常用于温度对于溶解度影响较大的物质结晶,这是一个既经济又有效的方法。例如,硝酸钾、硝酸钠、硫酸镁等溶液。

2. 蒸发结晶　通过将溶剂部分汽化,使溶液达到过饱和而结晶。适用于溶解度随温度变化不大的物质或温度升高溶解度降低的物质。例如,氯化钠、无水硫酸钠等。

3. 真空结晶　通过使热溶液在真空状态下绝热蒸发,除去一部分溶剂,这部分溶剂以汽化热的形式带走部分热量而使溶液温度降低。实际上是同时用蒸发和冷却方法使溶液达到过饱和。这种方法适用于具有中等溶解度的物质。

4. 盐析结晶　通过将某种盐类加入溶液中,使原有溶质的溶解度减少而造成溶液过饱和的方法。

5. 反应沉淀结晶　液相中因化学反应生成的产物以结晶或无定形物析出的过程。沉淀过程首先是反应产生过饱和,然后成核、晶体成长。

6. 升华结晶　将固体通过升华方式获得的蒸汽骤冷直接凝结成固态晶体的过程。含量要求较高的产品如碘、萘、水杨酸等都是通过这一方法生产的。

7. 熔融结晶　在接近析出物熔点温度下,从熔融液体中析出组成不同于原混合物的晶体的操作。熔融结晶主要用于有机物的提纯、分离,以获得高纯度的产品。

即学即练 5-2

通过使热溶液在真空状态下绝热蒸发,除去部分溶剂,使溶剂以汽化热的形式带走部分热量而使溶液温度降低的结晶方法是（　　）。

答案解析
A. 冷却结晶　　　　B. 蒸发结晶　　　　C. 真空结晶　　　　D. 盐析结晶

五、结晶设备

结晶设备种类繁多,按照操作方式分为间歇式、连续式;按照搅拌方式分为有搅拌式、无搅拌式;按照操作压力分为常压式、真空式;按照结晶方法分为冷却结晶器、蒸发结晶器、真空结晶器及盐析结晶器等。

(一)冷却结晶设备

冷却结晶设备是采用降温使溶液进入过饱和,并不断降温,以维持溶液一定的过饱和浓度进行育晶,常用于温度对溶解度影响比较大的物质结晶。结晶前先将溶液升温浓缩。

1. 结晶罐 是一类带有搅拌装置的立式罐式结晶器,冷却结晶过程所需的冷量由夹套或外部换热器供给。图5-14是典型的内循环式,冷却结晶所需冷量由夹套内的冷却剂供给,换热面积小,换热量也不大;图5-15是外循环式釜式冷却结晶器,冷却结晶所需冷量由外部换热器的冷却剂供给,溶液用循环泵强制循环,传热系数较大,且可以根据需要加大换热面积,但必须选用合适的循环泵,以避免悬浮晶体的磨损破碎。

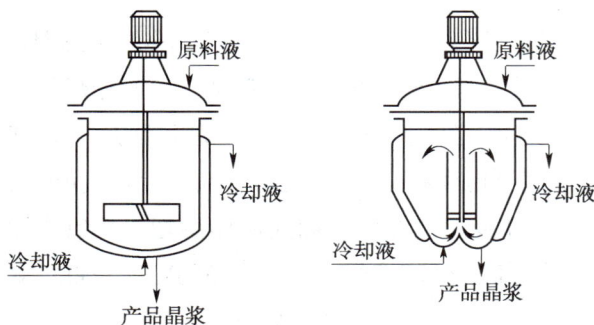

图5-14 内循环结晶罐

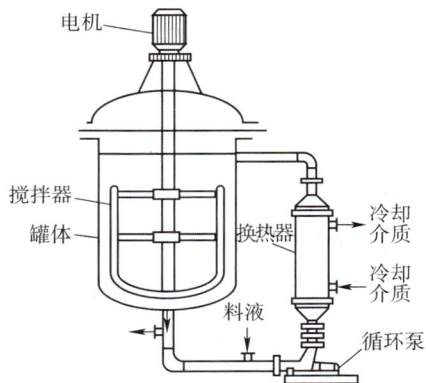

图5-15 外循环结晶罐

结晶罐内设有锚式或框式搅拌器或导流筒。搅拌的作用不仅能加速传热,还能使结晶罐内的温度趋于一致,促进晶核的形成,并使晶体均匀地成长。

结晶罐应用广泛,既可以连续操作也可以间歇操作,在操作中要注意清除结晶罐的蛇管及器壁上积结的晶体,以免影响传热效果,还应注意适时调整冷却速率,以避免进入不稳区。

2. 长槽搅拌连续式结晶器 如图5-16所示,该设备也叫带式结晶器。该结晶器以半圆形底的长槽为主体,槽外装有夹套冷却装置,可以通入水。槽内装有低速长螺距带式搅拌器。热而浓的溶液由结晶槽进入并沿槽沟流动,在与夹套中的冷却水逆向流动中实现过饱和并析出结晶,最后由槽的另一端排出。该结晶器的特点是机械传动部分和搅拌部分结构繁琐,冷却面积受到限制,溶液过饱和度不易控制,生产能力大,占地面积小,长槽搅拌连续式结晶器既可实现间歇操作,也可实现连续操作。它特别适于处理高黏度的液体。

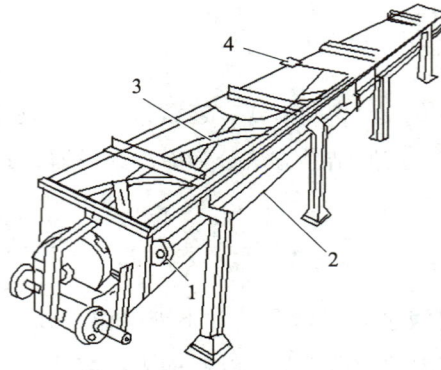

图 5 - 16　长槽搅拌连续式结晶器

1. 冷却水进口；2. 冷却夹套；3. 长螺距螺旋搅拌器；4. 两端之间接头

（二）蒸发结晶设备

蒸发结晶常在减压下进行，可在较低温度下使溶液沸腾蒸发达到过饱和状态而析出晶体。由于溶剂蒸发得很快，溶液的过饱和度难以控制，因而难以控制晶体的大小。适用于对晶粒大小要求不严格的结晶。

1. 强制循环蒸发结晶器　如图 5 - 17 所示，强制循环蒸发结晶器是一种循环式连续结晶器，由结晶室、循环管、循环泵、换热器、冷凝器等组成。操作时，原料液自循环管下部加入，与循环管内的晶浆（结晶出来的晶体和剩余的溶液）一起用泵以一定的速度送入换热器的加热管进行加热（未到沸腾状态），然后经返回管切线进入结晶室后沸腾，溶液达到过饱和状态从而产生晶体，作为产品的晶浆从循环管上部排出，部分晶浆经循环管，由循环泵输送重新返回结晶室，如此循环往复，实现连续结晶过程。强制循环蒸发结晶器生产能力大，适用于高密度、高黏性溶液的结晶，产品的粒度分布较宽。

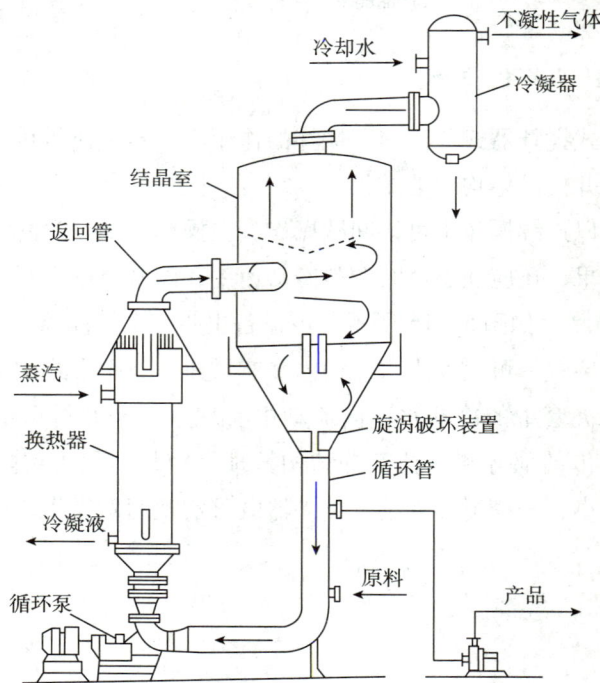

图 5 - 17　强制循环蒸发结晶器

2. DTB 型结晶器 又称导流筒-挡板蒸发结晶器，其结构如图 5-18 所示。它的典型特征是在蒸发室内有一个装有螺旋桨搅拌器的导流管和筒形挡板。操作时热饱和料液连续加到循环管下部，与循环管内夹带有小晶体的母液混合后由泵送至加热器加热，进而送入蒸发室底部。料液在搅拌器的作用下沿导流筒快速上升至沸腾液面闪蒸成为过饱和溶液，过饱和溶液沿导流筒与挡板间的环形区域下降形成循环流动，在循环流动过程中晶体不断析出和成长。大的晶体沉积在器底的淘洗腿内，经洗涤后排出，小的晶体随流动溶液继续循环流动，部分小的晶体随溢流溶液排出器外经循环管重返结晶器内。DTB 型结晶器具有产品粒度大、生产能力大、不易结垢等优点，是连续结晶器最主要形式之一。

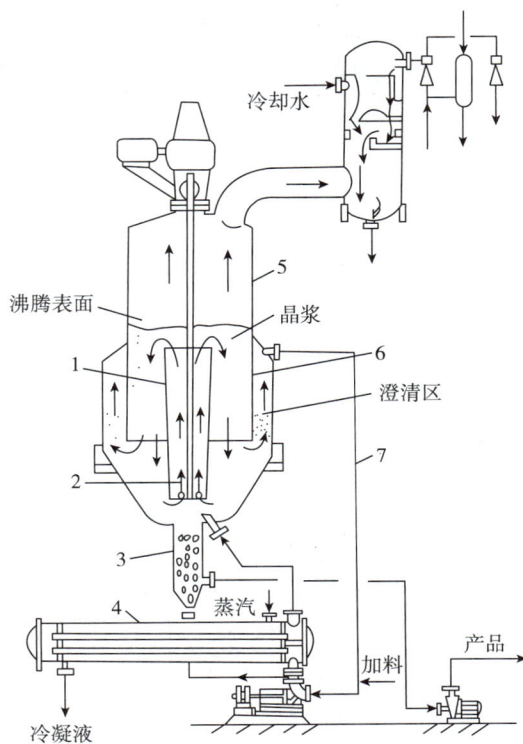

图 5-18 DTB 型结晶器

1. 导流筒；2. 搅拌翼；3. 淘洗腿；4. 加热器；5. 蒸发室；6. 遮挡板；7. 循环管

目标检测

答案解析

一、简答题

1. 蒸发操作必须具备哪些条件？

2. 单效蒸发流程包括哪些设备？各部分的作用是什么？

3. 试比较单效蒸发与多效蒸发的优缺点。

4. 什么是结晶？结晶过程包括哪两个阶段？

5. 一般的传递过程都希望有较大的推动力，结晶过程是否推动力越大越好？为什么？

二、应用实例题

1. 在单效蒸发器内，将某物质的水溶液自浓度为 5% 浓缩至 25%（皆为质量分数）。每小时处理 2 吨原料液。溶液在常压下蒸发，沸点是373K。加热蒸汽的温度为403K，原料液在沸点时加入蒸发器，求加热蒸汽的消耗量。

2. 用单效真空蒸发器将原料液由65%的硝酸铵水溶液浓缩至95%（均为质量分数），每小时的处理量为10t。已知加热蒸汽的压强为700kPa，假设在操作压力下溶液的沸点为60℃，溶液沸点进料，蒸发器的传热系数为1200W/（m²·K），热损失按热负荷的5%考虑，该蒸发器需要多大传热面积？

书网融合……

| 知识回顾 | 微课1 | 微课2 | 习题 |

学习引导

20 世纪 60 年代，抗性疟疾肆虐，研发抗疟疾新药成了世界性的课题。屠呦呦相信历史悠久的中国传统医药可以解决这一难题，她带领课题组从浩如烟海的中药方剂中筛选了两千多种中草药方，最后从中医古籍《肘后备急方》中"青蒿一握，以水两升渍，绞取汁，尽服之"得到灵感，用乙醚为萃取剂从植物黄花蒿中低温萃取出抗疟药青蒿素，挽救了无数人的生命。因屠呦呦教授对全人类的卓越贡献，2015 年她获得诺贝尔生理学或医学奖。2019 年 9 月 29 日，习近平总书记代表党和国家授予她新中国最高荣誉勋章"共和国勋章"。制药生产中如青蒿素这样的药物及其中间体有许多，它们是如何从均相物系中分离出来的？不同性质的均相混合物内，各组分进行分离纯化的方法有哪些？

本章旨在介绍制药生产过程中的均相物系分离的单元操作。

学习目标

1. **掌握**　液-液萃取、液-固萃取的基本原理；气液相平衡规律和精馏原理；能够运用气液相平衡规律和精馏原理分析精馏工艺过程；全塔物料衡算、精馏段和提馏段的物料衡算、适宜回流比的选择；吸收塔的主要结构设备；吸收塔的操作与维护。

2. **熟悉**　萃取剂的选择；简单蒸馏与平衡蒸馏的原理和流程；挥发度、相对挥发度的含义；进料热状态对精馏过程的影响；吸收装置的结构特点；吸收塔的类型。

3. **了解**　液-液萃取、液-固萃取设备；超临界流体萃取技术的原理、特点；板式塔的基本结构；精馏塔的操作和简单维护方法；吸收的有关概念、分类、特点；影响吸收的因素；吸收流程和解析流程；吸收单元操作基本概念、吸收传质机制、相平衡与吸收的关系。

第一节　萃　取

PPT

一、概述

萃取是利用混合物中各组分在某溶剂（即萃取剂）中的溶解度差异来实现混合物分离的传质分离过程，它是制药工业中提取或分离混合物的重要单元操作。通常将分离均相液体混合物的萃取称为液－

液萃取，分离固体混合物的萃取称为固-液萃取。

萃取在制药化工生产中有着广泛的应用，例如药物产品精制提纯、中药有效成分提取分离、有机溶剂回收、恒沸混合物的分离等。生化制药过程中，产物通常是比较复杂的有机液体混合物，大都是热敏性物质。若直接采用蒸馏、精馏等方法分离，分离过程中的高温容易使药物发生分解、聚合或其他化学变化。选择合适的溶剂进行萃取，则可避免热敏性物质受热破坏，提高有效物质的回收率。例如青霉素的生产，用玉米发酵得到的含青霉素的发酵液，可采用醋酸丁酯作萃取剂，经过多次萃取可得到青霉素的浓溶液。

近些年一些新型萃取技术如超临界萃取、双水相萃取、反胶团萃取、膜基萃取、凝胶萃取、液膜分离不断出现，扩大了萃取的应用领域，使得萃取成为分离混合物最富有发展前景的单元操作之一。

二、液-液萃取

(一) 萃取过程

液-液萃取又简称萃取或抽提，是利用均相液体混合物（原料液）中各组分在溶剂中的溶解度的差异，实现原料液中各组分一定程度的分离的操作过程。设一均相液体混合物内含A、B两组分，为将其分离可加入某液体溶剂即萃取剂，用S表示，组分A在萃取剂中的溶解度大，称为溶质；组分B在萃取剂中的溶解度小或者几乎不溶，称为稀释剂。

萃取操作的基本过程如图6-1所示。将一定量的萃取剂S加入原料液中，萃取剂与原料液形成两个液相，将物系搅拌使二者充分混合，造成较大的相际接触表面，可加快溶质A由原料液向萃取剂的传递。搅拌停止后，两液相因密度差沉降分为两层，一层以S为主，并溶有大量的A和少量的B，称为萃取相，以E表示。另一层以B为主，且含有未被萃取完的A和少量S，称为萃余相，以R表示。由此可知，所使用的S必须满足两个基本要求：①萃取剂不能与被分离混合物完全互溶，只能部分互溶；②萃取剂对A和B两组分的溶解能力不同，或者说萃取剂具有选择性：

$$\frac{y_A}{y_B} > \frac{x_A}{x_B}$$

即萃取相内的A、B两组分浓度之比y_A/y_B大于萃余相内A、B两组分浓度之比x_A/x_B。

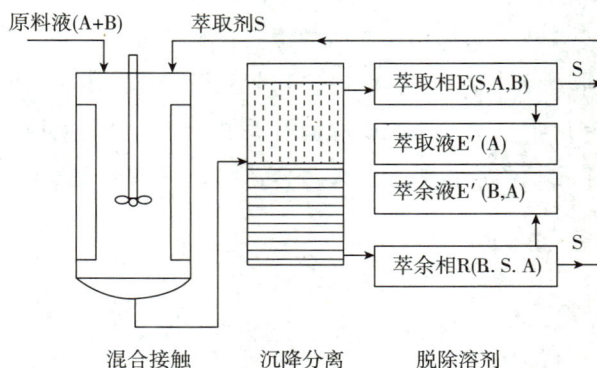

图6-1 萃取操作示意图

如果S和B完全不互溶，那么萃取过程与吸收过程十分类似，唯一的重要差别是吸收处理的是气液两相，而萃取处理的是液液两相。但在工业生产中常遇到的液液两相系统中，B总会或多或少的溶解于

S 中，使萃取相和萃余相中均出现 S、A 和 B 三个组分，萃取操作并没有得到纯净的 A 或 B 组分，而是新的混合液：萃取相 E 和萃余相 R。为得到产品 A，同时回收萃取剂 S 以供循环使用，还需对这两相分别进行分离，通常采用蒸馏、精馏方法分离。当 A 为不挥发或挥发度很低的组分时，则可采用蒸发的方法分离。

由以上可知，萃取过程本身并未直接完成分离任务，只是将一个难于分离的原料液转化为两个易分离的混合液，而后续的分离通常是通过蒸馏或精馏实现的。因此一个混合液是直接采用精馏方法还是萃取方法加以分离，主要取决于技术上的可行性和经济上的合理性。一般来说，在下列情况下采用萃取过程更为有利。

（1）混合液的相对挥发度小或形成恒沸物，用一般精馏方法很不经济或不能分离。

（2）混合液含热敏性物质（如药物等），用精馏方法容易受热分解、聚合或发生其他化学变化。

（3）需要分离的组分浓度很小，采用精馏方法需将大量稀释剂 B 汽化，能耗过大。

（二）萃取分类

根据原溶液与萃取剂的接触和流动方式，萃取流程可分为分级接触萃取和微分接触萃取。

1. 分级接触式

（1）单级萃取　是萃取操作中最简单、最基本的方式。图 6 - 2 为单级连续萃取装置，包括混合器和沉降槽两个部分，原料液和萃取剂连续加入混合器，在搅拌作用下使两相进行充分接触。由混合器流出的两相混合物在沉降槽内分为萃余相和萃取相，然后分别引入溶剂回收设备。单级萃取操作过程中原料液和萃取剂只经过一次混合传质，既可连续进行也可间歇进行。但分离程度不高，所得萃余相往往还含有部分溶质，若要达到较高的分离程度，需进行多级萃取。

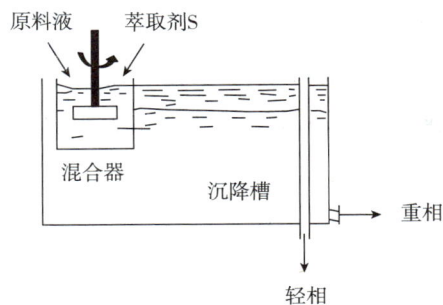

图 6 - 2　单级混合澄清槽

（2）多级错流萃取　图 6 - 3（a）为多级错流萃取流程图，原料液依次通过各级，新鲜萃取剂则分别加入各级混合器。萃取相和最后一级的萃余相分别进入溶剂回收设备。此流程与单级萃取相比分离程度高，萃取效果好，但所用萃取剂耗量较大，回收溶剂时能量消耗较大，回收成本高。

（3）多级逆流萃取　是原料液和萃取剂依次按相反方向通过各级，最终萃取相从加料一端排出并引入溶剂回收设备中，萃余相从加入萃取剂的一端排出，其流程图如图 6 - 3（b）所示。在溶剂用量相同时，逆流可以提供最大的传质推动力，同时萃取相从溶质浓度最高的原料液加入端流出，故所得最终萃取相的溶质浓度较高；而萃余相在最末端与纯的萃取剂接触，故所得萃余相中溶质浓度可继续减小到最低程度。此流程分离程度高，萃取效果好，萃取剂用量少，故工业生产中广泛采用。

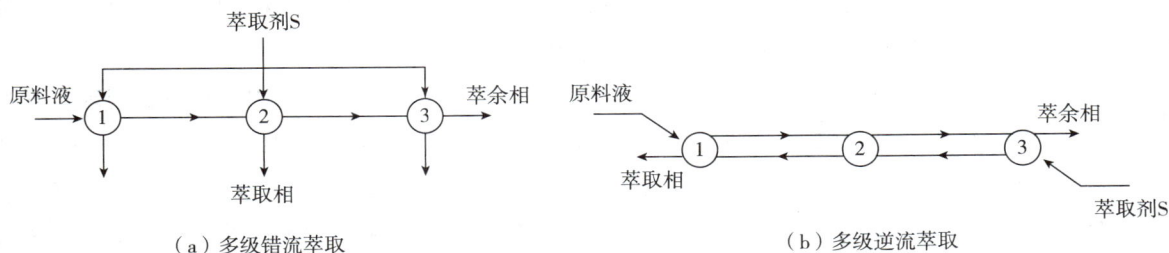

（a）多级错流萃取　　　　　　　　　　　　（b）多级逆流萃取

图 6 - 3　多级错流萃取及多级逆流萃取

2. 微分接触式　通常在塔式设备中进行操作，如图6-4所示，原料液与萃取剂中的较重者（重相）由塔的上部进入塔内，较轻者（轻相）由塔的底部进入塔内。两相中有一相经分布器分散成液滴（分散相），另一相保持连续（连续相）。连续相和分散相在萃取塔内呈逆流接触，并在连续逆流流动过程中进行物质传递，最后轻重两相分别从塔顶和塔底排出。

（三）液液相平衡

萃取过程是传质过程，其基础是相平衡关系。在双组分溶液的萃取过程中，萃取相及萃余相一般均为三组分溶液，即萃取剂S、溶质A和稀释剂B。该三组分溶液有三种类型：①A可以完全溶于B和S，但B和S不互溶；②A可以完全溶于B和S，且B和S部分互溶；③A可以完全溶于B，但A与S及B与S为部分互溶。其中①的情况比较少见，③的情况应尽量避免，但不管哪种情况最终都是一个三元二相体系，其萃取平衡可借助三角形相图来描述。

1. 组成的表示方法　在三元二相体系中，各组分均可以用质量分数表示，并可用图6-5所示的三角形图来表示。

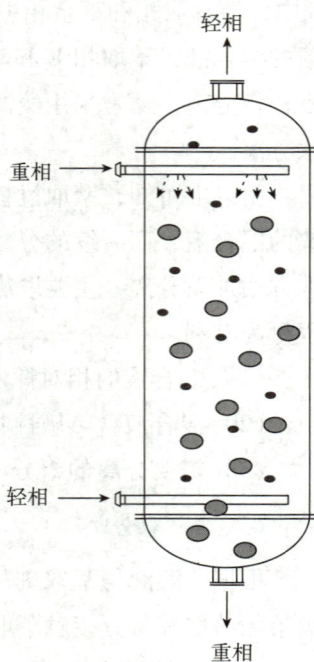

图6-4　喷洒萃取塔

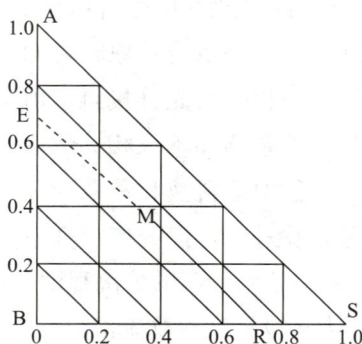

图6-5　溶液组成的表示方法

（1）三角形的三个顶点分别表示三个纯组分，即顶点上的物质的质量分数为1.0。习惯上用三角形的上顶点表示纯A，按逆时针方向分别为纯B和纯S。

（2）三条边上的任一点则表示由该边两端点物质所构成的双组分溶液的组成。如图6-5中AB边上的点E，表示由A和B构成的双组分溶液的组成，点的纵坐标为溶质A的质量分数x_A（$x_A = 0.7$），B的质量分数可由归一条件决定，即$x_B = 1 - x_A$，即E点的组成为：$x_A = 0.7$，$x_B = 0.3$。再如BS边上的点R，表示由B和S构成的双组分溶液的组成，点的横坐标为S的质量分数x_S（$x_S = 0.7$），根据归一条件B的质量分数为0.3，即R点的组成为：$x_S = 0.7$，$x_B = 0.3$。

（3）三角形范围内的任意一点，表示三组分溶液的总体组成。如图6-5中的M点，同理，其纵坐标为溶质A的质量分数x_A，横坐标为萃取剂S的质量分数x_S，则第三组分的质量分数可由归一条件决定，即$x_B = 1 - x_A - x_S$。故由图上可读出M点的组成为：$x_A = 0.4$，$x_B = 0.3$，$x_S = 0.3$。

表示溶液组成的三角形图可以是等腰直角三角形、不等腰直角三角形或等边三角形，实际生产实践过程中最为常用的是等腰直角三角形。当萃取操作中溶质A的浓度很低时，常将AB边的比例放大，以提高图示的准确度。

2. 杠杆定律 将质量为 Rkg，组成为 x_A、x_B、x_S 的溶液（R 点）与质量为 Ekg，组成为 y_A、y_B、y_S 的溶液（E 点）相混合，则得到一个质量为 Mkg，组成为 z_A、z_B、z_S 的新混合溶液，此组成可用图 6 – 6 中的 M 点表示。则可列总物料衡算式及组分 A、组分 S 的物料衡算式。

$$M = R + E$$
$$M z_A = R x_A + E y_A \qquad (6-1)$$
$$M z_S = R x_S + E y_S$$

由此可导出

$$\frac{E}{R} = \frac{z_A - x_A}{y_A - z_A} = \frac{z_S - x_S}{y_S - z_S} \qquad (6-2)$$

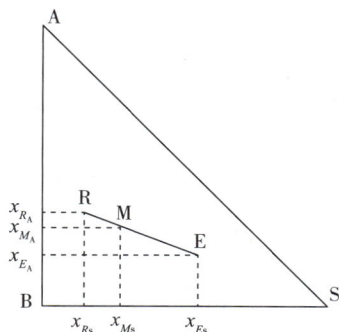

图 6 – 6　杠杆定律

式 6 – 2 表明 M 点的位置必在 R 点和 E 点的连线上，且 M 点所分 RM 和 ME 两线段之比与混合前两溶液的质量成反比，即

$$\frac{E}{R} = \frac{\overline{RM}}{\overline{EM}} \qquad (6-3)$$

式 6 – 3 为物料衡算的简捷图示方法，称为杠杆定律。根据杠杆定律，可方便地在图上确定 M 点的位置，从而确定混合液的组成。须指出，即使两溶液不互溶，M 点仍可代表该两相混合物的总组成。

3. 和点与差点 图 6 – 6 中的 M 点可表示溶液 R 与溶液 E 混合之后的数量与组成，称为 R、E 两溶液的和点。反之，当从混合物 M 中移去一定量组成为 E 的溶液，则表示余下溶液组成的 R 点在 EM 连线的延长线上，其具体位置可由杠杆定律确定

$$\frac{E}{M} = \frac{\overline{MR}}{\overline{RE}} \qquad (6-4)$$

因 R 点可表示余下溶液的数量和组成，故称为溶液 M 和溶液 E 的差点。同理 E 点可称为溶液 M 和溶液 R 的差点。

4. 溶解度曲线 对 A 与 B、S 完全互溶，B 与 S 部分互溶的萃取系统，其平衡关系可通过下述实验方法测定：将稀释剂 B 和萃取剂 S 以适当比例混合，充分搅拌使之互相溶解并达到平衡状态，其总组成由 M 点表示。静置后，得到两个互为平衡的液相：以 B 为主的萃余相（R_0 点）和以 S 为主的萃取相（E_0 点）。这两个互为平衡的液相称为共轭相，其组成称为共轭组成。在上述溶液中滴加少量溶质 A，充分混合使之达到新的平衡，静置分层后得到一对新的共轭相，其组成点为 R_1 和 E_1。重复上述操作，继续加入溶质 A，即可获得若干对共轭相组成点 R_i 和 E_i（$i = 1$，2，3…n）。当加入的 A 的量使混合液恰

好由两相变为一相时，则得到了各共轭相的组成数据。将所有共轭相组成点联成一条光滑的曲线，称为溶解度曲线。如图 6-7 因 B、S 的互溶程度跟温度有关，故上述所有实验均应在恒温条件下进行。

溶解度曲线将三角形相图分为两个区域，该曲线与底边 R_1E_1 所围的区域为两相区，曲线以外的区域为均相区。若三组分物系的组成位于两相区内，则该混合物系可分为互成平衡的共轭相 R 和 E，故溶解度曲线内是萃取过程的可操作范围。

5. 平衡联结线　连接两共轭相组成点的直线称为平衡联结线，同一物系的平衡联结线的倾斜方向一般相同，但随溶质组成的变化，平衡联结线的斜率各不相同，因此各平衡联结线互不相同（图 6-7）。也有少数物系平衡联结线的倾斜方向不同，如图 6-8 所示的吡啶-氯苯-水体系。

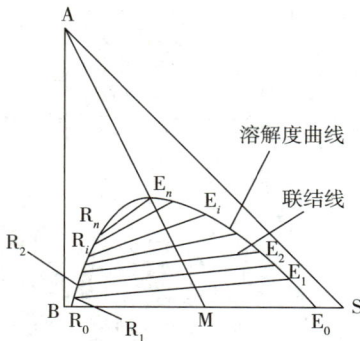

图 6-7　溶解度曲线与联结线

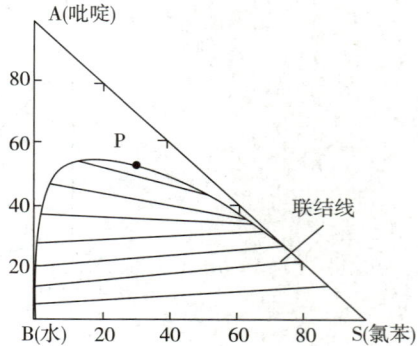

图 6-8　吡啶-氯苯-水系统的平衡联结线

6. 临界混溶点　由图 6-8 可以看出，当加入的溶质 A 达到某一浓度时（图中 P 点），共轭相的组成无限趋近而变为一相，表示这一组成的 P 点称为临界混溶点。临界混溶点一般不在溶解度曲线的顶点，它将溶解度曲线分为左右两部分，左侧是萃取相，右侧是萃余相。其准确位置的实验测定也比较困难。

三组分溶液的溶解度曲线和共轭相的平衡组成均由实验获得，常见物系的共轭组成实验数据可在有关书籍或手册中查的。

7. 分配系数和分配曲线

（1）分配系数　在一定温度下，当三组分混合物系的两个液相达到平衡时，溶质 A 在两相中的组成可用下式表示

$$k_A = \frac{萃取相中溶质 A 的质量分数}{萃余相中溶质 A 的质量分数} = \frac{y_A}{x_A} \qquad (6-5)$$

k_A 称为溶质 A 的分配系数，同样对稀释剂 B 也可以写出类似的表达式

$$k_B = \frac{y_B}{x_B} \qquad (6-6)$$

k_B 称为稀释剂 B 的分配系数。分配系数 k_A 表示了溶质 A 在两平衡相中的分配关系，其值越大，萃取效果越好。对于一定物系，k_A 值与联结线的斜率有关，不同物系则 k_A 值不同。同一物系，k_A 值一般不是常数，其值随温度和组成而变。在恒温条件下，当组分 A 的组成变化不大时，k_A 值可看作常数，其值可由实验确定。

（2）分配曲线　类似于蒸馏和吸收中的气液平衡，溶质 A 在三组分混合物系互成平衡的两相中的组

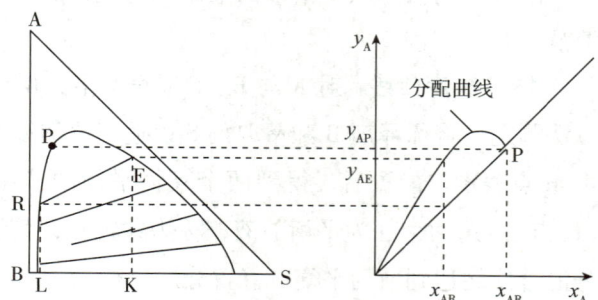

图 6-9　分配曲线

成，也可在 $y-x$ 直角坐标中用曲线表示。如图 6-9 所示，以萃余相中溶质 A 的组成 x_A 为横坐标，萃取相中溶质 A 的组成 y_A 为纵坐标，共轭相中溶质 A 的组成在直角坐标图上可用 N 点表示。将若干表示诸联结线两端点相对应的溶质 A 组成的点相连，即可得到 OPN 曲线，称为分配曲线。

若物系的分配系数 $k_A > 1$，则 E 相内溶质 A 的组成均大于 R 相内溶质 A 的组成，分配曲线位于 $y = x$ 线上方，反之则位于 $y = x$ 线下方。若随溶质 A 组成的变化，联结线倾斜方向发生改变，则分配曲线将于对角线出现交点。

（四）液-液相平衡与萃取操作的关系

1. 萃取操作的自由度　双组分溶液萃取分离时，涉及两个部分互溶的液相，其组分数为 3。根据相率，系统的自由度为 3。当两相处于平衡状态时，组成只占用一个自由度，故操作压强和温度可以人为选择。

2. 萃取过程的图示　设某 A、B 双组分溶液，其组成用图 6-10 中的 F 点表示。现加入适量纯萃取剂 S，其量应足以使混合液的总组成进入两相区的 M 点。M 点必位于 FS 连线上，其位置可根据杠杆定律确定。经充分接触两相平衡后，静置分层获得萃取相 E 和萃余相 R。根据杠杆定律，M 点、E 点和 R 点在一条直线上，E 点和 R 点可由通过 M 点的联结线确定。将萃取相和萃余相分别取出，并在溶剂回收装置中脱除萃取剂。在萃取剂被完全脱除的理想情况下，可在 AB 边上分别得到含两组分的萃取液 E^0 和萃余液 R^0。从图中可以看出，萃取液 E^0 中溶质 A 的含量要高于原料液 F，萃余液 R^0 中稀释剂 B 的含量同样高于原溶液，实现了原料液的部分分离。E^0 和 R^0 的数量关系仍由杠杆定律确定。

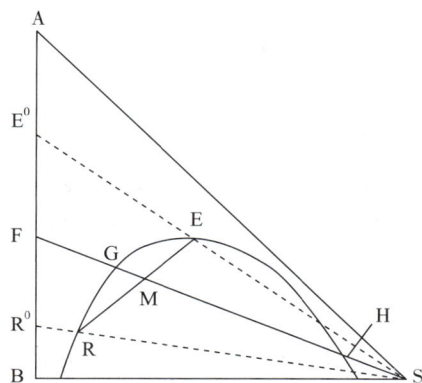

图 6-10　萃取过程的图示

在单级萃取操作过程中，原溶液量一定时，萃取剂的加入量将影响 M 点的位置。改变萃取剂的用量，则 M 点延着 FS 线移动。当 M 点的位置恰好落在溶解度曲线上（G 点，H 点）时，存在两个萃取剂极限用量，此时原料液和萃取剂的混合液只有一个液相，不能起分离作用。G 点对应的萃取剂用量称为最小萃取剂用量（S_{min}），H 点对应的萃取剂用量称为最大萃取剂用量（S_{max}）。因此萃取剂用量的适宜范围为：$S_{min} < S < S_{max}$。S_{min}、S 和 S_{max} 的用量也可根据杠杆定律计算。

3. 互溶度的影响　萃取操作中，通常萃取剂与稀释剂之间不可避免地具有或大或小的互溶度，若互溶度越大，则两相区越小。图 6-11（a）为同一温度下，同一原料液与不同萃取剂构成的三角形相图。由图可知，若从 S 点做溶解度曲线的切线，此切线与 AB 边的交点为在一定操作条件下可能获得的含溶质 A 的浓度最高的萃取液，称为最高萃取液。互溶度越小，萃取的操作范围越大，可能达到的最高萃取液浓度越大。因此，选择与 B 互溶度小的 S，能达到更好的分离效果。

一般来说，温度降低，B 与 S 的互溶度减小，反之增加，如图 6-11（b）所示。温度明显地影响溶解度曲线的形状、联结线的斜率和两相区的面积，从而也影响分配系数的大小和分配曲线的形状。一般来说低温对萃取过程有利。但是温度的变化还将改变物系其他物理性质（如密度、黏度、表面张力等）的变化，故萃取操作温度应作适当的选择。

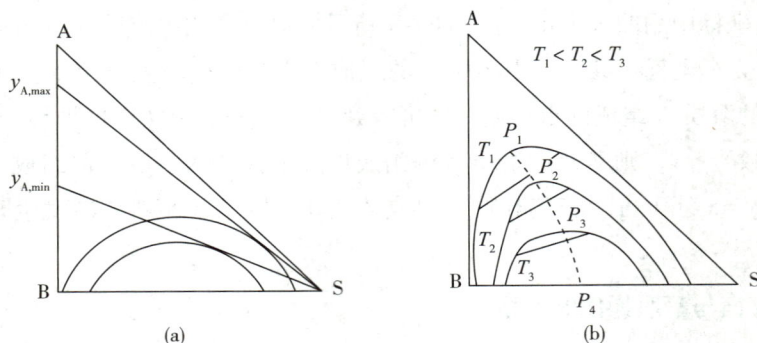

图 6-11　互溶度对萃取过程的影响

（五）萃取剂的选择

萃取剂的选择是萃取过程的关键问题之一，它直接关系到萃取操作是否能正常进行、设备费用及操作费用的多少，影响萃取生产过程中的经济性。通常萃取剂的选择须考虑以下几个方面。

1. 萃取剂的选择性　是指萃取剂对原料液两个组分溶解能力的差异。在实际萃取过程中，希望萃取剂对溶质 A 有较大的溶解能力，而对其他组分的溶解能力较小或者没有溶解能力。这种差异越大，则萃取剂的选择性越好。萃取剂的选择性可以用选择性系数 β 表示，其定义为：

$$\beta = \frac{y_A / y_B}{x_A / x_B} = \frac{k_A}{k_B} \tag{6-7}$$

式中，y、x 分别为萃取相、萃余相中组分 A（或 B）的质量分数。

选择性系数 β 跟蒸馏操作中的相对挥发度很相似，其值跟平衡联结线的斜率有关。当某一平衡联结线延长恰好通过 S 点，此时 $\beta = 1$，说明萃取后得到的萃取液 E^0 和萃余液 R^0 具有相同的组成，并与原料液的组成一样，故达不到分离目的，所选择的萃取剂是不合适的。因此萃取剂的选择应在操作范围内使选择性系数 $\beta > 1$。

2. 萃取剂与原溶剂的互溶度　前已述及，萃取剂 S 与稀释剂 B 的互溶度越小，萃取的操作范围越大，可能达到的最高萃取液浓度越大，越易分离。且互溶度越小，其选择性系数 β 越大，当 S 和 B 完全不互溶时，β 为无穷大，选择性最好，对萃取最有利。

3. 萃取剂的理化性质　萃取剂的物理性质直接影响两相接触状态、分层的难易、两相流动速度，从而限制过程及设备的分离效率和生产能力。

（1）密度　萃取相和萃余相之间应有较大的密度差，有利于两相的分散和凝聚，促进两相的相对流动。

（2）界面张力　物系的界面张力较大时，有利于细小液滴的凝聚，使两相易于分层，但分散程度差，从而使相际接触面积减小；界面张力较小时，易产生乳化现象，使两相不易分层。因此界面张力要适中。

（3）其他　黏度、凝固点应较低，闪点较高，以便于操作、输送及储存，并应具有毒性小、不易燃等特点。

此外，萃取剂还应具有化学性质稳定、热稳定性及抗氧化稳定性等性质，并对设备的腐蚀性较小。

4. 萃取剂回收的难易　在萃取过程中，萃取剂的回收费用是萃取过程的一项关键经济指标，因此有些萃取剂尽管其他性能良好，但由于较难回收而被弃用。萃取剂的回收一般采用蒸馏方式，因此要求原料液组分与萃取剂的相对挥发度要大。若溶质挥发度很低时，要求萃取剂的汽化热要小，以节能省耗。

选用的萃取剂一般很难同时满足上述要求，应根据物系特点，在保证萃取剂的高效性和经济性的前提下，根据实际情况加以权衡，最终选择合适的萃取剂。

（六）液-液萃取设备

萃取设备的作用是通过两液相间的质量传递，实现组分分离。因此萃取设备首先应保证操作过程中两液相能充分接触并伴有较高程度的湍动，以实现两相间的质量传递；其次应保证萃取后的两相能较快地分离，以实现组分分离。因此各类萃取设备的设计都是围绕如何采取强化措施使两相能密切充分混合以及有效分离为目的设计的。

根据两相的接触方式不同，萃取设备可分为逐级接触式和微分接触式两类。逐级接触式设备中每一级均进行两相的混合与分离，两相组成在级间发生阶跃式变化。微分接触式设备中两相逆流连续接触传质，两相组成连续变化。

根据外界是否输入机械能，萃取设备可分为有外加能量和无外加能量两类。若两相密度差较大，两相的分散和流动仅靠压力差和密度差即可实现，不需要外加能量。若两相密度差较小，界面张力较大，液滴不易分散，此时需借助外加能量来改善两相的相对运动及分散状况，如振动、脉冲、搅拌、离心等。目前，工业上使用的萃取设备种类繁多，在此仅列出制药工业中一些典型设备。

1. 混合澄清槽　是一种靠重力实现两相分离的逐级接触式萃取设备，主要由混合室和澄清室两部分组成，它可单级操作，也可多级操作。图6-2为传统单级混合澄清槽，操作时，原料液和萃取剂首先经过各自的进料口进入混合室中，通过搅拌器的搅拌使之混合传质，然后通过溢流挡板进入澄清室内，通过重力作用实现自然分离。最后分别进入不同的出口，完成萃取过程。

在实际生产中，根据生产需要可将其按错流、逆流等方式组合成多级使用，并设有反萃段、洗涤段、再生段等多个工段。图6-12为四级逆流混合澄清槽萃取装置示意图，操作时，通过涡轮搅拌产生的吸力，将进入潜室的重/轻相吸入混合室混合均匀，混合均匀的重/轻相经溢流进入澄清室；分层澄清后，重相经澄清室底部出口进入重相溢流堰，最终进入相邻下一级潜室；轻相经澄清室上部进入轻相溢流堰，最终也进入相邻下一级潜室。如此循环，可实现多级逆流萃取。

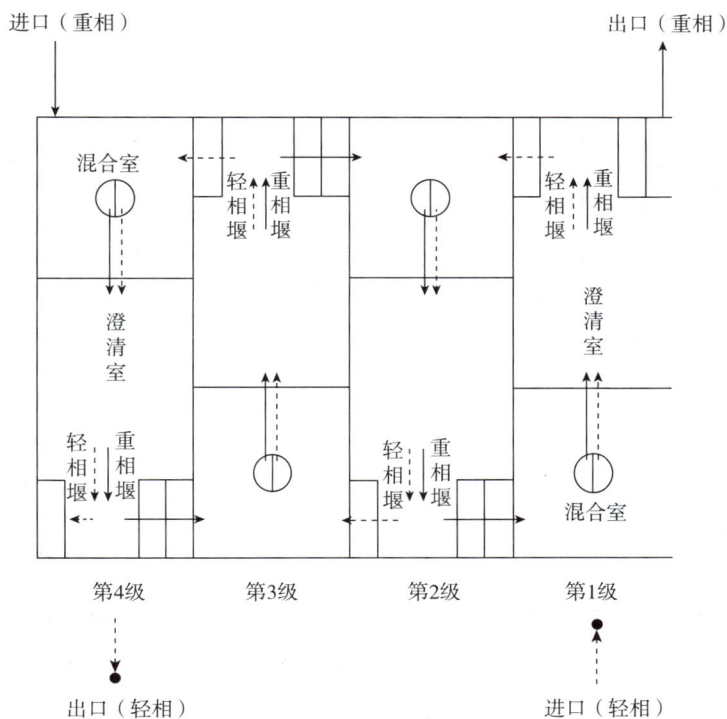

图6-12　四级逆流混合澄清槽示意图

混合澄清槽具有萃取效率高（一般萃取效率高达90%）、操作简单灵活、适应性强、适用大的流比变化、放大简单、可操作性强等特点。但混合澄清槽常采用多级串联的方式运行，设备占地面积大，且物料存留量大，企业一次性投资成本高。

2. 萃取塔 通常将高径比（指吸收塔高度与内径的比值）较大的萃取装置统称为塔式萃取设备，简称为萃取塔。

（1）筛板塔 是逐级接触式萃取设备，两相依靠密度差，在重力的作用下，实现分散和逆向流动。图6-13为轻相是分散相的筛板塔操作示意图，操作时，轻相从塔底进入，通过塔板上的筛孔而分散成细小液滴，并于筛板上的连续相接触传质。穿过连续相的细小液滴逐渐凝聚，聚集于筛板的下侧，待两相分层后，借助压强差的推动，再经筛孔分散。反复分散、凝聚进行，直至塔顶澄清、分层、排出。重相呈连续相由塔顶进入，横向流过筛板，并在筛板上与分散相液滴接触、传质，再由降液管流至下一层筛板。如此重复进行，最终由塔底排出。

筛板塔具有构造简单、造价低、生产能力大等特点，且能有效地减少轴向返混，能处理腐蚀性料液，因此在许多萃取过程中得到广泛应用。

（2）转盘萃取塔 如图6-14所示，转盘萃取塔属于机械搅拌萃取塔（简称为RDC），转盘萃取塔分为三段：上部轻相澄清段、中部混合萃取段、下部重相澄清段。操作时，液相中的重相由轻相澄清段和混合萃取段交接位置按照一定流量进入塔内，并向下流入混合萃取段。液相中的轻相由重相澄清段和混合萃取段交接位置按照一定流量进入塔内，并向上流入混合萃取段。两相在萃取塔内呈逆流接触，在固定转盘的搅动下，分散形成小液滴，在液相中产生强烈的涡旋运动，从而增大了相际接触面积和传质系数。完成萃取过程后，轻相和重相分别由塔顶和塔底的出口流出。

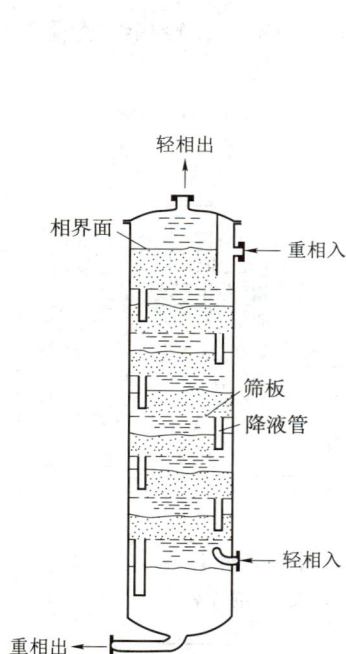

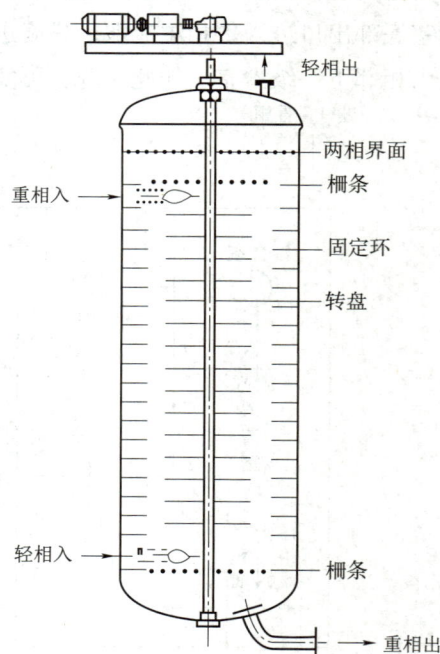

图6-13　筛板萃取塔　　　　图6-14　转盘萃取塔示意图

转盘萃取塔具有以下优点：①萃取效率高，萃取级数更多，萃取效果更好，可以降低萃取剂用量；②系统简洁，易于理解，采用全自动操作，实现控制流量进料、自动分层澄清出料，无需人工干预；③维护方便，使用寿命长，设备使用寿命可达十年以上。

3. 离心萃取器　是利用离心力的作用，使两相快速混合、快速分离的萃取设备，特别适用于要求接触时间短、物料存储量少、密度差小、黏度高、易乳化难分层的物系，例如青霉素的生产。离心萃取器的类型较多，按两相接触方式来分，可分为逐级接触式和微分接触式两类。

（1）转筒式离心萃取器　是一种单级接触式设备，如图6-15所示。操作时，重相和轻相由设备底部的三通管同时进入混合室，在搅拌桨的作用下，两相充分混合进行传质，然后一起进入高速旋转的转鼓。转鼓中混合液在离心力的作用下，重相被甩向转鼓外缘，轻相被挤向转鼓的中心部位。两相分别经底部的轻、重堰流至相应的收集室，并经各自的排出口排出。转筒式离心萃取器具有结构简单、易于控制、效率高、运行可靠等优点。

（2）波德式离心萃取器　又称为离心膜萃取器（简称POD），是一种微分接触式萃取设备，其结构如图6-16所示。操作时，在带有机械密封装置的套管式空心转轴的两端分别引入重相和轻相，重相引入转鼓的中心，轻相引到转鼓的外缘，在离心力的作用下，轻相由外向内，重相由内向外，两相沿径向逆流通过螺旋带上的各层筛孔分散并进行相际传质。传质后的混合物在离心力作用下又分为轻相和重相，并分别引到套管式空心轴的两端流出。波德式离心萃取器的传质效率很高，适合处理两相密度差小或易乳化的物系。

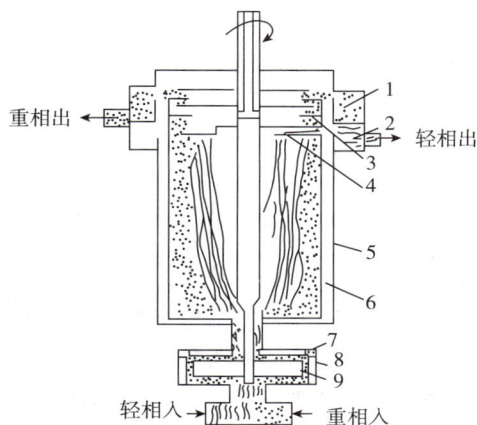

图6-15　转筒式离心萃取

图6-16　波德式离心萃取器

1. 重相收集室；2. 轻相收集室；3. 重相堰；4. 轻相堰；5. 套筒；6. 转鼓；
7. 导向挡板（4条）；8. 混合挡板（4条）；9. 搅拌桨（4叶）

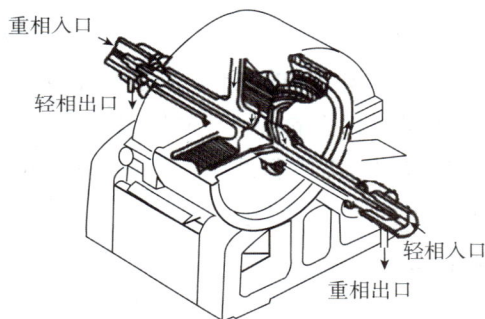

离心萃取器具有结构紧凑、物料停留时间短、分离效果好、生产强度高等优点，适用于两相密度差小、易乳化、难分相和要求接触时间短、处理量小的场合。但其缺点是结构复杂、制造困难、操作费用高。

三、固-液萃取

又称固-液浸取或提取，是指选择适宜的溶剂来浸渍固体混合物，利用各组分在该溶剂中溶解度的差异，实现可溶组分和残渣分离的单元操作。固体混合物中的可溶性组分称为溶质，不溶性物质称为载体。用于浸渍固体混合物的溶剂称为浸取剂，浸取后所得的含有溶质的液体称为浸取液，浸取后的固体称为残渣。

（一）浸取原理

在固-液萃取过程中，溶剂首先进入固体混合物中，溶解某些可溶性组分，使固体内的溶液浓度增高，外部溶液浓度降低，形成的传质推动力使可溶性组分由高浓度向低浓度扩散，进行传质。固－液萃取的一般过程如下。

1. 浸润　固体混合物和浸取剂接触，浸取剂通过固体表面，渗透扩散浸取到固体的内部。此过程浸取剂能否润湿固体并进入组织内部，与浸取剂和固体混合物的性质及两者的界面情况有关。

2. 溶解　浸取剂进入固体的组织细胞后和各组分接触，可溶性组分溶解进入浸取剂。

3. 扩散　浸取剂溶解溶质后形成的浓溶液渗透压较高，而纯浸取剂或稀溶液的渗透压较低，存在渗透压差。在渗透压的作用下，溶质通过微孔不断扩散到固体表面，并运动到液相主体的稀溶液中。

以上步骤交错进行，且任何一个步骤都可能成为决定整个萃取过程速率的主要控制因素。

（二）浸取过程的影响因素

由于固－液萃取的机制比较复杂，固体混合物和溶质都很复杂，不确定因素很多，因此固－液传质过程的速率很难用精确的数学方程式表示。但其传质过程也是以扩散原理为基础的，因此可借用费克定律公式，研究分析各种因素对萃取的影响趋势。

$$J_A = -D_A \frac{dc_A}{dx} \tag{6-8}$$

式中，J_A 为组分 A 的扩散速率，$kmol/(m^2 \cdot s)$；D_A 为分子扩散系数，m^2/s；$\frac{dc_A}{dx}$ 为在 x 方向的浓度梯度，$kmol/m^4$；－表示扩散沿着浓度降低的方向进行。

影响固－液萃取的主要因素有以下几方面。

1. 固体混合物的粒径　固体混合物粉碎得越细，即粒径越小，与萃取剂的接触面积就越大，溶质从内部扩散到表面所通过的距离就越短，可增大提取速度。但是实际生产中，并不是越细越好。例如药材粉碎过细的话，大量细胞被破坏，许多可溶性杂质（如高分子化合物）很容易进入浸取剂，增大了浸取液的黏度，降低了扩散速度，造成后续过滤、分离等操作困难。同时原料粒径过细，容易产生堵塞，甚至会造成浸取剂在渗透柱内部出现部分流畅、部分不流畅的现象，影响浸取效果。因此固体混合物要根据自身性质、浸取方法和萃取剂的性质进行适当粉碎。

2. 浸取温度　温度升高，会使固体组织软化，同时会降低浸取液的黏度，增大溶质在浸取剂中的溶解度和扩散速率，有利于萃取。但同时，杂质的溶解度和提取率也会随温度的升高而增大，使浸取液质量下降，给后续的分离带来困难。另外温度的升高还可能使热敏性组分被分解破坏，挥发性组分挥散损失，因此浸取操作时应控制适当的温度。

3. 浸取时间　理论上来说，浸取时间越长，浸取率越高，当浸取进入慢速阶段后，浸取速率随时间的延长而缓慢升高。实际上，浸取超过一定时间后会达到平衡状态，即浸取率基本保持不变。此后再延长浸取时间，反而会增加杂质的溶出量，给后续的提纯分离带来困难。例如以水为浸取剂，长时间的浸取会使浸取液霉变，影响产品的质量。

4. 浸取压力　对于组织坚实的药材，浸取剂很难浸润，此时提高浸取压力有利于增大浸润速率，使药材组织内更快地充满浸取剂并形成浓溶液，同时缩短开始发生溶质扩散过程所需的时间。但压力对扩散速率的影响不大，对组织松软、容易浸润的药材的浸出也没有明显的影响。

5. 浸取剂　一般固体混合物（如药材）中的组分非常复杂，能否选择性地提取出目标组分，浸取剂的选择起关键作用。浸取剂选择时应考虑以下规则：①对溶质有较大的溶解度；②与溶质之间的沸点差大，便于用蒸馏等方法回收利用；③溶质在浸取剂中的扩散系数大且黏度小；④具有无毒、腐蚀性小、价廉、易得等特点。在中药材的提取中，通常选用的浸取剂有水、乙醇、乙醚、石油醚、三氯甲烷及各种混合物。

此外，浸取剂的用量及提取次数也会影响浸取效率。增大浸取剂的用量，会增大固体混合物表面上的浓溶液和流体主体中的浓度差，即增大了扩散推动力，从而使浸取速度提高。但浸取剂的用量若增大较多，会使浸取液浓度较低，给浸取剂的回收造成困难。在浸取剂的用量一定的情况下，提取次数增加可提高提取效率。但随着提取次数的增加，浸取液的浓度也会减小，同样对浸取剂的回收造成困难。增加浸取剂的用量和提取次数都会造成生产成本的上升，因此必须选择适宜的浸取剂用量和提取次数。

（三）浸取方法

以中药材为例，固 – 液浸取的主要方法有浸渍法、渗漉法、煎煮法、回流法等。

1. 浸渍法　将切割或粉碎后的药材置于浸渍器中，加入一定量的浸取剂，使固液两相接触，充分溶解溶质后，分离浸取液和药渣，且药渣所吸着的浸取液可借助于压榨法回收。浸渍法的设备、操作均非常简单，浸取剂的使用量较大，一般适用于黏性药物、易于膨胀药材和组织结构药材的浸取。但所得浸取液浓度稀，提取效率低，不适宜贵重和有效成分含量低的药材的提取，或制备高浓度的制剂。

2. 渗漉法　将湿润的药材颗粒或粉体置于渗漉器内，自药材颗粒层的上部连续地加入浸取剂，浸取剂溶解溶质后浓度增大，相对密度增加而向下流动，最终自上而下流过固体层，渗漉液不断从渗漉器底部流出。有时由于操作需要，浸取剂也可自下而上流过颗粒层。渗漉法多在常温常压下进行。渗漉过程中，浸取剂不断流过药材颗粒层，可形成良好的浓度差，有利于扩散，因此提取比较完全；药材中有效成分的浸出率高，且操作中可省去分离浸出液的步骤，节省分离时间。渗漉操作一般在常温下进行，避免了热敏性组分受热分解破坏，能较好地保留药材中的活性成分。

3. 煎煮法　将药材切碎或粉碎成粗粒，置适宜煎器中，加水浸没药材，浸泡适宜时间后，加热至煮沸，保持微沸一定时间，分离煎出液，药渣依法煎出数次（一般为 2 ~ 3 次），至煎液味淡为止，合并各次煎出液，浓缩至规定浓度。煎煮法适用于有效成分能溶于水，且对湿、热均稳定的药材。它除了用于制备汤剂外，同时也是制备部分散剂、丸剂、片剂、颗粒剂及注射剂或提取某些有效成分的基本方法之一。但该法浸提成分范围广，往往杂质较多，给精制带来不利，且煎出液易霉败变质。

4. 回流法　将药材切碎或粉碎成粗粒，加入易挥发的有机溶剂，得到浸取液后将其加热蒸馏，其中挥发性浸取剂馏出后又被冷凝，重复流回浸出器中浸提药材，直至有效成分回流提取完全。与渗漉法相比，回流法操作中浸取剂能循环使用，因此浸取剂耗用量少。但由于连续加热，浸取液在蒸发锅中受热时间较长，故不适用于受热易破坏的药材成分浸出。

（四）固 – 液萃取设备

固 – 液萃取设备种类繁多，按操作方式可分为间歇式、半连续式和连续式；按固体物料和浸取剂的接触方式可分为多级接触式和微分接触式；按物料的处理方法不同可分为固定床、移动床和分散接触式。下面简要介绍一些实际生产中常用的浸取设备。

1. 搅拌式浸取器　图 6 – 17 为常用搅拌式浸取器，操作时，将粒状或粉状固体物料置于浸取器内，并注入浸取剂，固液两相充分接触传质，同时利用底部的加热盘管加热，泵体和导管可使浸取液循环，强化浸取。但所需浸取剂量较大，提取时间长，其所得溶液多是稀溶液，经济性差。

因此将多台浸取器串联，就可进行比较经济合理的多级逆流浸取操作。如图 6 – 18 所示，6 台浸取器串联进行五级逆流浸取，操作时，新鲜浸取剂从第一级加入，依次流动，最后由第 5 级排出。固体物料从最后一级进入，与来自前一级的溶液接触传质。浸取剂在流经各级时与物料进行多次接触萃取，浓度逐渐增大。

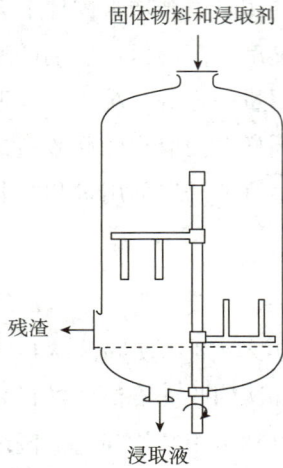

图 6-17 搅拌浸取器

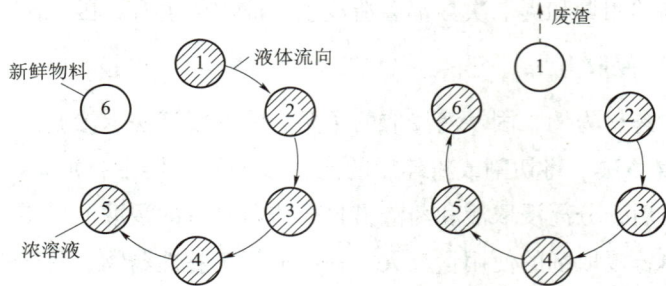

图 6-18 多级逆流接触浸取流程

2. 多功能提取罐 多功能提取罐根据形状可分为正锥式、斜锥式、直桶式、蘑菇头式及倒锥式。各种提取罐在形状、结构等方面存在差异，造成在生产使用效果上存在差异，其对比可见表 6-1。

表 6-1 不同类型的多功能提取罐对比

设备类型	结构	加热形式	提取效率	操作安全	缺点
正锥式	罐体下部为正锥形，罐体中大下小	夹套加热，底部无热源	因底部无热源形成加热死角，底部药材提取不完全	需操作人员随时调节阀门控制蒸汽压力	提取效率低，存在安全隐患
斜锥式	类似正锥式，罐体下口偏向一侧				出渣困难，有的药材会停留在罐壁上，形成桥架
直桶式	罐体上下内径一样大小	夹套加热，底部有热源	底部有热源，解决了加热有死角的问题，上漂浮药材很快能溶入提取液	底部微沸，降低了二次蒸汽流量，减少了生产中不安全因素	表面看似沸腾，但罐底温度不够
蘑菇头式	罐体上大下小				

3. 波尔曼连续浸取器 是一种移动床式浸取器。如图 6-19 所示，操作时，其内部可上下升降的运输带上安装有一连串带底孔的篮筐，当右侧篮筐向下移动时，固体物料自动加入顶部篮筐中，并喷淋一定浓度的浸取剂。浸取剂凭自身重力穿过篮筐的底孔进入下层篮筐，最终在浸取器下面得到含溶质较高的浸取液。当左侧篮筐向上移动时，从上面淋下的新鲜浸取剂与固体物料逆向流动，逐筐浸取，浓度不断增加，最终在浸取器底部聚集，由泵输送到设备上部，作为右侧下喷的浸取液。但设备中只有部分采取逆流流动，且有时发生沟流现象，因而效率较低。

4. 平转式连续浸取器 图 6-20 为平转式连续浸取器，操作时，固体物料可通过容器内若干扇形格构成的水平圆盘卸到器底的出渣器上排除，而浸取剂在

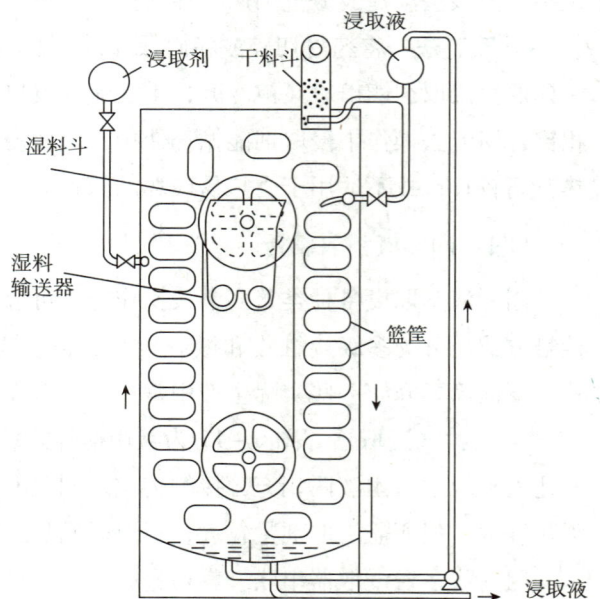

图 6-19 波尔曼连续浸取器

卸料处的邻近扇形格上部喷淋到物料上。下部收集浸取液，然后由泵以与物料回转相反的方向送至相邻扇形格内的物料上，如此反复逆流萃取。平转式浸取器的结构简单，占地小，适用于大量植物药材的提取。

5. 超声波辅助浸取　是利用超声波辐射压强产生的强烈空化作用、扰动效应、高加速度、击碎和搅拌作用等多级效应，增大物质分子运动频率和速度，增加溶剂穿透力，从而加速目标成分进入溶剂，促进提取的进行。操作时，以高强度超声处理浸取剂，传播到浸取剂中的声波会产生交替的高压（压缩）和低压（稀疏）循环，在低压循环期间，高强度的超声波会在液体中产生小的真空气泡或空隙。当气泡达到不能再吸收能量的体积时，它们在高压循环中剧烈地坍塌，这种现象称为空化。空化气泡的崩溃也导致浸取液射流高达 280m/s 的速度，所产生的剪切力机械地破坏细胞膜并改善材料转移。

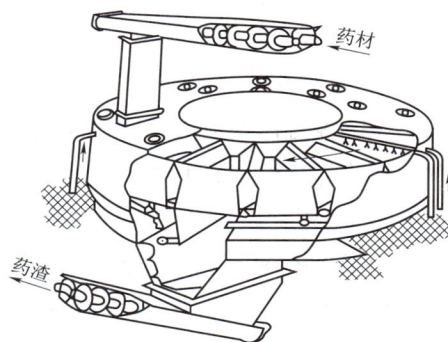

图 6-20　平转式连续浸取器

超声波的机械效应提供更快，可以产生空化破坏细胞壁并促进基质成分的释放，同时可促进溶质从细胞向浸取剂的转移。通过超声空化引起固体物料的粒径减小，增加了固相和液相之间接触的表面积。超声波辅助浸取具有提取时间短、提取率高、低温提取有利于保护有效成分等优点，在中药提取领域有广泛的应用前景。

6. 微波辅助浸取　如图 6-21 所示，微波浸取设备是利用微波对介质进行萃取的，微波对物料实施立体加热，提高萃取率。在微波场中，各种物料吸收微波能力的差异使得基体物质的某些区域或萃取体系中的某些成分被选择性加热，从而使得物质内部产生能量差或势能差，被萃取物质得到足够的动力即从基体或体系中分离出来。

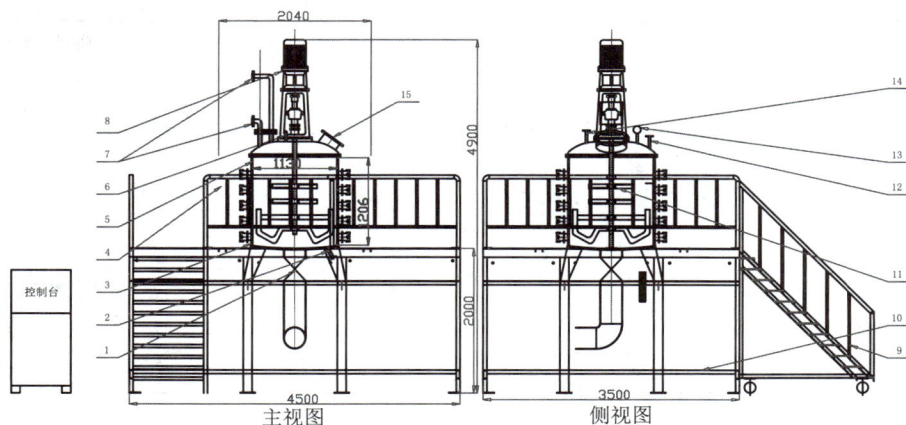

图 6-21　微波萃取机装配图

1. 出料阀；2. 下测温口；3. 微波提取罐；4. 微波发生器架；5. 内衬四氟；6. 呼吸阀；7. 冷凝器进出口；
8. 搅拌电机；9. 楼梯；10. 底座；11. 搅拌叶片；12. 上测温口；13. 压力表接口；14. 进液口；15. 加料口

操作时，粉碎机将固体物料加工成饮片状、颗粒状或粉状，加浸取剂搅拌或浸泡预处理后送至微波提取设备。通常微波设备可以在极短的时间内一次完成天然植物有效提取，微波提取后将料液分离，溶液送浓缩系统处理。对于植物中易挥发有效成分，可以通过微波提取设备设置的接口连接常规的冷凝装置进行收集。

与传统浸取方法比，微波辅助浸取可避免长时间高温引起的热敏性组分的降解，提取时间短，工艺流程简单，无污染、安全，在制药产业得到了越来越多的应用。

四、其他萃取技术

（一）超临界流体萃取

超临界流体萃取（简称 SFE），是 20 世纪 70 年代兴起并发展起来的一种新型萃取分离技术。它是利用超临界流体（SCF）作为萃取剂，萃取待分离混合物中的溶质，再采用等温变压或等压变温等方法，将萃取剂与溶质分离的单元操作。

超临界流体是指超过临界温度和临界压力状态的流体，它兼具气体和液体的某些特性，即具有接近气体的黏度和渗透能力，又有接近液体的密度和溶解能力，这意味着超临界流体萃取可以在有利的相平衡和较快的传质速率条件下进行。表 6-2 给出了超临界流体和常温、常压下气体、液体的物系比较。常用的超临界流体有二氧化碳、乙烷、乙烯、丙烷、丙烯和氨等。表 6-3 为常用超临界溶剂的临界值。以二氧化碳为例，其具有无毒、无臭、无极性、密度高、不可燃、价格低廉、易获得等优点，且临界温度比较接近常温，不用加热就可以将其与溶质分开，而传统的液-液萃取常采用蒸馏等方法将溶剂分出，通常会造成热敏性物质的分解或使产品中带有残留的有机溶剂。

表 6-2 超临界流体和常温、常压下气体、液体的物系比较

流体	相对密度	黏度（Pa·s）	扩散系数（m^2/s）
气体，15~30℃，常压	0.0006~0.002	$(1~3)×10^{-5}$	$(1~4)×10^{-5}$
超临界流体	0.4~0.9	$(3~9)×10^{-5}$	$2×10^{-8}$
液体，15~30℃，常压	0.6~1.6	$(0.2~3)×10^{-3}$	$(0.2~2)×10^{-9}$

表 6-3 常用超临界溶剂的临界值

溶剂	临界温度（℃）	临界压力（MPa）	临界相对密度
二氧化碳	31.0	7.38	0.468
乙烷	32.2	4.88	0.203
乙烯	9,2	5.03	0.218
丙烷	96.6	4.24	0.217
丙烯	91.8	4.62	0.233
正戊烷	197	3.37	0.237
甲苯	319	4.11	0.292
氨	132.4	11.3	0.235

对于分子量较大和极性基团较多的超临界流体萃取，就需向有效成分和超临界流体组成的二元体系中加入第三组分，来改变原来有效成分的溶解度，通常将具有改变溶质溶解度的第三组分称为夹带剂。超临界流体萃取有如下基本特点：①超临界流体萃取通常操作温度低，可有效防止热敏性成分受热破坏，特别适合热敏性强、易氧化分解成分的分离提取。②超临界流体萃取同时应用了蒸馏和萃取的原理，即与蒸气压和相分离都有关。③超临界相的压力降低，可将其中难挥发物凝析出来。④其萃取效率高，不会引起被萃取物质的污染，且无需进行萃取剂蒸馏，更有利于传热和节能。⑤超临界流体一般是化学性质稳定、无毒、无腐蚀性、临界温度不太高且不太低的物质，因此与溶质分离后，完全没有萃取剂的残留，有效解决了传统提取方法的萃取剂残留问题。

但超临界流体萃取具有操作压力高、设备投资大等缺点。

1. 超临界萃取原理 图 6－22 为二氧化碳超临界流体萃取的基本原理。如图 6－22 所示，将原料（液体或固体）装入萃取釜，二氧化碳气体经交换器冷凝成液体，用加压泵提升至工艺过程所需的压力（高于二氧化碳的临界压力）同时调节温度，使其称为超临界二氧化碳流体。超临界二氧化碳流体作为萃取剂，由萃取釜底部进入，与被萃取物料充分接触，选择性地溶解出所需组分。含溶质的高压二氧化碳流体经节流阀降压至低于二氧化碳的临界压力，然后进入分离釜。在分离釜内，二氧化碳的溶解度随压力下降而急剧降低，从而析出溶质，并自动分离成二氧化碳气体。溶质即为产品，二氧化碳气体经热交换器冷凝成二氧化碳液体后循环使用。

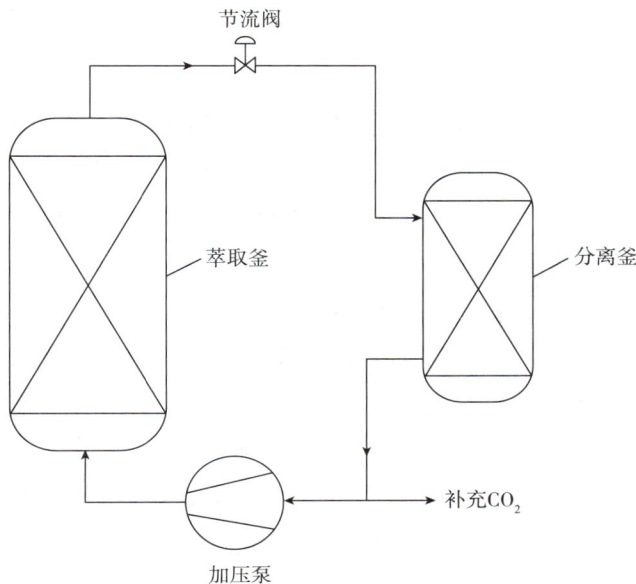

图 6－22 超临界流体萃取原理

2. 超临界萃取流程 超临界流体萃取的基本过程主要由萃取和分离两个阶段组成。在分离阶段，可通过改变某个参数（升温或降压）使溶质和超临界流体分离。根据分离方式的不同，超临界流体萃取可分为三种典型的基本流程。

（1）等温变压流程 此类流程是通过压力降低而使溶质从超临界流体中分离出来。超临界流体经压缩达到最大溶解能力的状态点（即超临界状态）后加入萃取器中与物料接触进行萃取。在一定温度下，当溶解了溶质的超临界流体通过膨胀阀进入分离槽后，压力降低，溶质在超临界流体中的溶解度降低，使其在分离器中析出。溶质由分离器下部取出，气体经压缩机返回萃取器循环使用。萃取釜和分离釜温度基本相等。

该流程易于操作，是最为普遍的超临界萃取流程，适用于从固体物质中萃取油溶性组分、热敏性组分。

（2）等压变温流程 此类流程通过加热升温从而使溶质和超临界流体分离。在一定范围内，溶质在超临界流体中的溶解度随温度升高而降低，萃取了溶质的超临界流体经加热器升温后，溶质的溶解度降低，在分离槽析出溶质，使其与超临界流体分离，气体经冷却、压缩后返回萃取器循环使用。萃取釜与分离釜压力基本相等。

（3）吸附吸收流程 这种流程可用吸附溶质而不吸附超临界流体的吸附剂来使两者分离。在分离釜中，经萃取出的溶质被吸附剂吸附，与超临界流体分离，气体经压缩（适当加压）后返回萃取器重复使用。

三种流程中，前两种常用于萃取产物为需要分离纯化的产品，第三种常用于萃取产物中有害成分和杂质的去除。

由于超临界流体萃取的一系列优越性，在制药领域得到了越来越多的应用。例如可用超临界流体萃取来干燥各类抗生素，以脱除其中含有的少量有机溶剂（如丙酮、甲醇等），避免了产品的药效降低。同时超临界二氧化碳流体萃取可对有效成分进行选择性分离，还可直接从单方或复方中药中提取不同部位进行药理筛选，开发新药，还可以提取许多传统方法提取不出来的物质，为中药制备工艺和剂型生产现代化提供了一条新途径。

（二）双水相萃取

双水相萃取，又称水溶液两相分配技术，是近年来针对生物活性物质的提取所开发的一种新型分离技术。

1. 双水相的形成　Beijerinck 早在 1896 年发现，当明胶与琼脂或明胶与可溶性淀粉溶液混合时，得到一个浑浊不透明的溶液，随之分为两相，上相富含明胶，下相富含琼脂（或淀粉），这种现象被称为聚合物的"不相溶性"，从而产生了双水相体系（ATPS）。

双水相体系主要是由于聚合物之间的不相溶性形成的，即聚合物与聚合物之间的分子空间阻碍作用，无法相互渗透，不能形成均一相，从而具有分离倾向，在一定条件下即可分为二相。一般认为，只要两聚合物水溶液的憎水程度有所差异，混合时就可发生相分离，且憎水程度相差越大，相分离的倾向也就越大。

2. 双水相萃取原理　双水相萃取依据物质在两相间的选择性分配，当萃取体系的性质不同时，溶质进入双水相体系后，由于表面性质、电荷作用和各种力（如憎水键、氢键和离子键等）的存在和环境因素的影响，使其在上、下两相中的浓度不同。溶质在双水相体系中的分配系数 K 为：$K = \dfrac{c_上}{c_下}$，其中 $c_上$ 和 $c_下$ 分别为溶质在上、下相的浓度。各种物质的 K 值不同，可利用双水相萃取体系对物质进行分离。

3. 双水相萃取特点　双水相萃取作为一种新型的分离技术，对生物物质、天然产物、抗生素等的提取、纯化表现出以下优势：①含水量高（70% ~ 90%），在接近生理环境的体系中进行萃取，不会引起生物活性物质失活或变性；②可以直接从含有菌体的发酵液和培养液中提取所需的蛋白质（或者酶），还能不经过破碎直接提取细胞内酶，省去破碎或过滤等步骤；③分相时间短，自然分相时间一般为 5 ~ 15 分钟；④界面张力小（10^{-7} ~ 10^{-4} mN/m），有助于两相之间的质量传递；⑤不存在有机溶剂残留问题，高聚物一般是不挥发物质，对人体无害；⑥大量杂质可与固体物质一同除去；⑦易于工艺放大和连续操作，与后续提纯工序可直接相连接，无需进行特殊处理；⑧操作条件温和，整个操作过程在常温常压下进行。

（三）反胶团萃取

反胶团萃取（reversed micellar extraction）的研究始于 20 世纪 70 年代，是一种发展中的新型分离技术。由于某些具有特殊性质的生化产品（如蛋白质、氨基酸等），多数不溶于非极性有机溶剂或与有机溶剂接触后会引起变性和失活，因此传统液 - 液萃取无法完成其提取与分离。

1. 反胶团的形成　如图 6 - 23 所示，表面活性剂在非极性溶剂（如有机溶剂）中会形成亲水基向内、疏水基朝外、球状的极性核。核内溶解一定数量的水后，形成了宏观上透明均一的热力学稳定的微乳状液，微观上恰似纳米级大小的微型"水池"，其表面活性剂的排列方向与一般的正向胶团相反，因此，称为反胶团。反胶团的极性内核可以溶解某些极性物质，而且在此基础上还可以溶解一些原来不能溶解的物质。

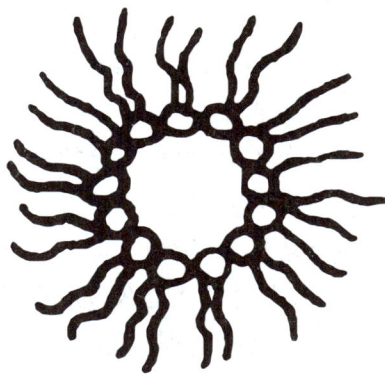

图 6 - 23　反胶团结构

2. 反胶团萃取原理　反胶团萃取的本质仍是液 - 液有机溶剂萃取，但与一般有机溶剂萃取所不同的是，反胶团萃取利用表面活性剂在有机相中形成反胶团，通过胶团内壁电荷与生物分子之间静电引力的相互作用和极性核的胞溶作用，将生物分子从水相转移到反胶团的极性内核内。由于胶团的屏蔽作用，这些生物分子不会与有机溶剂直接接触，而水池的微环境又可以起到保护作用，消除了生物分子（特别是蛋白质类生物活性物质）难溶与有机相中或在有机相中发生不可逆变性的现象。通过改变操作条件，又可使溶解于"水池"中的蛋白质转移到水相中，这样就实现了不同性质蛋白质间的分离或浓缩。

3. 反胶团萃取特点　反胶团萃取在分离生物大分子特别是分离蛋白质方面，具有突出的优点：①具有较高的萃取率、反萃取率和选择性；②分离、浓缩可同时进行，过程简便；③反胶团在萃取过程中非常稳定，在萃取过程中不会由于机械混合而破坏；④可直接从完整的细胞中提取具有活性的蛋白质或酶；⑤蛋白质等活性物质在反胶团萃取过程中不易失活；⑥反胶团可反复使用。

第二节　蒸　馏

PPT

一、普通蒸馏

（一）概述

1. 基本概念　蒸馏是分离液态均相混合物的常用单元操作之一，制药生产过程中所处理的原料、中间产物、粗产品等大多是由多种组分构成的液态混合物。如何将液态均相混合物中的各个组分分离纯化是制药生产过程不得不面对的问题。这一工程难题可以利用液态均相混合物中组成混合物各组分在某种性质上的差异加以解决。蒸馏是利用液态均相混合物中各组分挥发度的差异进行分离的单元操作。

在实际生产中蒸馏操作的种类有很多种，下面介绍几种常见的蒸馏过程。

2. 分类　按操作方式可分为间歇蒸馏、连续蒸馏两类。间歇蒸馏以某个生产任务或一小批物料处理为一个生产周期，生产操作时间较短，适用于小规模生产场合。连续蒸馏的生产过程连续不断，生产周期较长，适用于大批量连续化的生产，因而实际生产中多以连续蒸馏为主。

按操作压力可分为常压蒸馏、加压蒸馏与减压蒸馏。采用常压蒸馏操作时，蒸馏设备内压力与大气压相当。加压蒸馏操作时蒸馏设备内压力高于大气压，增加了液态均相混合物的沸点，适用于常压下组分间沸点接近难以分离、加压操作组分间沸点差异明显增加的混合物的分离；减压操作时蒸馏过程设备内压力低于大气压，减压蒸馏降低了液态均相混合物的沸点，适用于处理热敏性物质的分离，并且节约了热能，减少了蒸馏操作时间。

按分离程度可分为简单蒸馏、平衡蒸馏、精馏、特殊精馏。简单蒸馏一般多用于较易分离的物系或对分离要求不高的场合。平衡蒸馏，又称闪蒸，是一种单级的连续蒸馏操作，多用于原料液的粗分和多组分的初步分离。精馏分离程度较高，能得到较纯的组分，生产中以精馏的应用最为广泛。特殊精馏适用于各组分的挥发度相差很小甚至形成共沸物的混合液的分离，用普通蒸馏无法达到分离要求时，可采用特殊精馏。

按分离混合液中组分的数目分为双组分精馏、多组分精馏。

3. 在制药、化工工业中的应用　在制药、化工等生产过程中常常会产生很多混合物，大部分为液态均相混合物，要将其进行分离，以实现产品的提纯和回收，可采用蒸馏操作。

蒸馏操作历史悠久，是分离过程最重要的单元操作之一，如在食品生产中从发酵的醪液提炼饮料酒；在大型的石油化工生产中石油的炼制分离制取汽油、煤油、柴油等；在工业生产中空气的液化分离制取氧气、氮气等，以及化学合成药品的提纯，溶剂回收和废液排放前的达标处理等，都需要经蒸馏完成。

在制药、化工生产中，蒸馏广泛地被用于液体产品提纯、精制、溶剂回收或从废水中回收有机溶剂等。如在中药制药生产中，常用蒸馏法回收提取液中的乙醇，回收后的乙醇可重新用于药材中有效成分的提取。当乙醇（A）和水（B）形成的二元混合液欲进行分离时，可将此溶液加热，使之部分汽化呈平衡的气液两相。常压下乙醇沸点78.3℃，水的沸点100℃，乙醇的挥发性比水强，使得乙醇更多地进入到汽相，所以在汽相中乙醇的浓度要高于原来的溶液。而残留的液相中水的浓度增加了。这样原混合液中的两组分就实现了部分程度的分离，即为蒸馏分离。

（二）双组分理想溶液的气液相平衡

以 A、B 两组分液态均相混合物为例，A 表示沸点较低的易挥发组分，B 表示沸点较高的难挥发组分。所谓理想溶液，就是指在溶液中不同分子之间的吸引力 f_{AB} 与同分子之间的吸引力 f_{AA} 和 f_{BB} 一样，溶液中一种物质对另一种物质只起稀释作用。在一定的温度下，气液两相达到平衡时，溶液上方汽相中各组分的组成与该组分在溶液中的组成之间的关系称为气液相平衡关系，可用如下几种形式表示。

1. 以饱和蒸气压的形式表示　若汽相组成以分压表示，则在一定的温度下，气液两相达到平衡时，溶液上方汽相中各组分的分压与溶液中该组分摩尔分数之间的关系服从拉乌尔定律：

$$p_A = p_A^0 x_A, \quad p_B = p_B^0 x_B \tag{6-9}$$

式中，p_A^0 为一定温度下 A 组分的饱和蒸气压，Pa；p_B^0 为一定温度下 B 组分的饱和蒸气压，Pa；x 为液相中组分的摩尔分数；A 表示易挥发组分；B 表示难挥发组分。

根据 $p = p_A + p_B = p_A^0 x_A + p_B^0 x_B$ 得出

$$x_A = \frac{p - p_B^0}{p_A^0 - p_B^0} \tag{6-10}$$

$$y_A = \frac{p_A}{p} = \frac{p_A^0 x_A}{p} \tag{6-11}$$

式中，p 为溶液上方总的蒸气压，Pa；p_A 为溶液上方 A 组分的平衡分压，Pa；p_B 为溶液上方 B 组分的平衡分压，Pa；y 为汽相中组分的摩尔分数；A 表示易挥发组分；B 表示难挥发组分。

2. 以相图的形式表示　在压强一定的条件下，气液两相的平衡关系可以用温度组成图（$t-x-y$ 图）和气液平衡相图（$x-y$ 图）表示，y 是轻组分（易挥发组分）在汽相中的摩尔分数，x 是轻组分在液相中的摩尔分数。

（1）温度组成图（$t-x-y$ 图）　以表 6-4 苯和甲苯的饱和蒸气压实验数据为例，根据式（6-10）、（6-11）计算出相应温度下的 x、y 值见表 6-5。

表 6 - 4　苯和甲苯的饱和蒸气压

t（℃）	80.1	85	90	95	100	102	105	110.6
p_A^0（kPa）	101.3	116.9	136.1	155.7	179.2.	189.6	204.2	240.0
p_B^0（kPa）	39.0	46.0	54.2	63.3	74.3	78.8	86.0	101.3

表 6 - 5　苯和甲苯的气液平衡数据

t（℃）	80.1	82	85	90	95	100	102	105	110.6
x	1.000	0.907	0.780	0.581	0.412	0.258	0.203	0.130	0
y	1.000	0.962	0.897	0.773	0.663	0.456	0.380	0.262	0

在 101.33kPa 下，以温度 t 为纵坐标，液（汽）相组成 x（y）为横坐标，绘制的 $t - x - y$ 相图见图 6 - 24，图中实线为 $t - x$ 线，称为饱和液体线（或称为泡点线），表示液相组成与泡点温度（加热溶液到产生第一个气泡时的温度）的关系。虚线为 $t - y$ 线，称为饱和蒸汽线（或称为露点线），表示汽相组成与露点温度（冷却蒸汽至产生第一个液滴时的温度）的关系。饱和液体线以下表示未达到泡点的液相区，饱和蒸汽线以上为过热蒸汽区，两线之间为气液平衡共存区。

（2）气液平衡相图（$x - y$ 图）　在 $t - x - y$ 图中的两相区，一个温度 t 对应一组 x 和 y，如以 x 为横坐标，y 为纵坐标，可得图 6 - 25 所示的气液相平衡图（$y - x$ 图）。图中曲线表示液相组成 x 和与之平衡的汽相组成 y 之间的关系，对角线上 $x = y$。对于理想溶液，两相平衡时，易挥发组分的汽相组成 y 总是大于其在液相中的组成 x，平衡线位于对角线上方，平衡线离对角线越远，表明该溶液用蒸馏方法越容易分离。

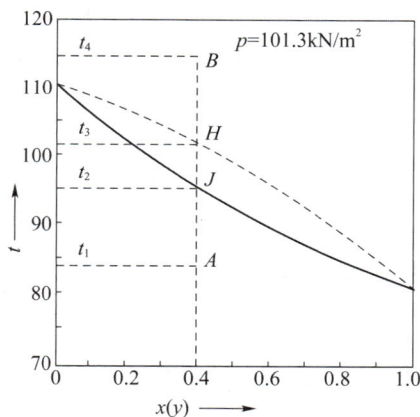

图 6 - 24　苯 - 甲苯混合液的 $t - x - y$ 图　　图 6 - 25　苯 - 甲苯混合液的 $y - x$ 图

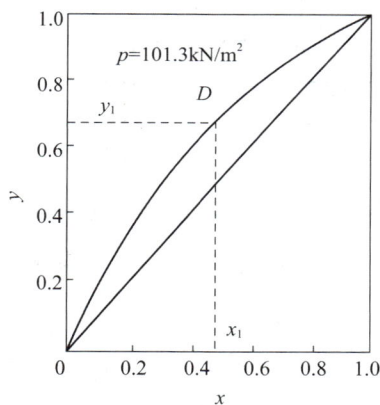

3. 以相对挥发度表示的气液相平衡方程　挥发度表示某种液体挥发难易的程度，对于纯液体，挥发度以在一定温度下的饱和蒸气压表示，即温度相同，饱和蒸气压越大的液体其挥发度越大，挥发性就越强。对于溶液中各组分的蒸气压因组分间的影响要比纯态时低，故溶液中各组分的挥发度 v 表示在一定温度下汽相中的分压 p 与平衡液相中的摩尔分数 x 之比。

$$v_A = \frac{p_A}{x_A}, \qquad v_B = \frac{p_B}{x_B} \qquad (6 - 12)$$

对于理想溶液 $p_A = p_A^0 x_A$，$p_B = p_B^0 x_B$

代入上式得

$$v_A = \frac{p_A}{x_A} = \frac{p_A^0 x_A}{x_A} = p_A^0$$

$$v_B = \frac{p_B}{x_B} = \frac{p_B^0 x_B}{x_B} = p_B^0$$

因此，对于理想溶液可以用纯组分的饱和蒸气压来表示它在溶液中的挥发度，溶液中各组分挥发度的差别可以用其挥发度的比值来表示，即相对挥发度 α。

相对挥发度

$$\alpha = \frac{v_A}{v_B} = \frac{p_A/x_A}{p_B/x_B}$$

理想溶液

$$\alpha = \frac{p_A^0}{p_B^0}$$

对于双组分溶液

$$y_B = 1 - y_A \qquad\qquad x_B = 1 - x_A$$

可以得出用相对挥发度表示的气液相平衡方程式

$$y_A = \frac{\alpha x_A}{1 + (\alpha - 1)x_A}$$

略去下标

$$y = \frac{\alpha x}{1 + (\alpha - 1)x} \tag{6-13}$$

式（6-13）称为气液相平衡方程。

若混合溶液接近于理想溶液，则 α 值的变化是很小的，可以把 α 取为定值，常取操作时最高温度和最低温度下相对挥发度 α_1、α_2 的平均值。

$$\alpha_m = \frac{1}{2}(\alpha_1 + \alpha_2) \tag{6-14}$$

从气液相平衡方程看出，若 $\alpha > 1$，则 $y > x$，α 值越大，平衡线离对角线越远，越有利于分离，所以 α 值的大小可以用于判断混合液能否用蒸馏方法分离，以及分离的难易程度。

（三）双组分非理想溶液的气液相平衡

对于非理想溶液而言，由于一种液体溶入另一种液体，其不同分子之间的吸引力 f_{AB} 与同分子之间的吸引力 f_{AA} 和 f_{BB} 不等，气液相平衡关系不再符合拉乌尔定律，气液平衡数据主要靠实验测试得到。主要有以下两种情况。

1. 当 $f_{AB} < f_{AA}$ 和 f_{BB}，使汽相中各组分的蒸汽压较理想溶液大，形成与理想溶液有正偏差溶液。如乙醇-水物系，相图如图6-26所示，在 $t-x(y)$ 图上组成在 M 点时两组分的蒸气压之和出现最大值，该点溶液的泡点比两纯组分的沸点都低，泡点线和露点线在 M 点重合，M 点称为恒沸点，具有这一特征的溶液称为具有最低恒沸点的溶液。

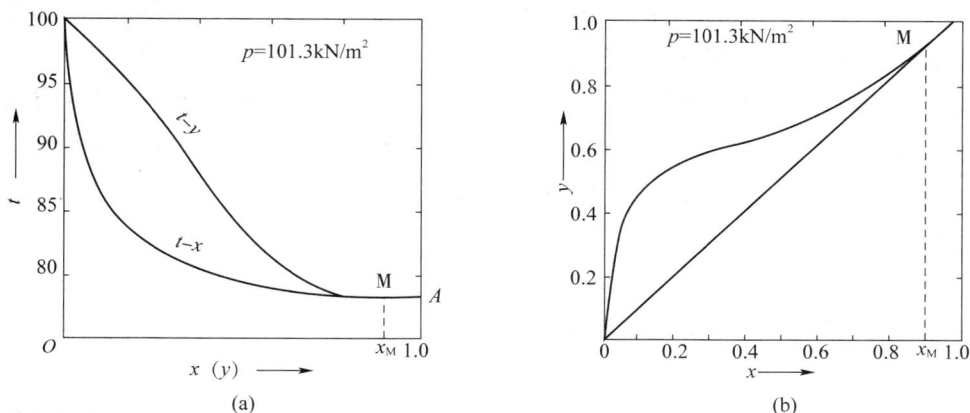

图 6-26　乙醇-水物系相图

常压下，乙醇-水物系恒沸组成摩尔分数为 0.894，相应温度为 78.15℃（纯乙醇为 78.3℃）。

2. 当 $f_{AB} > f_{AA}$ 和 f_{BB}，使汽相中各组分的蒸气压较理想溶液小，形成与理想溶液有负偏差的溶液，如硝酸-水物系相图，如图 6-27 所示。$t-x-y$ 图上对应出现一最高恒沸点（M 点），该点比两纯组分的沸点都高，此时两组分的蒸气压之和最低，具有这一特征的溶液称为具有最高恒沸点的溶液。硝酸-水溶液为负偏差较大的溶液，在硝酸摩尔分数为 0.383 时，其沸点为 121.9℃。

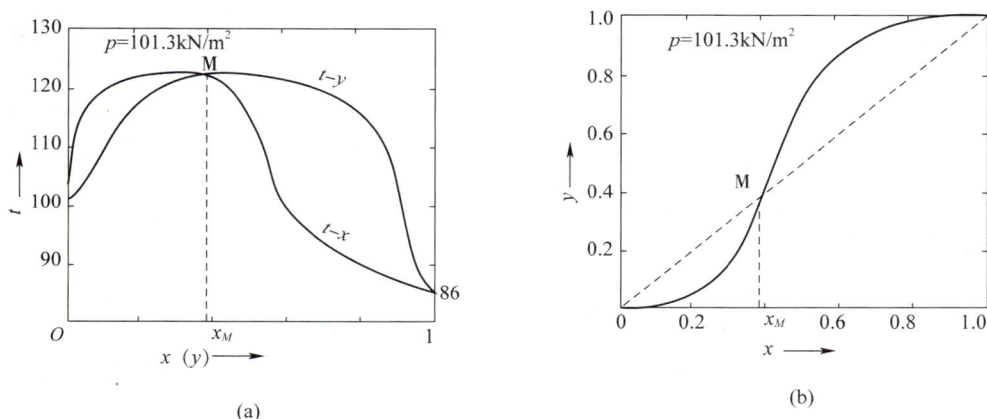

图 6-27　硝酸-水物系相图

具有恒沸点的溶液，在恒沸点组成下用普通的蒸馏方法不能实现混合溶液的分离，应采用特殊蒸馏。

即学即练

液态均相混合物在（　　　）情况下不可以用普通蒸馏进行分离。

A. $\alpha > 1$ 　　　　B. $\alpha = 1$ 　　　　C. $\alpha > 2$ 　　　　D. $\alpha = 2$

答案解析

（四）蒸馏原理与流程

1. 简单蒸馏　在蒸馏单元操作时双组分混合液中较易挥发的组分称为易挥发组分（或轻组分），较难挥发的组分称为难挥发组分（或重组分）。将待分离的混合液放在蒸馏釜中进行加热，当达到溶液的沸点时，溶液开始汽化，随着加热的进行，高于溶液的泡点时出现平衡的气液两相，将汽相引入冷凝器进行冷凝，按时间段收集起来，得到高于原来溶液易挥发组分组成的溶液，对蒸馏釜里的液相继续加热蒸馏，得到含难挥发组分较高的溶液，这就是简单蒸馏的原理。

简单蒸馏的流程如图6-28所示。原料液直接加入蒸馏釜中至一定量后停止，蒸馏釜内原料液在恒压下以间接蒸汽加热至沸腾汽化，所产生的蒸汽从釜顶引出至冷凝器中全部冷凝，即得到一定温度的馏出液，可按不同组成范围导入贮罐中。当釜中溶液浓度下降至规定要求时，即停止加热，将釜中残液排出后，再将新料液加入釜中重复上述蒸馏过程。

开始时产生的蒸汽中易挥发组分含量最高，随着蒸馏过程的进行，釜内溶液中易挥发组分含量愈来愈低，产生的蒸汽中易挥发组分含量也愈来愈低，生产中往往要求得到不同浓度范围的产品，可用不同的贮槽收集不同时间的产品。

简单蒸馏属于间歇操作，一次性加入物料进行蒸馏，到规定指标后排放釜液，适于产量较小的间歇生产，主要用于粗分离和分离精度要求不高的场合，也可用于对混合液进行初步分离。简单蒸馏过程的流程、设备和操作控制都比较简单，只适用于分离相对挥发度较大、对分离程度要求不高的场合。要满足混合液的高纯度分离要求，需采用精馏操作分离。

2. 平衡蒸馏　平衡蒸馏的原理为原料液连续进入蒸馏设备中，经加热减压后液体混合物被部分汽化并达到气液相平衡状态，然后将气液两相分开，即原料液只经过一次蒸馏分离即得到蒸馏产品。如图6-29所示，原料液被输送到闪蒸罐前的加热器中进行预热，预热后的原料液经过节流阀减压后进入闪蒸罐中，减压后原料液沸点降低，过热的原料液在闪蒸罐中部分汽化，形成的气液混合物达到气液相平衡状态后在闪蒸罐中分离，易挥发组分经冷凝器冷凝后从塔顶排出，难挥发组分从闪蒸罐底部排出。

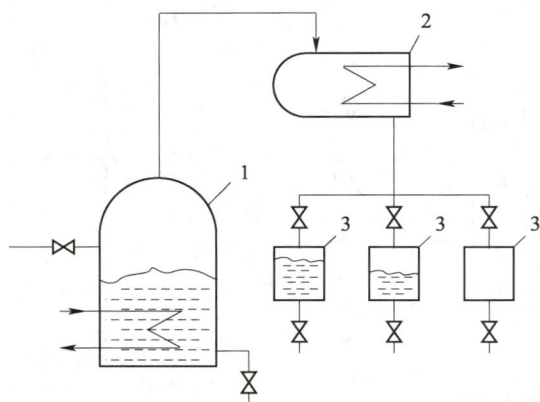

图6-28　简单蒸馏流程图
1. 蒸馏釜；2. 冷凝器；3. 馏出液贮罐

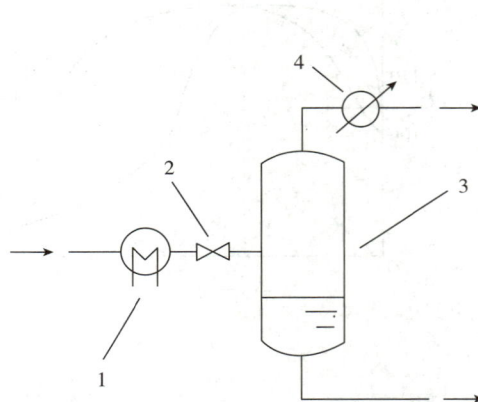

图6-29　平衡蒸馏流程图
1. 加热器；2. 节流阀；3. 闪蒸罐（分离器）；4. 冷凝器

与简单蒸馏相比平衡蒸馏可以进行连续操作，在闪蒸罐中不需要给原料液提供热量，原料液依靠减压后产生的自发汽化即可发生分离，生产能力强。但在原料液组成与分离得到难挥发组分的组成相同条件下，平衡蒸馏得到的易挥发组分组成小于简单蒸馏得到易挥发组分组成，因此分离效果不如简单蒸馏。平衡蒸馏适合于大批量粗分离的场合。

二、精馏

（一）精馏原理与流程

1. 精馏过程的原理　精馏是根据溶液中各组分挥发度的差异，使各组分得以分离的单元操作。它通过汽、液两相的直接接触，完成部分汽化和部分冷凝，使易挥发组分由液相向汽相传递，难挥发组分由汽相向液相传递，经过多次部分汽化和多次部分冷凝完成汽、液两相之间传递过程。精馏操作通常是在装有若干层塔板或一定高度填料的塔设备中进行，塔板或填料表面是汽、液进行传热和传质的场所。同时，精馏塔须配有塔底再沸器、塔顶冷凝器、原料预热器等附属设备，才能实现整体操作。

原料液经预热器加热到指定的温度后，送入塔内的进料板，与上一块塔板下降的液体汇合后与下一块板上升的蒸汽进行充分的接触，完成部分汽化和部分冷凝的相际间传质过程，液体继续流入下一块板，与下一块上升的蒸汽相遇，完成部分汽化，汽化上升的蒸汽继续与上一块板下降的液体接触，完成部分冷凝。以此类推，下降的液体最后流入塔底再沸器中，操作时，连续地从再沸器中取出部分液体作为塔底产品（残液）。再沸器中液体部分汽化产生上升蒸汽，依次通过各层塔板，到达塔顶进入冷凝器中被全部冷凝，将部分冷凝液送回塔内作为回流液体，其余部分经冷却器冷却后作为塔顶产品（馏出液）送出。

2. 精馏的流程　连续精馏流程和塔内物料流动情况参见图6-30和图6-31，按照加料板位置将塔体分为两部分，加料板以上为精馏段，加料板以下为提馏段。生产时，原料液不断地经预热器预热到指定温度后进入加料板，与精馏段的回流液汇合逐板下流，并与上升蒸汽密切接触，不断地进行传质和传热过程，最后进入再沸器的液体几乎全为难挥发组分，引出一部分作为釜残液送预热器回收部分热能后送往贮槽。剩余的部分在再沸器中用间接蒸汽加热汽化，生成的蒸汽进入塔内逐板上升，每经一块塔板时，都使蒸汽中易挥发组分增加，难挥发组分减少，经过若干块塔板后进入塔顶冷凝器全部冷凝，所得冷凝液一部分作回流液，另一部分经冷却器降温后作为塔顶产品（也称馏出液）送往贮槽。

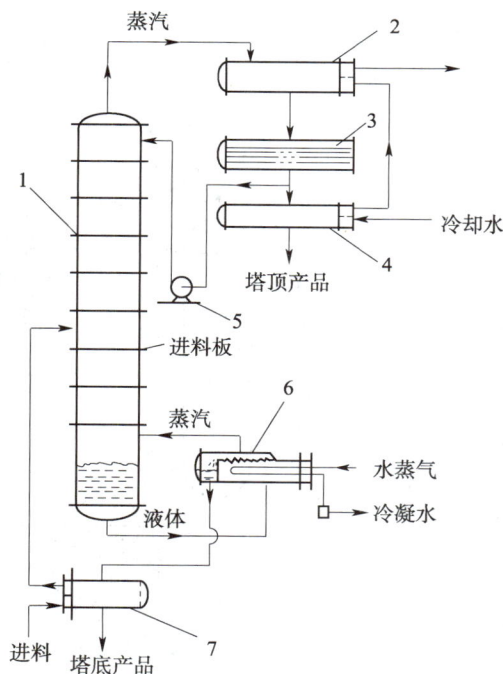

图6-30　连续精馏流程

1. 精馏塔；2. 全凝器；3. 储槽；4. 冷却器

5. 回流液泵；6. 再沸器；7. 原料预热器

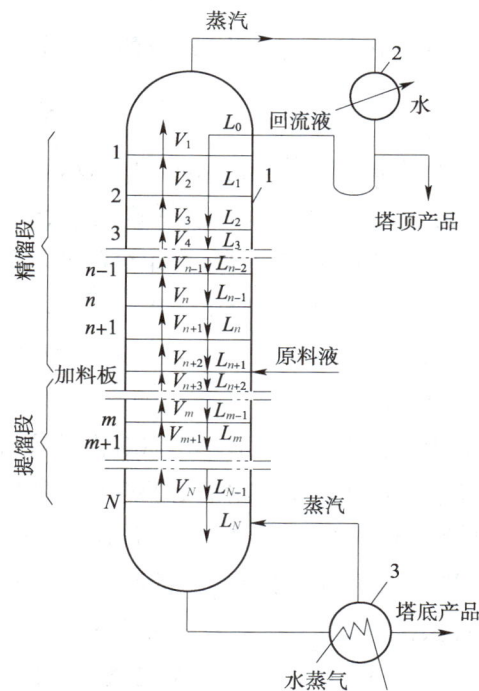

图6-31　塔内物料流动情况

1. 精馏塔；2. 全凝器；3. 再沸器

每层塔板上互相接触的汽、液组成应接近，这样才可能存在露点与沸点间的温度差，这些在精馏过程中系统会自动地调节和适应。最上一层塔板的蒸汽必须与其组成接近的液体相接触，因而塔顶必须从外界供应与馏出液组成相近的液体。这可由塔顶引出的蒸汽全部冷凝后的冷凝液提供，可将部分冷凝液引回至塔顶，这个操作称为回流。没有回流，塔内部分汽化和部分冷凝就不能发生，精馏操作无法进行。回流操作是精馏必不可少的操作，也是精馏区别于普通蒸馏的标志。塔底应源源不断地提供蒸汽，而蒸汽的组成应与塔底釜残液相近，这个条件可由在塔底安装的再沸器使釜残液部分汽化来解决。进料组成介于馏出液和釜残液之间，因而进料应在塔体中部的某一适宜的塔板上，该板称为进料板，在这层塔板上的液体的组成与进料组成相接近。

对精馏塔而言，自塔底向塔顶方向，蒸汽中易挥发组分（轻组分）的含量越来越高，自塔顶向塔底方向，液体中难挥发组分（重组分）含量越来越高，而温度分布是塔顶的温度最低，依次向下逐渐升高，塔底温度最高。

（二）连续精馏塔的物料衡算

1. 全塔物料衡算 如图 6-32 对连续精馏塔进行全塔物料衡算，得

总物料 $$F = D + W \tag{6-15}$$

易挥发组分 $$Fx_F = Dx_D + Wx_W \tag{6-16}$$

式（6-15）和式（6-16）中包含 6 个物理量的关系，实际应用时只要知道其中任意 4 个，就可求出另外 2 个未知量。但一般情况下，F、x_F、x_D、x_W 均已知，计算生产的产品量 D 和 W。可以得出

$$D = \frac{F(x_F - x_W)}{x_D - x_W}, \quad W = \frac{F(x_D - x_F)}{x_D - x_W}$$

精馏生产中还常用塔顶产品的易挥发组分的回收率来表示，即 $\eta_D = \dfrac{Dx_D}{Fx_F}$

同理可得出塔底产品难挥发组分的回收率为

$$\eta_w = \frac{W(1 - x_W)}{F(1 - x_F)}$$

式中，F 为原料液流量，kmol/h；D 为塔顶产品（馏出液）流量，kmol/h；W 为塔底产品（釜残液）流量，kmol/h；x_F 为原料液中易挥发组分的摩尔分数；x_D 为塔顶产品中易挥发组分的摩尔分数；x_W 为塔底产品中易挥发组分的摩尔分数。使用时应注意各股物料的流量单位和组分含量应匹配。

全塔物料衡算方程虽然简单，但对指导精馏生产有重要的意义，实际生产中，精馏塔的进料是由生产工艺任务确定的，因此进料组成 x_F 为定值。由衡算方程（6-16）得知，此时塔的产品产量和组成是相互制约的。在精馏操作中规定出工艺指标如馏出液与釜残液组成 x_D、x_W 一定。则 D/F、W/F 为定值，即该塔塔顶、塔底产品的产率已经确定，不能任意选择；如果规定馏出液组成 x_D 和塔顶采出率 D/F 一定，此时塔底产品的采出率 W/F 和组成 x_W 也已经确定；如果规定某组分在馏出液中的组成 x_D 和易挥发组分的回收率 $\eta = \dfrac{Dx_D}{Fx_F}$ 一定，由于易挥发组分回收率 $\leqslant 100\%$，即 $Dx_D \leqslant Fx_F$，

或 $\dfrac{D}{F} \leqslant \dfrac{x_F}{x_D}$，说明采出率 D/F 是有限制的。因此当 D/F 取得过大时，即使此精馏塔分离能力足够高时，

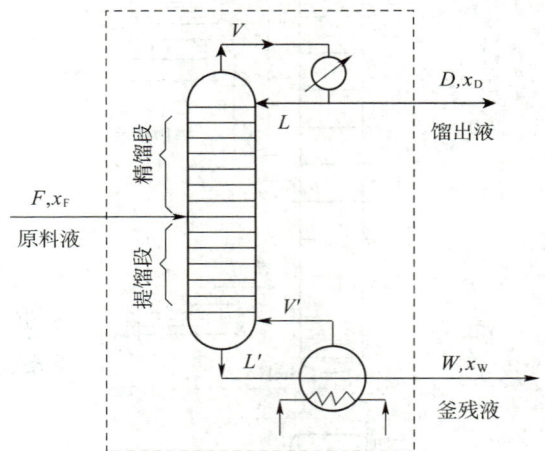

图 6-32 全塔物料衡算

从塔顶也无法获得高纯度的产品。

例 6 − 1 每小时将 15000kg 含苯 44% 和甲苯的溶液，在连续精馏塔中进行分离，要求釜底残液中含苯不高于 2.5%（以上均为摩尔分数），塔顶馏出液的回收率为 97.1%，操作压力为 101.3kPa。试求馏出液和釜残液的流量及馏出液的组成。

分析：原料液平均摩尔质量为 $M_F = 0.44 \times 78 + 0.56 \times 92 = 85.8 \text{kg/kmol}$

$$F = 15000/85.8 = 175 \text{kmol/h}$$

$\dfrac{Dx_D}{Fx_F} = 0.971$ 得出 $Dx_D = 0.971 \times 175 \times 0.44$

由全塔物料衡算式得：$D + W = 175$

$$Dx_D + 0.025W = 175 \times 0.44$$

解得 $W = 89.32 \text{kmol/h}$；$D = 85.68 \text{kmol/h}$；$x_D = 0.87$。

2. 精馏段的物料衡算——精馏段操作线方程 在精馏操作时，需要掌握塔内相邻两层塔板间的汽、液相组成之间的数量关系，表达这种关系的数学式叫操作线方程。为简化计算，需引入汽、液恒摩尔流的基本假定。

恒摩尔气流是指在精馏过程中，精馏段内每层塔板上升的蒸汽摩尔流量是相等的，以 V 表示。提馏段内也如此，以 V' 表示。但两段的上升蒸汽摩尔流量不一定相等；恒摩尔液流是指在精馏过程中，精馏段内每层塔板下降的液体摩尔流量是相等的，以 L 表示。提馏段内也如此，以 L' 表示。但两段的液体摩尔流量不一定相等。

若塔板上气液两相接触时，有 1kmol 的蒸汽冷凝，相应就有 1kmol 的液体汽化，恒摩尔流的假定即成立。必须满足以下条件：各组分的摩尔汽化潜热相等；气液两相接触时，因温度不同而交换的显热可以忽略；精馏塔保温良好，热损失可以忽略。

在精馏操作时，恒摩尔流虽是一项假设，但很多物系，尤其是组分化学性质相近的系统，上述条件基本符合，因此通常可视为恒摩尔流动，从而简化精馏的计算。由精馏段进行物料衡算可得出精馏段的操作线方程，对提馏段进行物料衡算可得出提馏段的操作线方程。

精馏段操作线方程可由图 6 − 33 所示的虚线范围（包括精馏段第 $i + 1$ 层板以上塔段及冷凝器）作物料衡算。

为了方便，规定精馏塔的塔板最上面的一块塔板为第一块板，依次为第二块板、第三块板，以此类推，如图 6 − 33 中对浓度下标的规定如下，浓度皆以摩尔分数表示，离开某一块塔板的气液组成就用该塔板的编号作下标。

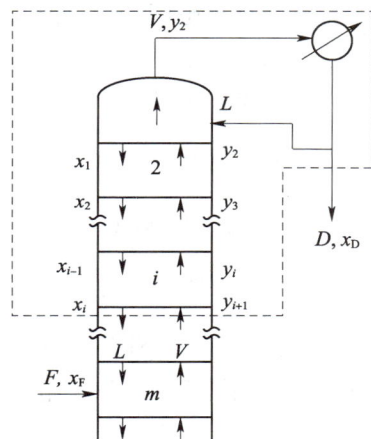

图 6 − 33 精馏段的操作线方程

总物料平衡 $\qquad\qquad V = L + D$ $\qquad\qquad$ (6 − 17)

易挥发组分平衡 $\qquad\qquad Vy_{i+1} = Lx_i + Dx_D$ $\qquad\qquad$ (6 − 18)

联立二式得： $\qquad\qquad y_{i+1} = \dfrac{L}{L + D}x_i + \dfrac{D}{L + D}x_D$ $\qquad$ (6 − 19)

在上式引入 $R = \dfrac{L}{D}$，R 称为回流比，是塔顶回流液量与塔顶产品量的比值，它是精馏操作中很重要的操作参数。代入上式得

$$y_{i+1} = \frac{\frac{L}{D}}{\frac{L}{D}+1}x_i + \frac{1}{\frac{L}{D}+1}x_D$$

即得

$$y_{i+1} = \frac{R}{R+1}x_i + \frac{1}{R+1}x_D \qquad (6-20)$$

上式中，由于第 i 块板是任选的，只要是在精馏段即能满足，因此可去掉下标，得

$$y = \frac{R}{R+1}x + \frac{x_D}{R+1} \qquad (6-21)$$

式（6-19）~式（6-21）皆称为精馏段的操作线方程，其工程意义表示在一定操作条件下，从下一块塔板上升蒸汽组成与其相邻的上一块塔板下降的液体组成之间的关系。

由式（6-21）可以看出，由于回流比 R 和 x_D 都是工艺指标，操作稳定后，应属于定值，精馏段操作线在气液平衡相图上是一条直线，如图 6-34 中的直线 ab，其绘制方法如下：

在式（6-21）中，令 $x=x_D$，则可算得 $y=x_D$，因此表明 a (x_D, x_D) 是精馏段操作线上的一个点，该点可在 $y-x$ 图的对角线上由 $x=x_D$ 方便地标出。另一个特殊点由操作线方程的截距求得，即点 b $\left(0, \frac{x_D}{R+1}\right)$。

可以看出过 a、b 两点连线即是精馏段的操作线。直线 ab 的斜率是 $\frac{R}{R+1}$，在 y 轴上的截距是 $\frac{x_D}{R+1}$。

3. 提馏段的物料衡算——提馏段操作线方程 如图 6-35 所示，对提馏段进行物料衡算，所选的虚线范围为衡算范围，在提馏段第 j 层板以下，包括再沸器作物料衡算：

总物料平衡
$$L' = V' + W \qquad (6-22)$$

易挥发组分平衡
$$L'x_j = V'y_{j+1} + Wx_w \qquad (6-23)$$

联立二式得：
$$y_{j+1} = \frac{L'}{L'-W}x_j - \frac{W}{L'-W}x_w \qquad (6-24)$$

因第 j 块板是任意选取的，故可去掉下标，则

$$y = \frac{L'}{L'-W}x - \frac{W}{L'-W}x_w \qquad (6-25)$$

式（6-24）和式（6-25）称为提馏段操作线方程。其意义表明：在一定操作条件下，在提馏段内任意一层塔板上升汽相组成 y_{j+1} 与其相邻的上一层塔板下降的液相组成 x_j 之间的关系。

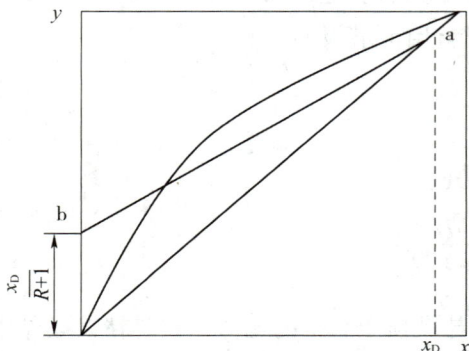

图 6-34 精馏段操作线的绘制法

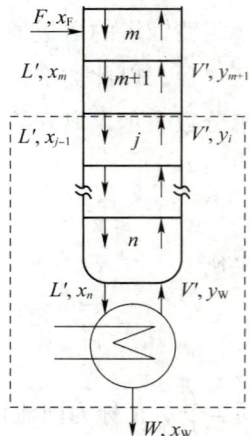

图 6-35 提馏段的操作线方程

由恒摩尔流的假定可知，提馏段中各板的下降液体流量 L' 为定值，当稳态操作时釜残液流量 W 和组成 x_W 也为定值，所以，式（6-25）在气液平衡相图 $y-x$ 图上的图形也是一条直线，并且当 $x = x_\mathrm{W}$ 时，由式（6-25）算得 $y = x_\mathrm{W}$，说明该直线经过对角线上的（x_W，x_W）点。

应该注意的是，提馏段液体流量 L' 除了与精馏段的回流液量 L 有关外，还受进料流量及进料热状况的影响。当考虑进料热状况后，提馏段操作线方程式会有变化。

（三）进料热状况分析

精馏段与提馏段的摩尔流量 V 与 V'，L 与 L' 的关系与进料热状况有关，综合起来有以下五种进料热状况，如图 6-36 所示。

（1）过冷液体 低于泡点温度以下，如含易挥发组成为 x 的溶液在 A 点所处的状态。

（2）饱和液体 处于泡点温度 t_2，如含易挥发组成为 x 的溶液在 B 点所处的状态。

（3）气液混合物 处于泡点温度和露点温度之间，组成为 x 的溶液在 C 点所处的状态。

（4）饱和蒸汽 处于露点温度 t_4，组成为 x 的溶液在 D 点所处的状态。

（5）过热蒸汽 高于露点温度，组成为 x 的溶液在 E 点所处的状态。

用 q 表示进料中的液相摩尔分数，则进料中汽相占有的摩尔分数应该是 $1-q$。根据对加料板进行物料和热量衡算可确定 $q = \dfrac{I_\mathrm{V} - I_\mathrm{F}}{I_\mathrm{V} - I_\mathrm{L}}$（$I_\mathrm{F}$、$I_\mathrm{L}$、$I_\mathrm{V}$ 分别表示原料液、饱和液体、饱和蒸汽的焓），表示 1kmol 原料液变为饱和蒸汽所需的热量与原料液的千摩尔汽化潜热之比，亦可以称为进料的热状况参数。

引入进料热状况参数 q，L 与 L' 和 V 与 V' 间的关系为

$$L' = L + qF \tag{6-26}$$

$$V = V' + (1-q)F \tag{6-27}$$

可见 q 值大小直接影响到 L' 与 L，V' 与 V 之间的关系。

可简单地把进料划分为两部分，一部分是 qF，表示由于进料而增加提馏段饱和液体流量之值；另一部分是（$1-q$）F，表示因进料而增加精馏段饱和蒸汽流量之值。这两部分对流量的影响表示于图 6-37 中。

从以上分析可以看出，加料的热状况对提馏段下降的液体流量有影响，即提馏段的操作线方程

$y = \dfrac{L'}{L' - W}x - \dfrac{W}{L' - W}x_\mathrm{W}$，变为 $y = \dfrac{L + qF}{L + qF - W}x - \dfrac{Wx_\mathrm{W}}{L + qF - W}$，所以提馏段操作线在气液平衡相图 $y-x$ 图上的位置与进料热状况参数有直接关系。

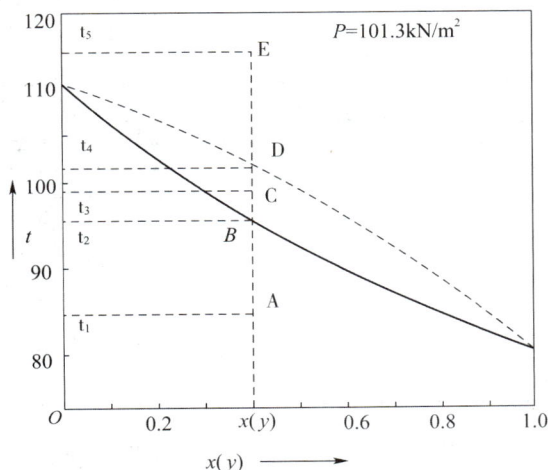

图 6-36 进料热状况分析

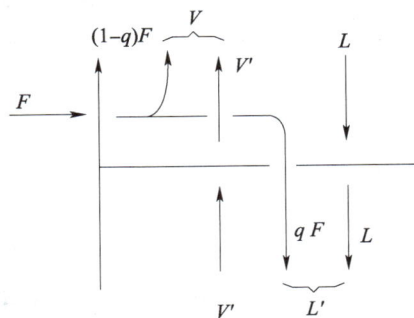

图 6-37 进料板的物流关系

由于精馏段与提馏段相交于加料板，由两操作线易挥发组分物料衡算式联立，即

$$Vy = Lx + Dx_D$$

$$V'y = L'x - Wx_W$$

结合以上两式得 $$y = \frac{q}{q-1}x - \frac{x_F}{q-1} \tag{6-28}$$

此方程称为 q 线方程（或进料线方程），表示两操作线交点的轨迹，即加料板的位置取决于进料的热状况参数 q 和料液组成 x_F。

由式（6-28）可知，当进料热状况一定时，此式在 $y-x$ 图上为一直线，该直线称为 q 线（或进料线），过点（x_F，x_F），斜率为 $q/(q-1)$。

由于 q 线是两操作线交点的轨迹，因此说明进料位置随 q 值不同而变化，而 q 线和精馏段操作线的交点必然也在提馏段操作线上。前面所述的提馏段操作线可由 q 线作出，如图 6-38 所示，方法是将 q 线与精馏段操作线的交点 d 和（x_W，x_W）点相连。即 cd 线为提馏段操作线。

加料热状况不同将影响加料板的位置，此位置可由两操作线的交点与 q 线方程确定，各种进料状态下的 q 值与相应的操作线如图 6-39 所示，详细说明见表 6-6。

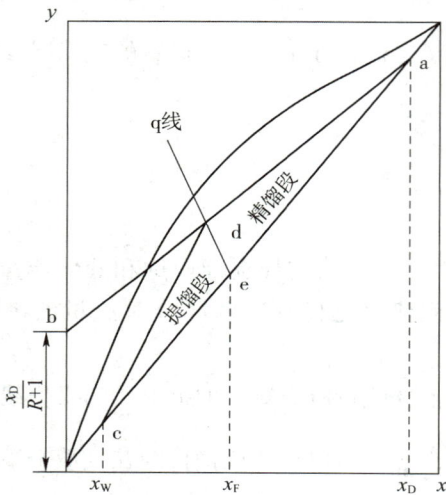

图 6-38　提馏段操作线的绘制法

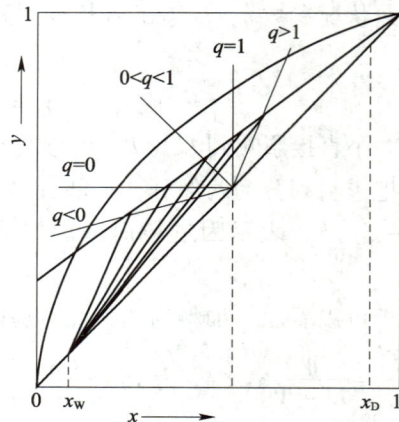

图 6-39　进料热状况对操作线的影响

表 6-6　进料热状况对 q 值及 q 线的影响

进料热状况	进料的焓 I_F	q 值 $q = \dfrac{I_V - I_F}{I_V - I_L}$	q 线的斜率 $\dfrac{q}{q-1}$	q 线在 $x-y$ 图上的位置
过冷液体	$I_F < I_L$	>1	+	向上偏右
饱和液体	$I_F = I_L$	1	∞	垂直向上
气液混合物	$I_L < I_F < I_V$	$0 < q < 1$	−	向上偏左
饱和蒸汽	$I_F = I_V$	0	0	水平线
过热蒸汽	$I_F > I_V$	<0	+	向下偏左

例 6-2　在常压下将 100kmol/h 含苯 45% 的苯-甲苯混合液连续精馏。要求馏出液中含苯 90%，釜残液中含苯不超过 8.5%（以上组成皆为摩尔分数）。选用回流比为 4，进料为饱和液体，塔顶为全凝

器，泡点回流。试分别确定精馏段和提馏段的操作线方程。

分析：将已知条件代入全塔物料衡算即得

$$F = D + W = 100 \tag{1}$$

$$100 \times 0.45 = 0.90D + 0.085(100 - D) \tag{2}$$

联立（1）和（2）式，得

$$D = 44.8\,\text{kmol/h}$$

$$W = 55.2\,\text{kmol/h}$$

所以，精馏段操作线方程：$y = \dfrac{R}{R+1}x + \dfrac{x_D}{R+1} = \dfrac{4}{4+1}x + \dfrac{0.90}{4+1} = 0.8x + 0.18$

由于进料为饱和液体，$q = 1$，则

$$L' = L + F = RD + F = 4 \times 44.8 + 100 = 279.2\,\text{kmol/h}$$

所以，提馏段操作线方程

$$y = \frac{L'}{L' - W}x - \frac{W}{L' - W}x_W$$

$$= \frac{279.2}{279.2 - 55.2}x - \frac{55.2 \times 0.085}{279.2 - 55.2}$$

$$= 1.25x - 0.0209$$

（四）回流比的影响

1. 操作回流比对精馏操作的影响　回流比是塔顶回流液流量与塔顶产品流量的比值 $R = \dfrac{L}{D}$，回流是精馏过程的的基本条件之一，也是精馏区别于普通蒸馏的标志，它的大小会直接影响精馏全过程，它的取值有两个极限值，下面讨论回流比的大小对精馏操作的影响。

（1）全回流与最少理论塔板数　所谓理论板是指离开该塔板的蒸汽组成与液相组成互成平衡的理想塔板，精馏操作必须在精馏塔内完成，而精馏塔内需安装一定数量的塔板来满足分离要求，尽管实际操作中理论板是不存在的，但它可作为衡量实际板分离效率高低的标准。从精馏塔第一块板上升至塔顶出来的蒸汽经全凝器全部冷凝后，全部流回塔内，不采出产品，这种情况称为全回流，此时 $D = 0$，$R = L/D = \infty$，精馏段操作线的斜率为1，精馏段操作线和对角线重合，提馏段操作线也必和对角线重合，精馏塔无精馏段和提馏段之分。此时平衡线和操作线之间的跨度最大，全回流时所需的理论塔板数最少，精馏塔的高度会降低，从设备投资的角度看，一次性的投资费用应该是降低的，但是全回流加大了冷凝器和再沸器的负担，致使经常性的操作费用加大。全回流时既不加料，也无产品出料，对正常生产无意义，但在精馏塔开工阶段或操作紊乱未能进入稳定状态时往往都需进行一段时间的全回流操作，然后逐渐调节到正常操作状态。

（2）最小回流比　回流比 R 从全回流逐渐减小时，精馏段操作线的位置沿着 a 点逐渐向平衡线方向移动，即精馏段操作线和提馏段操作线的交点 d 逐渐向平衡线靠近，当回流比减小到使 d 点落在平衡线上时，说明液相和汽相处于平衡状态，气液分离已达极限，传质推动力为零，不论画多少直角三角形都不能越过交点 d，即所需理论塔板数为无穷多块，如图

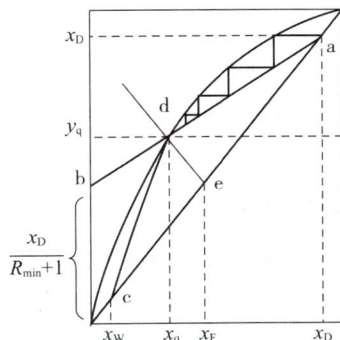

图 6-40　最小回流比的求算

6-40 所示。此时的回流比称为最小回流比，以 R_{min} 表示。

根据图 6-40 所示的精馏段操作线的位置，可以很方便地求出精馏段的操作线的斜率，进而求出最小回流比 R_{min} 即

$$\frac{R_{min}}{R_{min} + 1} = \frac{x_D - y_q}{x_D - x_q}$$

式中，x_q、y_q 为 q 线与平衡线的交点的横坐标和纵坐标。

因此得出

$$R_{min} = \frac{x_D - y_q}{y_q - x_q} \tag{6-29}$$

2. 适宜操作回流比的确定 从 R 的两个极限值可知，全回流和最小回流比都是无法正常生产的，全回流时设备费用投资虽然少，但操作费用增加，当回流比取最小值时，塔板数为无穷多，设备投资费用无限大，实际操作的回流比 R 必须大于 R_{min}；而小于全回流时的回流比 R 值，设计时应根据经济核算确定适宜 R 值。

从精馏单元操作来看，精馏过程的操作费主要是再沸器中加热蒸汽的消耗量和冷凝器中冷却水的用量以及动力消耗。全回流时，虽然理论板数最少，但塔顶没有产品，在加料量和产量一定的条件下，随着回流比 R 的增加，V 与 V' 均增大，因此，加热蒸汽、冷却水消耗量均增加，使操作费用增加，由图 6-41 中曲线 2 表示。

精馏装置的设备包括精馏塔、再沸器和冷凝器。当回流比由最小回流比略增加时，所需的理论板数便急剧下降，设备费用便由无限变为有限，甚至达到最低值。随着 R 的进一步增大，V 和 V' 加大，要求塔径增大，再沸器和冷凝器的传热面积都需要增加，即设备投资费用又有所增加，其关系曲线如图 6-41 中曲线 1。综合两个方面，既考虑到一次性的设备投资费用，又考虑到经常性的操作动力消耗费用，两者结合起来的总费用为最小时对应的回流比即是适宜的回流比，如图 6-41 的曲线 3。

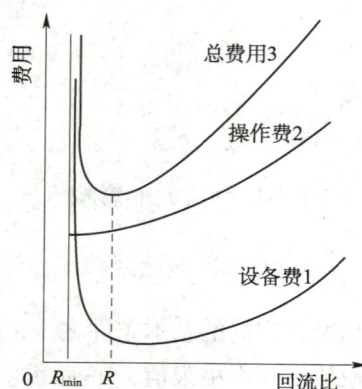

图 6-41 适宜回流比的确定

由于影响适宜回流比的因素很多，无精确的计算公式，根据长期的生产实践经验，适宜的回流比 $R = (1.1 - 2.0)R_{min}$ 是比较理想的。在实际生产时还要综合考虑生产情况，如果设备都已经安装好，不可能再更换设备了，所以维持生产正常进行和产品的质量，要经常通过调节回流比的大小来控制产品的产量和质量，回流比的正确控制与调节，是优质、高产、低消耗的重要因素之一。

（五）精馏塔

精馏单元操作是气、液两相间的传质过程，操作中需由塔设备提供气、液两相间充分接触的机会，并能迅速有效地实现两相的分离。根据塔内气、液接触部件的结构形式不同，精馏塔主要分为板式塔和填料塔两大类，本节重点介绍板式塔。

板式塔是由圆形壳体以及装在其内部按一定间距放置的若干块塔板（或称塔盘）构成的。操作时，汽、液两相在塔上逐级接触而进行传质过程，两相的组成沿塔高呈阶梯式变化。

1. 板式塔的结构 板式塔主要由塔体、塔板、溢流装置、裙座及其附属设备等组成，结构简图参见图 6-42。

（1）塔体 通常为高径比较大的圆柱形筒体及封头组成，常用钢板卷制焊接而成，为了安装方便

有时也将塔分成若干个塔节，塔节间用法兰连接。

（2）塔板 是塔的核心构件，为气液两相提供足够大的传质面积，使气液两相在塔内进行充分接触，完成传质和传热过程，是影响精馏操作的重要因素，塔板上安装有溢流装置和气体通道，气体通道是指塔板上供气体自下而上流动的空间，其形式对塔板性能影响极大，各种塔板的主要区别就是气体通道的不同。工业生产使用的塔板有泡罩塔板、浮阀塔板和筛板塔板。

（3）塔板溢流装置 主要由降液管、溢流堰、受液盘等部件组成。在每块塔板的出口处常设有溢流堰，其作用是保证板上液层具有一定的厚度。一般情况下，堰高为 30～50mm。降液管是液体在相邻塔板之间自上而下流动的通道。也是溢流液体中所夹带气体分离的场所。正常工作时，液体从上层塔板的降液管流出，横向流过塔板，翻越溢流堰，进入该层塔板的降液管，流向下层塔板。降液管有圆形和弓形两种，弓形降液管气液分离效果好，降液能力大，因此生产上广泛采用。降液管下方部分的塔板通常又称为受液盘，有凹型及平型两种，一般较大的塔采用凹型受液盘，平型则是塔板的板面本身。在塔径较大的塔中，为了减少液体自降液管下方流出的水平冲击，常设置进口堰。可用扁钢或直径 8～10mm 的圆钢直接点焊在降液管附近的塔板上而成。

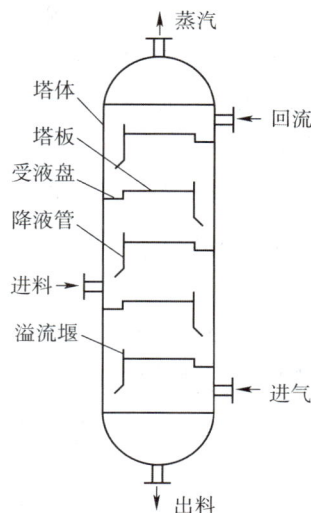

图 6－42 板式塔的结构简图

2. 板式塔的类型与性能 板式塔的种类很多，按塔板的形式可分为泡罩塔、浮阀塔、筛板塔、舌形式塔板、网孔式塔板。

（1）泡罩塔 是生产上应用最早的一种板式塔。如图 6－43 所示，在塔板的升气短管上方罩以泡罩，泡罩下沿侧面开有齿缝，称为气缝，作为上升气体的通道。操作时，液体通过降液管流下，并依靠溢流堰保证塔板上存有一定厚度的液层；从升气管上升的气体进入泡罩通过齿缝被分散成细小的气泡进入液层，形成鼓泡层，使两相具有很大的接触传质面积。

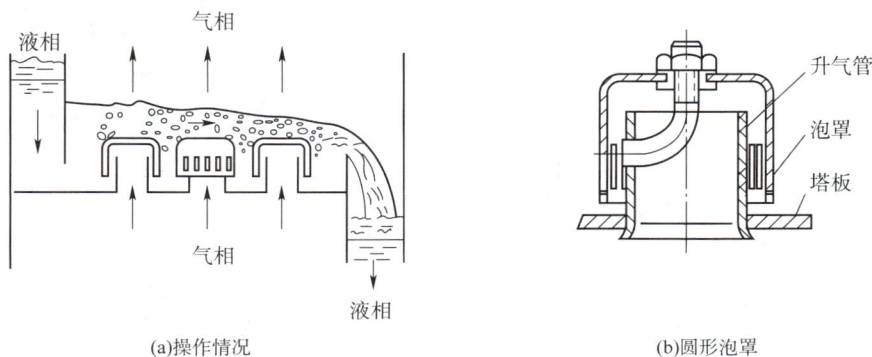

(a)操作情况 (b)圆形泡罩

图 6－43 泡罩塔

泡罩塔在气速较低时，仍能维持一定的板效率，具有不易发生漏液、操作弹性大、适应性强、不易堵塞等优点，例如，青霉素萃取时用泡罩塔回收萃余液醋酸丁酯废水中的醋酸丁酯。

由于泡罩塔的构造复杂，塔体造价高，气体阻力比较大，生产能力和板效率都较低，逐渐被其他类型塔板代替，应用范围逐渐缩小。

（2）浮阀塔 是在泡罩塔的基础上发展起来的，自 20 世纪 50 年代前后开发和应用的一种新型气液传质设备。塔板上安装随气量可以浮动的盖板——浮阀，浮阀可自由升降，根据气体的流量自行调节开度，可使气体在缝隙中的速度稳定在某一数值。这样，在气量小时可避免过多的漏液，而气量大时又不致压降太大，使浮阀塔板具有优良的操作性能。浮阀是浮阀塔的气液传质元件，浮阀的形式很多，国内最常用的是 F1 型，（相当于国外的 V－1 型），浮阀本身有三条腿，插入阀孔后将各腿底脚扳转 90°角，用以限制操作时阀片在板上升起最大高度（8.5mm），在阀片周边又冲出三块略向下弯的定距片，使阀片在静止时仍与塔板之间保持一定间隙（最小开度 2.5mm），可以防止阀片与塔板的黏着和腐蚀。常用浮阀结构简图如图 6－44 所示。

浮阀塔主要具有处理能力较大、操作弹性大、干板压降比较小、塔板效率高等优点，气体为水平方向吹出，气液接触良好，雾沫夹带量小，另外其结构简单、安装方便，制造费用低，国内使用结果证明，对于黏度稍大及有一般聚合现象的系统，浮阀塔板也能正常操作。

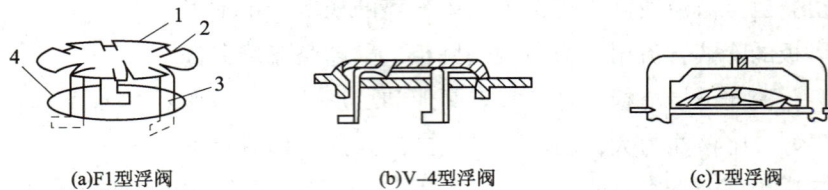

(a)F1型浮阀　　　　(b)V–4型浮阀　　　　(c)T型浮阀

图 6－44　浮阀形式

1. 阀片；2. 凸缘；3. 阀腿；4. 塔板孔

（3）筛板塔　是工业上最早（1932 年）应用的塔板形式之一。当时，由于对筛板塔的流体力学研究很少，认为其易漏液、弹性小、操作不易掌握，而没有被广泛应用。但是，筛板结构简单，造价低廉，又使它具有很大的吸引力。筛板是在塔板上开有许多均匀分布的筛孔，直径一般为 3～8mm，孔心距为孔径的 2.5～4.0 倍。正常操作时，上升蒸汽流依靠压强差通过筛孔被分散成细小的液流，穿过塔板上的液层鼓泡，与液体密切接触，而液体通过降液管横向流过塔板逐板下降。塔板上设有溢流堰，以维持塔板上一定厚度的液层，筛板塔的气液接触情况如图 6－45 所示。

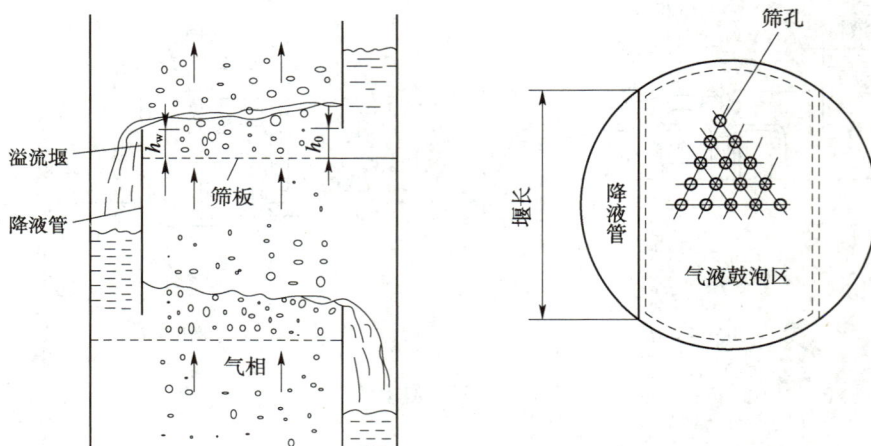

图 6－45　筛板塔塔板示意图

设计良好的筛板塔板是一种效率高、生产能力大的塔板。筛板塔能充分利用鼓泡区增加气液接触面积，由于塔板上液层厚度较薄，筛孔对气流阻力也较小，正常操作时，生产能力和板效率均高于泡罩塔。所以气体通过塔板的压降比泡罩塔低很多。塔板上液层阻力很小，所以液面落差小，有利于气体的均匀分布。

筛板塔在气体流量降低时，液体会由筛孔漏下，破坏了正常操作，所以不适合气体流量波动大的场合。另外，因筛孔易被堵塞，筛板塔也不适合处理含有固体或易聚合、黏度大的物料。

3. 板式塔的流体力学性能

（1）塔板上气液接触状况　在精馏操作中，上升的蒸汽与下降的液体在塔板上相遇接触时，会因上升的蒸汽流速变化形成不同的状态，当蒸汽速度较低时，气体在液层中鼓泡的形式是自由浮升［图6-46（a）］；当气速增加，气泡的形成速度大于气泡上升速度，会形成一种类似蜂窝状泡结构如图6-46（b）所示，在这种接触状态下，板上清液会基本消失，由于气泡不易破裂，从而形成以气体为主的气液混合物，这种状态气泡表面得不到更新，对于传质、传热都不利；随着气速连续增加，气泡数量也急剧增加，气泡不断发生碰撞和破裂，板上液体大部分均形成膜的形式存在于气泡之间，形成一些直径较小，搅动十分剧烈的动态泡沫，是一种较好的塔板工作状态，即泡沫状接触状态如图6-46（c）所示；当气速连续增加，由于气体动能很大，气体上升呈喷射状态如图6-46（d）所示，把板上的液体向上喷成大小不等的液滴，也是一种较好的工作状态。

泡沫接触状态与喷射状态均为优良的气液接触状态，但喷射状态是操作的极限，液沫夹带较多，所以多数塔操作均控制在泡沫接触状态。

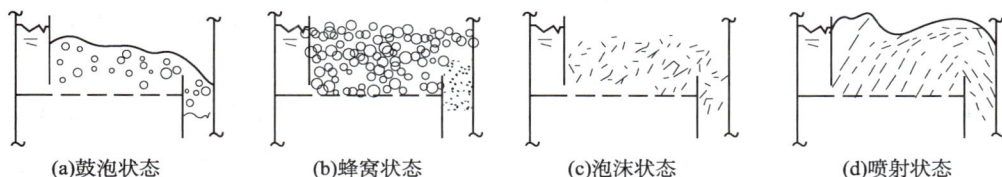

| (a)鼓泡状态 | (b)蜂窝状态 | (c)泡沫状态 | (d)喷射状态 |

图6-46　塔板上气液接触状态

（2）塔板上的不正常现象

1）漏液　当上升气速较低时，气体的动能不足以阻止液体向下流动时，液体从塔板上的开孔处下落，这种现象称为漏液。漏液会使液体在板上的停留时间缩短，严重漏液会使塔板上建立不起液层，导致分离效率严重下降，所以在操作时要控制好气体的下限流速。

2）雾沫夹带　当气速增大时，下降的液滴会被上升气流带到上一层塔板的现象称为雾沫夹带，雾沫夹带量过大会使塔板效率严重下降，因为会造成液相在塔板间的返混。

3）气泡夹带　是指在一定结构的塔板上，因液体流量过大使溢流管内的液体的流速过快，使溢流管中液体所夹带的气泡来不及脱离而被夹带到下一层塔板的现象。

4）液泛现象　精馏操作时，液体是由压强较小的上层塔板向压强较大的下层塔板流动，降液管内要有足够的液体高度才能克服这种静压差和流动阻力，若当塔板上液体流量很大或上升气体的速度很高时，液体被气体夹带到上一层塔板上的流量增大，使塔板间充满气液混合物，或因其他原因使降液管中的液体不能顺利地通过降液管下流，使液体在塔板上积累而充满整个塔板间，以致漫过上层塔板，这些现象都称为液泛。液泛使整个塔内的液体不能正常下流，物料大量返混，与液体主流方向相背，分离效率严重下降，影响塔的正常操作，在操作中需要特别注意和防止。

4. 板式精馏塔的操作与维护

（1）开车准备工作　精馏塔安装（检修）施工完成后开车前需要进行准备工作。首先，对所有新配管、新焊缝须经强度试压。然后对新配管及新配件进行吹扫等清洁工作，以免焊渣等杂物对设备、管道、管件、仪表造成堵塞。动火作业完成后，可以按需要拆除盲板，并按盲板台账逐块核实销账，防止遗漏。还需在操作压力下进行气密性试验，方法是充填常温惰性气体（或压缩空气），用肥皂水喷涂到密封面外侧缝处，观察有无鼓泡现象，有泡处即漏处，小漏可以紧螺栓，再喷涂一次肥皂水检查，直到不漏为止。气密性检查后用氮气将系统内的空气置换出去，使系统内氧含量达安全规定（0.2%以下），对氧含量有更高要求的装置按工艺要求控制。对于低温操作的精馏塔，还要对塔进行干燥，控制塔内水含量，以防降温后冻堵。开车前必须检查相关的电气仪表。检查公用工程，准备好必要的原材料和水电气供应。

（2）开车操作　进料前先用实物料将塔内存留的氮气置换干净，置换后的气体排放到火炬烧掉。有些精馏塔进料前需化学处理，一是金属表面钝化，按不同的要求有相应的配方，目的是除去金属表面上有催化活性的金属离子的活性，减少结垢。二是脱脂，脱除塔及内件上的防锈油脂，以免它污染产品或在低温下凝结于塔内件上影响塔板效率和正常操作。

开车操作具体步骤如下：①打开原料液泵和原料预热器进出口阀门向塔内加料，使塔釜内料液液位达1/2~2/3；②打开塔顶冷凝器冷却水阀，通冷却水；③打开塔底再沸器蒸汽出口阀，并用压力自调阀控制蒸汽压力，控制釜温；④当塔顶冷凝器出现冷凝液，当液面达到1/3时启动回流泵及回流管线阀门，建立回流，先要采取全回流操作，逐渐调整回流量；⑤回流量满足要求后，塔顶温度逐步接近工艺规定值，塔顶产品合格后，采出塔顶产品，采出液相一般在回流罐的液面控制下进行，采出汽相产品在塔顶压力控制下进行；⑥釜温正常后在液面控制下采出塔底产品；⑦稳定塔系统的操作，使各项指标都在控制范围内；⑧系统正常后，全面检查一遍，是否有异常情况。

由于精馏塔处理的物系性质，操作条件和在整个生产装置中所起的作用等千差万别，具体的操作步骤很可能有差异，要根据具体的生产情况对塔设备的操作制定相应的操作规程。

（3）停车操作　精馏塔停车也是生产中十分重要的环节，当生产任务完成，或当装置运转一定周期后，需停车进行检修。要实现装置完全停车，必须做好停车准备工作，制定合理的停车步骤，预防各种可能出现的问题：逐步降低塔的负荷，相应地减小加热器和冷却剂用量，直至完全停止加料；排放塔中积存料液。实施塔的降压或升压，降温或升温，用惰性气体置换、清扫或冲洗等，使塔接近常温或常压，准备打开人孔通大气，为检修做好准备。

（4）精馏塔日常维护　精馏操作的工作介质中常会有些杂质、结晶析出和沉淀、水垢等产生，都会对塔设备造成一定的危害，因此塔的日常维护显得非常重要。为了保证塔安全稳定运行，做好日常检测或检查记录是非常必要的，以作为定期停车检修的历史资料，日常检测或检查的项目如下。

1）检查各种仪表阀门　压力表、温度计等仪表是否灵敏可靠，安全阀等是否堵塞、损坏。

2）检查各项工艺指标　进料、产品、回流液等的流量、温度、纯度及公用工程流体（如水蒸气、冷却水、压缩空气等）的流量、温度和压力等。

3）检查塔的压力和温度　塔顶、塔底等处压力及塔的压力降，塔底温度，如果塔底温度低，应及时排水，并彻底排净。升、降温及升、降压速率应严格按规定执行。

4）检查塔体及各部件　塔系统的连接部件是否因振动而松弛，紧固件有无泄漏，必要时重新紧固。注意高压的塔设备生产期间不得带压紧固螺栓，不得调整安全阀，检查塔附属管道的阀门填料、管道法兰有无泄漏，塔的机座和管线在开工初期受热膨胀后，不得出现错位。

5）检查塔的保温情况　保温保冷材料是否完整，并根据实际情况进行修复，检查塔及附属管道阀门的保温是否损坏。在寒冷地区运行的塔，其管线最低点排冷凝液的结构不得造成积液和冻结破坏。

如果在运行中发现有异常振动，或发生其他安全规则中不允许继续运行的情况，应停车检查查明其原因。对于间歇操作的塔设备，每个生产周期完成后，都要进行彻底的清理和检修。而连续操作的塔设备，通常每年要定期停车检修一到两次。精馏操作不正常情况分析及处理见表6-7。

表6-7　精馏操作不正常情况分析及处理

不正常现象	原因	处理方法
塔顶产品浓度偏低	1. 回流比偏小或回流液温度高 2. 再沸器加热电压过高 3. 进料中浓度偏低	1. 适当增大回流比，降低回流液温度 2. 控制好再沸器的加热电压 3. 向原料液中补充易挥发组分
釜残液中浓度偏高	1. 塔顶采出量小 2. 再沸器加热电压低 3. 塔底液面偏高	1. 在塔平衡的基础上，加大采出量 2. 适当提高塔釜加热电压 3. 降低并控制好塔底液面
精馏塔液泛	1. 塔负荷过大 2. 回流比过大 3. 塔釜加热过猛	1. 调整负荷 2. 调节加料量，降低釜温 3. 减少回流，加大采出
塔内压力超标	1. 再沸器加热电压大 2. 塔顶冷却效果差，放空阀不畅 3. 回流比小，塔顶温度高	1. 控制好再沸器加热电压 2. 检查放空阀 3. 增大回流比，减小采出，甚至进行全回流操作，降低塔顶温度
塔内温度波动较大	1. 回流槽液位低，造成回流泵排量不稳，或泵不上量出现故障 2. 进料量大幅度波动 3. 再沸器加热电压波动较大 4. 塔底液位大幅度波动	1. 停止采出，停回流泵，维持操作，待回流槽液位稳定正常后，再重新启动泵，恢复操作 2. 稳定进料量 3. 稳定加热电压 4. 通过手动控制塔底液位调节阀，稳定塔底液位

三、特殊蒸馏

在制药生产中，还有一些混合物用普通的精馏方法达不到分离的要求，如某些有机液体的沸点较高，即使采用减压蒸馏，操作温度仍较高，工业加热很难达到要求，还有些热敏性物料，不能采用过高的操作温度等，下面介绍几种有别于普通精馏的特殊蒸馏方法。

（一）水蒸气蒸馏

水蒸气蒸馏法系指将含有挥发性成分的药材与水共蒸馏，使挥发性成分随水蒸气一并馏出，经冷凝后分取挥发性成分的浸提方法。水蒸气蒸馏是基于不互溶液体的独立蒸气压原理，根据道尔顿定律，相互不溶也不起化学作用的液体混合物的蒸汽总压，等于该温度下各组分饱和蒸气压（即分压）之和，因此尽管各组分本身的沸点高于混合液的沸点，但当分压总和等于大气压时，液体混合物即开始沸腾并被蒸馏出来。即在相同外压下，不互溶物质的混合物的沸点要比其中沸点最低组分的沸腾温度还要低。

当水与比其沸点高的有机液体体系混合时，混合的液相上方会有一个共同的汽相，当混合液上方的蒸气压之和等于外压时，两液相均处于沸腾状态，此时的沸腾温度显然低于每个纯组分的沸点，也就是说沸点远高于水的沸点的有机液体也可以与水同时沸腾汽化，使汽化的蒸汽全部冷凝，两种液体又会分层，分掉水层就可以得到较纯的有机液体。

水蒸气蒸馏常用于分离在常压下沸点较高或在沸点时易分解的物质以及高沸点物质与不挥发性杂质的分离，或者说水蒸气蒸馏法只适用于具有挥发性的，能随水蒸气蒸馏而不被破坏，与水不发生反应，且难溶或不溶于水的成分的提取。此类成分的沸点多在100℃以上，与水不混溶或仅微溶，并在100℃

左右有一定的蒸气压。操作时,在待分离的混合物中直接通入水蒸气,当与水在一起加热时,其蒸气压和水的蒸气压总和为一个大气压时,液体就开始沸腾,水蒸气将挥发性物质一并带出。例如中草药中的挥发油,某些小分子生物碱——麻黄碱、萧碱、槟榔碱、牡丹酚等,都可应用本法提取。

水蒸气蒸馏主要有两种加热方式:一是可以直接通入水蒸气作为加热剂,水蒸气部分冷凝放出冷凝潜热而供给蒸馏所需要的热量,由于有水蒸气的冷凝,在蒸馏釜中必有水层存在;二是直接通入过热的水蒸气作为加热剂,或者在通入直接水蒸气的同时,再通过间壁在蒸馏釜外进行加热,这样混合物中的水蒸气就不致冷凝,在蒸馏釜中只有一层被蒸馏的混合液而无水层存在。

水蒸气蒸馏的优点是能够降低蒸馏温度,对高温下易分解的热敏性物料比较适宜,水蒸气蒸馏是中药制药生产中提取和纯化挥发油的主要方法,也是测定中药材中挥发油含量的方法。

(二)恒沸精馏

如前文所述,普通精馏过程是利用均相混合液中各组分的挥发度差异加以分离的,组分间的挥发度差别愈大愈容易分离。但欲分离组分间的相对挥发度接近于1或形成恒沸物时,例如含乙醇89.4%(摩尔分数)的乙醇-水混合液,常压下恒沸点为78.15℃,普通精馏方法不适宜进一步提纯,则可采用恒沸精馏加以分离。

恒沸精馏是在分离操作时,向混合物中加入第三组分,称为挟带剂,该组分能与原料液中的一个或两个组分形成沸点更低的新恒沸液,从而使组分间的相对挥发度增大,可用精馏法进行分离。恒沸精馏可以分离具有最低恒沸点、最高恒沸点或沸点相近的物系,制药生产中以苯为挟带剂,用工业乙醇来制取无水乙醇,就是恒沸精馏的典型例子。在乙醇和水的恒沸物原料液中加入苯后,可形成苯、乙醇及水的三元最低恒沸物,常压下其沸点为64.6℃,恒沸精馏流程参见图6-47,原料液与苯进入恒沸精馏塔1中,塔底得到无水乙醇产品,塔顶蒸出苯-乙醇-水三元恒沸物,进入冷凝器中冷凝后,部分液相回流到塔内,其余的进入分层器5中,上层为富苯层,返回恒沸精馏塔1作为补充回流,下层为含少量苯的富水层,富水层进入苯回收塔2顶部,塔2顶部引出的蒸汽也进入冷凝器4中,底部的稀乙醇溶液进入乙醇回收塔3中,塔3中的塔顶产品为乙醇-水恒沸液,送回塔1作为原料,塔底则为水引出,在精馏过程中,苯是循环使用的,要及时补充。

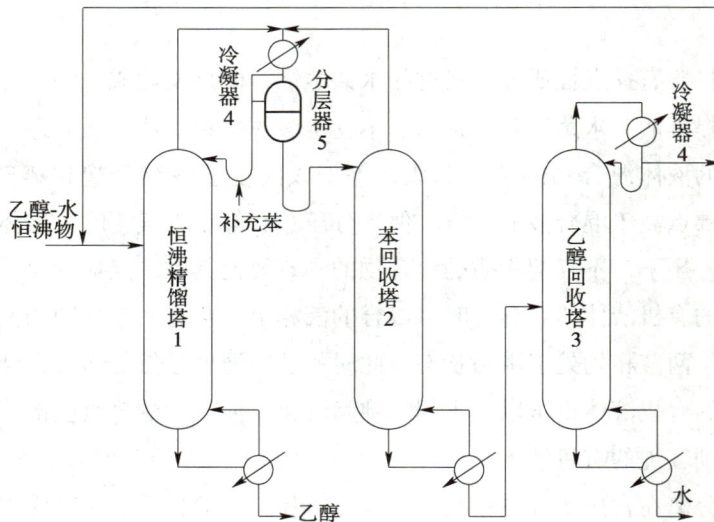

图6-47 制备无水乙醇的恒沸精馏流程

恒沸精馏的关键是选择合适的挟带剂，基本要求如下。

（1）挟带剂应能与被分离组分形成新的恒沸物，与被分离组分的沸点差要大，一般两者沸点差在10℃以上。

（2）新恒沸物中所含挟带剂百分数越少越好，可减少用量及汽化量、热量消耗少。

（3）形成的新恒沸物应容易分离，宜为非均相混合物，可用分层法分离挟带剂，有利于回收和循环使用。

（4）挟带剂的化学稳定性好，使用安全，且价格便宜，容易得到。

选择的挟带剂要同时满足上述要求比较困难，应根据具体情况综合考虑，抓主要矛盾。在选择时，可先从恒沸物数据手册中查出能与被分离组分形成恒沸物的各种物质，再对照上述要求进行选择。

恒沸精馏分为形成非均相恒沸物和形成均相恒沸物两大类，前者如以苯为挟带剂分离乙醇－水恒沸物，加入挟带剂形成的最低恒沸物与原溶液易挥发组分冷凝后液相分层且各液相均为最低恒沸物的精馏，后者如以甲醇为挟带剂分离正庚烷－甲苯恒沸物，塔顶液相产品不分层，形成均相恒沸物的精馏，生产中常用的是形成非均相恒沸物的恒沸精馏。

（三）萃取精馏

与恒沸精馏相似，萃取精馏常用来分离沸点相差很小的溶液。操作时，也是向原料液中加入第三组分，称为萃取剂，以改变原组分间的相对挥发度而得到分离，与恒沸精馏不同的是萃取剂并不与原料液中的任何组分形成共沸液，萃取剂具有较高的沸点，但能与原料液中某个组分有较强的吸引力，降低该组分的蒸气压，从而加大了原料液中原有组分的相对挥发度，使原料液中的各组分易于分离。

萃取精馏常用于分离相对挥发度近于1的物系，例如用糠醛（沸点为161.7℃）做萃取剂来分离苯（80.1℃）与环己烷（80.73℃）混合物，由于糠醛分子与苯分子的结合力较强，从而使环己烷和苯间的相对挥发度增大。萃取剂沸点高且不与原料液中的任一组分形成恒沸物，故在萃取精馏过程中，从塔顶可以得到一个纯组分，萃取剂与另一组分从塔底排出，再回收萃取剂。分离苯－环己烷物系的萃取精馏流程见图6-48。

萃取剂糠醛在近塔顶的某块板加入，以便在每层板上都能与苯接触。环己烷从塔顶蒸出，而苯与糠醛从塔釜排出，并送入溶剂回收塔回收萃取剂糠醛，由于糠醛和苯的沸点相差较大，两者容易分离，回收塔塔顶蒸出去的是苯，塔底排出的糠醛以供循环使用。

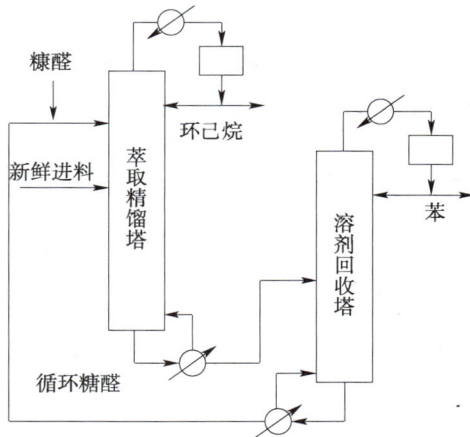

图6-48　苯-环己烷的萃取精馏操作流程

萃取精馏中萃取剂的选择主要考虑的因素如下。

（1）选择性要好，即加入的萃取剂应使原料液组分间的相对挥发度有显著提高。

（2）萃取剂与被分离混合物的互溶性好，避免塔内液流分层。

（3）萃取剂的沸点应与被分离的组分的沸点差较大，易于回收，不与原组分形成恒沸物。

（4）物性或化学稳定性好，使用安全、价格低廉等。

（四）分子蒸馏

分子蒸馏技术突破了常规蒸馏依靠沸点差异分离物质的原理，是在高真空度下进行的非平衡蒸馏技术（真空度可达 0.01Pa），是以气体扩散为主要形式，利用液体分子受热后变为气体分子的平均自由程不同而实现分离的。所谓的分子自由程是指分子在两次连续碰撞间所走路程的平均值，轻组分分子的平均自由程大，而重组分分子的平均自由程小。

分子蒸馏的原理可通过图 6-49 所示说明，将待分离的混合液在加热板上形成均匀液膜，受热的液体分子由液膜表面自由逸出，在与加热板平行处设一冷凝板，冷凝板与加热板之间的距离小于轻组分分子的平均自由程但大于重组分分子的平均自由程。这样轻组分分子能够到达冷凝板面并不断在冷凝板上冷凝为液体，最后进入轻组分接收器；而重组分分子不能到达冷凝板面，返回原来的液膜中，最后顺加热板流入重组分接收器，如此实现混合液中轻、重组分的分离。由于加热面和冷凝面的间距小于或等于被分离物料的蒸汽分子的平均自由程，所以也称短程蒸馏。

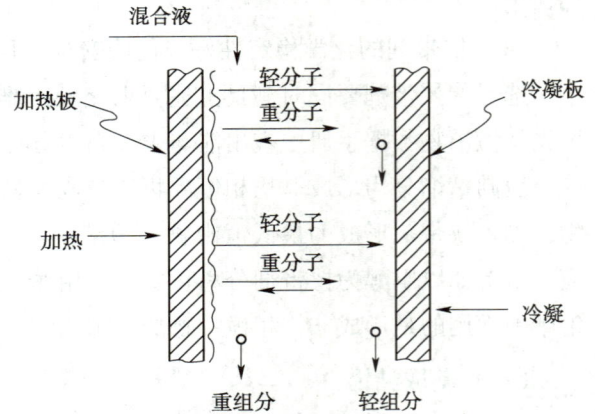

图 6-49　分子蒸馏原理示意图

和常规精馏的相对挥发度相比，分子蒸馏处理的物料常是大分子质量物料，分子蒸馏的分离程度比常规蒸馏高，同种混合液，分子蒸馏较常规蒸馏更易分离。由于分子蒸馏真空度高，操作温度低和受热时间短，能极好地保证物料的天然品质。在制药领域，主要用于浓缩和纯化高沸点、高黏度及热不稳定的药物成分，如天然维生素 E 的提纯，天然色素的提取和天然抗氧化剂的制取、从鱼油中提取分离 DHA 和 EPA，脱除中药制剂中的有害重金属和残留农药，卵磷脂、酶、蛋白质的浓缩等。

▶▶ 实例分析 6-1

案例　维生素 E 是一种脂溶性维生素，为二氢吡喃衍生物，根据其分子中侧链的不饱和度，可分为生育酚和生育三烯酚两类，以八种不同的形式天然存在。维生素 E 能够促进性激素的分泌，提高生育能力，是一类与生育有关的维生素，它还具有抗氧化、抗衰老、抗癌，能减少皱纹产生，改善脂代谢，预防冠心病、动脉粥样硬化等功效。天然维生素 E 为具有生理活性的右旋体，人工合成的维生素 E 为外消旋体。因此天然维生素 E 的生物活性是人工合成品 2 倍以上，食用更为安全。植物油精炼后的脱臭产物（下脚料）中天然维生素 E 的含量为 3%～20%。

问题　通过查阅资料，找出将天然维生素 E 从植物油精炼后的脱臭产物中分离出来的方法有哪些？试比较它们的优缺点。

答案解析

🔖 知识链接

先进的精馏设备——超重力精馏设备

传统精馏操作中，精馏塔内液相依靠重力与逆流的汽相在塔板上接触进行传质，已达到分离提纯的目的。受到塔板气液接触面积的限制，传质效率较低，要满足分离工艺要求，精馏塔体积必然巨大，精馏设备占地面积大，空间利用率低。

超重力技术是一种强化气液传质的新型技术，其工作原理是利用几百倍重力的离心力（即超重力），将液体分散成小的液滴或液丝，气液接触的比表面积非常大，极大地强化气液传质过程。由于传质效率极高，因此超重力精馏设备高度远小于板式塔。

超重力精馏设备的核心是折流式旋转床。如图6-50所示，折流式旋转床的转子由动部件与静部件组成，其中动部件为动盘和动折流圈，动折流圈上开有小孔，静部件为静盘和静折流圈，动静两组折流圈相对且交错啮合。动静折流圈之间的环隙、动折流圈和静盘及静折流圈和动盘之间的缝隙，构成了气体和液体流动的通道。操作时，液体由上而下顺序流过各个转子，在转子内受离心力作用自中心向外缘流动，气体自下而上依次流过各个转子，在转子内受压差作用自外缘向中心流动，气液两相接触级数的成倍提高。目前，超重力精馏广泛已应用于工业生产中的各种精馏过程。

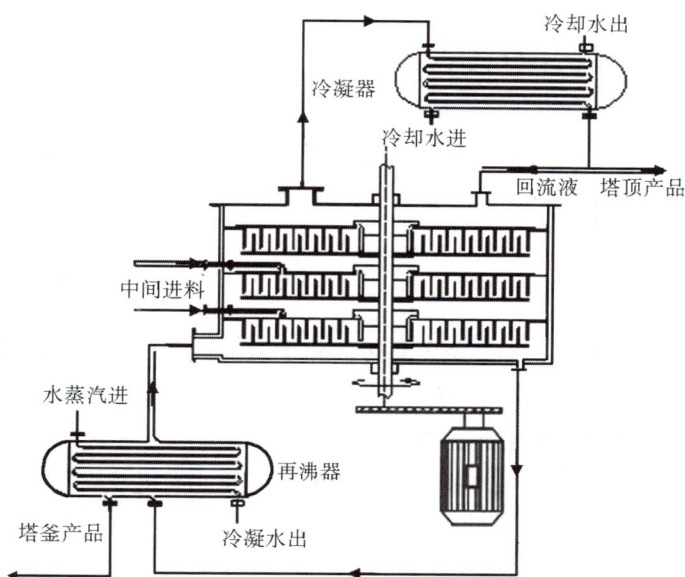

图6-50　超重力精馏流程图

第三节　气体吸收

PPT

一、基本概念

（一）吸收的定义

制药化工生产过程中的原料预处理、产品合成及物料回收等工段中所处理的物料大多数是混合物，经常会涉及气体混合物的分离问题。为了分离混合气体中的各组分，通常将混合气体与适当的液体接触，气体中的一种或几种组分便溶解于液体内而形成溶液，不能溶解的组分则保留在气相中，从而使得原混合气体得以分离。这种利用各组分溶解度的差异而分离气体混合物的单元操作称为吸收。在吸收操作中，通常将能够溶解的组分称为吸收质或溶质，以A表示；不被溶解的组分称为惰性组分或载体，以B表示；吸收操作所采用的溶剂称为吸收剂，以S表示；吸收操作终了时所得到的溶液称为吸收液，其成分为溶剂S和溶质A；排出的气体称为吸收尾气，其主要成分除惰性气体 B 外，还含有未完全溶解的溶质 A。

吸收过程往往在吸收塔中进行，根据气、液两相的流动方式的不同可分为逆流操作和并流操作两类，工业生产中以逆流操作为主。图 6 - 51 为逆流操作的吸收塔示意图。

（二）吸收操作在化工生产中的应用

吸收作为分离气体混合物的重要单元操作，其原理及操作广泛应用于制药生产中的中间体、产品制备及尾气净化处理。

1. 分离混合气体　吸收剂选择性吸收气体中的某些组分，以达到分离目的。例如用洗油处理焦炉气以回收其中的芳烃等。

2. 净化气体　除去有害组分以净化气体，例如合成氨原料气中用水和碱液脱除二氧化碳；电厂的锅炉尾气含二氧化硫，硝酸生产尾气含二氧化氮等有害气体，均须用吸收方法除去。

3. 制取产品　例如用水吸收二氧化氮以制造硝酸；用水吸收甲醛以制备福尔马林溶液等。

4. 工业废气治理　例如电厂的锅炉尾气含二氧化硫，硝酸生产尾气含一氧化氮等有害气体，均须用吸收方法除去。

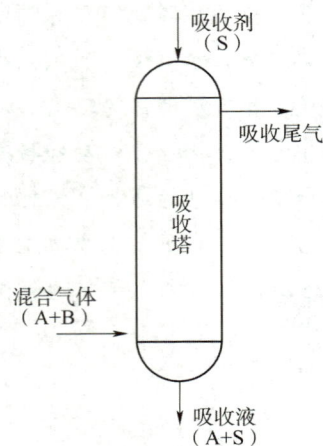

图 6 - 51　吸收操作示意图

实例分析 6 - 2

案例　某城市，空气质量监测的指标主要包括悬浮颗粒（粉尘）、一氧化碳、二氧化硫、氮的氧化物，近年，发现酸性气体含量较高，造成城市的大气中酸性气体含量较高。

问题　1. 造成这种现象的主要原因是什么？

　　　　2. 针对工业生产中，废气排放中含有的酸性气体如何处理？

答案解析

（三）吸收过程的分类

1. 物理吸收与化学吸收　吸收按是否发生化学反应分为物理吸收和化学吸收。物理吸收可看作是气体中可溶组分单纯溶解于液相的过程。例如用水吸收二氧化碳、用液态烃处理裂解气以回收其中的乙烯、丙烯等过程都属于物理吸收。化学吸收是在吸收过程中溶质与吸收剂之间发生显著的化学反应。例如用硫酸吸收氨、用碱液吸收二氧化碳等过程都属于化学吸收。

2. 单组分吸收与多组分吸收　吸收过程按被吸收组分数目的多少，可分为单组分吸收和多组分吸收。如果混合气体中只有一个组分溶解于吸收剂中，其余组分不溶解，称为单组分吸收。例如合成氨原料气中含有 N_2、H_2、CO、CO_2 等组分，而只有 CO_2 一个组分在高压水中有较为明显的溶解，这种吸收过程属于单组分吸收过程。如果混合气体中有两个或更多个组分能在吸收剂中溶解，称为多组分吸收。例如用洗油处理焦炉气时，气相中的苯、甲苯、二甲苯等几个组分都可明显地溶解于洗油中。

3. 等温吸收与非等温吸收　气体溶解过程中，常常会伴随着热效应，当发生化学反应时还会有反应热，其结果导致吸收液温度逐渐升高，这种吸收称为非等温吸收。如果被吸收组分在气相中浓度很低而吸收剂的用量又很大，或吸收过程的热效应很小，或虽然吸收过程热效应很大，但吸收设备的散热性能良好，能及时将产生的热量转移出去等，此时在吸收过程中吸收液的温度几乎不发生变化，这种吸收则可看作等温吸收。

4. 低浓度吸收与高浓度吸收 吸收操作中，如果溶质在气液两相中的含量均较低（≤0.1 物质的量分数），这种吸收称为低浓度吸收；否则称为高浓度吸收。对于低浓度吸收，由于气相中溶质浓度较低，传递到液相中的溶质量相对于气、液相流率也较小，因此流经吸收塔的气、液相流率均可视为常数。

（四）吸收流程和解吸流程 📱微课

在制药化工等生产过程中的吸收操作，多采用塔设备，塔设备提供了气、液两相接触的场所，有利于两相间传质过程的发生。但在实际生产中除了考虑塔设备自身的性能外，还要考虑流程的设置，在化工制药生产中的吸收流程主要有以下三种。

1. 部分吸收剂循环流程 当吸收剂喷淋量较小，无法保证填料表面被完全润湿，导致气液两相接触面积减小，或者塔中需排除的热量很大时，可采用部分吸收剂循环的吸收流程。

图 6 - 52 所示为部分吸收剂循环的吸收流程，自塔底部流出的吸收液，一部分作为产品取出，另一部分经冷却器冷却降温后与新鲜的吸收剂混合后进入吸收塔，以实现部分吸收液的循环使用，补充的新鲜吸收剂量应与取出的产品量相等，以保持物流的平衡。

这种流程可以在不增加吸收剂用量的情况下增大喷淋量，且可由循环的吸收剂将塔内的热量带入冷却器，以减少塔内温升。

2. 吸收塔串联流程 当所需塔的尺寸过高，或从塔底流出的溶液温度过高，不能保证塔在适宜的温度下操作时，可将一个大塔分成几个小塔串联起来使用，组成串联流程。

如图 6 - 53 所示为串联逆流吸收流程。操作时，气体从一个吸收塔流至后一个吸收塔，而吸收剂则用泵从最后的吸收塔逐塔向前流动，气液两相呈逆流流动。

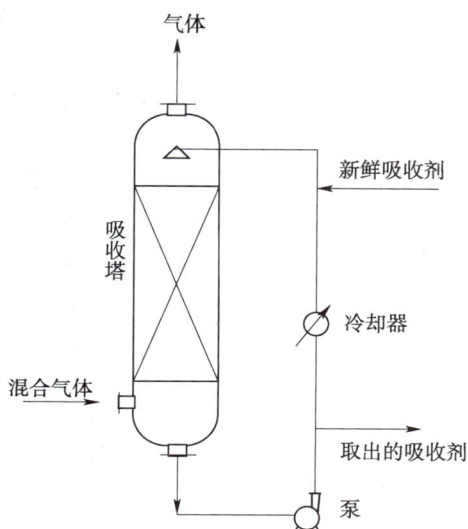

图 6 - 52　部分吸收剂循环的吸收流程

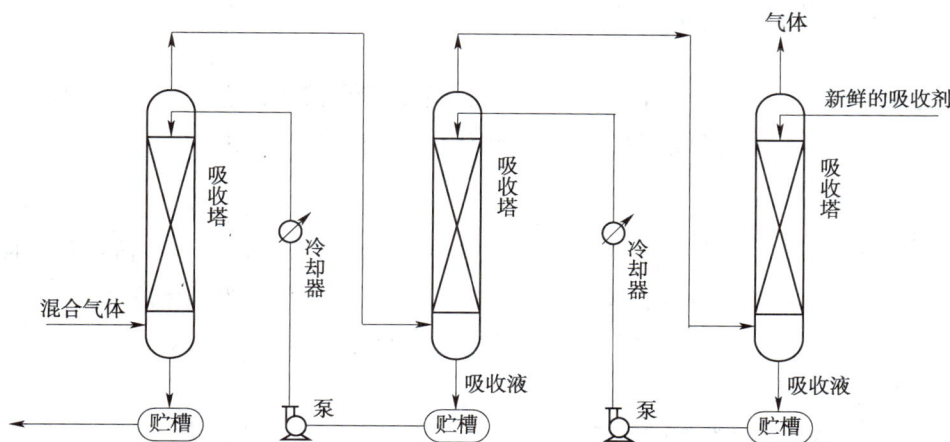

图 6 - 53　串联逆流吸收流程

在吸收塔串联流程中，可根据操作的需要，在塔与塔之间的液体管路上安装冷却器，或使吸收塔系的全部或部分采用吸收剂部循环的操作。

3. 解吸流程 从溶液中释放出溶解的溶质气体的操作称为解吸，或者称之为脱吸，是吸收的逆过程。实现解吸操作一般可以采用加热、减压或令惰性气体与溶液逆流接触等方法。

　　吸收后的吸收液由吸收塔底排出，经换热器升温后从塔顶进入解吸塔，过热水蒸气由解吸塔底进塔。吸收液与过热蒸汽在解吸塔内逆流混合，在解吸塔顶排出的气相为过热水蒸气与吸收质的混合物，该混合物经塔顶冷凝后，因为不互溶而在贮槽中分层，因而得到分离。

　　4. 吸收解吸联合操作　吸收过程中，出塔的物料为溶质溶解于吸收剂中而得到的溶液，并没有得到纯净的气体溶质。如果产品要求为净化的气体，则在工业生产中还要将吸收液进行解吸操作。因此要采用吸收解吸联合操作。

　　图6-54所示是吸收解吸联合操作流程示意图，在这种流程中需设置吸收塔和解吸塔，从吸收塔底部流出的吸收液经加热或减压后送入解吸塔，在解吸塔内释放出所溶解的气体溶质，从而实现气体的分离与纯化。经解吸后的解吸液从解吸塔出来，经降温后再次进入吸收塔重复使用。

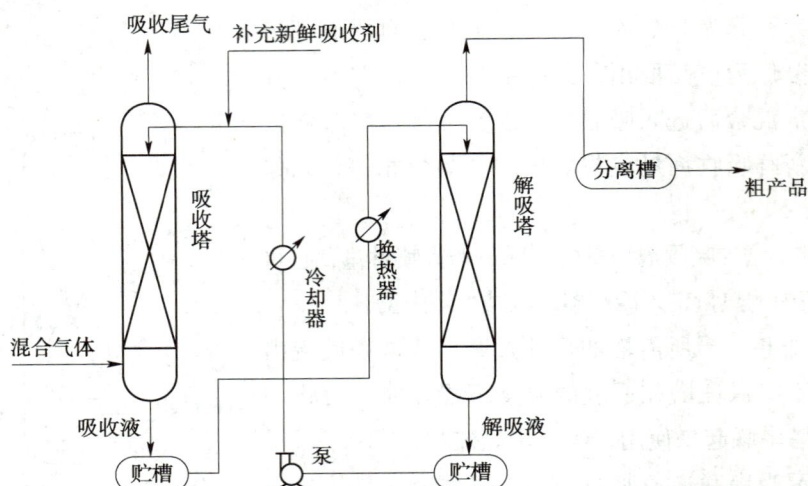

图6-54　吸收解吸联合操作流程示意图

二、吸收的气液相平衡及应用

　　气体吸收过程的实质是溶质由气相转移到液相的过程，判断溶质传递的方向和极限、进行吸收过程和设备的计算，都是以相平衡关系为基础，故先介绍吸收操作中的相平衡。

（一）气体在液体中的溶解度

　　在系统温度和压强一定的条件下，将混合气体与一定量的吸收剂相接触，溶质便不断地向液相转移，直至达到饱和，这种状态称为相平衡或平衡。液相中溶质的浓度称为平衡浓度，也就是气体在液体中的溶解度。溶解度表明一定条件下吸收过程可能达到的极限程度，通常用单位质量（或体积）的液体中所含溶质的质量来表示。

　　一般来说，气体在液体中的溶解度与系统的温度、压强及气相中的组成密切相关。若吸收为单组分的物理吸收，则在一定的压力条件下，可以认为气体在液体中的溶解度只取决于温度和该组分气体的分压。

　　气体的溶解度由实验测定得到。图6-55、图6-56及图6-57为常压下氨、二氧化硫和氧在水中的溶解度与其在气相的分压之间的关系，图中的关系曲线称为溶解度曲线。由图比较可看出：

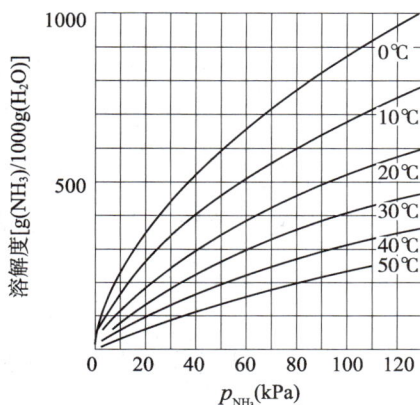

图 6-55　NH₃ 在水中的溶解度

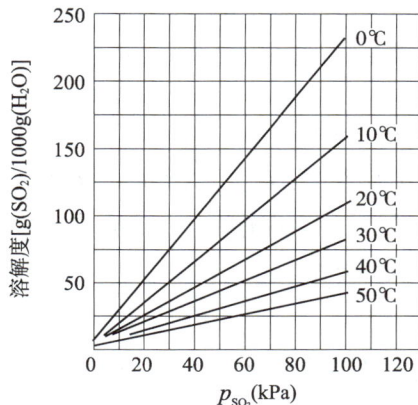

图 6-56　SO₂ 在水中的溶解度

1. 在同一溶剂中，不同气体的溶解度差异很大，例如，当温度为 20℃、气相中溶质分压为 20kPa 时，每 1000g 水中所能溶解的氨、二氧化硫和氧的质量分别为 170g、22g 和 0.009g。

2. 同一溶质在相同的温度下，随着气体分压的提高，在液相中的溶解度逐渐增多。例如在 10℃ 时，当氨在气相中的分压分别为 40kPa 和 100kPa 时，每 1000g 水中溶解氧的质量分别为 395g 和 680g。

3. 同一溶质在相同的气相分压下，溶解度随温度降低而增大。例如，当氨的分压为 60kPa 时，温度从 40℃ 降至 10℃，每 1000g 水中溶解的氨从 220g 增加至 515g。

由溶解度曲线所显示的共同规律可知：加压和降温可以提高气体的溶解度，对吸收操作有利；反之，升温和减压对脱吸操作有利。

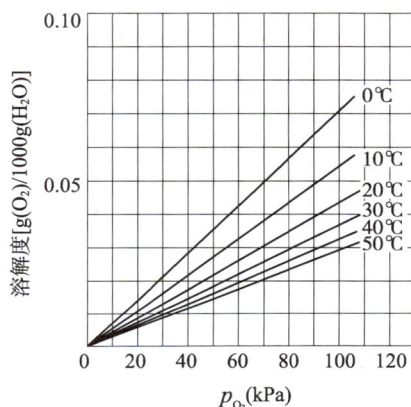

图 6-57　O₂ 在水中的溶解度

(二) 气液相平衡关系

对于低浓度吸收过程而言，溶液中溶质的浓度较小，在一定的浓度范围内，溶液的气液平衡关系可用亨利定律来表示：当总压不太高时，在恒定温度下，稀溶液上方气体溶质的平衡分压与其在液相中的摩尔分数成正比，即

$$p_i^* = Ex_i \qquad (6-30)$$

式中，p_i^* 为溶质在气相中的平衡分压，kPa；x_i 为溶质在液相中的摩尔分数；E 为亨利系数，单位与压强单位一致，其数值随物系特性及温度而变。亨利系数可由实验测定，亦可从有关手册中查得。亨利定律适用于溶解度曲线为直线的部分，即溶液为理想溶液或稀溶液，同时溶质在气相和液相中的分子状态必须相同。因组成有多种表达方式，所以亨利定律也有其他的表达形式。

1. 以 p 及 c 表示的平衡关系

若用物质的量浓度 c 表示溶质在液相中的组成，则亨利定律可写成如下形式，即

$$p_i^* = \frac{c_i}{H} \qquad (6-31)$$

式中，c_i 为单位体积溶液中溶质的物质的量，$kmol/m^3$；H 为溶解度系数，$kmol/(m^3 \cdot kPa)$。

溶解度系数 H 的数值随物系而变，同时也是温度的函数。对一定的溶质和溶剂，H 值随温度升高而

减小。易溶气体有很大的 H 值，难溶气体的 H 值很小。

对于稀溶液，H 值可由下式近似估算，即

$$H = \frac{\rho}{E M_s} \tag{6-32}$$

式中，ρ 为溶液的密度，kg/m^3；M_s 为溶剂的摩尔质量，$kg/kmol$。

2. 以 y 与 x 表示平衡关系 若溶质在气相与液相中的组成分别用物质的量的分数 y 与 x 表示，亨利定律又可写成如下形式

$$y_i^* = m x_i \tag{6-33}$$

式中，y_i^* 为与液相成平衡的气相中溶质的摩尔分数；x_i 为液相中溶质的摩尔分数；m 为相平衡常数，又称为分配系数，无因次。

$$m = \frac{E}{p} \tag{6-34}$$

对于一定的物系，相平衡常数 m 是温度和压力的函数，其数值可由实验测得。

3. 以 Y 及 X 表示平衡关系 在吸收计算中，为方便起见，常采用物质的量之比 Y 与 X 分别表示气、液两相的组成。

物质的量之比定义为

$$X_i = \frac{液相中溶质的物质的量}{液相中溶剂的物质的量} = \frac{x_i}{1 - x_i} \tag{6-35}$$

$$Y_i = \frac{气相中溶质的物质的量}{气相中惰性组分的物质的量} = \frac{y_i}{1 - y_i} \tag{6-36}$$

当溶液很稀时，式 6-36 又可近似表示为

$$Y_i^* = m X_i \tag{6-37}$$

式（6-37）表明，当液相中溶质含量足够低时，平衡关系在 $X - Y$ 坐标图中也可近似地表示成一条通过原点的直线，其斜率为 m。

（三）相平衡关系在吸收操作中的应用

相平衡关系描述的是气、液两相接触传质的极限状态。根据气、液两相的实际组成与相应条件下平衡组成的比较，可以判断传质进行的方向，确定传质推动力的大小，并可指明传质过程所能达到的极限。

1. 判断过程进行方向 根据气、液两相的实际组成与相应条件下平衡组成的比较，可判断过程进行的方向。若气相的实际组成 Y_i 大于与液相呈平衡的气相组成 Y_i^* （$= m X_i$），说明溶液还没有达到饱和状态，此时气相中的溶质必然要向液相转移，也就是会发生吸收过程；反之，若 $Y_i^* > Y_i$，则为脱吸过程；若 $Y_i = Y_i^*$，系统处于相际平衡状态。

由上述分析可知：只要系统偏离平衡状态则系统必然处于不稳定状态，此时溶质就会发生由一相向另一相传递，使气、液两相逐渐趋于平衡，溶质的传质总是单方向趋于平衡。

2. 计算过程推动力 对于吸收过程而言，传质过程的推动力通常用一相的实际组成与其平衡时的平衡组成的差值来表示。推动力可用气相推动力或液相推动力来表示，气相推动力表示为塔内任一截面上气相实际浓度 Y 和与该截面上液相实际浓度 X 成平衡的 Y^* 之差，即 $Y_i - Y_i^*$（其中 $Y_i^* = m X_i$），液相推动力即以液相物质的量分数之差 $X_i^* - X_i$ 表示吸收推动力，其中 $X_i^* = \frac{Y_i}{m}$。

3. 确定过程进行的极限 平衡状态即为过程进行的极限。对于逆流操作的吸收塔，无论吸收塔有多高，吸收剂用量有多大，吸收尾气中溶质组成 Y_2 的最低极限是与入塔吸收剂组成呈平衡，即 mX_2；吸收液的最大组成 X_1 不可能高于入塔气相组成 Y_1 呈平衡的液相组成，即不高于 Y_1/m。总之，相平衡状态限定了被净化气体离开吸收塔的最低组成和吸收液离开塔时的最高组成。

相平衡关系在吸收操作中的应用在 $Y-X$ 坐标图上表达更为清晰（图 6-58）。气相组成在平衡线上方（点 A_1），进行吸收过程；气相组成在平衡线下方（点 A_2），则为脱吸操作。吸收过程的推动力为 Y_1-Y^* 或 $X_1^*-X_C$，脱吸的推动力为 Y^*-Y 或 $X_C-X_C^*$。吸收液的最高组成为 X_1^*；尾气的最低组成为 Y_2^*。

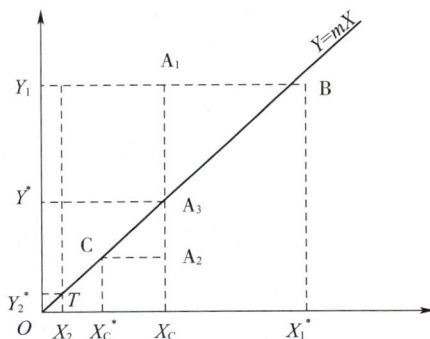

图 6-58 相平衡关系的应用

三、吸收剂的选择与用量确定

实际制药化工生产过程中，吸收过程是在吸收设备中进行的，常用的吸收设备是吸收塔。吸收过程既可以在板式塔进行，也可以在填料塔内进行，在板式塔中气、液逐级接触，而在填料塔中气、液则呈连续接触。

对于低浓度吸收的各参数的确定，因吸收过程中流经全塔的混合气体、液体流量变化不大，热效率也可以忽略，故计算相对简单，以下就以低浓度吸收过程为例来讨论填料吸收塔的各参数的确定。

通常填料塔的工艺参数确定包括以下项目。

（1）在选定吸收剂的基础上确定吸收剂的用量。

（2）确定塔的主要工艺尺寸，包括塔径和塔的有效高度，对填料塔的有效高度是指填料层的高度。

确定各参数的基本依据是物料衡算，气、液平衡关系及速率关系。

下面的讨论限于如下假设条件。

（1）吸收为单组分低浓度等温物理吸收，总吸收系数为常数。

（2）惰性组分 B 在溶剂中完全不溶解，溶剂在操作条件下完全不挥发，惰性气体和吸收剂在整个吸收塔中均为常量。

（3）吸收塔中气、液两相逆流流动。

（一）吸收剂的选择

吸收是气体溶质在吸收剂中溶解的过程。因此，吸收剂性能的优劣往往是决定吸收效果的关键。选择吸收剂应注意以下几点。

1. 溶解度 溶剂应对被分离组分应有较大的溶解度，这样可以保证吸收过程有较大的传质推动力和较快的吸收速率，从而减少吸收剂用量，降低回收溶剂的能量消耗。

2. 选择性 吸收剂应有较高的选择性，即对于溶质 A 能选择性溶解，而对其余组分则基本不吸收或吸收很少，否则不能实现有效的分离。

3. 挥发度 在吸收过程中，吸收尾气往往为吸收剂蒸汽所饱和。故在操作温度下，吸收剂的蒸汽压要低，即挥发度要小，以减少吸收剂的损失量。

4. 黏度　吸收剂在操作温度下的黏度越低，其在塔内的流动阻力越小，扩散系数越大，这有助于传质速率的提高。

5. 再生　吸收后的溶剂应易于再生，溶质在吸收剂中的溶解度应对温度的变化比较敏感，即不仅低温下溶解度要大，而且随着温度的升高，溶解度应迅速下降，这样才能容易利用解吸操作使吸收剂再生，同时可以减少解吸过程的设备和操作费用。

6. 其他　所选用的吸收剂应尽可能无毒性、无腐蚀性、不易燃易爆、不发泡、冰点低、价廉易得且化学性质稳定。

（二）填料吸收塔的物料衡算与操作线方程

1. 全塔物料衡算　在单组分吸收过程中，溶质在气液两相中的浓度沿着塔高变化，导致气液两相的总量也沿着塔高不断变化。但吸收过程中通过吸收塔中的惰性气体与吸收剂的量是不变的，因此，在进行吸收过程物料衡算时，用气、液两相组成的摩尔比来计算，相对比较容易。图 6－59 所示是一个定态操作逆流接触的吸收塔，图中各符号的意义如下。

V 为惰性气体的流量，kmol（B）/s；L 为纯吸收剂的流量，kmol（S）/s；Y_1、Y_2 分别为进出吸收塔气体中溶质物质的量的比，kmol（A）/kmol（B）；X_1、X_2 分别为出塔及进塔液体中溶质物质的量的比，kmol（A）/kmol（S）。

注意，本章中塔底截面一律以下标"1"表示，塔顶截面一律以下标"2"表示。

在全塔范围内作溶质的物料衡算，得：

$$VY_1 + LX_2 = VY_2 + LX_1$$

或

$$V(Y_1 - Y_2) = L(X_1 - X_2) \tag{6-38}$$

一般情况下，进塔混合气体的流量和组成是由上一工段提供的物料所决定的，若吸收剂的流量与组成已被确定，即 V、Y_1、L 及 X_2 为已知，再又根据吸收操作的吸收率 φ_A，可以计算得出气体出塔时应有的浓度 Y_2，即：

$$Y_2 = Y_1(1 - \varphi_A) \tag{6-39}$$

式中，φ_A 为混合气体中溶质 A 被吸收的百分数，称为吸收率或回收率。

$$\varphi_A = \frac{\text{被吸收的溶质量}}{\text{入塔气体的溶质量}} = \frac{V(Y_1 - Y_2)}{VY_1} = 1 - \frac{Y_2}{Y_1} \tag{6-40}$$

通过全塔物料衡算式可以求得吸收液组成 X_1。于是，在吸收塔的底部与顶部两个截面上，气、液两相的组成 Y_1、X_1 与 Y_2、X_2 均成为已知量。

2. 操作线方程与操作线　在定态逆流操作的吸收塔内，气体自下而上，其组成由 Y_1 逐渐降低至 Y_2；液相自上而下，其组成由 X_2 逐渐增浓至 X_1；而在塔内任意截面上的气、液组成 Y 与 X 之间的对应关系，可由塔内某一截面与塔的一个端面之间作溶质 A 的物料衡算而得。

$$Y = \frac{L}{V}X + \left(Y_1 - \frac{L}{V}X_1\right) \tag{6-41}$$

式（6－41）称为逆流吸收塔的操作线方程式，它表明塔内任一横截面上的气相组成 Y 与液相组成 X 之间成直线关系。如图 6－60 所示图中的直线 BT 即为逆流吸收塔的操作线，讨论如下。

（1）上端点 B 代表吸收塔底的情况，此处具有最大的气、液组成，故称为"浓端"；下端点 T 代表

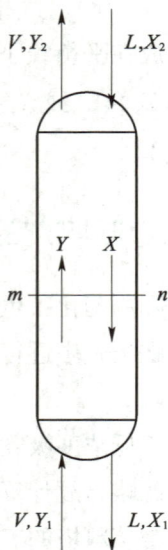

图 6－59　逆流吸收塔的物流衡算

吸收塔顶的情况，此处具有最小的气、液组成，故称之为"稀端"；操作线上任一点 A，代表着塔内相应截面上的液、气组成 X、Y。

（2）当进行吸收操作时，吸收操作线必位于平衡线上方。反之，若操作线位于平衡线下方，则进行脱吸过程。

（3）操作线上任一点坐标代表塔内某一截面处气、液两相的组成，操作线上任意一点与平衡线之间的垂直距离（$Y_A - Y_A^*$）及水平距离（$X_A^* - X_A$）为该塔内该截面处的吸收推动力。距离越大，传质推动力就越大。

需要指出，操作线方程式及操作线都是由物料衡算得来的，与系统的平衡关系、操作温度和压强以及塔的结构类型都无任何牵连。

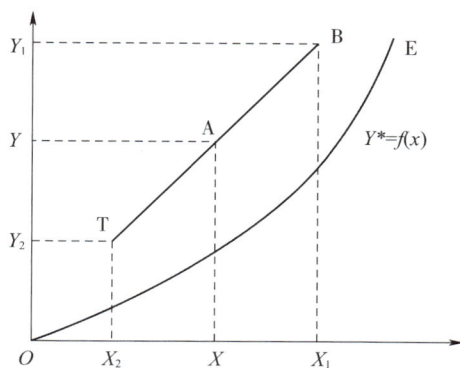

图 6-60　逆流吸收塔的操作线

（三）吸收剂用量的确定

1. 液气比　在吸收塔的计算中，所处理的气体量、气体的初始和最终浓度和吸收剂的初始浓度一般都由生产要求所固定，即 V、Y_1、Y_2、X_2 均为已知。对照图 6-60 可知，图中点 T 已经固定，而所需的吸收剂用量则有待选择，导致图 6-60 中直线的斜率 L/V 也无法确定，导致点 B 不固定，但 Y_1 已知，因此点 B 只能在水平直线 $Y = Y_1$ 上移动，横坐标取决于操作线的斜率 L/V。

操作线的斜率 L/V 称为"液气比"，是吸收剂与惰性气体物质的量的比值。它反映单位气体处理量的吸收剂用量大小。若减少吸收剂用量 L，操作线的斜率就要变小，点 B 便沿水平线 $Y = Y_1$ 向右移动，如图 6-61（a）所示，其结果是使出塔吸收液的组成加大，吸收推动力相应减小。若吸收剂用量减小到恰使点 B 移至水平线 $Y = Y_1$ 与平衡线的交点 B^* 时，$X_1 = X_1^*$，即塔底流出的吸收液与刚进塔的混合气达到平衡，这是理论上吸收液所能达到的最高含量，但此时过程的推动力已变为零，因而需要无限大的相际传质面积。这在实际上是办不到的，只能用来表示一种极限状况。此种状况下吸收操作线（B^*T）的斜率称为最小液气比，以 $(L/V)_{min}$ 表示，相应的吸收剂用量即为最小吸收剂用量，以 L_{min} 表示。

反之，若增大吸收剂用量，则点 B 将沿水平线向左移动，使操作线远离平衡线，过程推动力增大；但超过一定限度后，效果便不明显，而溶剂的消耗、输送及回收等项操作费用急剧增大。

2. 最小液气比的计算　最小液气比可用图解法求出。如果平衡曲线符合图 6-61（a）所示的一般情况，则要找到水平线 $Y = Y_1$ 与平衡线的交点 B^*，从而读出 X^* 的数值，然后用下式计算最小液气比，即

$$\left(\frac{L}{V}\right)_{min} = \frac{Y_1 - Y_2}{X_1^* - X_2} \tag{6-42}$$

或

$$L_{min} = V\frac{Y_1 - Y_2}{X_1^* - X_2} \tag{6-42a}$$

如果平衡曲线呈现如图 6-61（b）中所示的形状，则应过点 T 作平衡线的切线，找到水平线 $Y = Y_1$ 与此切线的交点 B'，从而读出点 B' 的横坐标 X_1' 的数值，用 X_1' 代替式（6-42）或式（6-42a）中的 X_1^*，便可求得最小液气比 $(L/V)_{min}$ 或最小吸收剂用量 L_{min}。

若平衡关系符合亨利定律，可用 $X^* = Y/m$ 表示，则可直接用下式算出最小液气比，即

$$\left(\frac{L}{V}\right)_{\min} = \frac{Y_1 - Y_2}{\dfrac{Y_1}{m} - X_2} \tag{6-43}$$

或

$$L_{\min} = V \frac{Y_1 - Y_2}{\dfrac{Y_1}{m} - X_2} \tag{6-43a}$$

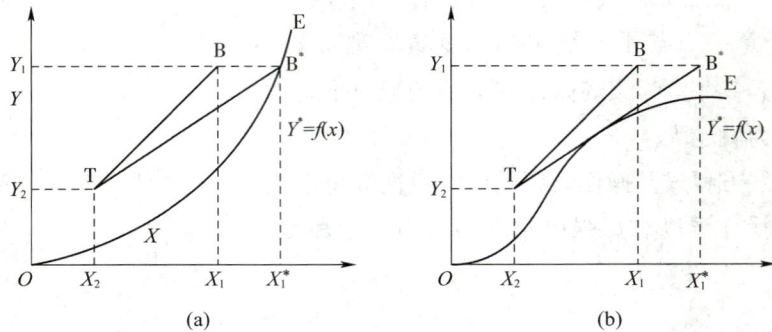

图 6-61 吸收塔的最小液气比

3. 操作液气比的确定 由以上分析可见，吸收剂用量的大小，将直接影响设备费与操作费，进而影响生产过程的经济效果，应权衡利弊，选择适宜的液气比，使两种费用之和最小。根据生产实践经验，一般情况下取吸收剂用量为最小用量的 1.1～2.0 倍是比较适宜的，即

$$L = (1.1 \sim 2.0) L_{\min} \tag{6-44}$$

必须指出，为了保证填料表面能被液体充分润湿，还应考虑到单位塔截面积上单位时间内流下的液体量不得小于某一最低允许值。如果按式（6-44）算出的吸收剂用量不能满足充分润湿填料的起码要求，则应采用更大的液气比。

📱 **知识链接** ────────────────────

　　随着中国经济的飞速发展，人们环保意识也随之增强，空气污染问题越来越引起人们广泛的关注，其中有害气体的治理更是人们关注的重点。习近平总书记指出："坚持人与自然和谐共生。建设生态文明是中华民族永续发展的千年大计"。制药化工生产过程中会产生大气污染物，怎样进行约束性指标管理才能提高生态环境、完善环境保护？2019 年 5 月 24 日，国务院生态环境部与国家市场监督管理总局联合发布了《制药工业大气污染物排放标准》（GB 37823—2019）。该标准规定了制药工业大气污染物排放控制要求、检测和监督管理要求。所有制药企业自 2020 年 7 月 1 日起，大气污染物排放要按该标准规定执行。因此，作为新时代的医药人必须要树立和践行绿水青山就是金山银山的理念，自觉遵守《制药工业大气污染物排放标准》的规定。

　　挥发性有机物（VOCs）是制药工业产生的主要大气污染物。溶剂吸收法是处理 VOCs 的有效方法之一。该方法通常采用煤油或柴油作为溶剂，使 VOCs 从气相中脱离出来，形成的吸收液。吸收液再经过解吸操作，使溶剂再生并能够回收 VOCs 中一些有用的物质。通常，吸收设备可采用填料塔或喷淋塔。溶剂吸收法适用于处理流量为 3000～15000m³/h，体积浓度为 0.05%～0.5% 的含 VOCs 尾气。采用适宜的液汽比和操作温度可提高溶剂吸收法的净化效果。

四、填料塔

（一）填料塔的结构

1. 填料塔的总体结构 填料塔由塔体、填料、液体分布装置、填料压紧装置、填料支承装置、液体再分布装置等构成，如图 6－62 所示。

填料塔操作时，液体自塔上部进入，通过液体分布器均匀喷洒在塔截面上并沿填料表面呈膜状下流。当塔较高时，由于液体有向塔壁面偏流的倾向，使液体分布逐渐变得不均匀，因此经过一定高度的填料层以后，需要液体再分布装置，将液体重新均匀分布到下段填料层的截面上，最后从塔底排出。

气体自塔下部经气体分布装置送入，通过填料支承装置在填料缝隙中的自由空间上升并与下降的液体接触，最后从塔顶排出。为了除去排出气体中夹带的少量雾状液滴，在气体出口处常装有除沫器。

2. 填料 是填料塔的核心部分，它提供了气液两相接触传质的界面，填料塔的生产能力和传质速率等操作性能的优劣与所选择的填料密切相关。因此，根据填料特性，合理选择填料显得非常重要。

（1）填料的主要性能

1）比表面积 单位体积填料层所具有的表面积称为填料的比表面积，以 a 表示，其单位为 m^2/m^3。显然，填料应具有较大的比表面积，以增大塔内传质面积。同一种类的填料，尺寸越小，则其比表面积越大。

2）空隙率 单位体积填料层所具有的空隙体积，称为填料的空隙率，以 ε 表示，其单位为 m^3/m^3。填料的空隙率大，气液通过能力大且气体流动阻力小。

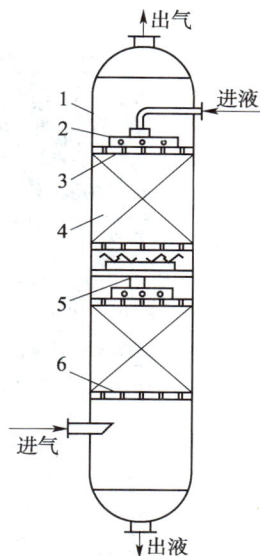

图 6－62 填料塔结构示意图

1. 塔体；2. 液体分布器；

3. 填料压紧装置；4. 填料层；

5. 液体再分布器；6. 支承装置

3）填料因子 将 a 与 ε 组合成 $\dfrac{a}{\varepsilon^3}$ 的形式称为干填料因子，单位为 m^{-1}。填料因子表示填料的流体力学性能。当填料被喷淋的液体润湿后，填料表面覆盖了一层液膜，a 与 ε 均发生相应的变化，此时 $\dfrac{a}{\varepsilon^3}$ 称为湿填料因子，以 ϕ 表示。ϕ 值小则填料层阻力小，发生液泛时的气速提高，亦即流体力学性能好。

4）单位堆积体积的填料数目 对于同一种填料，单位堆积体积内所含填料的个数是由填料尺寸决定的。填料尺寸减小，填料数目可以增加，填料层的比表面积也增大，而空隙率减小，气体阻力亦相应增加，填料造价提高。反之，若填料尺寸过大，在靠近塔壁处，填料层空隙很大，将有大量气体由此短路流过。为控制气流分布不均匀现象，填料尺寸不应大于塔径 D 的 $\dfrac{1}{10} \sim \dfrac{1}{8}$。

5）堆积密度 用 ρ_p 表示，指单位体积填料的质量，单位为 kg/m^3。它的数值大小影响填料支承板的强度设计。此外，填料的壁厚越薄，单位体积填料的质量就越小，即 ρ_p 就小，材料消耗量也低。但应保证填料个体有足够的机械强度，不致压碎或变形。

此外，从经济、实用及可靠的角度考虑，填料还应具有质量轻、造价低、坚固耐用、不易堵塞、耐腐蚀并具有一定的机械强度等特点。

（2）填料的种类 填料的种类很多，现代工业用填料大致分为实体和网体两大类。实体填料有拉西环、鲍尔环、矩鞍填料、单螺旋环、十字格环、阶梯环、波纹填料等；网体填料有鞍形网、θ网、波纹网等。

填料的装填方式可采用乱堆和整砌两种。乱堆方式指将填料分散随机堆放至塔内。整砌方式指将填料在塔中有规则的排列，各种新型组合填料如波纹板、波纹网等的装填方法，多采用整砌方式。工业中常用填料的结构、特点及应用见表6-8。

表6-8 工业中常见填料的结构、特点及应用

类型	形式	结构	特点及应用
拉西环		外径与高度相等的圆环	拉西环形状简单，制造容易，操作时有严重的沟流和壁流现象，气液分布较差，传质效率低。填料层持液量大，气体通过填料层的阻力大，通量较低。拉西环是使用最早的一种填料，曾得到极为广泛的应用，目前拉西环工业应用日趋减少
鲍尔环		在拉西环的侧壁上开出两排长方形的窗孔，被切开的环壁一侧仍与壁面相连，另一侧向环内弯曲，形成内伸的舌叶，舌叶的侧边在环中心相搭	鲍尔环填料的比表面积和空隙率与拉西环基本相当，气体流动阻力降低，液体分布比较均匀。同一材质、同种规格的拉西环与鲍尔环填料相比，鲍尔环的气体通量比拉西环增大50%以上，传质效率增加30%左右。鲍尔环填料以其优良的性能得到了广泛的工业应用
阶梯环		对鲍尔环填料改进，阶梯环圆筒部分的高度仅为直径的一半，圆筒一端有向外翻卷的锥形边，其高度为全高的1/5	是目前环形填料中性能最为良好的一种。填料的空隙率大，填料个体之间呈点接触，使液膜不断更新，压力降小，传质效率高
鞍形填料		是敞开型填料，包括弧鞍与矩鞍	弧鞍形填料是两面对称结构，有时在填料层中形成局部叠合或架空现象，且强度较差，容易破碎影响传质效率。矩鞍形填料在塔内不会相互叠合而是处于相互勾联的状态，有较好的稳定性，填充密度及液体分布都较均匀，空隙率也有所提高，阻力较低，不易堵塞，制造比较简单，性能较好。是取代拉西环的理想填料
金属鞍环		采用极薄的金属板轧制，既有类似开孔环形填料的圆环、开孔和内伸的叶片，也有类似矩鞍形填料的侧面	综合了环形填料通量大及鞍形填料的液体再分布性能好的优点而研制和发展起来的一种新型填料，敞开的侧壁有利于气体和液体通过，在填料层内极少产生滞留的死角，阻力减小，通量增大，传质效率提高，有良好的机械强度。金属鞍环填料性能优于目前常用的鲍尔环和矩鞍形填料
球形填料		一般采用塑料材质注塑而成，其结构有许多种	球体为空心，可以允许气体、液体从内部通过。填料装填密度均匀，不易产生空穴和架桥，气液分散性能好。球形填料一般适用于某些特定场合，工程上应用较少
波纹填料		由许多波纹薄板组成的圆盘状填料，波纹与水平方向成45°倾角，相邻两波纹板反向靠叠，使波纹倾斜方向相互垂直。各盘填料垂直叠放于塔内，相邻的两盘填料间交错90°排列	优点是结构紧凑，比表面积大，传质效率高。填料阻力小，处理能力提高。其缺点是不适于处理黏度大、易聚合或有悬浮物的物料，填料装卸、清理较困难，造价也较高。金属丝网波纹填料特别适用于精密精馏及真空精馏装置，为难分离物系、热敏性物系的精馏提供了有效的手段。金属孔板波纹填料特别适用于大直径蒸馏塔。金属压延孔板波纹填料主要用于分离要求高、物料不易堵塞的场合

用于制造填料的材料可以用金属，也可以用陶瓷、塑料等非金属。金属填料强度高，壁薄，空隙率和比表面积均较大，多用于无腐蚀性物料的分离。陶瓷填料应用最早期润湿性好，但因壁厚、空隙小、阻力大、气液分布不均匀、传质效率低且易破碎等缺点，仅用于高温、腐蚀性强的场合。塑料填料近年来发展很快，因其价格低廉，质轻耐腐，加工方便，在工业上应用日趋广泛，但其润湿性能差。在选择填料时，不仅要注意单个填料的性能指标，更要注意填料的堆积性能，即填料层的综合性能，它与填料的结构和形状密切相关。

3. 填料塔的附件

（1）填料支承装置　是用来支承塔内调料及其所持有的液体质量，因此，支承装置要有足够的机械强度，支承装置的自由截面积应大于填料的空隙率，否则在气速增大时，支承装置处将首先发生液泛，常见的支承装置如图6-63所示。

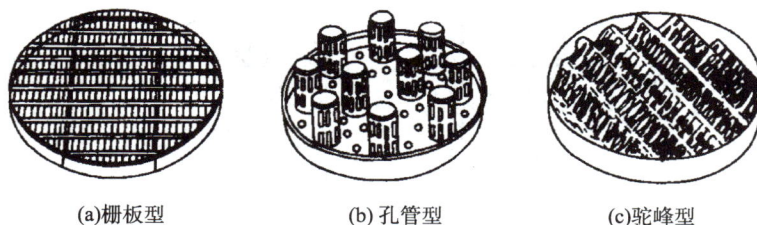

(a)栅板型　　　　(b)孔管型　　　　(c)驼峰型

图6-63　填料支承装置

（2）液体分布装置

1）液体分布器　是用来把液体均匀地分布在填料表面上。由于填料塔的气液接触是在润湿的填料表面上进行的，故液体在填料塔内的均匀分布是非常重要的，它直接影响填料表面的有效利用率。如果液体分布不均匀，填料表面不能充分润湿，就降低了塔内填料层中气液接触面积，致使塔的效率降低。为此，要求填料层上方的液体分布器能为填料层提供良好的液体初始分布。对喷淋点的要求为每30～60cm²塔面上有一个喷淋点，大直径塔的喷淋点可以少些。喷淋装置不易被堵塞，不至于产生过细的雾滴，以免被上升气流带走。常用的液体分布装置有莲蓬头式喷洒器、盘式分布器等，常见的液体分器如图6-64所示。

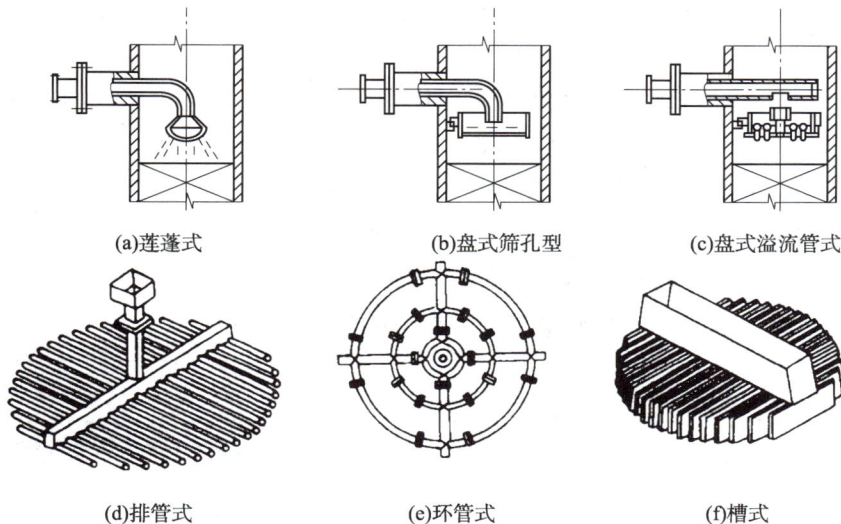

(a)莲蓬式　　　　(b)盘式筛孔型　　　　(c)盘式溢流管式

(d)排管式　　　　(e)环管式　　　　(f)槽式

图6-64　液体分布装置

2）液体再分布器　是用来改善液体在填料层内的壁流效应的，每隔一定高度的填料层就设置一个液体再分布器，将沿塔壁流下的液体导向填料层内。常用的为截锥式液体再分布器（图6-65）。适用于直径0.8m以下的塔。每段填料高度H因填料种类和塔径D的不同而不同。如拉西环填料壁流效应较为严重，每段填料层高度宜取小值，$H=(2.5\sim3)D$；而鲍尔环和鞍形填料，则取值较大，$H=(5\sim10)D$。

3）除沫装置与气体进口　除沫装置安装在液体分布器的气体出口处，用以除去出口气体中夹带的液滴。常用的除沫器有折流板除沫器、旋流板除沫器及丝网除沫器等。

填料塔的气体进口的构形，除考虑防止液体倒罐外，更重要的是要有利于气体均匀地进入填料层。对于小塔，常见的方式是进气管伸至塔截面的中心位置，管端做成45°向下倾斜的切口或向下弯的喇叭口；对于大塔，应采取其他更为有效的措施。

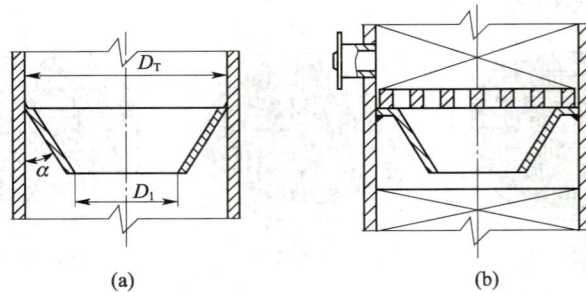

图6-65　液体再分布装置

（二）填料塔的流体力学性能

在逆流操作的填料塔内，液体从塔顶喷淋下来，依靠重力在填料表面做膜状流动，液膜与填料表面的摩擦及上升气体对液膜的曳力作用构成了液膜流动的阻力。因此，液膜的膜厚取决于液体喷淋量和气体的流速。液体喷淋量越大，液膜越厚；当液体喷淋量一定时，上升气体的流速越大，对液膜的曳力作用越明显，导致液膜也越厚。而液膜的厚度将直接影响气体通过填料层的压力降、液泛气速及塔内持液量等流体力学性能。

压降是塔设计中的重要参数，气体通过填料层压降的大小决定了塔的动力消耗。图6-66在双对数坐标中给出了在不同液体喷淋量下单位填料层高度的压降$\Delta p/z$与空塔气速u之间的定性关系。图中最右边的直线为无液体喷淋时的干填料，即喷淋密度$L=0$时的情形，其斜率为$1.8\sim2.0$。当有一定的喷淋量时，$\Delta p/z$与u的关系变为折线，随着喷淋密度的增大，折线逐渐左移，由图中可见$L_3>L_2>L_1$。折线存在两个转折点，上转折点称为"泛点"，下转折点称为"载点"。"泛点"与"载点"将折线分为三个区域，即恒持液区、载液区与液泛区。

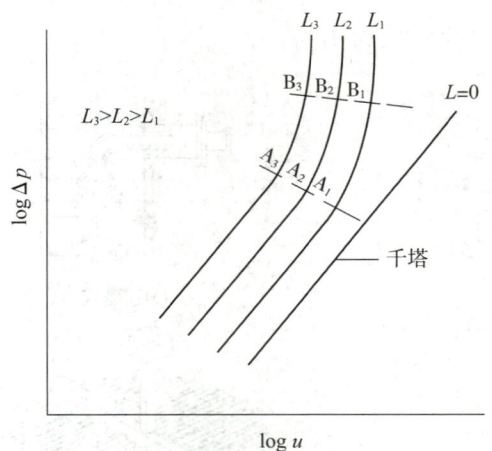

图6-66　压降与空塔气速关系图

（1）恒持液量区　这个区域位于图中A_1点以下，当气速较低时，填料层内液体流动几乎与气速无关。填料表面的持液量不随气速而变。

（2）载液区　这个区域位于图中A_1与B_1点之间，当气速增加到某一数值时，由于上升气流与下降液体间的曳力开始阻碍液体顺畅下流，使填料层中的持液量开始随气速的增加而增加，此种现象称为拦液。开始发生拦液现象时的空塔气速称为载点气速。

（3）液泛区　当气速增大到 B_1 点后，随着填料层内持液量的增加，液体将被上升气流托住而不易向下流动，塔内液体迅速积累而达到泛滥，即发生了液泛。此时对应的空塔气速称为泛点气速或液泛气速，用 u_f 表示。一般情况下，泛点是填料塔的操作极限，过此点则无法正常操作。

（三）填料吸收塔的操作与维护

1. 开停车操作

（1）开车　分为短期停车后的开车和长期停车后的开车，现以短期停车后的开车为例来介绍。短期停车后的开车可分为充压、启动运转设备和导气三个步骤，其具体操作如下。

1）开动风机，用原料气向填料塔内充压至操作压力。

2）启动吸收剂循环泵，使循环液按生产流程运转。

3）调节塔顶各喷头的喷淋量至生产要求。

4）启动填料塔的液面调节器，使塔釜液面保持规定的高度。

5）系统运行平稳后，即可连续导入原料混合气，并用放空阀调节系统压力。

6）随时关注塔的运行状况，并检测塔内原料气的成分变化。

7）当塔内的原料气成分符合生产要求时，即可投入正常生产。

长期停车后的开车首先检查各设备、管道、阀门、分析取样点、电气及仪表等是否正常，然后对系统进行吹净、清洗、气密性试验和置换，检验合格后即可按照短期停车后的开车步骤进行。

（2）停车　停车包括短期停车、紧急停车和长期停车三种情况。

1）短期停车　临时停车后系统仍处于正压状态，其操作步骤如下：①通告系统先后工序或岗位，做好停车准备；②停止向塔内送气，同时关闭系统的出口阀；③停止向塔内送循环液，关闭泵的出口阀，停泵后，关闭其进口阀；④关闭其他设备的进、出口阀门，清理现场，完成停车操作。

2）紧急停车　如遇停电或发生重大设备故障等情况时，需紧急停车，其步骤如下：①迅速关闭导入原料混合气的阀门；②迅速关闭系统的出口阀；③后续步骤按短期停车方法处理。

3）长期停车　当系统需要检修或长期停止使用时，需长期停车，其操作步骤如下：①按短期停车操作停车，然后开启系统放空阀，泄压到和外界压力相等；②将系统中的溶液排放到溶液贮槽或地沟，然后用清水清洗；③若原料气中含有易燃、易爆物，则应用惰性气体对系统进行吹扫置换，当置换气中易燃物含量小于5%，含氧量小于0.5%时为合格；④用鼓风机向系统送入空气，进行空气置换，当置换气中含氧量大于20%时为合格。

2. 填料吸收塔的日常维护要点　塔设备运行期间的点检，巡检内容及方法见表6-9。

表6-9　填料吸收塔的日常检查内容

检查内容	检查方法	问题的判断和说明
操作条件	1. 查看压力表、温度计和流量计 2. 检查设备操作记录	1. 压力突然下降，塔节法兰或垫片泄漏 2. 压力上升，填料阻力增加或设备管道堵塞
物料变化	1. 目测观察 2. 物料组分分析	1. 内漏或操作条件破坏 2. 混入杂物、杂质
防腐层 保温层	目测观察	对室外保温设备，检查雨水浸入处及腐蚀瘤体侵蚀处

续表

检查内容	检查方法	问题的判断和说明
附属设备	目测观察	1. 进入管阀站连接螺栓是否松动变形 2. 管支架是否变形松动 3. 手孔、人孔是否腐蚀、变形，启用是否良好
基础	目测、水平仪	基础如出现下沉或裂纹，会使塔体倾斜
塔体	1. 目测观察 2. 发泡剂检查 3. 气体检测器检查 4. 测厚仪检查	塔体、法兰、接管处、支架处容易出现裂纹或泄漏

目标检测

答案解析

一、简答题

1. 萃取操作的原理是什么？

2. 什么情况下使用萃取操作而不选择蒸馏操作？

3. 萃取三角形相图的顶点和三条边分别表示什么？

4. 萃取剂应如何选择？

5. 什么是超临界萃取？

6. 生产中蒸馏和精馏这两个单元操作的目的是什么？有何不同？

7. 精馏中的全回流操作没有进料和出料，它的实际意义是什么？

8. 精馏塔中的进料热状况有哪些？进料中的液相摩尔分数 q 分别是多少？

9. 将罐装或瓶装碳酸饮料打开时会出现什么现象？这些现象的发生是由于什么原因造成的？在高温下和在低温下打开碳酸饮料时，哪种条件下的此种现象更明显？

10. 均相物系的分离方法和分离设备有哪些？

二、应用实例题

1. 在连续精馏塔中分离苯－甲苯混合液。原料液量为5000kg/h，组成0.45，要求馏出液中含苯0.95。釜液中含苯不超过0.06（均为质量分数）。试求：馏出液量及塔釜产品量各为多少？

2. 某连续精馏塔，泡点加料，已知操作线方程如下：

精馏段 $$y = 0.8x + 0.172$$

提馏段 $$y = 1.3x - 0.018$$

试求原料液、馏出液、釜液组成及回流比。

3. 在连续精馏塔中分离两组分理想溶液，原料液流量为100kmol/h，组成为0.4（摩尔分数），泡点进料，馏出液组成为0.90（摩尔分数），釜残液组成为0.05（摩尔分数），操作回流比为2.5，试写出精馏段操作线方程和提馏段操作线方程。

4. 在常压连续精馏塔中分离苯－甲苯混合液，原料液组成为0.4（摩尔分数），馏出液组成为0.95（摩尔分数），釜残液组成为0.05（摩尔分数），操作条件下物系的平均相对挥发度为2.47，试分别求两种进料状况下的最小回流比：（1）饱和液体进料；（2）饱和蒸汽进料。

5. 在温度为 25℃ 及总压为 101.3kPa 的条件下，使含二氧化碳为 3.0%（体积分数）的混合空气与含二氧化碳为 350g/m³ 的水溶液接触。试判断二氧化碳的传递方向，并计算以二氧化碳的分压表示的总传质推动力。（已知：操作条件下，亨利系数 $E = 1.66 \times 10^5 kPa$，水溶液的密度为 997.8kg/m³）。

书网融合……

知识回顾　　　微课　　　习题

第七章　干　燥

学习引导

衣服的晾晒是在日常生活中最常见的干燥操作，同一件衣服晾干后有时候摸上去很干爽，有时候摸上去则潮潮的，这是什么原因造成的呢？在制药化工过程中常常需要用干燥的方法除去固体原料、中间品和成品中的湿分，以便于固体物料的加工、使用、运输和贮藏。制药化工生产中的干燥是怎么进行的呢？

本章先介绍干燥的基本知识，再重点介绍制药化工生产中的干燥过程，常用干燥设备的结构、特点以及干燥设备的选型与使用。

学习目标

1. **掌握**　湿空气的性质；物料中所含水分的性质；常用干燥设备的原理与结构。
2. **熟悉**　干燥的分类；干燥过程的物料衡算；干燥速率；干燥操作。
3. **了解**　干燥在制药生产中的应用；干燥设备的选型、维护。

第一节　概　述

PPT

一、认知干燥

在制药化工生产过程中，固体原料、中间产品和成品所含有的湿分（水或其他液体）可能会造成一些不良影响，如饮片含水量高会导致其霉变，待压片颗粒中含水量较高，在压片时会产生黏冲现象等。我国和其他国家药典中均对一些药品的含水量标准作出了规定，为保证药品的含水量符合药典的规定，去湿是药品生产过程中的最常用单元操作之一。去湿的方法常用的有机械分离法、化学去湿法、热能去湿法等。热能去湿又称干燥，即利用热能使湿物料中的湿分汽化并借助于抽吸或气流将蒸汽移走除去的方法。

干燥在制药生产中应用非常广泛，几乎所有的原料药、片剂、丸剂、颗粒剂、胶囊剂以及生物制品等制备过程均直接应用。干燥方法的特点是去湿后物料中的湿含量可达到规定的要求，但热能消耗较多。在生产过程中，常采用机械去湿和干燥相结合的操作，即先采用机械去湿法（如压榨、过滤、离心分离、沉降等）最大限度地去除物料中的湿分，然后再用干燥法除去剩余的湿分以满足产品的要求。干燥在制药生产中的主要作用有以下三个方面。

（1）对原料和中间产品进行干燥，以满足工艺要求　如中药提取液通过喷雾干燥制取粉末或颗粒，可直接用于片剂、胶囊剂的制备；片剂生产过程中对颗粒进行干燥，以提高药物流动性并避免压片过程中出现黏冲现象。

（2）保证物料的质量及稳定性　固体物料含水量较高时，易发生水解、氧化、霉变等变质反应，由此可引起物料中有效成分含量降低、杂质含量增加以及外观变化。如对于在水中不稳定的药物采用冷冻干燥的方法以提高药物的稳定性、中药丸剂的干燥等。

（3）便于物料的贮存、运输和计量。

二、干燥的分类

干燥的方法很多，通常按照以下方式进行分类。

（一）操作方式

可分为间歇干燥和连续干燥。间歇操作具有操作控制方便、适应性强的优点，但生产能力较小。连续干燥具有生产能力大、热效率高、产品质量均匀、劳动条件好等优点，但适应性较差，主要用于大型工业化生产。由于药品具有小批量、多品种、更新快的特点，因此药品的干燥通常采用间歇操作。

（二）操作压力

可分为常压干燥和真空干燥。真空干燥具有操作温度低、干燥速度快、热效率高等优点，适于处理热敏性、易氧化、易燃、易爆、有毒物料或最终含水量较低的物料干燥。

（三）传热方式

1. 传导干燥　热能通过传热壁面以传导方式传给湿物料，湿物料中的湿分吸收热量后汽化。传导干燥热效率高，但物料与传热壁面接触处温度不易控制，容易因过热而焦化变质。

2. 对流干燥　利用热空气、烟道气等作为干燥介质将热量以对流方式传给湿物料，又将汽化的水分带走的干燥方法。在干燥过程中，干燥介质与湿物料直接接触，干燥介质供给湿物料汽化所需的热量，并带走汽化后的蒸汽。因此，干燥介质在干燥过程中既是载热体又是载湿体。在对流干燥中，干燥介质的温度容易调控，被干燥的物料不易过热，干燥生产能力大。但干燥介质离开干燥设备时，会带走相当一部分热能，故这类方法热效率较低。

3. 辐射干燥　热能以电磁波的形式由辐射器发射至湿物料的表面，并被湿物料吸收后转化为热能，使物料中湿分汽化。用作辐射的电磁波一般是红外线，辐射干燥速度快、生产能力大、产品洁净且均匀，但能耗较高。

4. 介电加热干燥　将需要干燥的湿物料置于高频电场中，在高频电场的交变作用下，物料内部的极性分子因振动而使物料发热，从而使湿分汽化。电场频率在300MHz以下的介电加热称为高频加热，频率在300MHz～300GHz的介电加热称为超高频加热，又称微波加热。介电加热干燥速度快、品质均匀且热效率高，但设备投资费用较大。

5. 冷冻干燥　将湿物料在低温下冻结成固态，然后在真空下对湿物料加热，使冰升华为水汽，水汽用真空泵排出。干燥后物料的物理结构和分子结构变化极小，产品残存水分也很少。

在上述五种干燥方法中，对流干燥在制药生产中应用最为广泛，湿物料中的湿分大多是水，最常用的干燥介质是空气。因此，本章主要讨论以热空气为干燥介质，以含水的湿物料为干燥对象的对流干燥。

三、对流干燥

（一）对流干燥的流程

图7-1所示为对流干燥流程示意图，新鲜空气由风机送入预热器加热至一定温度，具有一定温度的热空气再进入干燥器，与干燥器内的湿物料直接接触，热量以对流的方式传给湿物料，使湿物料表面水分被加热汽化成蒸汽，并被空气带走，最后由干燥器的另一端排出。空气与湿物料在干燥器内的接触可以是并流、逆流或其他方式。

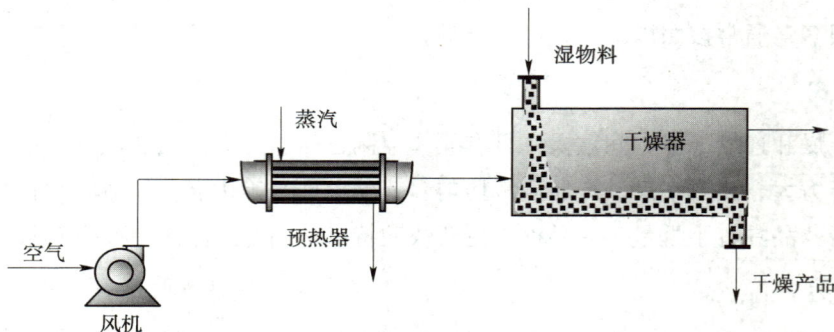

图7-1 对流干燥的流程

（二）对流干燥的原理与条件

1. 对流干燥的原理 图7-2所示为用热空气除去湿物料中水分的干燥过程。图中 t 和 t_1 分别为热空气主体和湿物料表面的温度；$p_水$ 和 $p_物$ 分别为热空气主体和湿物料表面的水蒸气分压；Q 为热空气传递给湿物料的热量；W 为湿物料表面汽化的水分量；δ 为湿物料表面气膜厚度。当热空气从湿物料表面平行流过时，由于热空气主体的温度大于湿物料表面的温度，热空气便以对流传热方式将热量传递至湿物料表面，再由湿物料表面传递至湿物料内部，这是一个传热过程；与此同时，物料表面的水分吸收热量后发生汽化，汽化产生的蒸汽扩散至热空气主体中，使物料表面的含水量低于其内部的含水量，物料内部的水分向表面扩散，这是一个传质过程。

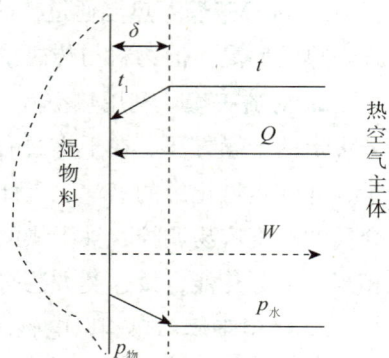

图7-2 对流干燥原理

2. 对流干燥进行的条件 由以上分析可知，对流干燥过程是一个传热与传质同时进行的过程。为保证传热过程的进行，热空气主体的温度必须大于湿物料表面的温度，即 $t>t_1$。为保证传质过程的进行，湿物料表面水分所产生的水汽分压必须大于干燥介质中水汽的分压，即 $p_物>p_水$，两者的压差越大，传质动力越大，干燥过程进行得越快。

干燥介质中水汽的分压越低，干燥后物料的含水量就越低。当物料表面水分产生的水汽分压与干燥介质中水汽分压相等时，干燥过程达到动态平衡，干燥过程也就停止了，这是干燥过程进行的限度。因此，干燥介质中水汽分压直接关系到干燥过程进行的限度和速率，通过干燥介质及时将水蒸气移走，一方面可保持一定的汽化推动力，另一方面可维持较低的水汽分压。

当物料表面水分所产生的水汽分压低于干燥介质中的水汽分压时，物料将吸湿，即通常所说的"返潮"。

第二节 湿空气的性质

在对流干燥过程中，最常用的干燥介质是空气，也称为湿空气，由绝干空气与水汽组成。干燥过程中，湿空气被预热至一定温度后进入干燥器，与其中的湿物料进行热量和物质的交换，最终湿空气中的水汽量、温度和所含热量等都将发生改变。因此，可通过湿空气在干燥前后有关性质的变化来分析和研究干燥过程。要注意的是，虽然干燥过程中湿空气的水汽量在不断改变，但其中的绝干空气是始终不变的。因此，为了计算上的方便，湿空气的各项参数都以单位质量的绝干空气为基准。

一、压力

常压下湿空气可视为理想气体，湿空气的总压等于水蒸汽与绝干空气的分压之和，即

$$p = p_水 + p_空 \tag{7-1}$$

式中，p 为湿空气的总压，Pa；$p_水$ 为湿空气中水蒸气的分压，Pa；$p_空$ 为湿空气中绝干空气的分压，Pa。

由道尔顿分压定律可知，理想气体混合物中各组分的摩尔比等于分压比。因此，当总压一定时，湿空气中水蒸气的分压越大，水蒸气的含量就越大，即

$$\frac{n_水}{n_空} = \frac{p_水}{p_空} = \frac{p_水}{p - p_水} \tag{7-2}$$

式中，$n_水$ 为湿空气中水蒸气的物质的量，mol 或 kmol；$n_空$ 为湿空气中绝干空气的物质的量，mol 或 kmol。

二、湿度 🅔 微课

湿空气中所含的水蒸气的质量与绝干空气的质量之比，称为湿空气的湿度，用 H 表示。即

$$H = \frac{湿空气中水蒸气的质量}{湿空气中绝干空气的质量} = \frac{M_水 \, n_水}{M_空 \, n_空} = \frac{18 \, n_水}{29 \, n_空} \tag{7-3}$$

式中，H 为空气的湿度，kg 水蒸气/kg 绝干空气；$M_水$ 为湿空气中水蒸气的摩尔质量，kg/kmol；$M_空$ 为湿空气中绝干空气的摩尔质量，kg/kmol。

式（7-3）也可表示

$$H = \frac{18 \, p_水}{29 \, p_空} = 0.622 \frac{p_水}{p - p_水} \tag{7-4}$$

由式（7-4）可知，湿空气的湿度 H 是总压 p 和水蒸气分压 $p_水$ 的函数，当总压一定时，湿度 H 随水蒸气分压 $p_水$ 的增大而增大。

当湿空气中的水蒸气达到饱和时，其湿度称为饱和湿度，以 $H_饱$ 表示。当总压一定时，饱和湿度仅由温度 t 决定。饱和湿度实际上反映了湿空气吸湿能力的限度。

三、相对湿度

在一定温度和总压下，湿空气中水蒸气的分压与同温度下水的饱和蒸气压之比称为湿空气的相对湿

度，用 φ 表示。其计算式为

$$\varphi = \frac{p_水}{p_饱} \times 100\% \qquad (7-5)$$

相对湿度可以用来衡量空气的不饱和程度。

当 $p_水 = p_饱$ 时，$\varphi = 100\%$，空气为饱和湿空气，没有吸湿能力，不能用作干燥介质。

当 $p_水 < p_饱$ 时，$\varphi < 100\%$，空气为不饱和湿空气，有吸湿能力，可以用作干燥介质。

可见，相对湿度表明了空气的吸湿能力，相对湿度越小，吸湿能力就越强；反之，相对湿度越大，吸湿能力就越弱。湿度只能表示湿空气中水蒸气含量的多少，不能反映湿空气继续接收水分的能力，而相对湿度则可用来表示这种能力。

例 7-1 当总压为 100kPa 时，湿空气的温度为 30℃，水蒸气分压为 4kPa。试求该湿空气的湿度、相对湿度。如将该热空气加热至 80℃，再求其相对湿度。

解：空气的湿度

$$H = 0.622 \times \frac{p_水}{p - p_水} = 0.622 \times \frac{4}{100 - 4} = 0.0259 \text{kg 水蒸气/kg 干空气}$$

查附录十一，30℃ 水的饱和蒸气压为 4.247kPa，则相对湿度为

$$\varphi = \frac{p_水}{p_饱} \times 100\% = \frac{4}{4.247} \times 100\% = 94.18\%$$

通过计算可知，此时湿空气吸湿能力不高。

查附录十一，80℃ 水的饱和蒸气压为 47.379kPa，则该温度下的相对湿度为

$$\varphi = \frac{p_水}{p_饱} \times 100\% = \frac{4}{47.379} \times 100\% = 8.44\%$$

由此可看出，加热至 80℃ 后，湿空气的相对湿度显著下降，其吸湿能力大大增强。因此，在干燥操作中，为提高湿空气的吸湿能力和传热的推动力，通常将湿空气先进行预热，再送入干燥器。

四、湿空气的比容

在湿空气中，1kg 绝干空气连同其所带有的 H kg 水蒸气的体积之和称为湿空气的比容，也称作湿空气的比体积，用 v_H 表示。

常压下温度为 t、湿度为 H 的湿空气的比容为

$$v_H = 22.4 \left(\frac{1}{M_空} + \frac{H}{M_水} \right) \times \frac{273 + t}{273} \qquad (7-6)$$

即

$$v_H = (0.772 + 1.244H) \times \frac{273 + t}{273} \qquad (7-7)$$

式中，v_H 为湿空气的比体积，m^3/kg 绝干空气；t 为温度，℃。

由式（7-7）可知，一定压力下，湿空气的比容与湿空气的温度和湿度有关，温度越高，比容越大。

五、湿球温度

干球温度即用普通温度计所测得的湿空气的温度，是空气的真实温度。常用 t 表示，单位为 ℃ 或 K。

湿球温度计如图 7 – 3 所示，将普通温度计的感温部分用湿纱布包裹，且使湿纱布的下部浸于水中始终保持湿润，就是一个湿球温度计，其所测得的温度为湿球温度。以 t_w 表示，单位为℃或 K。

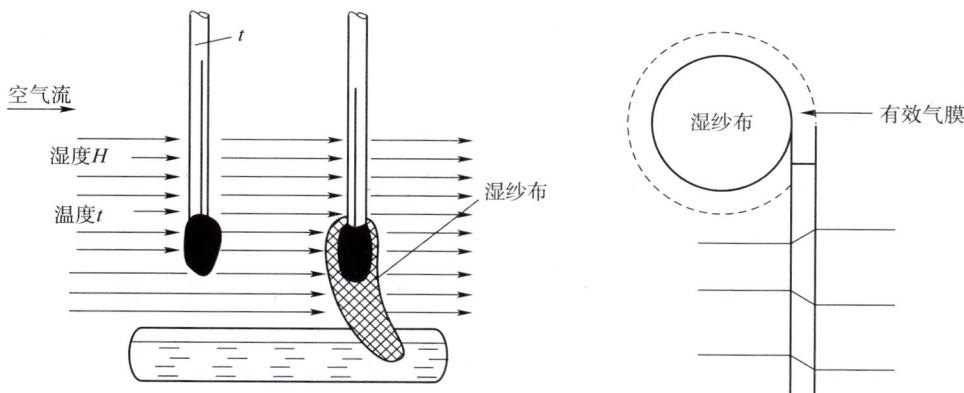

图 7 – 3　湿球温度计

当不饱和空气流过湿球温度计表面时，由于湿纱布表面的饱和蒸气压大于空气中的水蒸气分压，在湿纱布表面和空气之间存在着湿度差，这一湿度差使湿纱布表面的水分汽化并被空气带走，水分汽化所需潜热，只能取自于水，因此水的温度下降，水温一旦下降，与空气之间便产生温差，热量即由空气向水中传递。只有当空气传入的热量等于汽化消耗的潜热时，湿纱布表面才达到一个稳定温度，即湿球温度。由此可见，湿球温度取决于湿空气的干球温度和湿度，当湿空气不饱和时：$t > t_w$；当湿空气饱和时：$t = t_w$。

六、露点温度

不饱和湿空气在总压和湿度不变的情况下降温至饱和状态时的温度称为湿空气的露点温度，用 t_d 表示，单位为℃或 K。

将露点温度与干球温度进行比较，可确定湿空气所处的状态。若 $t > t_d$，则湿空气处于不饱和状态，可作为干燥介质使用；若 $t = t_d$，则湿空气处于饱和状态，不能作为干燥介质使用；若 $t < t_d$，则湿空气处于过饱和状态，与湿物料接触时会析出露水。空气在进入干燥器之前先进行预热，可使干燥过程在远离露点下操作，以免湿空气在干燥过程中析出露水，这是湿空气需预热的又一主要原因。

由以上讨论可知，对于空气 – 水汽体系，干球温度 t、湿球温度 t_w 以及露点温度 t_d 之间的关系为

不饱和空气：$t > t_w > t_d$。

饱和空气：$t = t_w = t_d$。

即学即练 7 – 1

（　　）反映湿空气吸湿能力的强弱。

A. 湿度　　　　　　B. 相对湿度　　　　　　C. 比容　　　　　　D. 比热

答案解析

第三节　干燥过程的计算

一、物料中含水量的表示方法

干燥过程中物料的含水量通常有两种表示方法：湿基含水量和干基含水量。

（一）湿基含水量

湿基含水量指湿物料中水分的质量分数，以 ω 表示，单位为 kg 水/kg 湿物料。即

$$\omega = \frac{湿物料中水分的质量}{湿物料的总质量} \tag{7-8}$$

（二）干基含水量

湿物料由水分和绝干物料组成。所谓干基含水量，是指湿物料中所含水分与绝干物料的质量之比，以 X 表示，单位为 kg 水/kg 绝干物料。即

$$X = \frac{湿物料中水分的质量}{湿物料中绝干物料的质量} \tag{7-9}$$

在工业生产中，通常用湿基含水量表示物料中水分的含量多少。但在干燥计算中，由于湿物料中绝干物料的质量在干燥过程中是不变的，故用干基含水量计算比较方便。两种含水量之间的换算关系为

$$X = \frac{\omega}{1-\omega} 或 \omega = \frac{X}{1+X} \tag{7-10}$$

二、干燥器的物料衡算

物料衡算可以解决两个问题：①将湿物料干燥到指定的含水量所需蒸发的水分量；②干燥过程需要消耗的空气量。这为进一步进行热量衡算、选用通风机和确定干燥器的尺寸提供了有关数据。

（一）水分蒸发量 W

如图 7-4 所示为连续干燥过程，其中 L 为进入预热器及进、出干燥器的绝干空气的质量流量（单位时间内绝干空气的消耗量），kg 干空气/h；G_1、G_2 为进、出干燥器的湿物料和产品的质量流量，kg/h；G_C 为湿物料中绝干物料的质量流量，kg 干料/h；X_1、X_2 为干燥前、后物料的干基含水量，kg 水/kg 绝干物料；ω_1、ω_2 为干燥前、后物料的湿基含水量，kg 水/kg 湿物料；H_0、H_1、H_2 分别为预热器进口、干燥器进、出口的湿空气的湿度，kg 水蒸气/kg 绝干空气；t_0、t_1、t_2 分别为预热器进口、干燥器进、出口的空气温度，℃。

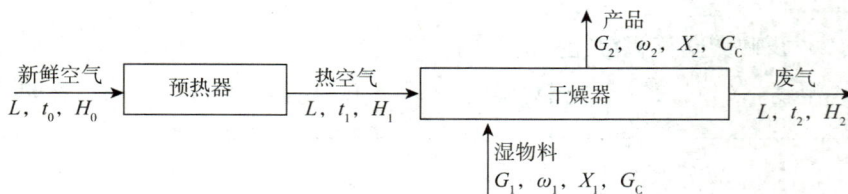

图 7-4　连续干燥的物料衡算

若不计干燥过程的物料损失，干燥前后物料中绝干物料的质量不变，即

$$G_c = G_1(1 - \omega_1) = G_2(1 - \omega_2) \tag{7-11}$$

由上式可得

$$G_1 = G_2 \frac{1 - \omega_2}{1 - \omega_1} \text{ 或者 } G_2 = G_1 \frac{1 - \omega_1}{1 - \omega_2} \tag{7-12}$$

干燥器的总物料衡算为 $W = G_1 - G_2$

综合以上两个式子，可得水分蒸发量为

$$W = G_1 - G_2 = G_1 \frac{\omega_1 - \omega_2}{1 - \omega_2} = G_2 \frac{\omega_1 - \omega_2}{1 - \omega_1} \tag{7-13}$$

若以干基含水量表示，则

$$W = G_c(X_1 - X_2) \tag{7-14}$$

（二）干燥产品量 G_2

$$G_2 = G_1 \frac{1 - \omega_1}{1 - \omega_2} \text{ 或 } G_2 = G_1 - W \tag{7-15}$$

（三）干空气消耗量 L

干燥过程中，湿物料中水分的减少量等于空气中水蒸气的增加量，用公式表示为

$$W = L(H_2 - H_1) \text{ 或 } L = \frac{W}{H_2 - H_1} \tag{7-16}$$

汽化湿物料中 1kg 水分所消耗的干空气质量，称为单位空气消耗量 l，单位为 kg 干空气/kg 水，即

$$l = \frac{L}{W} = \frac{1}{H_2 - H_1} \tag{7-17}$$

如果以 H_0 表示空气预热前的湿度，而空气经预热器后，其湿度不变，故 $H_0 = H_1$，

则有

$$l = \frac{1}{H_2 - H_0} \tag{7-18}$$

单位空气消耗量可作为干燥器空气消耗量的比较指标，由式（7-18）可知，单位空气消耗量仅与 H_2、H_0（湿空气的终、初含水量）有关，与路径无关。由于湿度 H_0 与气候条件有关，夏季湿度大，消耗的空气量最多，因此在选择输送空气的通风机时，应以全年中最大空气消耗量（夏季消耗量）为依据，通风机的通风量 V 计算如下

$$V = L \times v_H = L \times (0.772 + 1.244H) \times \frac{t + 273}{273} \tag{7-19}$$

式中，湿度 H 和温度 t 为通风机所在安装位置的空气湿度和温度。

例 7-2 今有一干燥器，处理湿物料量为 800kg/h。要求物料干燥后含水量由 40% 减至 5%（均为湿基含水量）。干燥介质为空气，初温 20℃，相对湿度为 50%，经预热器加热至 120℃ 进入干燥器，出干燥器时降温至 40℃，相对湿度为 80%。

试求：（1）水分蒸发量 W；（2）空气消耗量 L、单位空气消耗量 l；（3）如鼓风机装在进口处，求鼓风机的风量；（4）干燥产品量。

解：（1）水分蒸发量 W

已知 $G_1 = 800$kg/h，$\omega_1 = 0.4$，$\omega_2 = 0.05$，则

$$W = G_1 \frac{\omega_1 - \omega_2}{1 - \omega_2} = 800 \times \frac{0.4 - 0.05}{1 - 0.05} = 294.74 \text{kg/h}$$

（2）空气消耗量 L、单位空气消耗量 l

已知 $t_0 = 20℃$，$\varphi_0 = 50\%$，$t_2 = 40℃$，$\varphi_2 = 80\%$。查附录十一得：$20℃$ 时，$p_{饱0} = 2.335 \text{kPa}$；$40℃$ 时，$p_{饱2} = 7.377 \text{kPa}$，则

$$H_0 = 0.622 \frac{\varphi_0 p_{饱0}}{p - \varphi_0 p_{饱0}} = 0.622 \times \frac{0.50 \times 2.335}{101.3 - 0.50 \times 2.335} = 0.007 \text{kg 水蒸气/kg 干空气}$$

$$H_2 = 0.622 \frac{\varphi_2 p_{饱2}}{p - \varphi_2 p_{饱2}} = 0.622 \times \frac{0.80 \times 7.377}{101.3 - 0.80 \times 7.377} = 0.038 \text{kg 水蒸气/kg 干空气}$$

$$L = \frac{W}{H_2 - H_1} = \frac{294.74}{0.038 - 0.007} = 9507.74 \text{kg 干空气/h}$$

$$l = \frac{1}{H_2 - H_1} = \frac{1}{0.038 - 0.007} = 32.26 \text{kg 干空气/kg 水}$$

（3）鼓风机风量　因风机装在预热器出口处，输送的是新鲜空气，其温度为 t_0，湿度 $H_0 = 0.007 \text{kg}$ 水蒸气/kg 绝干空气，则湿空气的体积流量是

$$V = L v_H = L(0.772 + 1.244 H_0) \frac{273 + t_0}{273} = 9507.74 \times (0.772 + 1.244 \times 0.007) \times \frac{273 + 20}{273}$$
$$= 7966.56 \text{m}^3/\text{h}$$

（4）干燥产品量

$$G_2 = G_1 \frac{1 - \omega_1}{1 - \omega_2} = 800 \times \frac{1 - 0.4}{1 - 0.05} = 505.26 \text{kg/h}$$

或

$$G_2 = G_1 - W = 800 - 294.74 = 505.26 \text{kg/h}$$

第四节　干燥速率

PPT

干燥过程物料内部的水分首先应扩散到物料表面，然后再由湿物料表面向干燥介质主流中扩散。物料干燥的快慢与干燥介质有关，也与物料本身的特性有关，而物料内部水分扩散速率与物料结构及物料中水分的性质有关。因此，水分除去的难易程度因物料与水分的结合方式不同而不同。

一、物料中的水分

（一）平衡水分和自由水分

根据物料在一定的干燥条件下，其中所含水分能否用干燥的方法除去可分为平衡水分与自由水分。

1. 平衡水分　物料中的水分与一定温度 t、相对湿度 φ 的不饱和湿空气达到平衡状态，此时物料所含水分称为该空气条件（t、φ）下物料的平衡水分，即：$X < X^*$ 不能被空气干燥的水分（如图 7-5 所示，X 和 X^* 分别指物料的干基含水量和平衡含水量）。平衡水分随物料的种类及空气的状态（t，φ）不同而异，代表物料在一定空气状况下可以干燥的限度。

2. 自由水分　在干燥过程中能除去的水分，物料中超出平衡水分的那一部分，称为自由水分，即：$X > X^*$ 可以被空气干燥的水分（图 7-5）。

（二）结合水分与非结合水分

按照物料与水分的结合方式，在一定条件下与纯水相比除去的难易程度，分别将物料中水分分为结合水分和非结合水分。

1. 结合水分 借助化学力或物理化学力与物料相结合的水分称为结合水分，包括物料细胞壁内的水分、物料内毛细管中的水分及以结晶水的形态存在于固体物料之中的水分等。由于结合力强，其蒸气压低于同温度下纯水的饱和蒸气压，致使干燥过程的传质推动力降低，故除去结合水分较困难。

2. 非结合水分 物料中所含的大于结合水分的那部分水分，称为非结合水分，包括机械地附着于固体表面的水分，如物料表面的吸附水分、较大孔隙中的水分等。物料中非结合水分与物料的结合力弱，其蒸气压与同温度下纯水的饱和蒸气压相同，干燥过程中除去非结合水分较容易。

物料的结合水分和非结合水分的划分只取决于物料本身的性质，而与干燥介质的状态无关；平衡水分与自由水分则还取决于干燥介质的状态。

一定温度下，自由水分、平衡水分、结合水分、非结合水分及物料总水分之间的关系如图 7 - 5 所示。

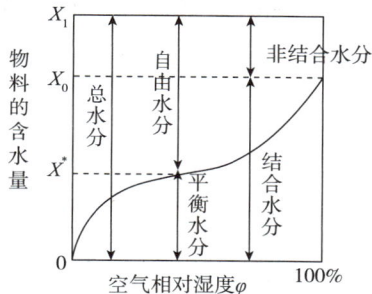

图 7 - 5 各种水分关系图

二、干燥速率和干燥速率曲线

（一）干燥速率

干燥速率是指单位时间、单位干燥面积上汽化的水分质量。干燥速率的表达式为

$$U = \frac{dW}{Adt} \tag{7-20}$$

式中，U 为干燥速率，$kg/m^2 \cdot s$；W 为汽化水分质量，kg；A 为干燥面积，m^2；t 为干燥所需时间，s。

因为 $dW = -GdX$，则上式可表达为

$$U = -\frac{G}{A}\frac{dX}{dt} \tag{7-21}$$

式中，G 为一批操作中的绝干物料的质量，kg；X 为湿物料中的干基含水量，kg 水/kg 干料。负号表示物料含水量 X 随干燥时间的增加而减小。

（二）干燥速率曲线

干燥过程是复杂的传热、传质过程，通常按空气状态的变化情况，将干燥过程分为，恒定干燥操作和非恒定（或变动）干燥操作两大类。

恒定干燥是指干燥过程中空气的温度、湿度、流速及与物料的接触方式等都不发生变化的干燥，如用大量空气干燥少量的物料。非恒定干燥是指在干燥过程中空气的状态不断变化的干燥，如间歇操作的干燥过程。

一般在恒定干燥条件下测定干燥速率曲线，在此条件下记录一定时间内湿物料的质量变化或者失去一定质量的水分时所需要的时间，直至物料质量不再变化为止。在干燥过程中，需要记录空气的温度和

物料的温度随时间变化情况。

将干基含水量 X 与干燥时间 t 或物料表面温度 θ 与干燥时间 t 之间的关系进行绘图，即得两种干燥曲线，如图 7-6 所示。将计算得到的干燥速率 U 与物料含水量 X 进行绘图，即得干燥速率曲线，如图 7-7 所示。

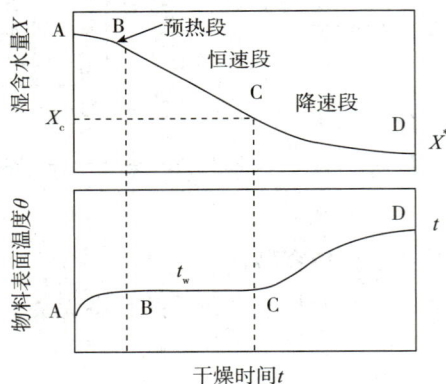

图 7-6　恒定干燥条件下某物料的干燥曲线

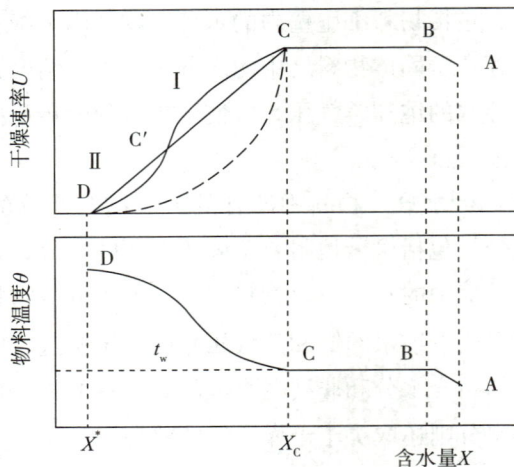

图 7-7　恒定干燥条件下干燥速率曲线

干燥过程分为恒速干燥和降速干燥两个阶段。A 点代表时间为零时的情况，AB 段为物料的预热阶段，这时物料从空气中接收的热主要用于物料的预热，湿含量变化较小，时间也很短，故在分析干燥过程时常可忽略。从 B 点开始至 C 点，干燥曲线 BC 段斜率不变，干燥速率保持恒定，称为恒速干燥阶段。C 点以后，干燥曲线的斜率变小，干燥速率下降，所以 CD 段称为降速干燥阶段。C 点称为临界点，该点对应的含水量称为临界含水量，以 X_C 表示。D 点对应的 X^* 即为操作条件下的平衡含水量。

1. 恒速干燥阶段　在恒速干燥阶段（BC 段），由于物料内部水分的扩散速率大于表面水分的汽化速率，物料表面始终被水分所润湿。因此，表面水分的蒸气压与空气中水蒸气的气压之差不变，即表面汽化推动力保持不变，空气传给物料的热量等于水分汽化所需热量。此时，干燥速率主要决定于表面汽化速率，决定于湿空气的性质，而与湿物料的性质关系很小，因此恒速干燥阶段又称表面汽化控制阶段。

此阶段特点：除去的水分是非结合水；属于表面汽化控制阶段；物料表面的温度始终保持为空气的湿球温度；干燥速率的大小，主要取决于空气的性质，而与湿物料的性质关系很小。

2. 降速干燥阶段　临界点 C，该点的干燥速率 U_C 等于恒速干燥阶段的干燥速率。临界含水量 X_C 越大，则会过早地转入降速干燥阶段，使在相同的干燥任务下所需的干燥时间加长。临界含水量与物料的性质、厚度、干燥速率有关。

第一降速阶段（CC′段）：物料内部水分扩散速率小于表面水分在湿球温度下的汽化速率，这时物料表面不能维持全面湿润而形成"干区"，导致干燥速率下降。

第二降速阶段（C′D 段）：水分的汽化面逐渐向物料内部移动，从而使热、质传递途径加长，阻力增大，造成干燥速率下降。

降速干燥阶段特点：除去的水分是物料部分的结合水；属于内部迁移控制阶段；干燥速率主要决定于物料本身的结构、形状和大小等，而与空气的性质关系很小；物料表面的温度不断上升，而最后接近于空气的温度。

三、影响干燥速率的因素

影响干燥速率的因素主要有三个方面：湿物料、干燥介质和干燥设备。主要有以下几种影响因素：①湿物料的化学性质、物理结构、形状、料层的厚薄及物料中水分存在的状态都会影响干燥速率；②物料的温度越高，干燥速率越大；③物料的最初、最终和临界含水量决定干燥各段所需时间的长短；④提高空气温度、降低空气湿度、增大空气流速能提高恒速干燥阶段的干燥速率；⑤物料分散悬浮于气流中接触方式干燥效果最好，其次是气流穿过物料层的接触方式，而气流掠过物料层的接触方式与物料接触不良，干燥速率最低；⑥减压是改善蒸发、加快干燥的有效手段；⑦干燥应控制在一定速度范围内缓缓进行。

第五节　干燥设备

PPT

一、干燥设备的分类

在制药生产中，由于被干燥物料的性质、形状、干燥程度的要求、生产能力的大小等各不相同。因此，所选用的干燥器的形式多种多样。

干燥器按操作压强分类：常压干燥器、真空干燥器；按操作方式分类：连续式干燥器、间歇式干燥器；按供热方式分类：对流干燥器、传导干燥器、辐射干燥器、介电加热干燥器；按介质和物料的相对运动方向分类：并流干燥器、逆流干燥器、错流干燥器。

二、常用干燥设备

（一）厢式干燥器（盘式干燥器）

厢式干燥器是一种间歇式的多功能干燥器，可以同时干燥不同的物料。厢式干燥器一般为间歇操作，小型的称为烘箱，大型的称为烘房。常压间歇单级厢式干燥器基本结构如图7-8所示所示，由厢壁、加热蒸汽管、物料盘、厢门、空气入口、空气出口等部件组成。侧室设计有温度控制系统。夹套中装填有绝热材料，常用绝热材料为玻璃纤维或石棉板。

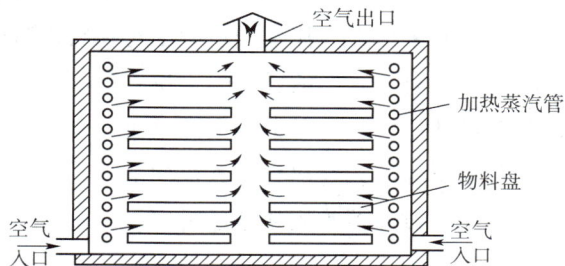

图7-8　厢式干燥器

厢式干燥器主要以蒸汽或电能为热源，产生的热风通过物料带走湿分而达到干燥的目的。若热风沿着物料的表面通过，称为平行流式干燥器（图7-9）。如将料盘改为金属筛网或多孔板，则热风可均匀地穿流通过料层，称为穿流式干燥器（图7-10）。穿流式干燥器的干燥效率较高，但耗能亦大。

厢式干燥器适用干燥粒状、片状和膏状物料，批量小、干燥程度要求高、不允许粉碎的脆性物料，以及随时需要改变风量、温度和湿度等干燥条件的情况。厢式干燥器的优点为构造简单、制造容易、适应性强；其缺点是干燥不均匀、干燥时间长、劳动强度大、操作条件差。

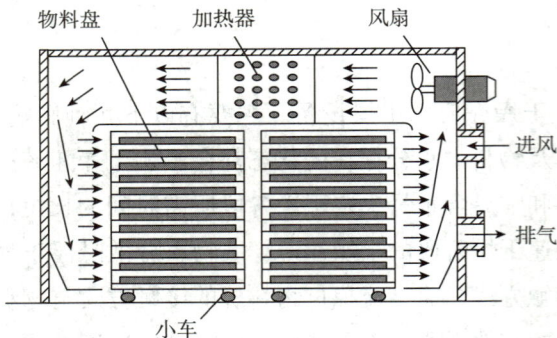

图 7-9　平行流式干燥器

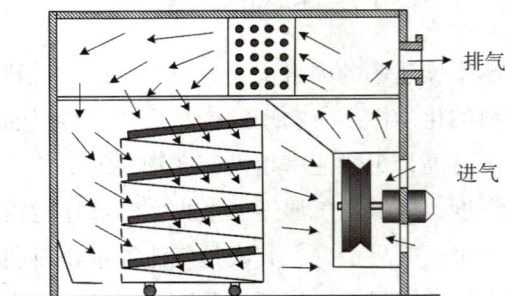

图 7-10　穿流式干燥器

（二）洞道式干燥器

如图 7-11 所示，在一狭长的通道内铺设铁轨，物料放置在一串小车上，小车可以连续地或间歇地进出通道。空气连续地在洞道内被加热并强制地流过物料表面，流程可安排成并流或逆流，还可根据需要安排中间加热或废气循环，干燥介质可用热空气和烟道气。

洞道式干燥器容积大，小车在洞道内停留时间长，适用于具有一定形状的比较大的物料干燥。

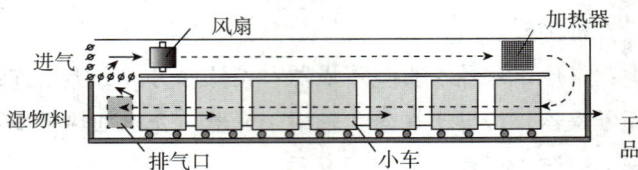

图 7-11　洞道式干燥器

（三）气流干燥器

气流干燥是气流输送技术在干燥中的一种应用。气流干燥器利用高速热空气流使散粒状湿料被吹起并悬浮于其中，在气流输送过程中对物料进行干燥，如图 7-12 所示。气流干燥器的主体是干燥管，干燥管一般为直立等径的长管，干燥管下部有笼式破碎机，其作用是对加料器送来的块状物料进行破碎。对于散粒状湿物料，不必使用破碎机。高速的热空气由底部进入，物料在干燥管中被高速上升的热气流分散并呈悬浮状，与热气流并流向上运动。湿物料在输送过程中被干燥，干燥后的产品由下部收集，湿空气经袋式过滤器收回粉尘后排出。

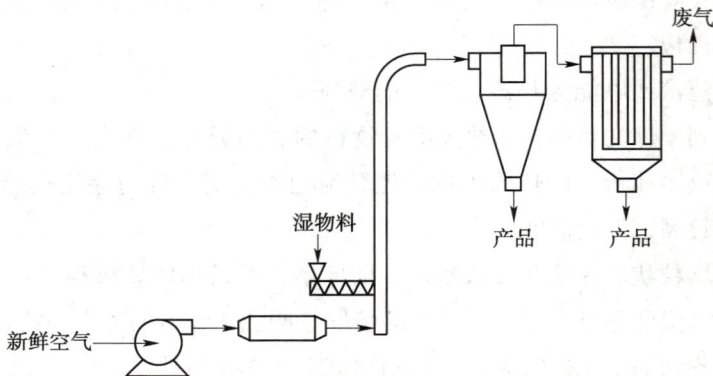

图 7-12　气流干燥器

气流干燥器适用在潮湿状态下仍能在气体中自由流动的颗粒物料,可利用高速的热气流使粉状、粒状的物料悬浮于其中,在气力输送过程中进行干燥。气流干燥器优点为对流传热系数和传热温度差大,干燥速率快,物料停留时间短,可在高温下干燥;热利用率高;设备紧凑,结构简单;可以完全自动控制。气流干燥器缺点是气流在系统中压降较大;干燥管长;在干燥过程中存在摩擦,易将产品磨碎;分离器的负荷大。

(四) 流化床干燥器

1. 流化床干燥的原理　流化床干燥器又称为沸腾床干燥器,是流化技术在制药工业干燥中的应用。流化床干燥的流程是散粒状物料由床一侧加料器加入,热气流通过多孔分布板与物料层接触,气流速度保持在临界流化速度和带出速度之间,颗粒即能在床层内形成流化,颗粒在热气流中上下翻动与碰撞,与热气流进行传热和传质而达到干燥的目的。当床层膨胀到一定高度时,床层空隙率增大而使气流流速下降,颗粒又重新落下而不致被气流所带走。经干燥之后的颗粒由床一侧出料管卸出,气流由顶部排出,并经旋风分离器回收其中夹带的粉尘。

2. 流化床干燥器类型

（1）单层流化床干燥器　如图 7－13（a）所示,其结构简单,操作方便,生产能力大,但由于床层中的颗粒的不规则运动,引起返混合短路现象,使得每个颗粒的停留时间不相同,这会使产品质量不均匀,该类型干燥器适用于较易干燥或对成品含水量要求不太严格的物料。

（2）多层流化床干燥器　如图 7－13（b）所示,该干燥器热空气由底层送入,逐层逆流而动,而颗粒性物料则由最上层加入,经溢流管自上而下流动被干燥,热利用率较高,产品干燥程度高且均匀。

（3）卧式多室流化床干燥器　如图 7－14 所示,其横截面为长方形,底部为多孔筛板,筛板上方有可调上下的竖向隔板,隔板下端距多孔分布板有一定距离,物料可以逐室流动而不致完全混合,因此颗粒的停留时间分布较均匀,以防止未干颗粒排出隔板。隔板将流化床分成四至八个小室,每个小室的筛板下部均有一进气支管,支管上有可调节气流量的阀门。卧式多室沸腾干燥器在片剂湿粒、颗粒剂的干燥中得到广泛应用,得到的干颗粒含水量均匀,易于控制,并且颗粒粉料少。

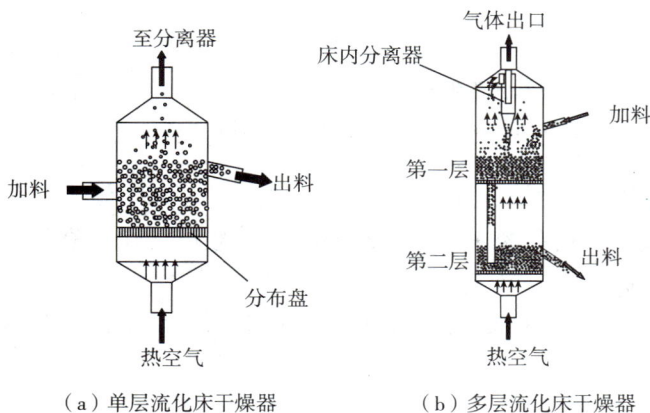

图 7－13　流化床干燥器　　　　图 7－14　卧式多室流化床干燥器

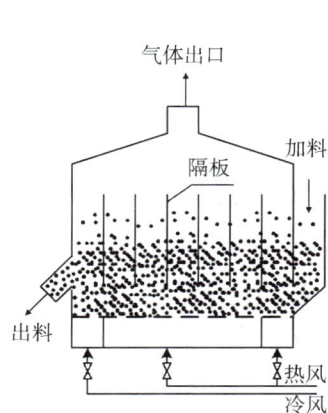

> ▶▶ **实例分析**
>
> 　　流化床干燥技术是制药企业干燥产品普遍采用的技术之一，流化技术在使用过程中常伴随着腾涌和沟流两种状态带来的不利影响。
>
> 　　**腾涌现象**　如果床层高度与直径的比值过大，气速过高时，较易产生气泡的相互聚合，成为大气泡，在气泡直径长大到与床径相等时，床层被分成几段，床内物料以活塞推进的方式向上运动，在达到上部后气泡破裂，部分颗粒又重新回落，这种现象称为腾涌，又称节涌。
>
> 　　**沟流现象**　在大直径床层中，由于颗粒堆积不匀或气体初始分布不良，可在床内局部地方形成沟流。此时，大量气体经过局部地区的通道上升，而床层的其余部分仍处于固定床阶段而未被流化（死床）。
>
> 　　**问题**　1. 流化床干燥器有什么固有技术瓶颈吗？
> 　　　　　　2. 设备改型时如何改善这种状况呢？
>
> 答案解析

（五）喷雾式干燥器

喷雾式干燥器如图 7 - 15 所示是用喷雾器将稀料液喷成细雾滴分散于热气流中，使水分迅速蒸发而达到干燥的目的。通常雾滴直径为 $10 \sim 60 \mu m$，每升溶液具有 $100 \sim 600 m^2$ 的蒸发面积。原料液为溶液、乳浊液、悬浮液，也可以是熔融液或膏糊液。干燥产品外形为粉状、颗粒状、空心球或团粒状。喷雾干燥操作是将湿物料由液体一次变成固体产品的干燥方法。

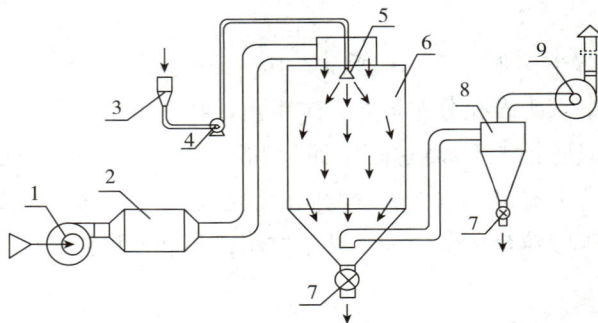

图 7 - 15　喷雾式干燥器

1. 送风机；2. 加热器；3. 料槽；4. 供料泵；5. 喷枪；6. 干燥塔；7. 收集口；8. 旋风分离器；9. 引风机

喷雾干燥的关键部件是雾化器，雾化器常用的有三种类型。

（1）**气流式雾化器**　采用压缩空气或蒸汽以很高的速度（$\geqslant 300 m/s$）从喷嘴喷出，靠气液两相间的速度差所产生的摩擦力，使料液分裂为雾滴。

（2）**旋转式雾化器**　料液在高速转盘（圆周速度 $90 \sim 160 m/s$）中受离心力作用从盘边缘甩出而雾化。

（3）**压力式雾化器**　用高压泵使液体获得高压，高压液体通过喷嘴时，将压力能转变为动能而高速喷出时分散为雾滴。

喷雾式干燥器的优点是干燥时间短，适于热敏性物料；所得产品为空心颗粒，溶解性好，质量高；操作稳定；能连续、自动化生产；由料液直接获得粉末产品，省去了蒸发、结晶、分离和粉碎操作。喷雾式干燥器的缺点是体积传热系数低；设备体积庞大；操作弹性较小，热利用率低、能耗大。

（六）真空干燥器

当物料有热敏性、易氧化性、易爆炸危险时，一般可采用真空干燥。

真空干燥器的特点：①能用较低的温度得到较高的干燥速率，因此，从热量利用上是经济的。与常压干燥器比较，增加了设备投资及操作费用；②能以低温干燥热敏性物料；③可干燥易受空气氧化或有燃烧危险的物料；④适于干燥含有溶剂或有毒气体的物料，溶剂回收容易；⑤能将物料干燥到很低水分，故可用于低含水率物料的二次干燥；⑥由于密封方面及经济方面的原因，大型化和连续化较为困难。

1. 双锥回转真空干燥   如图 7 - 16 所示，干燥器中间为圆筒形，两端为圆锥形，外有加热夹套。整个容器是密闭的，被干燥的物料置于容器内，夹套内通入加热蒸汽或热水。干燥器两侧分别连接空心转轴，一侧的空心轴内通入蒸汽并排出冷凝水，另一侧的空心轴连接真空系统。抽真空管直插入容器内，使容器内保持设定的真空度。真空管端带有过滤网，以尽可能地减少粉尘被抽出。双锥形容器的一端为进、出料口，另一端为人孔或手孔。干燥器两侧的空心轴支撑在轴承支架上，在电动机及减速传动装置的驱动下，干燥器绕水平轴线缓慢匀速回转。

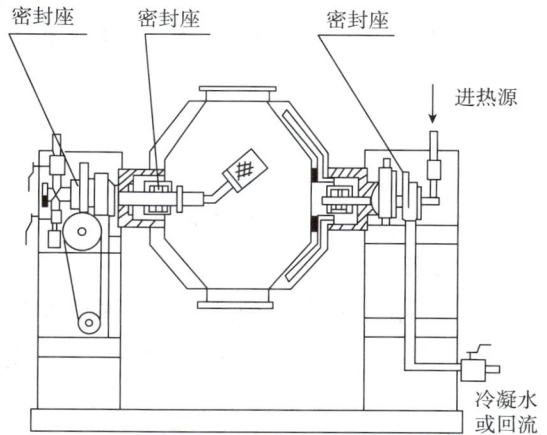

图 7 - 16   双锥回转真空干燥

2. 真空耙式干燥器   如图 7 - 17 所示，真空耙式干燥器正常操作时，被干燥物料从加料口加入后，将加料口密封好，在壳体夹套通入加热介质热水（或水蒸气），启动真空泵，启动干燥器。电动机通过减速传动，驱动干燥器主轴旋转，主轴以 4 ~ 10r/min 的速度正反转动。正转时，主轴上安装的耙齿组将物料拨动移向两侧；反转时，物料被移向中央。物料由夹套的热水或水蒸气加热，被耙齿不断翻动，使湿物料的湿分不断蒸发，物料逐渐变干。汽化的水蒸气经干式除尘器、湿式除尘器、冷凝器，从真空泵出口处放空。

真空耙式干燥器特点：①操作真空度较高，绝对压力一般在 8 ~ 50kPa 范围内，被干燥物料表面蒸汽压力远大于蒸发空间的蒸汽压力，从而有利于被干燥物料内部湿分和表面湿分的排出，加速干燥过程。②适应性强，应用较广。由于干燥器利用夹套加热、高真空排气，所以几乎对所有不同性质、不同状态的物料都适用，特别适用于易氧化、膏糊状物料的干燥。③加热介质可以是水蒸气或热水。利用夹套加热，传热面受夹套面积限制，传热面积不大，延长了干燥时间。④热利用率较高，热效率一般为 70% ~ 80%。由于真空操作，增加了能量消耗。⑤间歇加料与出料，劳动强度有所增加。⑥干燥时间长，产量低，设备结构复杂，造价较贵。

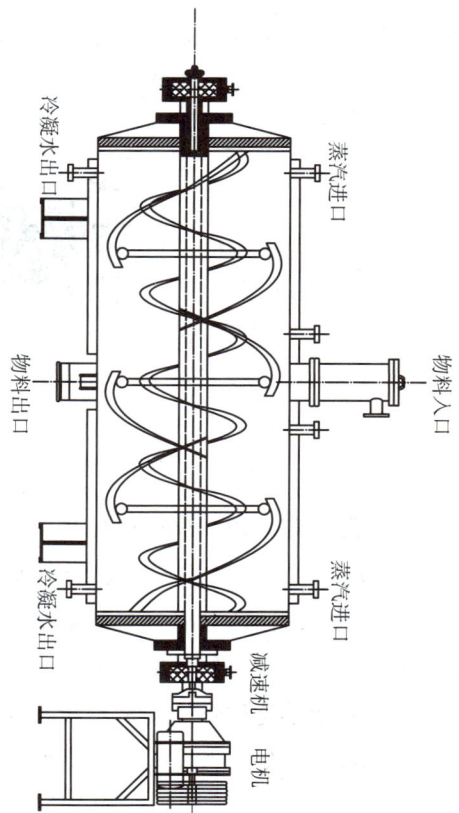

图 7 - 17   真空耙式干燥器

（ ）可直接由料液获得空心颗粒，且颗粒溶解性好，质量高。

A. 厢式干燥器　　　B. 洞道干燥器　　　C. 流化床干燥器　　　D. 喷雾干燥器

三、干燥设备的维保

干燥设备的类型繁多，不同类型干燥设备的结构、原理、特点与操作方法各异，其维护保养也因类型的不同而不同，但通常应注意下述几点。

（1）真空表、温度计及安全阀应定期检验，每年至少一次。

（2）定期维护真空泵及其他运转设备。

（3）定期检查电器设备，系统接地电阻≤10Ω。

（4）干燥设备所用的橡胶密封圈应注意用布擦尽污垢，严禁用香蕉水、汽油等擦洗，并经常涂抹滑石粉以保养。

（5）对干燥设备的关键部位，应严格按设备说明书要求进行维护保养。

（6）定期对干燥设备进行清洗，当更换品种或设备已停产24小时以上时，应作1次全面彻底清洗。

知识链接

固体流态化

流态化是一种使固体颗粒通过与流体接触而转变成类似于流体状态的操作。流体自下而上地流过颗粒层，则根据流速的不同，会出现三种不同的情况（图7-18）。

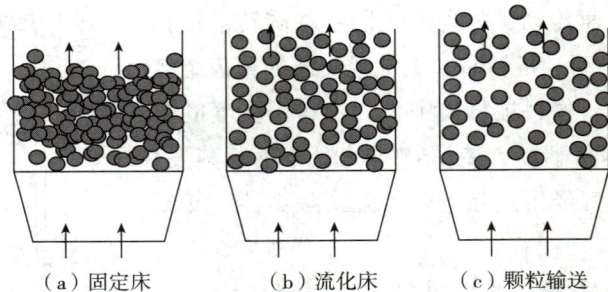

（a）固定床　　　　（b）流化床　　　　（c）颗粒输送

图 7 - 18　流化床三个阶段

1. 固定床阶段　流体通过颗粒床层的表观速度 u 较低，使颗粒空隙中流体的真实速度 u_1 小于颗粒的沉降速度 u_t，则颗粒基本上保持静止不动，颗粒层为固定床。

2. 流化床阶段　在一定的表观速度下，颗粒床层膨胀到一定程度后将不再膨胀，此时颗粒悬浮于流体中，床层有一个明显的上界面，与沸腾水的表面相似，这种床层称为流化床。

3. 颗粒输送阶段　如果继续提高流体的表观速度 u，使真实速度 u_1 大于颗粒的沉降速度 u_t，则颗粒将被气流所带走，此时床层上界面消失，这种状态称为气力输送。

实践实训

实训五　干燥特性曲线测定

一、实验目的

1. 了解洞道式干燥装置的基本结构、工艺流程和操作方法。

2. 学习测定物料在恒定干燥条件下干燥特性的实验方法。

3. 掌握根据实验干燥曲线求取干燥速率曲线以及恒速阶段干燥速率、临界含水量、平衡含水量的实验分析方法。

4. 实验研究干燥条件对于干燥过程特性的影响。

二、基本原理

在设计干燥器的尺寸或确定干燥器的生产能力时，被干燥物料在给定干燥条件下的干燥速率、临界湿含量和平衡湿含量等干燥特性数据是最基本的技术依据参数。由于实际生产中的被干燥物料的性质千变万化，因此对于大多数具体的被干燥物料而言，其干燥特性数据常常需要通过实验测定。

按干燥过程中空气状态参数是否变化，可将干燥过程分为恒定干燥条件操作和非恒定干燥条件操作两大类。若用大量空气干燥少量物料，则可以认为湿空气在干燥过程中温度、湿度均不变，再加上气流速度、与物料的接触方式不变，则称这种操作为恒定干燥条件下的干燥操作。

1. 干燥速率的定义　单位干燥面积（提供湿分汽化的面积）、单位时间内所除去的湿分质量，即

$$U = - \frac{G}{A} \frac{\mathrm{d}X}{\mathrm{d}t} \tag{7-22}$$

式中，U 为干燥速率，又称干燥通量，$kg/(m^2 \cdot s)$；A 为干燥表面积，m^2；t 为干燥时间，s；G 为绝干物料的质量，kg；X 为物料湿含量，kg 湿分/kg 干物料，负号表示 X 随干燥时间的增加而减少。

2. 干燥速率的测定方法　将湿物料试样置于恒定空气流中进行干燥实验，随着干燥时间的延长，水分不断汽化，湿物料质量减少。若记录物料不同时间下质量 G，直到物料质量不变为止，也就是物料在该条件下达到干燥极限为止，此时留在物料中的水分就是平衡水分 X^*。再将物料烘干后称重得到绝干物料重 G_c，则物料中瞬间含水率 X 为

$$X = \frac{G - G_c}{G_c} \tag{7-23}$$

计算出每一时刻的瞬间含水率 X，然后将 X 对干燥时间 t 作图，即为干燥曲线。

干燥曲线还可以变换得到干燥速率曲线。由已测得的干燥曲线求出不同 X 下的斜率 $\mathrm{d}X/\mathrm{d}t$，再由式（7-22）计算得到干燥速率 U，将 U 对 X 作图，就是干燥速率曲线。

三、实验装置

1. 装置流程　本装置流程如图 7-19 所示。空气由鼓风机送入电加热器，经加热后流入干燥室，加热干燥室料盘中的湿物料后，经排出管道通入大气中。随着干燥过程的进行，物料失去的水分量由称重传感器转化为电信号，并由智能数显仪表记录下来（或通过固定间隔时间，读取该时刻的湿物料重量）。

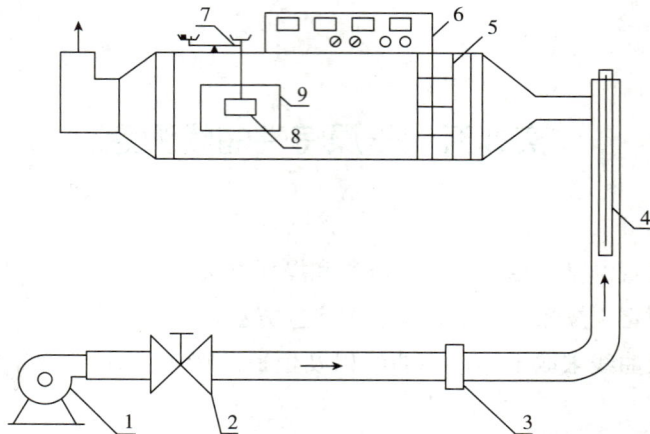

图 7 – 19　干燥速率曲线测定的实验装置流程

1. 风机；2. 蝶阀；3. 孔板流量计；4. 电加热器；
5. 气体分布器；6. 仪控柜；7. 称重天平；8. 湿毛毡；9. 干燥厢门

2. 主要设备及仪器

（1）鼓风机　BYF7122，370W。

（2）电加热器　额定功率 4.5kW。

（3）干燥室　180mm × 180mm × 1250mm。

（4）干燥物料　湿毛毡或湿砂。

（5）称重传感器　CZ500 型，0 ~ 300g。

四、实验步骤与注意事项

1. 实验步骤

（1）放置托盘，开启总电源，开启风机电源。

（2）打开仪表电源开关，加热器通电加热，旋转加热按钮至适当加热电压（根据实验室温和实验讲解时间长短）。在 U 型湿漏斗中加入一定水量，并关注干球温度，干燥室温度（干球温度）要求达到恒定温度（例如 70℃）。

（3）将毛毡加入一定量的水并使其润湿均匀，注意水量不能过多或过少。

（4）当干燥室温度恒定在 70℃ 时，将湿毛毡十分小心地放置于称重传感器上。放置毛毡时应特别注意不能用力下压，因称重传感器的测量上限仅为 300g，用力过大容易损坏称重传感器。

（5）记录时间和脱水量，每分钟记录一次重量数据；每两分钟记录一次干球温度和湿球温度。

（6）待毛毡恒重时（即为实验终了），关闭仪表电源，注意保护称重传感器，非常小心地取下毛毡。

（7）关闭风机，切断总电源，清理实验设备。

2. 注意事项

（1）必须先开风机，后开加热器，否则加热管可能会被烧坏。

（2）特别注意传感器的负荷量仅为 300g，放取毛毡时必须十分小心，绝对不能下压，以免损坏称重传感器。

（3）实验过程中，不要拍打、碰扣装置面板，以免引起料盘晃动，影响结果。

五、思考题

1. 什么是恒定干燥条件？本实验装置中采用了哪些措施来保持干燥过程在恒定干燥条件下进行？

2. 控制恒速干燥阶段速率的因素是什么？控制降速干燥阶段干燥速率的因素又是什么？

3. 为什么要先启动风机，再启动加热器？实验过程中干、湿球温度计是否变化？为什么？如何判断实验已经结束？

4. 若加大热空气流量，干燥速率曲线有何变化？恒速干燥速率、临界湿含量又如何变化？为什么？

六、实验报告要求

1. 实验目的。

2. 主要设备名称。

3. 干燥装置总流程图。

4. 实验操作步骤。

5. 实验数据记录及处理（数据计算过程、绘制干燥曲线和干燥速率曲线）。

6. 实验总结（对实验结果进行分析、讨论）。

7. 思考题解析。

目标检测

答案解析

一、简答题

1. 按照传热方式不同，干燥可分为几种？

2. 简述对流干燥过程及对流干燥过程进行的条件。

3. 常见的干燥过程中，为什么湿空气需要经过预热后再送入干燥器？

4. 什么是湿球温度？它与干球温度是否相等？

5. 物料的含水量有哪几种表示方法？它们之间是什么关系？

6. 简述结合水分与非结合水分。

7. 物料在恒定干燥条件下干燥，在恒速干燥阶段有什么特点？

8. 简述喷雾干燥的优点与缺点。

二、计算题

1. 湿空气的总压为 101.3kPa，（1）试计算空气为 40℃、相对湿度为 $\varphi = 60\%$ 时的湿度；（2）已知湿空气中水蒸气分压为 9.3kPa，求该空气在 50℃ 时的相对湿度 φ 与湿度 H。

2. 某干燥器的湿物料处理量为 100kg/h，含水量由 10% 降低至 2%（均为湿基含水量）。试求物料的水分蒸发量和干燥产品量。

书网融合……

知识回顾　　　微课　　　习题

附录

一、单位换算表

△ 附录中非 SI 单位制度中的单位符号均用中文加括号书写。

1. 长度

m	[英寸]	[英尺]	[码]
1	39.3701	3.2808	1.09361
0.025400	1	0.073333	0.02778
0.30480	12	1	0.33333
0.9144	36	3	1

2. 质量

kg	t（吨）	[磅]
1	0.001	2.20462
1000	1	2204.62
0.4536	4.536×10^{-4}	1

3. 力

N	[千克]（力）	[磅]力	dyn
1	0.102	0.2248	1×10^3
9.80665	1	2.2046	9.80665×10^5
4.448	0.4536	1	4.448×10^3
1×10^{-5}	1.02×10^{-6}	2.248×10^{-6}	1

4. 压强

Pa	bar	[千克（力）/厘米^2]	[大气压]（atm）	mmH$_2$O	mmHg	[磅/英寸^2]
1	1×10^{-5}	1.02×10^{-5}	0.99×10^{-5}	0.102	0.0075	14.5×10^{-5}
9.807×10^3	0.9807	1	0.9678	1×10^4	735.56	14.2
1.01325×10^5	1.013	1.0332	1	1.033×10^4	760	14.697
9.807	98.07	0.0001	0.9678×10^{-4}	1	0.0736	1.423×10^{-3}
133.32	1.333×10^{-3}	0.136×10^{-2}	0.00132	13.6	1	0.01934
6894.8	0.06895	0.0703	0.068	703	51.71	1

5. 功率

W	[千克（力）·米/秒]	[马力]	[千卡/秒]
1	0.10197	1.341×10^{-3}	0.2389×10^{-3}
9.8067	1	0.01315	0.2342×10^{-2}
735.499	76.0375	1	0.17843
4186.8	426.85	5.6135	1

6. 黏度

帕斯卡·秒（Pa·s）	[泊]	[厘泊]	mPa·s
1	10	1000	1000
0.1	1	100	100
0.001	0.01	1	1

二、管子规格

1. 水、煤气输送钢管

公称直径 [mm（in）]	外径 （mm）	壁厚（mm）	
		普通管	加厚管
6（1/8）	10	2	2.5
8（1/4）	13.5	2.25	2.75
10（3/8）	17.0	2.25	2.75
15（1/2）	21.25	2.75	3.25
20（3/4）	26.75	2.75	3.5
25（1）	33	3.25	4.0
32（1 1/4）	42.25	3.25	4.0
40（1 1/2）	48.0	3.5	4.25
50（2）	60.0	3.5	4.5
65（2 1/2）	75.5	3.75	4.5
80（3）	88.5	4.0	4.75
100（4）	114.0	4.0	5.0
125（5）	140.0	4.5	5.5
150（6）	165.0	4.5	5.5

2. 无缝钢管规格

（1）热轧无缝钢管

外径 （mm）	壁厚 （mm）	外径 （mm）	壁厚 （mm）
32	2.5~8	73	3~19
38	2.5~8	76	3~19
42	2.5~10	83	3.5~19
45	2.5~10	89	3.5~24
50	2.5~10	95	3.5~24
54	3~11	102	3.5~24
57	3~13	108	4~28
60	3~14	114	4~28
68	3~16	121	4~28
70	3~16	127	4~30
133	4~32	168	5~45
140	4.5~36	180	5~45
146	4.5~36	194	5~45
152	4.5~36	203	6~50
159	4.5~36	219	6~50

注：壁厚系列有 2.5、3、3.5、4、4.5、5、5.5、6、6.5、7、7.5、8、8.5、9、9.5、10、11、12、13、14、15、16、17、18、19、20、22、24、25、26、28、30、32、34、35、36、38、40、42、45、48、50。

（2）冷拔（冷轧）无缝钢管

外径 （mm）	壁厚 （mm）	外径 （mm）	壁厚 （mm）
6	0.25 ~ 2.0	34	0.4 ~ 8.0
8	0.25 ~ 2.5	36	0.4 ~ 8.0
10	0.25 ~ 3.5	38	0.4 ~ 9.0
12	0.25 ~ 4.0	40	0.4 ~ 9.0
14	0.25 ~ 4.0	42	1.0 ~ 9.08
16	0.25 ~ 5.0	45	1.0 ~ 10
18	0.25 ~ 5.0	48	1.0 ~ 10
20	0.25 ~ 6.0	50	1.0 ~ 12
22	0.4 ~ 6.0	56	1.0 ~ 12
25	0.4 ~ 7.0	60	1.0 ~ 12
27	0.4 ~ 7.0	65	1.0 ~ 12
28	0.4 ~ 7.0	70	1.0 ~ 12
29	0.4 ~ 7.5	80	1.4 ~ 12
30	0.4 ~ 8.0	90	1.4 ~ 12
32	0.4 ~ 8.0	100	1.4 ~ 12

注：壁厚系列有 0.25，0.3，0.4，0.5，0.6，0.8，1.0，1.2，1.4，1.5，1.6，1.8，2.0，2.2，2.5，2.8，3.0，3.2，3.5，4.0，4.5，5，5.5，6，6.5，7，7.5，8.0，8.5，9.0，9.5，10，11，12。

三、常用流体流速范围

流　体			条　件	流速（m/s）
过热蒸汽			$Dg < 100$	20 ~ 40
			$100 \leq Dg \leq 200$	30 ~ 50
			$Dg > 200$	40 ~ 60
饱和蒸汽			$Dg < 100$	15 ~ 30
			$100 \leq Dg \leq 200$	25 ~ 35
			$Dg > 200$	30 ~ 40
蒸汽		低压	$p < 0.98\text{MPa}$	15 ~ 20
		中压	$0.98 \leq p \leq 3.92\text{MPa}$	20 ~ 40
		高压	$3.92 \leq p \leq 11.76\text{MPa}$	40 ~ 60
	一般气体		常压	10 ~ 20
	氮气		$p = 4.9 ~ 9.8\text{MPa}$	2 ~ 5
	压缩空气		$p = 0.1 ~ 0.20\text{MPa}$（表）	10 ~ 15
	压缩气体		$p < 0.1\text{MPa}$	5 ~ 10
			$p = 0.10 ~ 0.20\text{MPa}$（表）	8 ~ 12
			$p = 0.20 ~ 0.59\text{MPa}$（表）	10 ~ 20
			$p = 0.59 ~ 0.98\text{MPa}$（表）	10 ~ 15
			$p = 0.98 ~ 1.96\text{MPa}$（表）	8 ~ 10
			$p = 1.96 ~ 2.94\text{MPa}$（表）	3 ~ 6
			$p = 2.94 ~ 24.5\text{MPa}$（表）	0.5 ~ 3.0

流　　体	条　　件		流速（m/s）
水及黏度相似的液体	$p=0.1\sim0.29MPa$（表）		$0.5\sim2.0$
	$p\leqslant0.98MPa$		$0.5\sim3.0$
	$p\leqslant7.84MPa$		$2.0\sim3.0$
	$p=19.6\sim29.4MPa$（表）		$2.0\sim3.5$
自来水	主管 $p=0.29MPa$（表）		$1.5\sim3.5$
蒸汽冷凝水	自流		$0.5\sim1.5$
冷凝水			$0.2\sim0.5$
过热水			2.0
锅炉给水	$p>0.784MPa$		>3.0
油及黏度较大的流体			$0.5\sim2.0$
液体 $(\mu=50mPa\cdot s)$	$Dg\leqslant25$		$0.5\sim0.9$
	$25\leqslant Dg\leqslant50$		$0.7\sim1.0$
	$50\leqslant Dg\leqslant100$		$1.0\sim1.6$
液体 $(\mu=100mPa\cdot s)$	$Dg\leqslant25$		$0.3\sim0.6$
	$25\leqslant Dg\leqslant50$		$0.5\sim0.7$
	$50\leqslant Dg\leqslant100$		$0.7\sim1.0$
液体 $(\mu=1000mPa\cdot s)$	$Dg\leqslant50$		$0.1\sim0.2$
	$25\leqslant Dg\leqslant50$		$0.16\sim0.25$
	$50\leqslant Dg\leqslant100$		$0.25\sim0.35$
	$100\leqslant Dg\leqslant200$		$0.35\sim0.55$
离心泵（水及黏度相似的液体）	吸入管		$1.0\sim2.0$
	排出管		$1.5\sim3.0$
往复泵（水及黏度相似的液体）	吸入管		$0.5\sim1.5$
	排出管		$1.0\sim2.0$
往复式真空泵	吸入管		$13\sim16$
	排出管	$p<0.98MPa$	$8\sim10$
		$p=0.98\sim9.8MPa$	$10\sim20$
空气压缩机	吸入管		$<10\sim215$
	排出管		$15\sim220$
旋风分离器	吸入管		$15\sim25$
	排出管		$4.0\sim15$
通风机、鼓风机	吸入管		$10\sim15$
	排出管		$15\sim20$
车间通风换气	主管		$4.5\sim15$
	支管		$2.0\sim8.0$
硫酸	质量浓度88%～100%		1.2
液碱	质量浓度0%～30%		2
	质量浓度30%～50%		1.5
	质量浓度50%～63%		1.2
乙醚、苯	易燃易爆安全允许值		<1.0
甲醇、乙醇、汽油	易燃易爆安全允许值		<2

四、泵规格（摘录）

型号	流量		扬程（m）	效率（%）	功率（kW）		转速（r/min）	气蚀余量（m）
	（m³/h）	（L/s）			轴	电机		
IS50－32－200	12.5	3.47	50	48	3.54	5.5	2900	2
	6.3	1.74	12.5	42	0.51	0.75	1450	2
IS50－32－250	12.5	3.47	80	38	7.16	11.0	2900	2
	6.3	1.74	20	32	1.06	1.5	1450	2
IS65－40－200	25	6.94	50	60	5.67	7.5	2900	2
	12.5	3.47	12.5	55	0.77	1.1	1450	
IS65－50－160	25	6.94	32	65	3.35	5.5	2900	2
	12.5	3.47	12.5	55	0.77	1.1	1450	2
IS65－40－315	25	6.94	125	40	21.3	30	2900	2.5
	12.5	3.47	32	37	2.94	4	1450	2.5
IS80－65－125	50	13.9	20	75	3.63	5.5	2900	3
	25	6.94	5	71	0.48	0.75	1450	2.5
IS80－65－160	50	13.9	32	73	5.97	7.5	2900	2.5
	25	6.94	8	69	0.79	1.5	1450	2.5
IS80－50－200	50	13.9	50	69	9.87	15	2900	2.5
	25	6.94	12.5	65	1.31	2.2	1450	2.5
IS80－50－250	50	13.9	80	63	17.3	22	2900	2.5
	25	6.94	20	60	2.27	3	1450	2.5
IS80－50－315	50	13.9	125	54	31.5	37	2900	2.5
	25	6.94	32	52	4.19	5.5	1450	2.5
IS100－80－125	100	27.8	20	78	7	11	2900	4.5
	50	13.9	5	75	0.91	1.5	1450	2.5
IS100－80－160	100	27.8	32	78	11.2	15	2900	4.5
	50	13.9	8	25	1.45	2.2	1450	2.5
IS100－65－200	100	27.8	50	76	17.9	22	2900	3.6
	50	13.9	12.5	73	2.33	4	1450	2
IS100－65－250	100	27.8	80	72	30.3	37	2900	3.8
	50	13.9	20	68	4	5.5	1450	2
IS100－65－315	100	27.8	125	66	51.6	25	2900	3.6
	50	13.9	32	63	6.92	11	1450	2
IS125－100－200	200	55.6	50	81	33.6	45	2900	4.5
	100	27.8	12.5	76	4.48	7.5	1450	2.5
IS125－100－315	200	55.6	125	75	90.8	110	2900	4.5
	100	27.8	32	73	11.2	15	1450	2.5
IS125－100－400	100	27.8	50	65	21	30	1450	2.5
IS150－125－400	200	55.6	50	75	36.3	45	1450	2.8
IS200－150－400	400	111.1	50	81	67.2	90	1450	3.8

五、空气的重要物理性质

温度 t （℃）	密度 ρ （kg/m³）	比热容 c_p [kJ/(kg·℃)]	导热系数 $\lambda \times 10^2$ [W/(m·℃)]	黏度 $\mu \times 10^5$ （Pa·s）	普兰特准数 P_r
−50	1.584	1.013	2.035	1.46	0.728
−40	1.15	1.013	2.117	1.52	0.728
−30	1.453	1.013	2.198	1.57	0.723
−20	1.395	1.009	2.279	1.62	0.716
−10	1.342	1.009	2.360	1.67	0.712
0	1.293	1.005	2.442	1.72	0.707
10	1.247	1.005	2.512	1.77	0.705
20	1.205	1.005	2.593	1.81	0.703
30	1.165	1.005	2.675	1.86	0.701
40	1.128	1.005	2.756	1.91	0.699
50	1.093	1.005	2.826	1.96	0.698
60	1.060	1.005	2.896	2.01	0.696
70	1.029	1.009	2.966	2.06	0.694
80	1.000	1.009	3.047	2.11	0.692
90	0.972	1.009	3.128	2.15	0.690
100	0.946	1.009	3.210	2.19	0.688
120	0.898	1.009	3.338	2.29	0.686
140	0.854	1.013	3.489	2.37	0.684
160	0.815	1.017	3.640	2.45	0.682
180	0.779	1.022	3.780	2.53	0.681
200	0.746	1.026	3.931	2.60	0.680
250	0.674	1.038	4.288	2.74	0.677
300	0.615	1.048	4.605	2.97	0.674
350	0.566	1.059	4.908	3.14	0.676
400	0.524	1.068	5.210	3.31	0.678
500	0.456	1.093	5.745	3.62	0.687
600	0.404	1.114	6.222	3.91	0.699
700	0.362	1.135	6.711	4.18	0.706
800	0.329	1.156	7.176	4.43	0.713
900	0.301	1.172	7.630	4.67	0.717
1000	0.277	1.185	8.041	4.90	0.719
1100	0.257	1.197	8.502	5.12	0.722
1200	0.239	1.206	9.153	5.35	0.724

六、水的重要物理性质

温度 t （℃）	密度 ρ （kg/m³）	压强 $p \times 10^{-5}$ （Pa）	黏度 $\mu \times 10^5$ （Pa·s）	导热系数 $\lambda \times 10^2$ [W/(m·K)]	比热容 $c_p \times 10^{-3}$ [J/(kg·K)]	膨胀系数 $\beta \times 10^4$ （1/K）	表面张力 $\sigma \times 10^3$ （N/m²）	普兰特准数 P_r
0	999.9	0.006082	178.78	55.08	4.212	−0.63	75.61	13.66
10	999.7	0.012263	130.53	57.41	4.191	+0.70	74.14	9.52
20	998.2	0.023346	100.42	59.85	4.183	1.82	72.67	7.01
30	995.7	0.042474	80.12	61.71	4.174	3.21	71.20	5.42
40	992.2	0.073766	65.32	63.33	4.174	3.87	69.63	4.30
50	988.1	0.1234	54.92	64.33	4.174	4.49	67.67	3.54
60	983.2	0.19923	46.98	65.89	4.178	5.11	66.20	2.98
70	977.8	0.31164	40.60	66.70	4.187	5.70	64.33	2.53
80	971.8	0.47379	35.50	67.40	4.195	6.32	62.57	2.21
90	965.3	0.70136	31.48	67.98	4.208	6.59	60.71	1.95
100	958.4	1.013	28.24	68.12	4.220	7.52	58.84	1.75
110	951.0	1.433	25.89	68.44	4.233	8.08	56.88	1.60
120	943.1	1.986	23.73	68.56	4.250	8.64	54.82	1.47
130	934.8	2.702	21.77	68.56	4.266	9.17	52.86	1.35
140	926.1	3.62	20.10	68.44	4.287	9.72	50.70	1.26
150	917.0	4.761	18.63	68.33	4.312	10.3	48.64	1.18
160	907.4	6.18	17.36	68.21	4.346	10.7	46.58	1.11
170	897.3	7.92	16.28	67.86	4.379	11.3	44.33	1.05
180	886.9	10.03	15.30	67.40	4.417	11.9	42.27	1.00
190	876.0	12.55	14.42	66.93	4.460	12.6	40.01	0.96
200	863.0	15.55	13.63	66.24	4.505	13.3	37.66	0.93
210	852.8	19.18	13.04	65.48	4.555	14.1	35.4	0.91
220	840.3	23.21	12.46	64.55	4.614	14.8	33.1	0.89
230	827.3	27.99	11.97	63.73	4.681	15.9	31	0.88
240	813.6	33.48	11.47	62.80	4.756	16.8	28.5	0.87
250	799.0	39.78	10.98	62.71	4.844	18.1	26.19	0.86
300	712.5	85.92	9.12	53.92	5.736	29.2	14.42	0.97

七、水在不同温度下的黏度

温度 （℃）	黏度 （mPa·s）	温度 （℃）	黏度 （mPa·s）	温度 （℃）	黏度 （mPa·s）
0	1.7921	33	0.7523	67	0.4233
1	1.7313	34	0.7371	68	0.4174
2	1.6728	35	0.7225	69	0.4117
3	1.6191	36	0.7085	70	0.4061
4	1.5674	37	0.6947	71	0.4006
5	1.5188	38	0.6814	72	0.3952
6	1.4728	39	0.6685	73	0.3900
7	1.4284	40	0.6560	74	0.3849
8	1.3860	41	0.6439	75	0.3799
9	1.3462	42	0.6321	76	0.3750
10	1.3077	43	0.6207	77	0.3702
11	1.2713	44	0.6097	78	0.3655
12	1.2363	45	0.5988	79	0.3610
13	1.2028	46	0.5883	80	0.3565
14	1.1709	47	0.5782	81	0.3521
15	1.1403	48	0.5683	82	0.3478
16	1.1111	49	0.5588	83	0.3436
17	1.0828	50	0.5494	84	0.3395
18	1.0559	51	0.5404	85	0.3355
19	1.0299	52	0.5315	86	0.3315
20	1.0050	53	0.5229	87	0.3276
20.2	1.0000	54	0.5146	88	0.3239
21	0.9810	55	0.5064	89	0.3202
22	0.9579	56	0.4985	90	0.3165
23	0.9359	57	0.4907	91	0.3130
24	0.9142	58	0.4832	92	0.3095
25	0.8973	59	0.4759	93	0.3060
26	0.8737	60	0.4688	94	0.3027
27	0.8545	61	0.4618	95	0.2994
28	0.8360	62	0.4550	96	0.2962
29	0.8180	63	0.4483	97	0.2930
30	0.8007	64	0.4418	98	0.2899
31	0.7840	65	0.4355	99	0.2868
32	0.7679	66	0.4293	100	0.2838

八、某些气体的重要物理性质

名称	分子式	密度 0℃,101.33kPa (kg/m³)	比热容 [kJ/(kg·℃)]	黏度 μ×10⁵ (Pa·s)	沸点 101.33kPa (℃)	汽化热 (kJ/kg)	临界点 温度 (℃)	临界点 压强 (kPa)	导热系数 [W/(m·℃)]
空气	—	1.293	1.009	1.73	-195	197	-140.7	3768.4	0.0244
氧	O_2	1.429	0.653	2.03	-132.98	213	-118.82	5036.6	0.0240
氮	N_2	1.251	0.745	1.70	-195.78	199.2	-147.13	3392.5	0.0228
氢	H_2	0.0899	10.13	0.842	-252.75	454.2	-239.9	1296.6	0.163
氦	He	0.1785	3.18	1.88	-268.95	19.5	-267.96	228.94	0.144
氩	Ar	1.7820	0.322	2.09	-185.87	163	-122.44	4862.4	0.0173
氯	Cl_2	3.217	0.355	1.29(16℃)	-33.8	305	+144.0	7708.9	0.0072
氨	NH_3	0.771	0.67	0.918	-33.4	1373	+132.4	11295	0.0215
一氧化碳	CO	1.250	0.754	1.66	-191.48	211	-140.2	3497.9	0.0226
二氧化碳	CO_2	1.976	0.653	1.37	-78.2	574	+31.1	7384.8	0.0137
二氧化硫	SO_2	2.927	0.502	1.17	-10.8	394	+157.5	7879.1	0.0077
二氧化氮	NO_2	—	0.615	—	+21.2	712	+158.2	10130	0.0400
硫化氢	H_2S	1.539	0.804	1.166	-60.2	548	+100.4	19136	0.0131
甲烷	CH_4	0.717	1.70	1.03	-161.58	511	-82.15	4619.3	0.0300
乙烷	C_2H_6	1.357	1.44	0.850	-88.50	486	+32.1	4948.5	0.0180
丙烷	C_3H_8	2.020	1.65	0.795(18℃)	-42.1	427	+95.6	4355.9	0.0148
正丁烷	C_4H_{10}	2.673	1.73	0.810	-0.5	386	+152	3798.8	0.0135
正戊烷	C_5H_{12}	—	1.57	0.874	-36.08	151	+197.1	3342.9	0.0128
乙烯	C_2H_4	1.261	1.222	0.985	+103.7	481	+9.7	5135.9	0.0164
丙烯	C_3H_6	1.914	1.436	0.835(20℃)	-47.7	440	+91.4	4599.0	—
乙炔	C_2H_2	1.171	1.353	0.935	-83.66(升华)	829	+35.7	6240.0	0.0184
氯甲烷	CH_3Cl	2.308	0.582	0.989	-24.1	406	+148	6685.8	0.0085
苯	C_6H_6	—	1.139	0.72	+80.2	394	+288.5	4832.0	0.0088

九、某些液体的重要物理性质

名称	分子式	密度 20℃ (kg/m^3)	沸点 101.33kPa (℃)	汽化热 (kJ/kg)	比热容 20℃ [kJ/(kg·℃)]	黏度 20℃ (mPa·s)	导热系数 20℃ [W/(m·℃)]	体积膨胀系数 $\beta \times 10^4$ (1/℃) (20℃)	表面张力 $\sigma \times 10^6$ (N/m) (20℃)
水	H_2O	998	100	2528	4.183	1.005	0.599	1.82	72.8
氯化钠盐水(25%)	—	1186	107	—	3.39	2.3	0.57(30℃)	(4.4)	—
氯化钙盐水(25%)	—	1228(25%)	107	—	2.89	2.5	0.57	(3.4)	—
硫酸	H_2SO_4	1831	340(分解)	—	1.47(98%)	—	0.38	5.7	—
硝酸	HNO_3	1513	86	481.1	—	1.17(10℃)	—	—	—
盐酸(30%)	HCl	1149	—	—	2.55	2(31.5%)	0.42	—	—
二硫化碳	CS_2	1262	46.3	352	1.005	0.38	0.16	12.1	32
戊烷	C_5H_{12}	626	36.07	357.4	2.24(15.6℃)	0.229	0.113	15.9	16.2
己烷	C_6H_{14}	659	68.74	335.1	2.31(15.6℃)	0.313	0.119	—	18.2
庚烷	C_7H_{16}	684	98.43	316.5	2.21(15.6℃)	0.411	0.123	—	20.1
辛烷	C_8H_{18}	763	125.67	306.4	2.19(15.6℃)	0.540	0.131	—	21.8
三氯甲烷	$CHCl_3$	1489	61.2	253.7	0.992	0.58	0.138(30℃)	12.6	28.5(10℃)
四氯化碳	CCl_4	1594	76.8	195	0.850	1.0	0.12	—	26.8
1,2-二氯乙烷	$C_2H_4Cl_2$	1253	83.6	324	1.260	0.83	0.14(50℃)	—	30.8
苯	C_6H_6	879	80.10	393.9	1.704	0.737	0.148	12.4	28.6
甲苯	C_7H_8	867	110.63	363	1.70	0.675	0.138	10.9	27.9
邻二甲苯	C_8H_{10}	880	144.42	347	1.74	0.811	0.142	—	30.2
间二甲苯	C_8H_{10}	864	139.10	343	1.70	0.611	0.167	10.1	29.0
对二甲苯	C_8H_{10}	861	138.35	340	1.704	0.643	0.129	—	28.0

续表

名称	分子式	密度 20℃ (kg/m³)	沸点 101.33kPa (℃)	汽化热 (kJ/kg)	比热容 20℃ [kJ/(kg·℃)]	黏度 20℃ (mPa·s)	导热系数 20℃ [W/(m·℃)]	体积膨胀系数 β×10⁴(1/℃) (20℃)	表面张力 σ×10⁶(N/m) (20℃)
苯乙烯	C_8H_8	911(15.6℃)	145.2	(352)	1.733	0.72	—	—	—
氯苯	C_6H_5Cl	1106	131.8	325	1.298	0.85	0.14(30℃)	—	32
硝基苯	$C_6H_5NO_2$	1203	210.9	396	1.47	2.1	0.15	—	41
苯胺	$C_6H_5NH_2$	1022	184.4	448	2.07	4.3	0.17	8.5	42.9
酚	C_6H_5OH	1050(50℃)	181.8(熔点40.9)	511	—	3.4(50℃)	—	—	—
萘	$C_{10}H_8$	1145(固体)	217.9(熔点80.2)	314	1.80(100℃)	0.59(100℃)	—	—	—
甲醇	CH_3OH	791	64.7	1101	2.48	0.6	0.212	12.2	22.6
乙醇	C_2H_5OH	789	78.3	846	2.39	1.15	0.172	11.6	22.8
乙醇(95%)		804	78.2	—	—	1.4	—	—	—
乙二醇	$C_2H_4(OH)_2$	1113	197.6	780	2.35	23	—	—	47.7
甘油	$C_3H_5(OH)_3$	1261	290(分解)	—	—	1499	0.59	5.3	63
乙醚	$(C_2H_5)_2O$	714	34.6	360	2.34	0.24	0.14	16.3	18
乙醛	CH_3CHO	783(18℃)	20.2	574	1.9	1.3(18℃)	—	—	21.2
糠醛	$C_5H_4O_2$	1168	161.7	452	1.6	1.15(50℃)	—	—	43.5
丙酮	CH_3COCH_3	792	56.2	523	2.35	0.32	0.17	—	23.7
甲酸	$HCOOH$	1220	100.7	494	2.17	1.9	0.26	—	27.8
乙酸	CH_3COOH	1049	118.1	406	1.99	1.3	0.17	10.7	23.9
乙酸乙酯	$CH_3COOC_2H_5$	901	77.1	368	1.92	0.48	0.14(10℃)	—	—
煤油	—	780~820	—	—	—	3	0.15	10.0	—
汽油	—	680~800	—	—	—	07~0.8	0.19(30℃)	12.5	—

十、某些固体材料的重要物理性质

名　　称	密度 （kg/m³）	导热系数 ［W/（m·℃）］	比热容 ［kJ/（kg·℃）］
（1）金属			
钢	7850	45.3	0.46
不锈钢	7900	17	0.50
铸铁	7220	62.8	0.50
铜	8800	383.8	0.41
青铜	8000	64.0	0.38
黄铜	8600	85.5	0.38
铝	2670	203.5	0.92
镍	9000	58.2	0.46
铬	11400	34.9	0.13
（2）塑料			
酚醛	1250～1300	0.13～0.26	1.3～1.7
尿醛	1400～1500	0.30	1.3～1.7
聚氯乙烯	1380～1400	0.16	1.8
聚苯乙烯	1050～1070	0.08	1.3
低压聚乙烯	940	0.29	2.6
高压聚乙烯	920	0.26	2.2
有机玻璃	1180～1190	0.14～0.20	—
（3）建筑、绝缘、耐酸材料及其他			
干沙	1500～1700	0.45～0.48	0.8
黏土	1600～1800	0.47～0.53	0.75（－20～20℃）
锅炉炉渣	700～1100	0.19～0.30	—
黏土砖	1600～1900	0.47～0.67	0.92
耐火砖	1840	1.05（800～1100℃）	0.88～1.0
绝缘砖（多孔）	600～1400	0.16～0.37	—
混凝土	2000～2400	1.3～1.55	0.84
松木	500～600	0.07～0.10	2.7（0～100℃）
软木	100～300	0.041～0.064	0.96
石棉板	770	0.11	0.816
石棉水泥板	1600～1900	0.35	—
玻璃	2500	0.74	0.67
耐酸陶瓷制品	2200～2300	0.90～1.0	0.75～0.80
耐酸砖和板	2100～2400	—	—
耐酸搪瓷	2300～2700	0.99～1.04	0.84～1.26
橡胶	1200	0.16	1.38
冰	900	2.3	2.11

十一、饱和水蒸气（以温度为序）

温度 （℃）	绝对压强		蒸汽 密度 （kg/m³）	焓				汽化热	
	[kg（力）/ cm²]	（kPa）		液体		蒸汽		（kcal/kg）	（kJ/kg）
				（kcal/kg）	（kJ/kg）	（kcal/kg）	（kJ/kg）		
0	0.0062	0.6082	0.00484	0	0	595	2491.1	595	2491.1
5	0.0089	0.8730	0.00680	5.0	20.94	597.3	2500.8	592.3	2479.89
10	0.0125	1.2262	0.00940	10.0	41.87	599.6	2510.4	589.6	2468.5
15	0.0174	1.7068	0.01283	15.0	62.80	602.0	2520.5	587.0	2547.7
20	0.0238	2.3346	0.01719	20.0	83.74	604.3	2530.1	584.3	2446.3
25	0.0323	3.1684	0.02304	25.0	104.67	606.6	2539.7	581.6	2435.0
30	0.0433	4.2474	0.03036	30.0	125.60	608.9	2549.3	578.9	2423.7
35	0.0573	5.6207	0.03960	35.0	146.54	611.2	2559.0	576.2	2412.4
40	0.0752	7.3766	0.05114	40.0	167.47	613.5	2568.6	573.5	2401.1
45	0.0977	9.5837	0.06543	45.0	188.41	61507	2577.8	570.7	2389.4
50	0.1258	12.340	0.0830	50.0	209.34	618.0	2587.4	568.0	2378.1
55	0.1605	15.743	0.1043	55.0	230.27	620.2	2596.7	565.2	2366.4
60	0.2031	19.923	0.1301	60.0	251.21	622.5	2606.3	562.0	2355.1
65	0.2550	25.014	0.1611	65.0	272.14	624.7	2615.5	559.7	2343.4
70	0.3177	31.164	0.1979	70.0	293.08	626.8	2624.3	556.8	2331.2
75	0.393	38.551	0.2416	75.0	314.01	629.0	26633.5	554.0	2319.5
80	0.483	47.379	0.2929	80.0	334.94	631.1	2642.3	551.2	2307.8
85	0.590	57.875	0.3531	85.0	355.88	633.2	2651.1	548.2	2295.2
90	0.715	70.136	0.4229	90.0	376.81	635.3	2659.9	545.3	2283.1
95	0.862	84.556	0.5039	95.0	397.75	637.4	2668.7	542.4	2270.9
100	1.033	101.33	0.5970	100.0	418.68	639.4	2677.0	539.4	2258.4
105	1.232	120.85	0.7036	105.1	440.03	641.3	2685.0	536.3	2245.4
110	1.461	143.31	0.8254	110.1	460.97	643.3	2693.4	533.1	2232.0
115	1.724	169.11	0.9635	115.2	482.32	645.2	2701.3	530.0	2219.0
120	2.025	198.64	1.1199	120.3	503.67	647.0	2708.9	526.7	2205.2
125	2.367	132.19	1.296	125.4	525.02	648.8	2716.4	523.5	2191.8
130	2.755	270.25	1.494	130.5	546.38	650.6	2723.9	520.1	2177.6
135	3.192	313.11	1.715	135.6	567.73	652.3	2731.0	516.7	2163.3
140	3.685	361.47	1.962	140.7	589.08	653.9	2737.7	513.2	2148.7
145	4.238	415.72	2.238	145.9	610.85	655.5	2744.4	509.7	2134.0
150	4.855	476.24	2.543	151.0	632.21	657.0	2750.7	506.0	2118.5
160	6.303	618.28	3.252	161.4	675.75	659.9	2762.9	498.5	2087.1
170	8.080	792.59	4.113	171.8	719.29	662.4	2773.3	490.6	2054.0
180	10.23	1003.5	5.145	182.3	763.25	664.6	2782.5	482.3	2019.3
190	12.80	1255.6	6.378	192.9	807.64	666.4	2790.1	473.5	1982.4

温度 (℃)	绝对压强		蒸汽的 密度 (kg/m³)	焓				汽化热	
	[kg(力)/ cm²]	(kPa)		液体		蒸汽		(kcal/kg)	(kJ/kg)
				(kcal/kg)	(kJ/kg)	(kcal/kg)	(kJ/kg)		
200	15.85	1554.77	7.840	203.5	852.01	667.7	2795.5	464.2	1943.5
210	19.55	1917.72	9.567	214.3	897.23	668.6	2799.3	454.4	1902.5
220	23.66	2320.88	11.60	225.1	942.45	669.0	2801.0	443.9	1858.5
230	28.53	2798.59	13.98	236.1	988.50	668.8	2800.1	432.7	1811.6
240	34.13	3347.91	16.76	247.1	1034.56	668.0	2796.8	420.8	1761.8
250	40.55	3977.67	20.01	258.3	1081.45	664.0	2790.1	408.1	1708.6
260	47.85	4693.75	23.82	269.6	1128.76	664.2	2780.9	394.5	1651.7
270	56.11	5503.99	28.27	281.1	1176.91	661.2	2768.3	380.1	1591.4
280	65.42	6417.24	33.47	292.7	1225.48	657.3	2752.0	364.6	1526.5
290	75.88	7443.29	39.60	304.4	1274.46	652.6	2732.3	348.1	1457.4
300	87.6	8592.94	46.93	316.6	1325.54	646.8	2708.0	330.2	1382.5
310	100.7	9877.96	55.59	329.3	1378.71	640.1	2680.0	310.8	1301.3
320	115.2	11300.3	65.95	343.0	1436.07	632.5	2648.2	289.5	1212.1
330	131.3	12879.6	78.53	357.5	1446.78	623.5	2610.5	266.6	1116.2
340	149.0	14615.8	93.98	373.3	1562.93	613.5	2568.6	240.2	1005.7
350	168.6	16538.5	113.2	390.8	1632.20	601.1	2516.7	210.3	880.5
360	190.3	18667.1	139.6	413.0	1729.15	583.4	2442.6	170.3	713.0
370	214.5	21040.9	171.0	451.0	1888.25	549.8	2301.9	98.2	411.1
374	225	22070.9	322.6	501.1	2098.0	501.1	2098.0	0	0

十二、饱和水蒸气 （以 kPa 为单位的绝对压强为序）

绝对压强 (kPa)	温度 (℃)	蒸汽的密度 (kg/m³)	焓 (kJ/kg)		汽化热 (kJ/kg)
			液体	蒸汽	
1.0	6.3	0.00773	26.48	2503.1	2476.8
1.5	12.5	0.01133	52.26	2515.3	2463.0
2.0	17.0	0.01488	71.21	2524.2	2452.9
2.5	20.9	0.01836	87.45	2531.8	2444.3
3.0	23.5	0.02179	98.38	2536.8	2438.4
3.5	26.1	0.02523	109.30	2541.8	2432.5
4.0	28.7	0.02867	120.23	2546.8	2426.6
4.5	30.8	0.03205	129.00	2550.9	2421.9
5.0	32.4	0.03537	135.69	2554.0	2418.3
6.0	35.6	0.04200	149.06	2560.1	2411.0
7.0	38.8	0.04864	162.44	2566.3	2403.8
8.0	41.3	0.05514	172.73	2571.0	2398.2

续表

绝对压强 （kPa）	温度 （℃）	蒸汽的密度 （kg/m³）	焓（kJ/kg）		汽化热 （kJ/kg）
			液体	蒸汽	
9.0	43.3	0.06156	181.16	2574.8	2393.6
10.0	45.3	0.06798	189.59	2578.5	2388.9
15.0	53.5	0.09956	224.03	2594.0	2370.0
20.0	60.1	0.13068	251.51	2606.4	2854.9
30.0	66.5	0.19093	288.77	2622.4	2333.7
40.0	75.0	0.24975	315.93	2634.1	2312.2
50.0	81.2	0.30799	339.80	2644.3	2304.5
60.0	85.6	0.36514	358.21	2652.1	2393.9
70.0	89.9	0.42229	376.61	2659.8	2283.2
80.0	93.2	0.47807	390.08	2665.3	2275.3
90.0	96.4	0.53384	403.49	2670.8	2267.4
100.0	99.6	0.58961	416.90	2676.3	2259.5
120.0	104.5	0.69868	437.51	2684.3	2246.8
140.0	109.2	0.80758	457.67	2692.1	2234.4
160.0	113.0	0.82981	473.88	2698.1	2224.2
180.0	116.6	1.0209	489.32	2703.7	2214.3
200.0	120.2	1.1273	493.71	2709.2	2204.6
250.0	127.2	1.3904	534.39	2719.7	2185.4
300.0	133.3	1.6501	560.38	2728.5	2168.1
350.0	138.8	1.9074	583.76	2736.1	2152.3
400.0	143.4	2.1618	603.61	2742.1	2138.5
450.0	147.7	2.4152	622.42	2747.8	2125.4
500.0	151.7	2.6673	639.59	2752.8	2113.2
600.0	158.7	3.1686	670.22	2761.4	2091.1
700	164.7	3.6657	696.27	2767.8	2071.5
800	170.4	4.1614	720.96	2773.7	2052.7
900	175.1	4.6525	741.82	2778.1	2036.2
1×10^3	179.9	5.1432	762.68	2782.5	2019.7
1.1×10^3	180.2	5.6339	780.34	2785.5	2005.1
1.2×10^3	187.8	6.1241	797.92	2788.5	1990.6
1.3×10^3	191.5	6.6141	814.25	2790.9	1976.7
1.4×10^3	194.8	7.1038	829.06	2792.4	1963.7
1.5×10^3	198.2	7.5935	843.86	2794.5	1950.7
1.6×10^3	201.3	8.0814	857.77	2796.0	1938.2
1.7×10^3	204.1	8.5674	870.58	2797.1	1926.5
1.8×10^3	206.9	9.0533	883.39	2798.1	1914.8

绝对压强 （kPa）	温度 （℃）	蒸汽的密度 （kg/m³）	焓（kJ/kg）		汽化热 （kJ/kg）
			液体	蒸汽	
1.9×10^3	209.8	9.5392	896.21	2799.2	1903.0
2×10^3	212.2	10.0338	907.32	2799.7	1892.4
3×10^3	233.7	15.0075	1005.4	2798.9	1793.5
4×10^3	250.3	20.0969	1082.9	2789.8	1706.8
5×10^3	263.8	25.3663	1146.9	2776.2	1629.2
6×10^3	275.4	30.8494	1203.2	2759.5	1556.3
7×10^3	285.7	36.5744	1253.2	2740.8	1487.6
8×10^3	294.8	42.5768	1299.2	2720.5	1403.7
9×10^3	303.2	48.8945	1343.5	2699.1	1356.6
10×10^3	310.9	55.5407	1384.0	2677.1	1293.1
12×10^3	324.5	70.3075	1463.4	2631.2	1167.7
14×10^3	336.5	87.3020	1567.9	2583.2	1043.4
16×10^3	347.2	107.8010	1615.8	2531.1	915.4
18×10^3	356.9	134.4813	1699.8	2466.0	766.1
20×10^3	365.6	176.5961	1817.8	2364.2	544.9

十三、液体黏度共线图

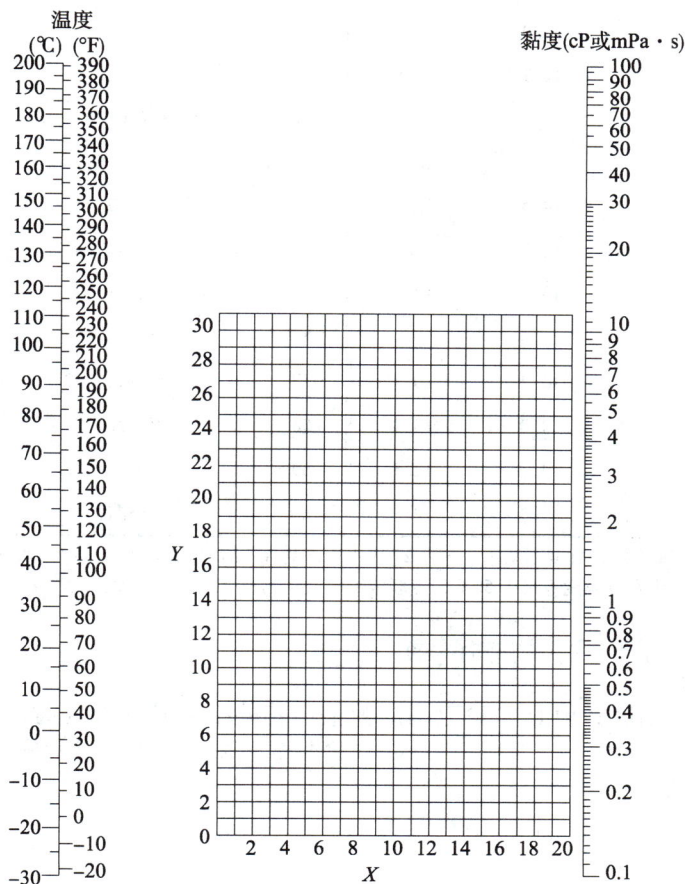

液体黏度共线图坐标值

序号	名称	X	Y	序号	名称	X	Y
1	水	10.2	13.0	31	乙苯	13.2	11.5
2	盐水（25% NaCl）	10.2	16.6	32	氯苯	12.3	12.4
3	盐水（25% CaCl₂）	6.6	15.9	33	硝基苯（60%）	10.6	16.2
4	氨	12.6	2.0	34	苯胺	8.1	18.7
5	氨水（26%）	10.1	13.9	35	酚	6.9	20.8
6	二氧化碳	11.6	0.3	36	联苯	12.0	18.3
7	二氧化硫	15.2	7.1	37	萘	7.9	18.1
8	二硫化碳	16.1	7.5	38	甲醇（100%）	12.4	10.5
9	溴	14.2	13.2	39	甲醇（90%）	12.3	11.8
10	汞	18.4	16.4	40	甲醇（40%）	7.8	15.5
11	硫酸（110%）	7.2	27.4	41	乙醇（100%）	10.5	13.8
12	硫酸（100%）	8.0	25.1	42	乙醇（95%）	9.8	14.3
13	硫酸（98%）	7.0	24.8	43	乙醇（40%）	6.5	16.6
14	硫酸（60%）	10.2	21.3	44	乙二醇	6.0	23.6
15	硝酸（95%）	12.8	13.8	45	甘油（100%）	2.0	30.0
16	硝酸（60%）	10.8	17.0	46	甘油（50%）	6.9	19.6
17	盐酸（31.5%）	13.0	16.6	47	乙醚	14.5	5.3
18	氢氧化钠（50%）	3.2	25.8	48	乙醛	15.2	14.8
19	戊烷	14.9	5.2	49	丙酮	14.5	7.2
20	己烷	14.7	7.0	50	甲酸	10.7	15.8
21	庚烷	14.1	8.4	51	醋酸（100%）	12.1	14.2
22	辛烷	13.7	10.0	52	醋酸（70%）	9.5	17.0
23	三氯甲烷	14.4	10.2	53	醋酸酐	12.7	12.8
24	四氯化碳	12.7	13.1	54	乙酸乙酯	13.7	9.1
25	二氧乙烷	13.2	12.2	55	醋酸戊酯	11.8	12.5
26	苯	12.5	10.9	56	氟利昂-12	14.4	9.0
27	甲苯	13.7	10.4	57	氟利昂-12	16.8	5.6
28	氯甲苯（邻）	13.0	13.3	58	氟利昂-21	15.7	7.5
29	氯甲苯（间）	13.3	12.5	59	氟利昂-22	17.2	4.7
30	氯甲苯（对）	13.3	12.5	60	煤油	10.2	16.9

用法举例：如果要查甲苯在50℃时的黏度，从本表序号27查得甲苯的 $X=13.7$，$Y=10.4$，把这两个数据值标在液体黏度共线图的 $X-Y$ 坐标上的一点，把这点与图中左方温度标尺上50℃的点联成一直线，延长，与右方黏度标尺相交，由此交点定出50℃甲苯的黏度。

十四、某些气体和蒸汽的导热系数

下表中所列出的极限温度数值是实验范围的数值，若外推到其他温度时，建议将所列出的数据按 $\lg\lambda$ 对 $\lg T$ ［λ 为导热系数，$W/(m \cdot K)$；T 为热力学温度，K］作图，或者假定 P_r 准数与温度（或压强，在适当范围内）无关。

物质	温度 (K)	导热系数 [W/(m·K)]	物质	温度 (K)	导热系数 [W/(m·K)]	物质	温度 (K)	导热系数 [W/(m·K)]
丙酮	273	0.0098	四氯化碳	319	0.0071	乙烯	202	0.0111
	319	0.0128		373	0.0090		273	0.0175
	373	0.0171		457	0.01112		323	0.0267
	457	0.0254	氯	273	0.0074		373	0.0279
空气	273	0.0242	三氯甲烷	273	0.0066	正庚烷	473	0.0194
	373	0.0371		319	0.0080		373	0.0178
	473	0.0391		373	0.0100	正己烷	273	0.0125
	573	0.0459		457	0.0133		293	0.138
氨	213	0.0154	硫化氢	273	0.0132	氢	173	0.0113
	273	0.0222	水银	473	0.0341		223	0.0144
	323	0.0272	甲烷	173	0.0173		273	0.0173
	373	0.0320		223	0.0251		323	0.0199
苯	273	0.0090		273	0.0302		373	0.0223
	319	0.0126		323	0.0373		573	0.0308
	373	0.0178	氯甲烷	273	0.0144	氮	173	0.0164
	457	0.0263		373	0.0222		273	0.0242
	485	0.0305		273	0.0067		323	0.0277
正丁烷	273	0.0135		319	0.0085		373	0.0312
	373	0.0234	乙烷	373	0.0109	氧	173	0.0164
异丁烷	273	0.0138		485	0.0164		223	0.0206
	373	0.0241		203	0.0114		273	0.0246
二氧化碳	223	0.0118		239	0.0149		323	0.0284
	273	0.0147	乙醇	273	0.0183		373	0.0321
	373	0.0230		373	0.0303	丙烷	273	0.0151
	473	0.0313	乙醚	293	0.0154		373	0.0261
	573	0.0396		373	0.0215	二氧化碳	273	0.0087
二硫化物	273	0.0069		273	0.0133		373	0.0119
	280	0.0073		319	0.0171	水蒸气	319	0.0208
一氧化碳	84	0.0071		373	0.0227		373	0.0237
	94	0.0080		457	0.0327		473	0.0324
	213	0.0234		485	0.0362		573	0.0429
							673	0.0545
							773	0.0763

十五、常见液体的导热系数 ($\lambda/W \cdot m^{-1} \cdot K^{-1}$)

液体名称	温度（℃）						
	0	25	50	75	100	125	150
丁醇	0.156	0.152	0.1483	0.144			
异丙醇	0.154	0.150	0.1460	0.142			
水	0.5570	0.5948	0.6305	0.6531			
甲醇	0.214	0.2107	0.2070	0.205			
乙醇	0.189	0.1832	0.1774	0.1715			
醋酸	0.177	0.1715	0.1663	0.162			
甲酸	0.2065	0.256	0.2518	0.2471			

续表

液体名称	温度 (℃)						
	0	25	50	75	100	125	150
丙酮	0.1745	0.169	0.163	0.1576	0.151		
硝基苯	0.1541	0.150	0.147	0.143	0.140	0.136	
二甲苯	0.1367	0.131	0.127	0.1215	0.117	0.111	
甲苯	0.1413	0.136	0.129	0.123	0.119	0.112	
苯	0.151	0.1448	0.138	0.132	0.126	0.1204	
苯胺	0.186	0.181	0.177	0.172	0.1681	0.1634	0.159
甘油	0.277	0.2797	0.2832	0.286	0.289	0.292	0.295
凡士林	0.125	0.1204	0.122	0.121	0.119	0.117	0.1157
蓖麻油	0.184	0.1808	0.1774	0.174	0.171	0.1680	0.165

十六、常见固体的导热系数 $(\lambda/W \cdot m^{-1} \cdot K^{-1})$

1. 常见金属的导热系数

材料	温度 (℃)				
	0	100	200	300	400
铝	227.95	227.95	227.95	227.95	227.95
铜	383.79	379.14	372.16	367.51	362.86
铁	73.27	67.45	61.64	54.66	48.85
铅	35.12	33.38	31.40	29.77	—
镁	172.12	167.47	162.82	158.17	—
镍	93.04	82.57	73.27	63.97	59.31
银	414.03	409.38	373.32	361.69	359.37
碳钢	52.34	48.85	44.19	41.87	34.89
不锈钢	16.24	17.45	17.45	18.49	—

2. 非金属材料的导热系数

材料	温度 (℃)	导热系数 [W/ (m·K)]	材料	温度 (℃)	导热系数 [W/ (m·K)]
软木	30	0.0430	矿渣棉	30	0.058
超细玻璃棉	36	0.030	玻璃棉毡	28	0.043
保温灰	—	0.07	泡沫塑料	—	0.0465
硅藻土	—	0.114	玻璃	30	1.093
膨胀蛭石	20	0.052 ~ 0.07	混凝土	—	1.28
石棉板	50	0.146	耐火砖		1.05
石棉绳	—	0.105 ~ 0.209	普通砖		0.8
水泥珍珠岩制品	—	0.07 ~ 0.113	绝热砖	—	0.116 ~ 0.21

参考文献

［1］ 姜爱霞．制药过程原理与设备［M］．2 版．北京：中国医药科技出版社，2017.

［2］ 陈敏恒，丛德滋，齐鸣斋，等．化工原理［M］．5 版．北京：化学工业出版社，2020.

［3］ 王志祥．制药工程原理与设备［M］．3 版．北京：人民卫生出版社，2017.

［4］ 杨成德．制药设备使用与维护［M］．北京：化学工业出版社，2017.

［5］ 杨祖荣．化工原理［M］．4 版．北京：化学工业出版社，2021.

［6］ 齐鸣斋．化工原理［M］．北京：化学工业出版社，2019.

［7］ 王志祥．制药化工过程及设备［M］．2 版．北京：科学出版社，2019.

［8］ 王洪旗．泵与风机［M］．北京：中国电力出版社，2012.

［9］ 柴诚敬，张国亮．化工原理［M］．3 版．北京：化学工业出版社，2020.

［10］ 王志魁．化工原理［M］．5 版．北京：化学工业出版社，2018.

［11］ 何灏彦，刘绚艳，禹练英．化工单元操作［M］．3 版．北京：化学工业出版社，2020.

［12］ 陈敏．化工原理［M］．5 版．北京：化学工业出版社，2020.

［13］ 于天明，朱国民．制药设备使用与维护［M］．北京：中国医药科技出版社，2020.

［14］ 张宏丽，张天兵．制药单元操作技术［M］．3 版．北京：化学工业出版社，2021.

［15］ 居沈贵．化工原理实验［M］．2 版．北京：化学工业出版社，2020.

［16］ 王沛．制药原理与设备［M］．上海：上海科学技术出版社，2014.

［17］ 管国锋，赵汝博．化工原理［M］．4 版．北京：化学工业出版社，2018.

［18］ 冷士良．化工单元操作［M］．3 版．北京：化学工业出版社，2019.

［19］ 李琴．化工设备［M］．北京：化学工业出版社，2021.

［20］ 袁其朋，梁浩．制药工程原理与设备［M］．2 版．北京：化学工业出版社，2017.

［21］ 何志成．化工原理［M］．4 版．北京：中国医药科技出版社，2019.